〔화보 1〕 호프만과 믹스 3세가 1983년에 발견한 최소 표면

〔화보 2〕 이집트 입국 허가를 기다리는 셈 족. 기원전 19세기 베니-하센 무덤에서 나온 벽화의 기원후 19세기 사본인 이 그림은, 깊이의 느낌이 전혀 없는 전형적인 르네상스 이전 회화이다. 모든 인물이 납작한 2차원 물체처럼 보인다(Erich Lessing/Art Resource, 뉴욕).

[화보 3] 〈수태고지〉, 마르베리니의 명장, 1450. 이 르네상스 시대 회화는 단일점 원근화법을 보여준다. 모든 원근선들이 단일한 '무한에 있는 점'으로 수렴하고 있다.

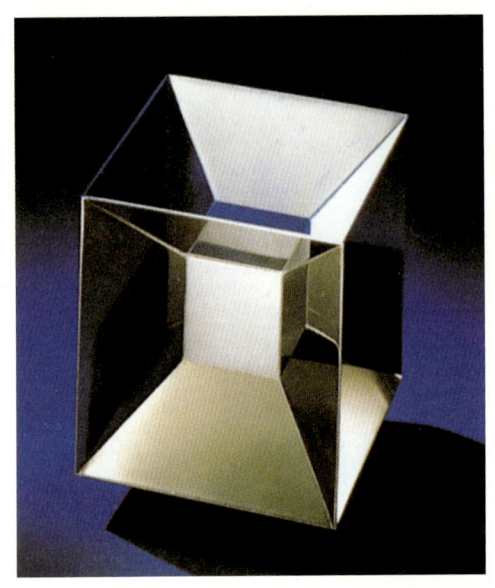

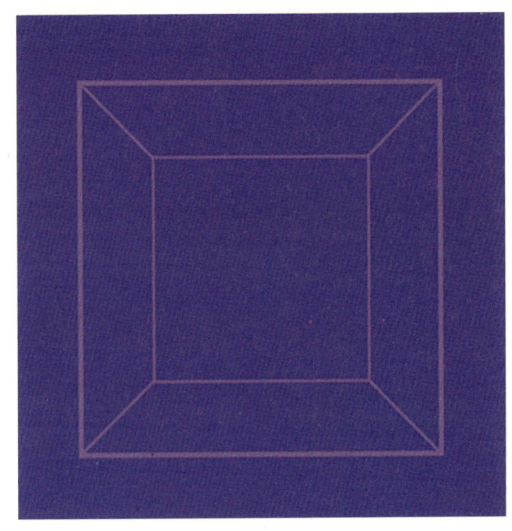

〔화보 4〕 위 : 정육면체 부분을 정면에 놓고 바라본 초정육면체의 모습을 표현한 3차원 모형
아래 : 정육면체의 한 면을 정면에 놓고 바라본 모습

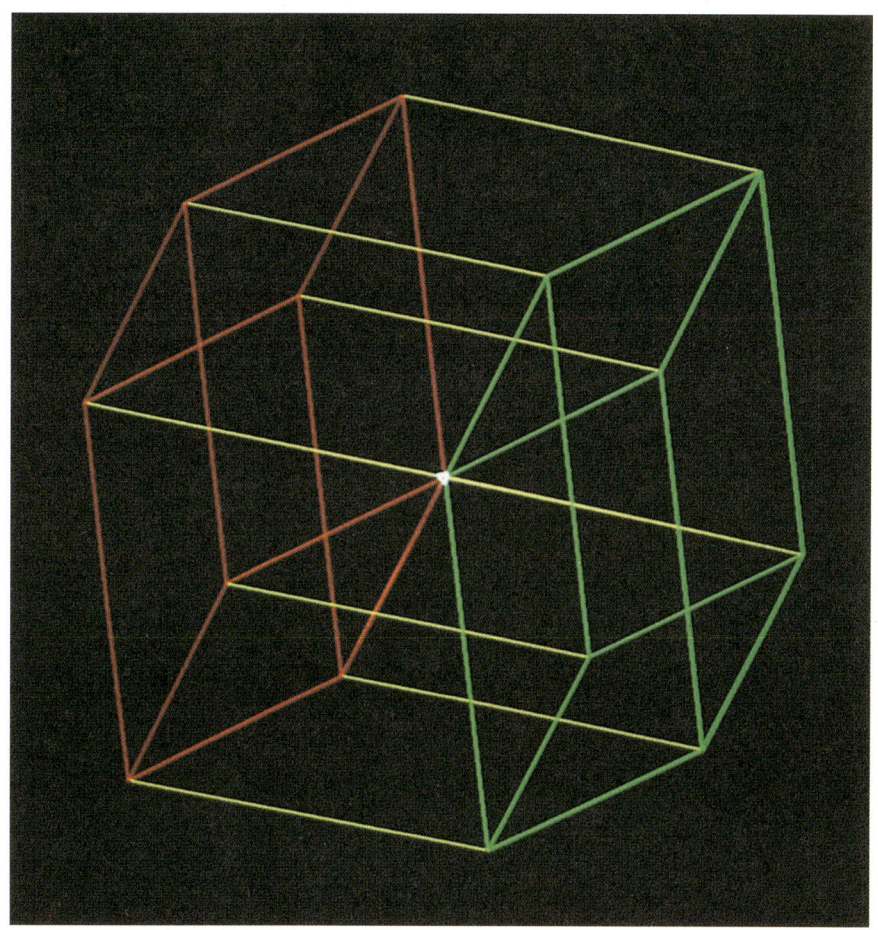

[화보 5] 1978년 브라운 대학의 밴초프와 스트로스에 의해 컴퓨터 그래픽으로 만들어진 영화 〈초정육면체 : 사영들과 단면들〉의 한 장면. 복잡한 수학적 대상을 컴퓨터 그래픽을 통해 형상화하는 최초의 시도들 중 하나인 이 영화는 국제 영화상을 받기도 했다.

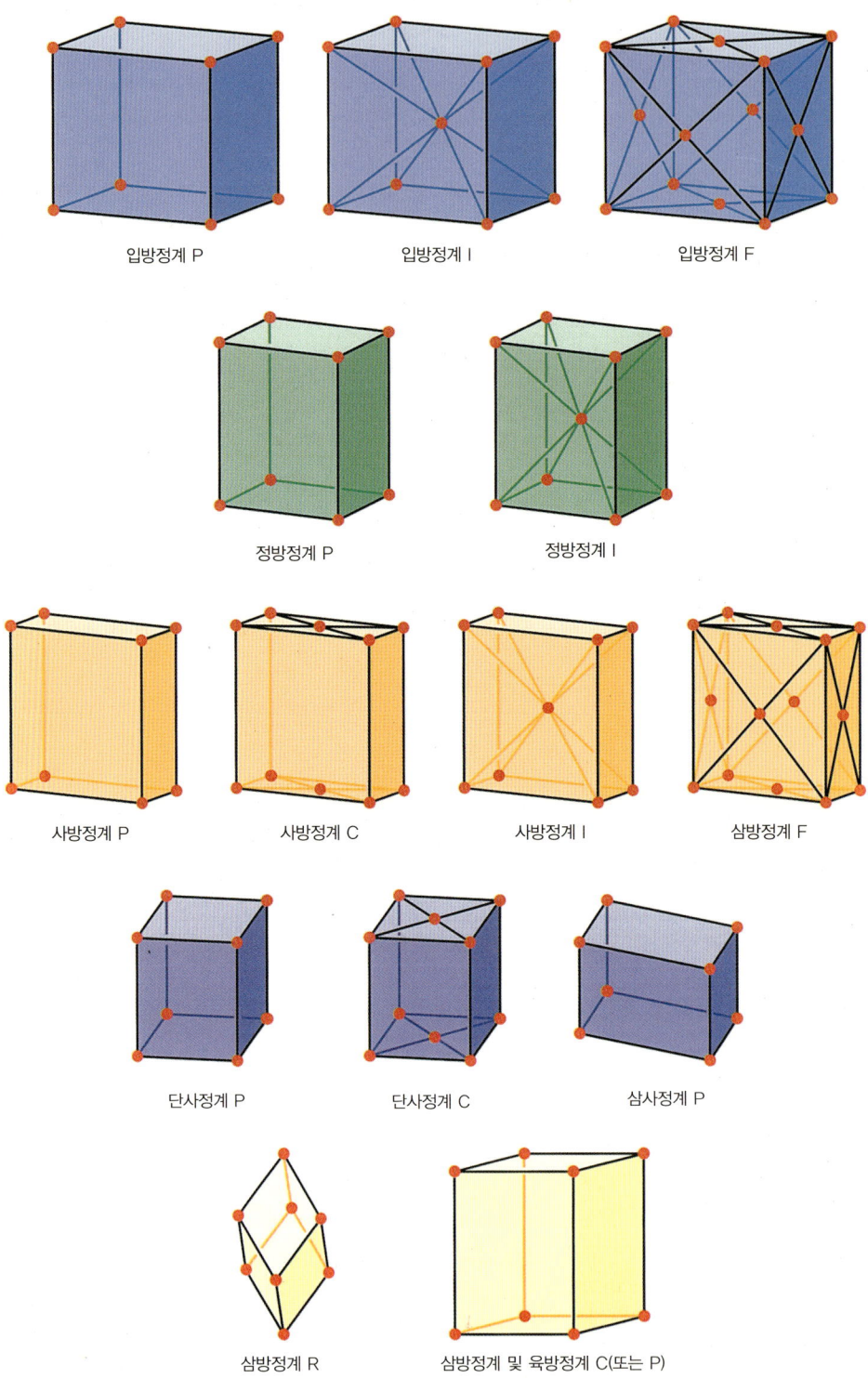

[화보 6] 1848년 브라베는 정확히 14개의 서로 다른 3차원 격자가 존재함을 증명했다.

[화보 7] 윌리엄 모리스(William Morris)가 디자인한 이 옷감은 선명한 이동대칭성을 가지고 있다.

[화보 8] 대칭군에 따라 17가지 상이한 종류로 구분되는 벽지 무늬들의 예

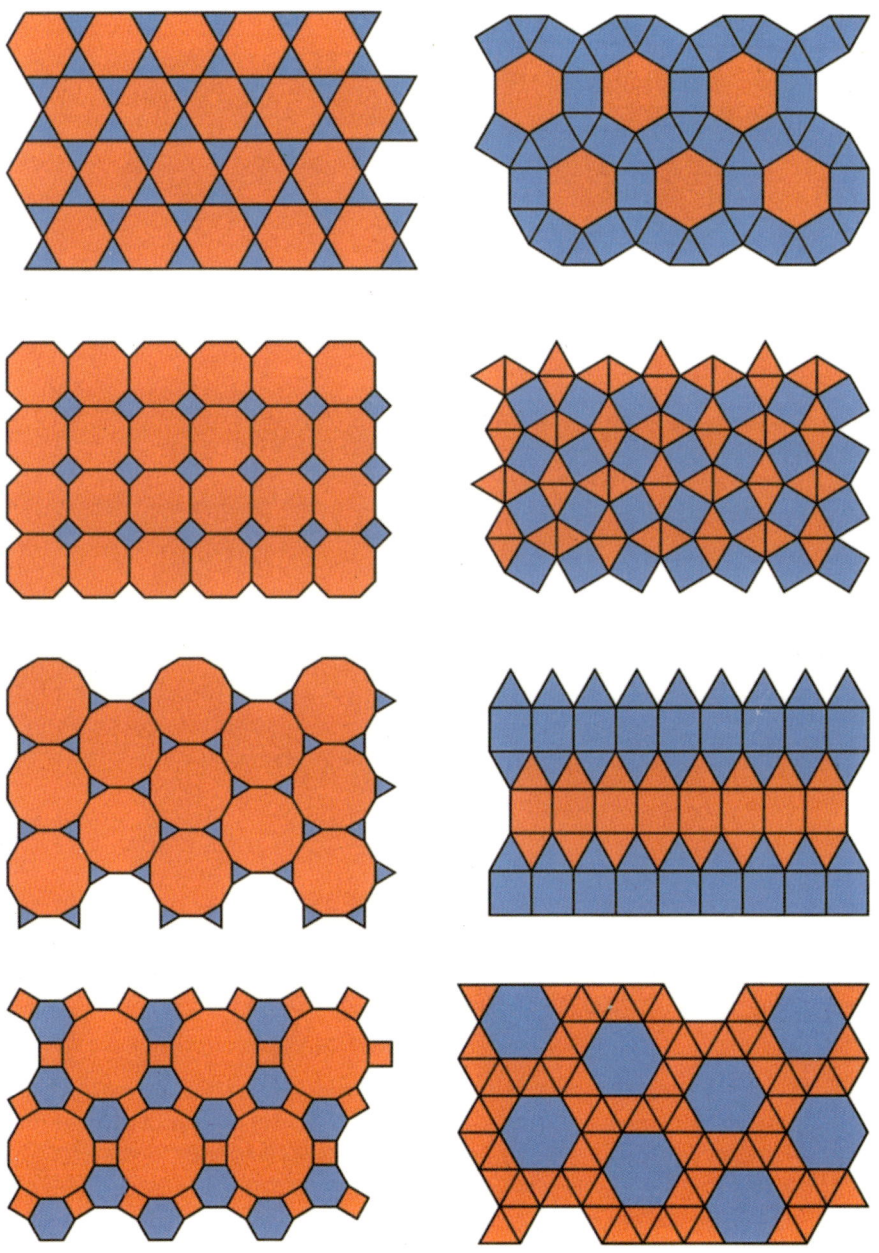

〔화보 9〕 각 꼭지점 주변에 다각형들의 배열이 일정해야 한다는 조건하에서, 두 가지 이상의 정다각형을 써서 평면을 덮는 8가지 방법

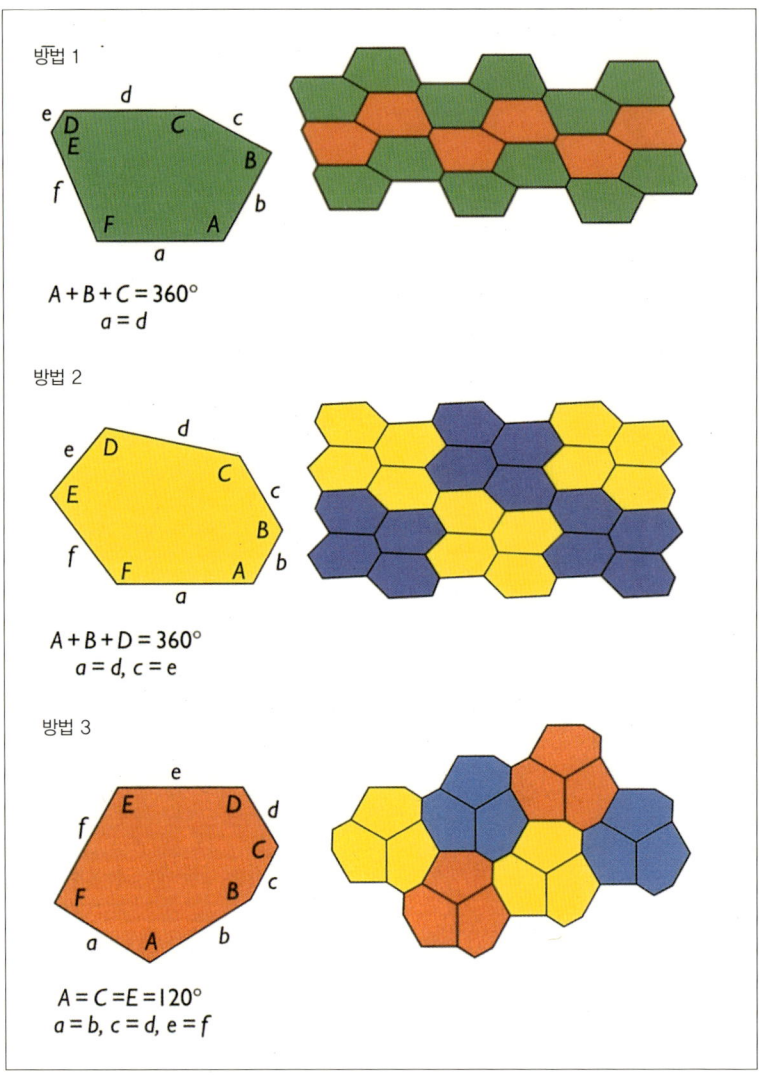

[화보 10] 볼록 육각형으로 평면을 덮는 세 가지 방법. 평면을 덮는 육각형이 되기 위해서는, 그 육각형의 모양에 따라 명확하게 정해지는 몇 개의 조건을 갖추어야 한다. 예를 들어 첫번째 육각형의 경우에는, 각 A, B, C의 합이 360도이고 변 a와 d의 길이가 같아야 한다. 색을 칠해 구분해놓은 구역은 평면 덮기의 기본 패턴을 나타낸다. 그 패턴을 이동시키면서 무한히 반복하면 평면 전체를 덮게 된다.

[화보 11] (비주기적) 펜로즈 평면 덮기의 일부. 국지적인 오각 대칭성을 나타낸다.

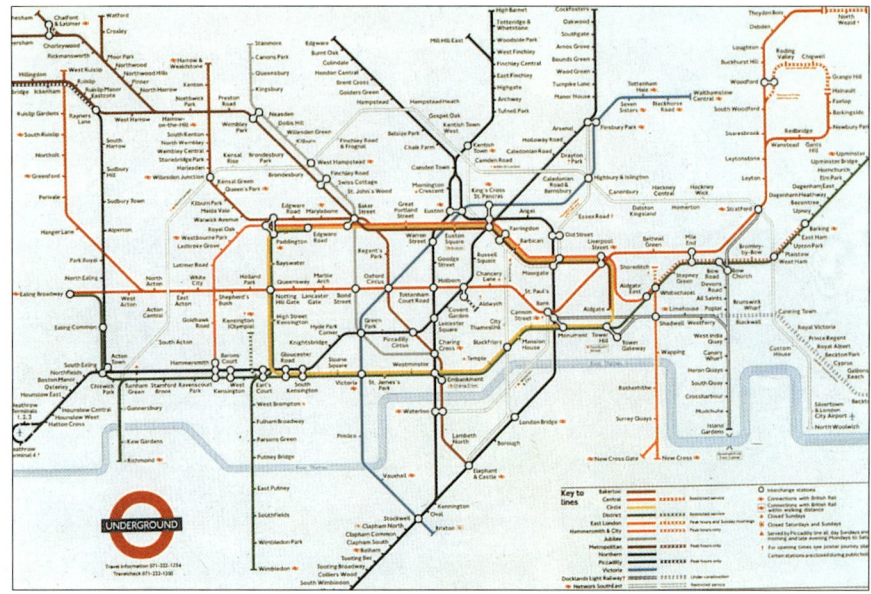

[화보 12] 런던 지하철 지도

〔화보 13〕 컴퓨터 그래픽으로 그린 토러스

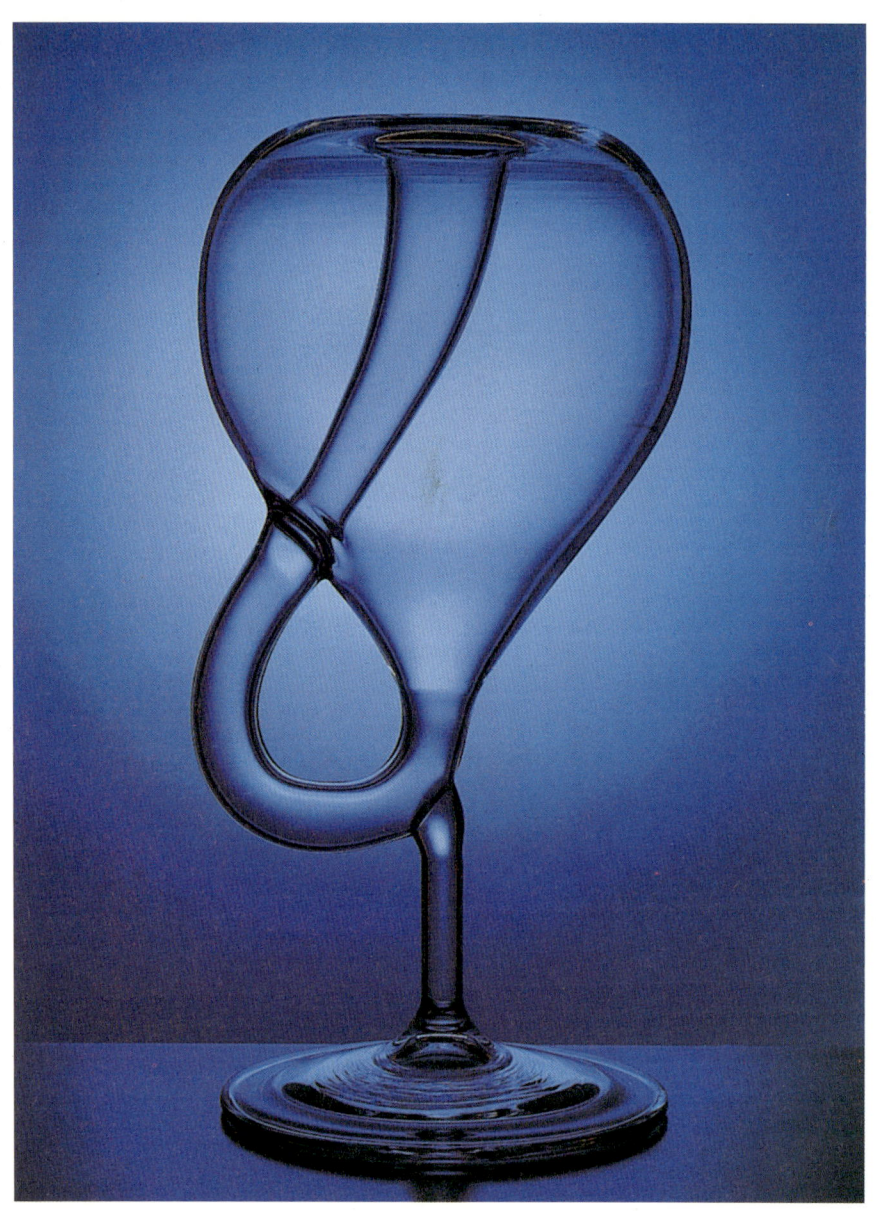

[화보 14] 클라인 병. 흔히 '안'도 '밖'도 없는 그릇으로 묘사되는 이 표면은, 3차원 공간에서는 오직 표면이 자기 자신을 관통하는 것을 허용해야만 구현할 수 있다. 4차원에서는 그런 자기 관통 없이도 클라인 병을 만드는 것이 가능하다. 위상학적으로 보면, 두 개의 뫼비우스 띠를 모서리끼리 꿰매 붙이는 방식으로 클라인 병을 만들 수 있다.

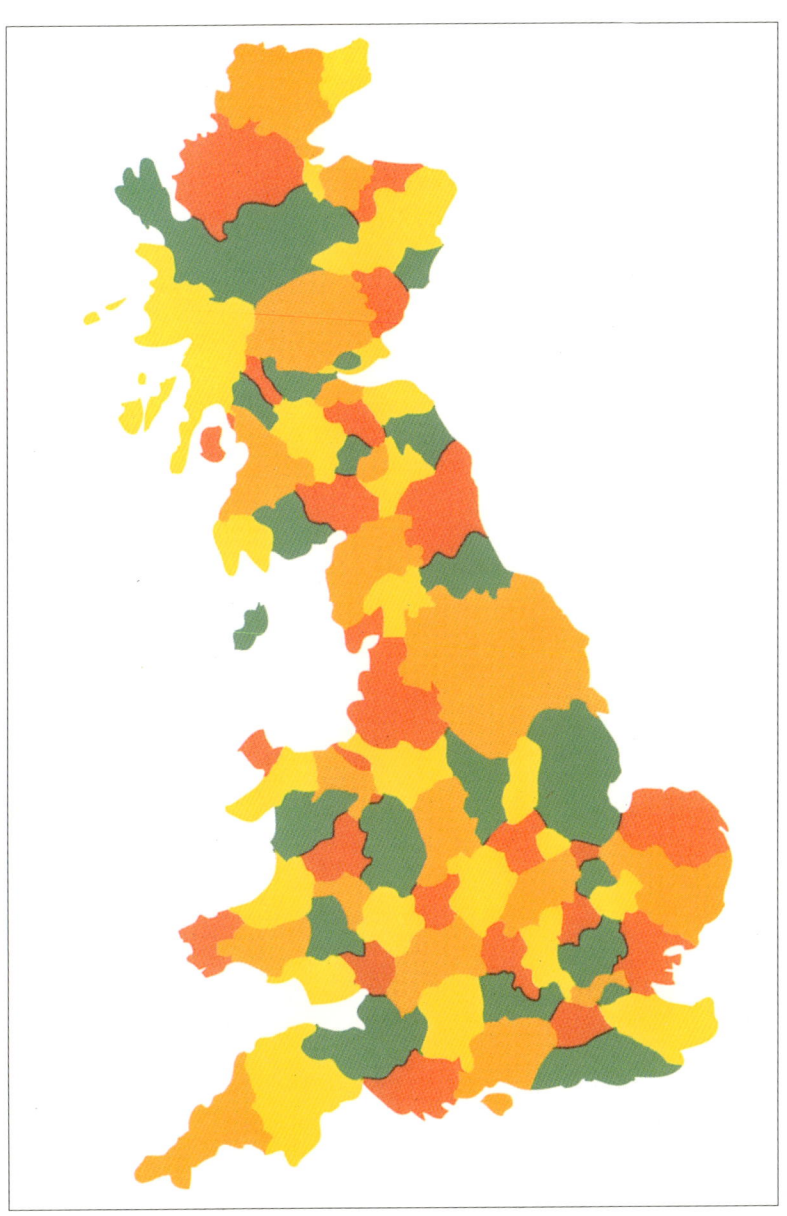

[화보 15] 영국의 군(county) 지도는 네 가지 색깔만으로 그릴 수 있다.

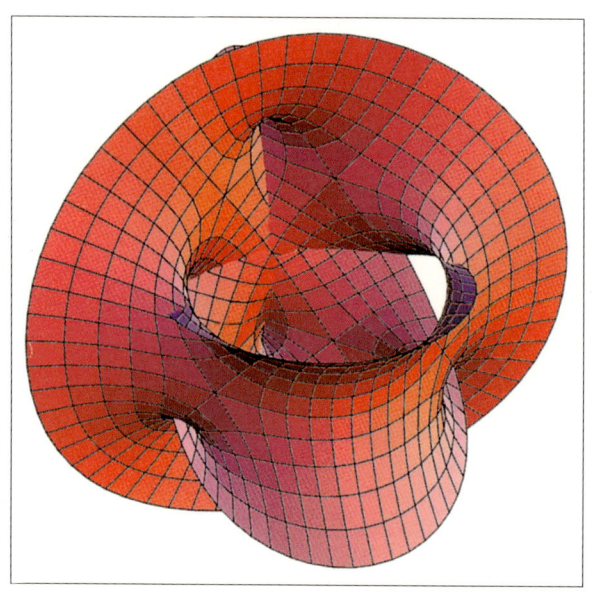

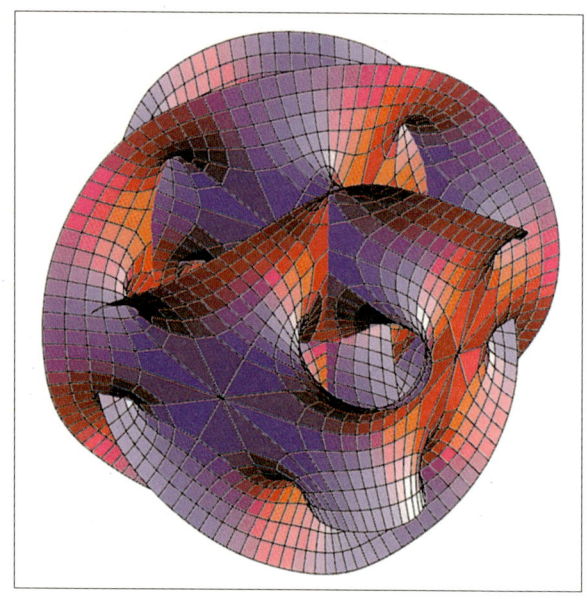

[화보 16] x와 y를 복소수로 생각했을 때 페르마 방정식 $x^n+y^n=1$에 의해 산출되는 표면들. 위 표면은 $n=3$일 때이고, 아래 표면은 $n=5$일 때이다. 두 그림은 모두 수학 소프트웨어 '매스매티카'로 그린 그림이다. 매스매티카는 현대 수학자들이 의지하는 여러 전문 프로그램 중 하나이다.

수학의 언어

THE LANGUAGE OF MATHEMATICS
by Keith Deviln

Copyright © 1998 by W. H. Freeman and Company
Korean translation copyright © 2003 by Henamu
All rights reserved.

This Korean edition was published by arrangement Henry Holt and Company,
LLC., New York, through KCC, Seoul.
이 책의 한국어판 저작권은 한국저작권센터(KCC)를 통해
Henry Holt and Company, LLC.와 독점 계약한 해나무에 있습니다.
저작권법에 의해 한국 내에서 보호를 받는 저작물이므로
무단 전재 및 무단 복제를 금합니다.

수학의 언어

THE LANGUAGE OF MATHEMATICS

안 보이는 것을 보이게 하는 수학

MAKING THE INVISIBLE VISIBLE

케이스 데블린 지음 | 전대호 옮김

해나무

머리말

이 책은 수학의 역사적 발전 및 현재의 숨결과 관련하여 수학의 핵심을 전달하고자 한다. 이 책은 수학을 '가르치는' 책이 아니다. 수학을 풍요롭고 생기 있는 인류 문화의 한 영역으로서 기술하고자 하는 수학 '관련' 서적이다. 이 책이 염두에 두는 독자는 일반인이다. 이 책을 읽기 위해 어떤 수학 지식이나 능력이 필수적인 것은 아니다.

이 책의 토대가 된 것은 프리맨 출판사의 '사이언티픽 어메리컨 라이브러리' 시리즈의 하나로 출간되었던 『수학:패턴의 과학』이라는 책이다. 일반적으로 '과학에 소양이 있다'고 일컬어지는 독자들을 위해 씌어진 그 책은 사이언티픽 어메리컨 라이브러리 시리즈 중 가장 큰 성공작 중 하나였다. 시리즈를 담당했던 편집자 콥(Jonathan Cobb)과의 대화중, 보다 넓은 독자층을 겨냥한 '풀어 쓴' 책을 쓸 계획을 세우게 되었다. 새 책은 사이언티픽 어메리컨 라이브러리 시리즈처럼 수많은 총천연색 사진과 그림을 넣거나 멋진 장정을 갖추어 제작하지 않기로 했다. 대신에 새 책은 이전 책과 본질적으로 동일한 이야기를 좀더 많은 독자들이 이해할 수 있는 형식으로 전달하는 데 주력하기로 했다. 그 이야기는 다름이 아니라 수학이 패턴을 식별하고 연구하는 일이라는 것이다(이전 책과 마찬가지로 이 책에서도 수학자들이 '패턴'으로 간주하는 것이 무엇인지 설명할 것이다. 일단은 그것이 벽지의 패턴이나 셔츠 혹은 드레스에 있는 패턴을 말하는 것이 아니라는 정도만 설명하겠다. 이 일상적인 패턴들 중 많은 것이 사실상 흥미로운 수학적 성질을 가지기는 하지만).

본격적인 '대중과학 서적'의 형식에 맞도록 본문을 완전히 다시 쓰는 것 외에도 나는 이 기회에 우연의 패턴과 (물리적) 우주의 패턴을 다루는 두 장을 추가했다. 이전 책에도 이 두 장을 삽입하려 했으나, 시리즈 형식상 충분한 지면이 허락되지 않았다.

구베아(Fernando Gouvea), 샤트슈나이더(Doris Schattschneider) 그리고 밀레트(Kenneth Millet)가 과거 사이언티픽 어메리컨 라이브러리 시리즈로 출간된 책 전부 혹은 일부에 관해 논평해주었다. 이 책에는 당연히 그들의 유익한 조언이 반영되었다. 올로윈(Ron Olowin)은 7장과 함께 이 책에 새롭게 추가된 8장 원고를 검토해주었다. 이전 책을 맡았던 모란(Susan Moran)은 늘 열심인 편집자이다. 이 새 책의 편집은 로셰(Norma Roche)가 맡았다.

역사적으로 최고의 수학자들은 거의 대부분 남성이었다. 그 사실은 이 책에 여성 인물이 거의 등장하지 않는다는 것에서도 반영되고 있다. 그런 시절이 영원히 지나갔기를 기원한다. 오늘날의 현실을 감안하여 이 책에서는 불특정한 사람을 가리킬 때 '그'와 '그녀'를 번갈아 사용할 것이다.

차례

머리말   5

서론 수학은 무엇인가?   9

1장 왜 수가 중요한가   27

2장 정신의 패턴들   86

3장 운동 속의 수학   154

4장 모양 속으로 들어간 수학   220

5장 아름다움의 수학   292

6장 자리를 잡은 수학   337

7장 수학자들은 가능성을 어떻게 계산하는가?   407

8장 우주의 숨겨진 패턴 들춰내기   450

후기   506

패턴―역자 후기를 대신하며   509

찾아보기   517

서론 수학은 무엇인가?

단지 수가 아니다

수학은 무엇인가? 길 가는 사람들에게 이 질문을 던지면 아마 이런 대답을 들을 것이다. "수학은 수에 관한 연구이다." 약간 성가시더라도, 어떤 종류의 연구를 말씀하시는 것이냐고 재차 물으면, 사람들은 아마 "수에 관한 과학"이라는 대답을 제시할 것이다. 당신이 얻을 수 있는 대답은 거기까지일 것이다. 자, 당신이 얻은 것은 대략 2천 5백 년 전에 이미 오답이 되어버린 대답이다!

이런 엄청난 오해를 감안한다면, 당신이 임의로 선택한 사람이, 수학 연구가 전세계적으로 이루어지는 활기찬 작업이며 수학이 오늘날 사회와 일상의 발걸음 대부분 속에 때로 아주 깊이까지 스며들어 있다는 사실을 납득하지 못하는 것은 놀라운 일이 아닐 것이다.

사실상 "수학은 무엇인가?"라는 질문에 대한 대답은 역사 속에서 수차례 바뀌었다.

기원전 500년경까지 수학은 실제로 수의 연구였다. 이 시기의 수학은 바빌로니아와 이집트의 수학이다. 이 두 문명에서 수학은 단지 산술학(arithmetic)일 뿐이었다. 수학은 주로 실생활을 위해 있었으며, '요리법'과 매우 유사했다("수를 이렇게 또 저렇게 하라. 그러면 답이 나온다").

기원전 500년에서 기원후 300년 사이의 기간은 그리스 수학의 시대이다. 고대 그리스 수학자들의 주요 관심사는 기하학이었다. 그들은 심지어 수도 기하학적 방식으로, 길이의 측정값으로 이해했다. 그들이 수로 나타낼 수 없는 길이(무리수 길이)가 있음을 발견하자, 그리스인들은 수에 관한 연구를 대부분 중단했다. 기하학을 강조한 그리스인들에게 수학은 수와 모양의 연구였다.

사실상 수학이 측정과 셈(counting)과 계산을 위한 기법들의 집합에 머물지 않고, 지적 연구 분야가 된 것은 전적으로 그리스인들 덕분이다. 수학에 관한 그리스인들의 관심은 단지 유용성 때문이 아니었다. 그들은 수학을 미학적 종교적 요소들을 가진 지적 탐구로 간주했다. 탈레스는 명료하게 진술된 수학의 주장들이 형식적 논증에 의해 논리적으로 증명될 수 있다는 생각을 도입했다. 이 생각은 오늘날 수학의 주춧돌인 수학적 정리(theorem)의 탄생을 알리는 신호였다. 탈레스가 생각한 방법의 정점은 유클리드의 『기하학 원론 *Elements*』이다. 이 책은 역사를 통틀어 성경 다음으로 가장 많이 읽힌 책이라고 평가된다.

운동 속의 수학

17세기 중반 뉴턴이 영국에서, 라이프니츠가 독일에서 각기 독자적으로 미적분학을 발명할 때까지 수학은 일반적인 성격에도 큰 변화가 없었고 중요한 발전도 거의 없었다. 미적분학은 본질적으로 운동과 변화의 연구이다. 이전의 수학은 대부분 셈, 측정, 모양 기술(記述) 등의 정적인 일에 국한되어 있었다. 운동과 변화를 다루는 기법이 도입됨으로써 수학자들은 행성들의 운동, 지구 위의 낙하하는 물체의 운동, 기계의 작동, 유체의 흐름, 기체의 팽창, 자기력이나 전기력 같은 물리적 힘, 비행체, 동식물의 성장, 전염병의 확산, 이윤의 축적 등을 연구할 수 있었다. 뉴턴과 라이프니츠 이래 수학은 수와 모양, 그리고 운동과 변화와 공간의 연구가 되었다.

미적분학과 관련된 초기의 연구는 대부분 물리학을 향해 있었다. 사실상 당대의 많은 위대한 수학자들은 동시에 물리학자이기도 했다. 그러나 대략 18세기 중반 이후부터 수학의 응용뿐 아니라 수학 자체에 대한 관심도 증가하기 시작했다. 수학자들은 미적분학이 인류에게 선사한 엄청난 능력 배후에 있다는 것을 이해하려고 노력했다. 그리하여 옛 그리스 전통인 형식적 증명이 우위를 회복했고, 오늘날의 순수 수학 대부분이 개발되었다. 19세기 말에 이르러 수학은 수와 모양과 운동과 변화와 공간의 연구뿐만 아니라 이들을 연구하기 위해 사용되는 수학적 도구들의 연구가 되었다.

20세기에 일어난 수학의 폭발적 발전은 가히 극적이었다. 1900년 당시 전세계의 수학 지식을 모은다면 대략 80권의 책으로 족할 것이다. 그러나 오늘날 알려진 수학을 전부 담으려면 아마도 10만 권의 책이 필요할 것이다. 이 획기적인 성장 속에서 과거의 수학들이 보충된 것만이 아니라 수많은 새로운 수학 분야들이 생겨났다. 1900년 당시의 수학은 산술학, 기하학, 미적분학 등 대략 12개 과목으로 이루어져 있었다고 할 수 있다. 오늘날 수학의 분야들을 분류한다면, 60개에서 70개 정도의 과목을 거론하는 것이 합당할 것이다. 대수학이나 위상학 같은 과목은 다양한 세부 과목으로 갈라졌다. 복잡성 이론(complexity theory)이나 역동 체계 이론(dynamical systems theory) 같은 과목들은 완전히 새로운 분야이다.

패턴의 과학

수학 활동의 이러한 엄청난 성장 앞에서 학자들은 한동안 "수학은 무엇인가?"라는 질문에 대한 유일한 대답은 "수학자들이 생계를 위해 하는 일이다"라는 간단하고 공허한 대답뿐이라고 생각했다. 어떤 특정한 연구를 수학으로 분류하는 기준은 연구 대상에 있다기보다 연구 방법에 있었다. 오늘날 대부분의 수학자들이 동의하는 수학의 정의가 등장한 것은 불과 최근 30년 사이이다. 그 정의에 따르면, 수학은 패턴(pattern)의 과학이다. 수학자들이 하는 일은 추상적인 '패턴'을 탐구하는 것이다. 수의 패턴, 모양의 패턴, 운동의 패턴, 행동의 패턴, 유권자의 투표 패턴, 반복되는 우연적 사건의 패턴 등을 탐구하는 것이다. 패턴들은 실재일 수도 있고 가상일 수도 있다. 시각적일 수도 있고 정신적일 수도 있다. 정적일 수도 동적일 수도 있고, 질적일 수도 양적일 수도 있으며, 순수한 실용적 관심사일 수도 흥밋거리에 지나지 않을 수도 있다. 패턴은 우리 주변의 세계에서 등장할 수도 있고, 시간과 공간의 심층부에서 혹은 인간 정신의 내적인 작동 과정에서 등장할 수도 있다. 패턴의 다양한 종류에 따라 다양한 수학 분야들이 생겨난다. 예를 들면 다음과 같다.

- 산술학과 수 이론은 수와 셈의 패턴을 연구한다.
- 기하학은 모양의 패턴을 연구한다.

- 미적분학은 운동의 패턴을 다룰 수 있게 한다.
- 논리학은 추론의 패턴을 연구한다.
- 확률 이론은 우연의 패턴을 다룬다.
- 위상학은 근처에 있음과 위치의 패턴을 연구한다.

이 새로운 수학 개념을 전달하기 위해 이 책은, 셈의 패턴, 추론 및 의사소통의 패턴, 운동 및 변화의 패턴, 모양의 패턴, 대칭성 및 규칙성의 패턴, 위치의 패턴, 우연의 패턴, 그리고 우주의 근본적 패턴 등 8가지 주제를 다룰 것이다. 비록 수학의 여러 주요 분야가 논의에서 제외되었지만, 그럼에도 불구하고 이 책은 오늘날 수학이 무엇을 다루는지에 관한 훌륭한 개관을 제공할 것이다. 각각의 주제들을 다루는 수준은 순전히 기술에만 머물지만 피상적이지 않다.

관심 없는 사람이라도 대번에 지적할 수 있는 현대 수학의 특징은 추상적 기호의 사용이다. 대수학적 표현들, 복잡해 보이는 공식들, 기하학적 도면들이 사용된다. 수학자들이 추상적 기호에 의존하는 까닭은 그들이 연구하는 패턴들이 추상적인 본성을 지니기 때문이다.

실재의 다양한 측면들을 기술하려면 각 측면에 맞는 기술 형식이 필요하다. 예를 들어 지형을 연구하거나 누군가에게 시내에서 길을 찾는 방법을 설명할 때 가장 적당한 방법은 지도를 그리는 것이다. 상대적으로 글은 훨씬 부적합하다. 마찬가지로 건물의 구조를 보는 가장 적합한 방법은 선을 그어 설계도를 그리는 것이다. 또한 음악을 전달하기 위해 가장 적합한 방법은—아마도 실제로 음악을 연주하는 방법 외에는—악보이다.

다양한 종류의 추상적 '형식적' 패턴들과 추상적 구조들을 기술하고 분석하는 최적의 방법은 수학적 기호와 개념과 과정을 이용하는 수학이다. 예를 들어 대수학의 기호적 표현은 덧셈과 곱셈의 일반적 행태 특성을 기술하고 분석하는 가장 적합한 방법이다. 예를 들어 덧셈의 교환법칙은 다음과 같은 문장으로 표현될 수 있을 것이다.

두 수를 더할 때, 순서는 중요치 않다.

반면에 통상적인 기호 표현은 다음과 같다

$$m + n = n + m$$

수학적 패턴은 대부분 대단히 추상적이고 복잡하기 때문에 기호 표현 이외의 방법을 사용하는 것은 거의 불가능에 가까울 정도로 번거로울 것이다. 사실상 수학이 발전해오면서 추상적 기호의 사용이 계속해서 증가했다.

진보하는 기호들

확인할 수 있는 최초의 체계적 대수학 기호 사용은 기원후 250년경 알렉산드리아에 살았던 디오판투스에 의해 이루어진 것으로 보인다. 그의 저술인 『산술학Arithmetic』은 오늘날 전체 13권 중 6권만이 전해지며, 일반적으로 최초의 '대수학 교과서'라 일컬어진다. 디오판투스는 특히 등식 속의 미지항 및 미지항의 지수를 나타내는 기호와 뺄셈 기호, 등호를 사용했다.

오늘날 수학 서적들은 기호로 넘칠 지경이다. 그러나 음표가 음악이

[그림 0-1] 디오판투스의 고전적인 책 『산술학』의 17세기 라틴어 판본 표지

아닌 것처럼 수학적 기호가 수학은 아니다([그림 0-2] 참조). 악보는 음악을 표상한다. 그 악보가 악기에 의해 연주되거나 노래로 불려질 때 당신이 듣는 것이 바로 음악이다. 음악이 살아나서 우리 경험의 일부가 되는 것은 연주 속에서이다. 음악은 인쇄된 종이에 있는 것이 아니라 우리의 정신 속에 있다. 수학도 마찬가지다. 종이 위에 있는 기호들은 수학의 표상일 뿐이다. 능력 있는 연주자가(수학을 공부한 사람이) 읽을 때 인쇄된 기호들은 살아난다. 수학은 독자의 정신 속에서 마치 일종의 추상적

[그림 0-2] 수학처럼 음악도 추상적 구조를 나타내기 위한 추상적 표기법을 가지고 있다.

인 교향곡처럼 숨쉬고 살아 움직인다.

    수학과 음악의 강한 유사성에 한 가지 더 추가한다면, 양쪽 모두 매우 추상적인 기호를 가질 뿐만 아니라 독자적인 구조적 규칙들의 지배를 받는다는 것이다. 많은(어쩌면 대부분의) 수학자들이 음악적 재능도 가지고 있다는 사실은 놀라운 일이 아니다.

    사실상 고대 그리스에서 시작되어 2천 5백 년을 이어온 서양 문명 대부분의 기간에 수학과 음악은 동전의 양면으로 간주되었다. 양자 모두 우주의 질서에 대한 통찰을 제공한다고 생각되었다. 음악과 수학이 각자 다른 길을 가게 된 것은 17세기에 과학적 방법이 등장하고 난 이후의 일이다.

    그러나 이런 역사적 관련성에도 불구하고 수학과 음악 사이에는 최근까지 매우 분명한 차이가 있었다. 음악의 경우에는 비록 숙련된 사람만이 악보를 읽으면서 머릿속으로 음악을 들을 수 있지만, 능력 있는 연주자가 음악을 연주하면, 청각을 지닌 사람이라면 누구라도 그 음악을 즐길 수 있다. 연주되는 음악을 경험하고 즐기기 위해 음악적 훈련이 필요한 것은 아니다.

반면에 수학사 대부분의 기간 동안 수학을 감상하는 유일한 길은 기호들을 '보고-읽는' 방법을 배우는 것이었다. 물론 수학도 음악의 구조 및 패턴과 마찬가지로 인간 정신의 구조를 반영하고 그 구조 속에서 공명하지만, 인간은 귀와 비교할 만한 수학적 감각기관을 개발하지 못했다. 수학은 오직 '정신의 눈'으로만 '볼' 수 있다. 이는 마치 우리에게 청각이 없어서, 오직 음표들을 보고-읽을 수 있는 사람만이 음악의 패턴과 화음을 감상할 수 있는 것과 같다.

그러나 최근 들어 컴퓨터와 영상 기술의 발전에 힘입어 숙련되지 않은 사람도 수학에 접근하는 것이 어느 정도 가능해졌다. 기술을 갖춘 사용자의 손 아래에서 컴퓨터는 수학을 '연주'하기 위해 이용될 수 있으며, 연주 결과는 모든 사람이 볼 수 있는 시각적 형태로 화면에 출력될 수 있다. 물론 그렇게 시각적 '연주'로 제공될 수 있는 수학은 상대적으로 소수에 불과하지만, 오늘날에는 수학을 할 때 수학자가 '보고' 경험하는 아름다움과 조화를 최소한 부분적으로나마 일반인에게 전달하는 것이 가능해졌다.

보는 것이 발견하는 것

때로 컴퓨터 그래픽은 문외한뿐만 아니라 수학자 자신에게도 수학 내부의 세계를 들여다보기 위한 중요한 도구로 사용될 수 있다. 예를 들어 복잡 역동 체계 연구는 1920년대 프랑스 수학자 파투(Pierre Fatou)와 줄리아(Gaston Julia)에 의해 시작되었지만, 그들이 연구한 구조들 중

〔그림 0-3〕 줄리아 집합

일부를 볼 수 있게 된 것은, 급격히 발달한 컴퓨터 그래픽 기술에 힘입어 1970년대 말에서 1980년대 초에 이루어진 만델브로트(Benoit Mandelbrot)를 비롯한 여러 수학자들의 작업에 의해서였다. 이 연구의 결과로 얻어진 대단히 아름다운 그림들은 그 자체로 일종의 예술 형식이 되었다. 이 분야를 개척한 사람을 기리기 위해 어떤 구조들은 줄리아 집합들(Julia sets)이라 명명되었다.

컴퓨터 그래픽을 이용해 수학의 심층부에서 발견을 이룬 또다른 사례로 1983년에 호프만(David Hoffman)과 믹스 3세(William Meeks Ⅲ)가 발견한 전혀 새로운 극소 곡면을 들 수 있다(〔화보 1〕 참조). 극소 곡면은 수학적으로 고찰한 무한 비누막이다. 틀에 걸려 펼쳐 있는 실제 비누막은 언제나 가능한 최소 면적을 이루는 곡면을 형성한다. 수학자들은 비누막과 동등하면서 무한히 펼쳐진 추상적 곡면을 연구한다. 그런 곡면들은 200년 이상 연구되어왔지만, 호프만과 믹스의 발견이 있기까지 단 세 개만이 알려져 있었다. 오늘날 수학자들은 컴퓨터 시각화 기술의 도움을 받아 많은 극소 곡면들을 발견했다. 극소 곡면에 대한 많은 지식들은 대수학과 미적분학을 비롯한 보다 전통적인 수학적 기법에 의해 발견되었다. 그러나 호프만과 믹스가 보여주었듯이, 컴퓨터 그래픽은 수학자에게 전통적 기법들을 올바로 조합하는 데 필요한 직관을 제공할 수 있다.

대수학적 기호들이 없었다면 수학의 많은 부분은 전혀 존재할 수 없었을 것이다. 사실상 이 문제는 인간의 인지 능력과 관련된 심오한 문제이다. 추상 개념의 인지와 추상 개념을 표상하는 적절한 언어의 개발은 실제로 동전의 양면이다.

추상적 대상을 가리키기 위해 문자나 단어, 그림 같은 기호를 사용하는 것은 그 대상을 대상으로 인지하는 것과 걸음을 나란히 한다. 수 7을 나타내기 위해 숫자 '7'을 사용하려면, 수 7을 대상으로 인지해야 한다. 임의의 정수를 나타내기 위해 문자 m을 사용하려면, 정수 개념이 인지되어야 한다. 기호를 가짐으로써 개념을 생각하고 조작하는 것이 가능해진다.

수학의 이러한 언어적 측면은, 특히 수학의 수행적 계산적 측면이 강조되는 오늘날 흔히 간과된다. 사실상 많은 사람들은 추상적 기호들이 없으면 수학이 훨씬 쉬울 것이라고 투덜댄다. 하지만 그것은 마치 셰익스피어의 작품이 좀더 쉬운 언어로 씌어졌더라면 훨씬 이해하기 쉬울 것이라고 말하는 것과 같다.

아쉽지만 수학의 추상 수준과 그 추상을 감당할 수 있는 기호의 필요성을 감안할 때, 수학의 많은 부분, 아니 어쩌면 대부분은 비수학자들에게 영원히 미지의 영역으로 남을 것이다. 또한 보다 접근이 용이한 부분들—이 책과 유사한 종류의 책들이 다루는 부분들—도 내부의 아름다움은 가려진 채 흐릿하게만 지각될 수 있을 것이다. 그렇다고 해서 우리들 중에 그 내부의 아름다움을 감상할 능력을 타고난 듯이 보이는 사람들이 다른 사람들에게 그들이 경험하는 것이 무엇인지를 어떻게든 전달하는 노력을 게을리 할 수는 없다. 단순함, 정확함, 순수함 그리고 우아함 등 수학적 패턴들의 미적 가치를 결정짓는 것들을 전달하는 노력은 이루어져야 한다.

기호 속에 숨은 아름다움

1940년의 저서 『수학자의 변명 A Mathematician's Apology』에서 유명한 영국 수학자 하디(G. H. Hardy)는 이렇게 말했다.

수학자의 패턴들은 화가나 시인의 패턴들과 마찬가지로 **아름다워야** 하고, 생각들은 색이나 단어와 마찬가지로 서로 조화를 이루어야 한다. 첫 번째 기준은 아름다움이다. 추한 수학은 세상에 오래 머물지 못한다……수학적 아름다움을 정의하기는 매우 어려울 것이다. 그러나 그것은 다른 종류의 아름다움도 마찬가지다. 아름다운 시가 무엇을 뜻하는지 우리는 모를 수도 있다. 그러나 우리는 아무 지장 없이 아름다운 시를 인지한다.

하디가 말하고자 하는 아름다움은 많은 경우, 고도로 추상적이고 내적인 아름다움, 추상적 형식과 논리적 구조의 아름다움, 수학에 충분히 숙련된 사람만이 발견하고 관찰할 수 있는 아름다움이다. 러셀(Bertrand Russell)의 표현을 따른다면, 그것은 '차갑고 간결한' 아름다움이다. 유명한 영국의 수학자이자 철학자인 러셀은 1918년의 저서 『신비주의와 논리학 Mysticism and Logic』에서 다음과 같이 썼다.

제대로 보면 수학은 진리뿐만 아니라 지고의 아름다움도 가지고 있다. 우리의 어떤 연약한 본성에도 호소하지 않는, 회화나 음악의 화려한 장식도 없는, 조각의 아름다움과 유사한 차갑고 간결한 아름다움도 가지고 있다. 또한 그 아름다움은 가장 위대한 예술만이 보여줄 수 있는 아름다움에 견줄 만큼 엄격하게 완성될 수 있다.

패턴의 과학인 수학은 세계를, 즉 밖으로는 물리적 생물학적 사회적 세계와 안으로는 우리의 정신과 사유의 세계를 보는 방식이다. 수학이 최대의 성공을 이룬 분야는 단연 물리학이다. 수학은 (자연)과학의 여왕이요 동시에 하인이라 일컬어진다. 그러나 전적으로 인간이 창조한 산물인 수학은 궁극적으로 인간성 자체의 연구이다. 왜냐하면 수학의 기반을 이루는 것들 중 어떤 것도 물리적 세계에 존재하지 않기 때문이다. 수, 점, 직선과 평면, 표면, 기하학적 도형, 함수 등은 오직 인류의 집단적 정신 속에만 존재하는 순수 추상물이다. 수학적 증명의 절대적 확실성과 수학적 진리의 무제한적 지속성은 인간의 정신과 물리적 세계 모두에 있는 수학적 패턴들의 심오하고 근본적인 지위를 반영한다.
천체에 관한 연구가 과학적 사유를 주도하던 시대에 갈릴레오는 이렇게 말했다.

자연의 커다란 책은 그 책에 씌어 있는 언어를 아는 사람만이 읽을 수 있다. 그 언어는 수학이다.

긴 세월이 흘러 원자의 내부 구조에 관한 연구가 한 세대의 과학자 다수의 마음을 사로잡고 있던 시절인 1986년에도 케임브리지 대학의 물리학자 폴킨호른(John Polkinhorne)이 놀랍도록 유사한 언급을 했다.

수학은 물리적 우주의 자물쇠를 여는 추상적 열쇠이다.

정보와 의사소통과 컴퓨터가 주도하는 오늘날 수학은 열 수 있는 새로운 자물쇠들을 찾고 있다. 우리의 삶에서 크든 작든 수학의 영향을 받지 않는 측면은 거의 없다. 왜냐하면 사유와 의사소통과 컴퓨터와 사회와 생명 자체의 본질이 바로 수학적 패턴이기 때문이다.

비가시적인 것의 가시화

우리는 "수학은 패턴의 과학이다"라는 문장으로 "수학은 무엇인가?"라는 질문에 답했다. 마찬가지로 간단한 문장으로 답할 수 있는 또다른 근본적인 질문이 있다. "수학은 무엇을 하는가?"라는 질문이 그것이다. 내가 말하고자 하는 바는, 어떤 현상의 연구에 수학을 적용했을 때 정확히 무슨 효과가 있는가, 이다. 대답은 다음과 같다. "수학은 비가시적인 것을 가시화한다."

이 대답이 의미하는 바를 설명하기 위해 몇 가지 예를 들겠다.

수학이 없다면 대형 제트 비행기가 공중에 떠 있도록 하는 것이 무엇인지 이해할 방법이 없다. 우리 모두가 알듯이, 어떤 것이 받쳐주지 않으면 커다란 금속 물체는 공중에 머물러 있을 수 없다. 비행기가 공중에 머물도록 받치는 것을 '보기' 위해서는 수학이 필요하다. 이 경우에 비가시적인 것을 '보게' 해주는 것은 18세기 초 수학자 다니엘 베르누이(Daniel Bernoulli)가 발견한 방정식이다.

계속해서 비행과 관련된 예를 들어보자. 비행기가 아닌 물체를 공중에 놓으면 땅으로 떨어지도록 만드는 것은 무엇인가? "중력이다"라고 당신은 대답할 것이다. 하지만 그것은 이름을 대는 것에 불과하다. 그 대답은 이해에 전혀 도움이 되지 않는다. 떨어지도록 만드는 그 무엇은 여전히 비가시적이다. 그것은 "마술이다"라고 대답한 것과 다를 바 없다. 중력을 이해하려면, 중력을 '보아야' 한다. 그것이 바로 17세기에 뉴턴이 그의 운동 및 역학 법칙들을 통해 해낸 일이다. 뉴턴의 수학은 우리로 하여금, 지구가 태양 주위를 돌게 만들고 사과가 나무에서 떨어지게 만드는 비가시적 힘들을 '볼' 수 있게 만든다.

베르누이 방정식과 뉴턴 방정식은 모두 미적분학을 사용한다. 미적분학은 무한히 작은 것을 가시화함으로써 가능하다.

또다른 예가 있다. 우리가 우주선을 외부 공간으로 보내 우리 행성의 사진을 얻기 2천 년 전에 그리스 수학자 에라토스테네스는 수학을 이용하여 지구가 둥글다는 것을 보였다. 심지어 그는 지구의 지름과 곡률도 계산했는데, 그의 계산값은 99%의 정확성을 자랑한다.

오늘날 우리는 우주가 휘어 있다는 것을 발견함으로써 에라토스테네스의 성취를 곧 재현하게 될지도 모른다. 수학과 고성능 망원경을 사용하여 우리는 우주의 끝자락을 '볼' 수 있다. 몇몇 천문학자들에 따르면, 우리는 곧 공간의 곡률을 감지하고 측정할 수 있을 만큼 충분히 멀리 볼 수 있게 될 것이라고 한다.

공간의 곡률을 알면 우리는 수학을 써서 우주가 멸망하는 날에 이르기까지 미래를 볼 수 있을 것이다. 우리는 이미 수학을 써서 먼 과거로 거슬러 올라가 소위 빅뱅(Big Bang)이라는 사건을 통해 우주가 처음 생겨난 시기의 비가시적 순간들을 가시화했다.

오늘날의 지상으로 시선을 돌려보자. 도시 반대편에 있는 텔레비전에

기적처럼 나타나는 축구 경기의 소리와 화면을 만드는 것을 당신은 어떻게 '가시화' 하는가? 한 가지 대답은, 그림과 소리가 전파—우리가 전자기파라 부르는 것의 한 경우인 전파—에 의해 전달된다는 것이다. 그러나 중력을 말하는 것과 마찬가지로, 이 대답도 현상에 이름을 붙이는 것에 불과하다. 이 대답으로는 '보는' 것에 도움이 되지 않는다. 전파를 '보기' 위해서는 수학을 써야 한다. 비가시적인 전파를 볼 수 있게 해주는 것은 19세기 말에 발견된 맥스웰 방정식이다.

다음은 우리가 수학을 통해 '볼' 수 있는, 인간과 관련된 몇 가지 패턴이다.

- 아리스토텔레스는 우리가 음악으로 인지하는 소리의 비가시적 패턴을 '보기' 위해 수학을 사용했다.
- 그는 또한 드라마 진행의 비가시적 구조를 기술하기 위해 수학을 사용했다.
- 1950년대에 언어학자 촘스키(Noam Chomsky)는 우리가 문법적 문장으로 인지하는 단어들의 비가시적 추상적 패턴을 '보고' 기술하기 위해 수학을 사용했다. 이를 통해 그는 언어학을 인류학의 매우 불분명한 한 갈래에서 활발한 수학적 과학으로 바꾸어놓았다.

마지막으로, 우리는 수학을 써서 미래를 볼 수 있다.

- 확률 이론과 수학적 통계학은 종종 훌륭한 정확도로 전자의 방출을 예측할 수 있게 한다.
- 우리는 내일 날씨를 예측하기 위해 미적분학을 이용한다.
- 시장 분석가들은 다양한 수학 이론들을 이용하여 주식 시작의 동향

을 예측한다.
- 보험회사는 통계학과 확률 이론을 이용하여 내년의 사고 발생 확률을 예측하고, 이에 맞추어 보험료를 책정한다.

미래와 관련해서 수학이 보여주는 비가시적인 것들은 다른 종류의 비가시적인 것들이다. 그것들은 아직 일어나지 않은 것들이다. 이 경우에 우리의 수학적 시각은 완벽하지 않다. 때로 우리의 예측은 빗나간다. 그러나 수학이 없었다면 우리가 그렇게 미약하게나마 미래를 보는 것조차 불가능했을 것이다.

비가시적인 우주

오늘날 우리는 과학기술 사회에 살고 있다. 우리 주변으로부터 지평선까지 둘러보면, 과학기술의 산물을 찾을 수 없는 극소수의 영역들조차도 지표면에서 점차 사라지고 있다. 높은 빌딩들, 교량들, 전선, 전화선, 자동차와 도로, 하늘의 비행기…… 과거의 의사소통은 물리적 근접성을 요구했지만, 오늘날 우리의 의사소통 대부분은 수학적으로 매개되어 2진수화된(digitalized) 형태로 철선이나 광학 섬유나 진공을 통해 이루어진다. 컴퓨터―수학을 하는 기계―는 우리의 책상 위에 있을 뿐 아니라 전자 레인지에서 자동차, 아동용 완구에서 심장질환자를 위한 맥박조정기에 이르기까지 모든 물건에 들어 있다. 수학은―통계학의 형태로―우리가 무슨 음식을 먹고, 무슨 상품을 사고, 무슨 텔레비전 프로그램을 보고, 어느 정치인에게 표를 던질 것인지를 결정한다. 공업 시대의 사회가 엔진을 돌리기 위해 화석연료를 태웠던 것처럼, 오늘날 정보 시대 속에서 우리가 태우는 주요 연료는 수학이다.

  이 책은 비가시적 세계로의 여행에 당신을 안내할 것이다. 이 책은 그 비가시적 구조 중 일부를 보기 위해 어떻게 수학을 이용할 수 있는지 설명할 것이다. 당신은 이 여행에서 만나는 광경들을 낯설게 여길지도 모른다. 마치 먼 외국을 여행할 때처럼 말이다. 그러나 아무리 낯설다 할지라도 우리가 여행할 세계는 먼 우주가 아니다. 우리가 여행할 세계는 우리 모두가 살고 있는 우주이다.

1장 왜 수가 중요한가

당신은 수로 센다

 수—즉 정수—는 우리 주변의 세계 속에 있는 패턴들을 인지함으로써 생겨난다. 그 패턴들은 '하나'의 패턴, '둘'의 패턴, '셋'의 패턴 등이다. 우리가 '셋'이라고 부르는 패턴을 인지한다는 것은, 사과 세 개로 된 집합과 어린이 세 명으로 된 집합과 축구공 세 개의 집합과 돌멩이 세 개의 집합에 공통되는 것이 무엇인지 인지한다는 것이다. 엄마가 아이에게 사물로 이루어진 집합들—사과 세 개, 신발 세 개, 장갑 세 개, 장난감 트럭 세 개—을 보여주면서, "패턴을 알아차릴 수 있겠니?"라고 물을 수 있을 것이다. 세는 수 1, 2, 3, ……은 그 패턴들을 지적하고 기술하는 한 방법이다. 수를 통해 지적한 패턴들은 추상적이며, 그렇기 때문에 그것들을 기술하기 위해 수가 사용되는 것이다.
 우리 주변의 세계에 있는 특정한 패턴들의 추상화가 수 개념이라는 것을 깨닫는 즉시 또하나의 패턴, 즉 수들의 수학적 패턴을 의식하게 된다.

수에는 순서가 있다. 1, 2, 3, …… 등 각각의 다음 수는 이전 수보다 1만큼 크다.

수학자들이 탐구하는 보다 심층적인 수의 패턴들도 있다. 짝수와 홀수의 패턴, 소수 혹은 합성수라는 패턴, 제곱수의 패턴, 다양한 방정식들의 해라는 패턴 등이다. 이런 형태의 수 패턴들을 연구하는 과목은 수 이론(number theory)이라 불린다.

요새는 다섯 살 꼬마도 한다

지적인 서양 문화 속에 있는 일반적인 아이들은 인류가 수천 년 걸려 이룬 인지적 도약을 다섯 살 혹은 더 어린 나이에 이룬다. 아이들은 수 개념을 획득한다. 예를 들어 사과 다섯 개, 오렌지 다섯 개, 아이 다섯 명, 과자 다섯 개, 돌멩이 다섯 개 등에 공통된 무엇이 있음을 의식하게 된다. 그 공통된 무엇인 '다섯'은 수 5 속에, 말하자면 들어 있거나 붙잡혀 있다. 수 5는 추상적 대상이다. 아이는 영원히 수 5를 보지도 듣지도 만지지도 냄새맡지도 맛보지도 못할 것이다. 그러나 수 5는 아이의 남은 인생에서 분명하게 현존할 것이다. 사실상 사람들 대부분의 일상생활에서 수는 그렇게 분명하게 현존하면서 기능한다. 일상적인 세는 수 1, 2, 3, ……은 분명 에베레스트 산이나 타지마할보다 더 실재적이고 더 구체적이고 더 친숙하다.

세는 수의 개념을 형성하는 것은, '주어진 집합의 원소의 수'라는 패턴을 인지하는 과정에 포함된 마지막 단계이다. 이 패턴은 완전히 추상적이다. 사실상 너무나 추상적이기 때문에 추상적인 수를 동원하지 않는다면 현실적으로 언급이 불가능할 정도이다. 수 25를 언급하지 않고, 25개의 사물로 이루어진 집합이 무엇을 뜻하는지 설명해보라(작은 집합과 관련해서는 손가락을 쓸 수 있다. 다섯 개의 사물로 이루어진 집합을 설명하려면, 손가락을 다 펴서 손을 들어올리면서 "이만큼 많다"라고 말할 수 있다).

사람들이 추상적인 것보다 구체적인 것을 더 선호한다는 것을 생각할 때, 인간 정신이 추상을 수용하는 것은 쉽지 않은 일이다. 실제로 심리학과 인류학의 연구 성과에 따르면, 추상을 다루는 능력은 타고나는 것이 아니라 획득되는 것이며, 그 능력의 획득은 우리의 지적 발달에서 대단히 힘든 단계이다.

예를 들어 인지심리학자 피아제(Jean Piaget)에 따르면, 추상적인 부피 개념은 본유적이지 않고 어린 나이에 습득된다. 어린아이들은 길고 가는 컵과 짧고 굵은 컵에 같은 부피의 물이 들어갈 수 있음을 이해하지 못한다. 꽤 오랜 시간 동안 아이들은 물의 양이 변한다고, 짧은 컵보다 긴 컵에 더 많은 물이 들어간다고 주장할 것이다.

추상적 수 개념 또한 습득되는 것으로 보인다. 어린아이들은 먼저 셈(counting)을 배운 후에 수 개념을 습득하는 것 같다. 수 개념이 본유적이지 않음을 보여주는 증거는 현대 사회로부터 고립되어 발전해온 문명들에 관한 연구를 통해 얻어진다.

예를 들어 스리랑카의 베다(Vedda) 족 사람은 코코넛을 셀 때, 나무막대 뭉치를 가져와서 각각의 코코넛에 하나씩 놓는다. 나무막대를 놓을 때마다 그는 매번 "하나"라고 말한다. 그가 가진 코코넛이 얼마나 많으냐고 물으면, 그는 간단히 나무막대 뭉치를 가리키며 "이만큼 많다"라고 대답한다. 그러니까 베다 족 사람은 일종의 셈 체계를 가지고 있지만, 추상적 수의 사용으로부터는 멀리 떨어져 있는 것이다. 그 사람은 매우 구체적인 나무막대를 이용해 '센다'.

베다 족이 사용하는 셈 체계는 매우 오래 전으로 거슬러 올라간다. 그 체계는 한 무리의 물체들—예를 들어 나무막대나 돌멩이—을 다른 무리의 물체들을 '세기' 위해 '셀' 물체와 하나씩 짝을 맺어주는 방식으로 작동한다.

표식의 발달

사람이 만든 물건 중에 셈과 관련이 있다고 믿어지는 가장 오래된 것은 눈금이 새겨진 뼈다. 그 뼈들 중 어떤 것은 대략 기원전 35000년까지 거슬러 올라간다. 최소한 몇몇 발굴품의 경우에는, 그 뼈들이 각각의 눈금으로 달의 모양을 나타냄으로써 태음력 달력으로 사용되었던 것으로 보인다. 일대일 대응을 이용해서 세는 데 사용한 도구들은 선사 시대 사회에서 다수 발견된다. 고대 아프리카 왕국들에서는 인구 조사에 돌멩이와 조개껍질이 사용되었으며, 아메리카 대륙에서는 카카오 콩깍지와 옥수수, 밀, 쌀 알갱이가 세는 데 사용되었다.

물론 이 모든 셈 체계들은 변별력이 떨어진다는 명백한 약점을 지니고 있었다. 눈금들, 돌멩이들, 조개껍질들은 어떤 양을 가리키지만, 어떤 물건의 양을 가리키는지는 알 수가 없다. 따라서 오랫동안 간직할 수 있는 정보를 담는 도구로는 사용될 수 없었다. 이 문제를 해결한 최초의 셈 체계는 오늘날 소위 중동이라 불리는 지역에서 개발되었다. 그 지역은 '비옥한 초승달 지대'라고도 불리며, 오늘날의 시리아에서 이란에 걸쳐 있다.

1970년대와 1980년대 초반에 오스틴 소재 텍사스 대학의 인류학자 슈만트-베세랏(Denise Schumandt-Besserat)은 중동 지역의 여러 고고학 발굴지에서 나온 점토 물건들을 정밀하게 연구했다. 슈만트-베세랏

[그림 1-1] 이란 수사(Susa)에서 발견된 이 점토 인공물들은 비옥한 초승달 지역의 조직화된 농경 체계에서 셈에 사용되었다. (맨 위) 윗줄 왼쪽부터, 양 한 마리, 어떤 기름 한 단위(?), 금속 한 단위, 어떤 의상. 아랫줄, 다른 종류의 의상, 미지의 일용품, 꿀 한 단위를 나타내는 복잡한 표식. 기원전 3300년경. (가운데) 내용물을 나타내는 표시가 찍힌 통과 그 속에 들어 있는 표식. 기원전 3300년경. (아래) 곡물 계정을 나타내는 표시가 찍힌 점토판. 기원전 3100년경.

은 평범한 점토 그릇, 벽돌, 소형 입상 사이에서 세심하게 다듬은 점토 모형 한 무더기를 발견했다. 그 모형들은 크기가 1~3센티미터였고, 구, 원반, 원뿔, 사면체, 계란형, 원기둥, 삼각형, 사각형 등이었다([그림 1-1] 참조). 그 모형들 중 가장 오래된 것은 기원전 8000년경, 그러니까 농경 생활을 막 시작한 사람들이 작물 수확을 계획하고 미래를 위해 곡식을 저장할 필요를 처음으로 느꼈을 것으로 보이는 시기에 만들어졌다.

조직적인 농경 생활은 개인 소유물을 저장하는 수단과, 농경을 계획하고 산물을 교환하는 수단을 요구한다. 슈만트-베세랏이 연구한 점토 모형들은 세어지는 물건의 종류를 나타내는 기능을 함으로써 위의 요구를 충족시켰던 것으로 보인다. 예를 들어 확인된 증거에 따르면, 원기둥은 동물을, 원뿔과 구는 통상적으로 사용된 두 가지 단위[각각 대략적으로 페크(peck, 약 9리터)와 부셸(bushel, 약 36리터)을 나타냈다]의 곡물을, 원반은 짐승의 무리를 나타냈다. 점토 모형들은 개인의 소유물을 나타내는 편리한 물리적 기록이 되었을 뿐만 아니라 적절한 물리적 조작을 통해 계획 설정과 물물교환에도 이용될 수 있었다.

기원전 6000년에 이르면 중동 지역 전체에 점토 표식(token)이 전파되었다. 점토 표식의 근본적 성격은 기원전 3000년경까지 거의 바뀌지 않았으나, 후에 수메르인들의 사회 구조가 더욱 복잡해지면서—도시가 커지고, 수메르 신전들이 건축되고, 조직적인 정부가 생겨나면서—더 고차원적인 형태의 표식들이 생겨났다. 이 새로운 표식들은 마름모꼴 육면체, 고리, 포물면체 등을 포함한 보다 다양한 형태이며, 표면에 표시도 찍혀 있다. 과거의 간단한 표식들이 계속해서 농경과 관련된 셈에 사용된 것과 달리, 보다 복잡한 이 표식들은 옷, 금속 제품, 기름 단지, 빵 덩어리 등 인공물을 나타내기 위해 도입된 것으로 보인다.

추상적 수의 탄생으로 가는 중요한 한 걸음을 위한 발판은 마련되었다. 기원전 3300년에서 3250년 사이의 기간 동안 국가의 관리 체계가 발달하면서 점토 표식들을 보관하는 두 가지 방법이 일상화되었다. 고차원적이고 표시가 있는 표식들은 구멍을 뚫어서 길쭉한 점토틀에 고정된 줄에 매달아 보관했다. 점토틀에는 관계되는 당사자를 나타내는 표시가 새겨졌다. 간단한 표식들은 점토로 된 통에 보관되었다. 통은 지름이 약 5~7센티미터인 구형이며, 여기에도 당사자를 나타내는 표시가 새겨졌다. 표식을 매단 줄, 혹은 표식을 담고 뚜껑을 봉한 점토통은 모두 계정(account)이나 약정(contract)으로 사용되었다.

봉인된 점토통은 내용물을 보려 할 경우 부수어야 한다는 분명한 약점을 가지고 있었다. 그리하여 수메르인들은 통을 봉하기 전에 통의 부드러운 외면에 표식을 눌러 모양을 찍음으로써 내용물을 통 밖에서 알 수 있도록 하는 기법을 개발했다.

그러나 내용물이 통의 표면에 기록되기 시작하자 표식 자체가 거의 불필요하게 되었다. 필요한 모든 정보가 통의 표면에 찍힌 표시에 저장되므로 더이상 표식을 사용할 필요가 없어진 것이다. 불과 몇 세대가 흐르면 표식은 실제로 사라진다. 그리고 점토판이 탄생했다. 점토판에는 표시들이 찍혀지고, 그 표시들이 과거에 표식들을 통해 나타냈던 자료들을 기록했다. 오늘날의 용어를 사용한다면, 수메르인들이 물리적인 셈 도구를 씌어진 **숫자**로 대체했다, 라고 말할 수 있다. 인지 이론의 관점에서 볼 때 흥미로운 사실은, 수메르인들이 내용물이 표시되고 봉인된 점토통을 사용하는 단계에서 점토판의 표시를 사용하는 단계로 곧바로 발전하지 못했다는 것이다. 어느 정도의 기간 동안 표시가 찍힌 점토통 속에는 실제 표식들이 불필요함에도 불구하고 담겨졌다. 표식들은 곡물의 양, 양의 수 등을 나타낸다고 간주되었으며, 통 표면에 찍힌 표시들은 현실 세계의 양이 아니라 통 속에 있는 표식들을 나타낸다고 간주되었다. 표식들이 불필요함을 인지하는 데 그렇게 오랜 시간이 걸렸다는 것은, 물리적 표식에서 추상적 표상으로 이행하는 것이 대단한 인지적 발달임을 시사한다.

물론 곡물의 양을 나타내는 상징을 도입하는 것은 오늘날 우리에게 익숙한 의미에서의 수 개념을 분명하게 인지하는 것과 동일하지 않다. 오늘날 우리는 수를 '사물'로, '추상적 대상'으로 간주한다. 정확히 언제 인류가 이런 수 개념을 획득했는지는 대답하기 힘들다. 이는 어린아이가 이와 유사한 인지적 발달을 정확히 어느 시점에서 이루는지 지적하기 힘든 것과 마찬가지다. 어쨌든 분명한 것은 다음과 같다. 일단 점토 표식들이 폐기되자 수메르 사회는 '하나' '둘' '셋' 등의 개념에 의지해서 움직이게 되었다. 왜냐하면 점토판에 찍힌 표시들이 바로 이 개념들이기 때문이다.

상징의 진보

수메르인들의 경우에서처럼, 일종의 수 표기 체계를 가지고 사용한다는 것과, 수 개념을 인지하고 수들의 성질을 탐구한다는 것—수의 과학을 개발한다는 것—은 전혀 별개의 일이다. 후자의 발전은 훨씬 나중에, 사람들이 오늘날 과학이라 분류되는 종류의 지적 탐구를 하기 시작하면서 비로소 이루어졌다.

수학적 장치를 사용한다는 것과, 그 장치에 관련된 항목들을 명확히 인지한다는 것이 서로 다름을 분명히 보이기 위해, 세는 수 둘을 더하거나 곱할 때 둘의 순서는 중요치 않다는 익숙한 사실을 예로 들어보자(이하에서 나는 세는 수를 **자연수**라는 오늘날의 용어로 지칭하겠다). 현대적 대수식을 사용한다면 그 사실을 다음과 같이 간단하고 읽기 좋은 방식으로 표기된 두 가지 교환법칙으로 나타낼 수 있다.

$$m+n=n+m, \quad m \times n = n \times m$$

두 등식 모두에서 기호 m과 n은 임의의 두 자연수를 나타낸다. 이 상징 기호들을 사용하는 것은, 다음의 예에서처럼 교환법칙의 개별 사례를 적는 것과 사뭇 다르다.

$$3+8=8+3, \quad 3 \times 8 = 8 \times 3$$

이 두 식은 특정한 두 수의 덧셈과 곱셈에 관한 기록이다. 이 기록을 이해하려면, 개별적인 추상적 수를 다루는 능력, 즉 최소한 추상적 수 3과 8을 다루는 능력이 필요하다. 이 능력이 바로 고대 이집트인들과 바빌로니아인들이 가졌던 능력이다. 하지만 이 능력을 얻기 위해 잘 발달된 추상적 수 개념을 가질 필요는 없다. 반면에 교환법칙을 이해하려면, 그런 발달된 개념이 필요하다.

기원전 2000년경 이집트인들과 바빌로니아인들은 원초적인 수 체계를 개발했고, 삼각형, 피라미드 등과 관련된 여러 기하학적 앎을 터득했다. 그들이 덧셈과 곱셈에서 교환법칙이 성립함을 '알았다'는 것에는 의심의 여지가 없다. 단 이때 '알았다'는 것은, 그들이 덧셈과 곱셈에서 나타나는 그 두 행태 패턴에 익숙해 있었고, 일상적인 계산에서 빈번히 그 패턴을 이용했다는 것을 의미한다. 그러나 특정한 계산을 어떻게 수행하는지를 기록할 때 그들은 m과 n 같은 대수학적 기호를 사용하지 않았다. 대신에 그들은 항상 특정한 수에 관해 기록했다. 많은 경우 그 특정한 수들이 다만 사례들일 뿐이며 다른 수들로 대체해도 무방하다는 것이 명백함에도 불구하고 말이다.

예를 들어 모스크바 파피루스(Moskow Papyrus)라고 명명된 기원전 1850년의 이집트 문서에는 윗부분을 잘라낸 피라미드의 부피를 구하는 방법이 다음과 같이 기록되어 있다(밑면과 평행인 평면으로 윗부분을 잘라낸 피라미드의 경우이다. 〔그림 1-2〕 참조).

만약 네가, 잘려진 피라미드의 수직 높이가 6이고 밑면의 한 변이 4, 윗면의 한 변이 2라고 들었다고 하자. 너는 4를 제곱해야 한다. 결과는 16이다. 너는 4를 두 배 해야 한다. 결과는 8이다. 너는 2를 제곱해야 한다. 결과는 4이다. 너는 16과 8과 4를 더해야 한다. 결과는 28이다. 너는 6의 $\frac{1}{3}$을 취해야 한다. 결과는 2이다. 너는 28을 두 배 해야 한다. 결과는 56이다. 보라, 56이 나왔다. 너는 옳은 답을 찾을 것이다.

이 계산법은 비록 특정한 수들로 이루어져 있지만, 읽는 사람이 그 수들을 임의의 다른 수들로 대체하기만 한다면, 보편적인 계산법으로 통할

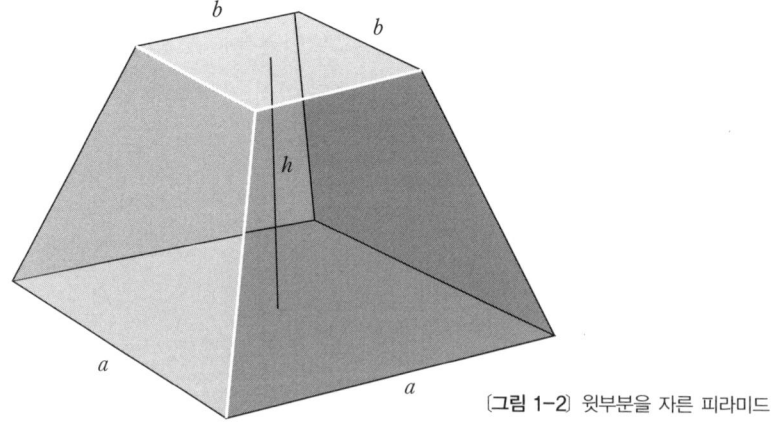

〔그림 1-2〕 윗부분을 자른 피라미드

수 있음이 분명하다. 현대의 표기법을 쓴다면, 대수학적 수식으로 결론을 표현할 수 있을 것이다. 만일 잘려진 피라미드의 밑면의 한 변의 길이가 a와 같고 윗면의 길이가 b와 같고 높이가 h라면, 부피는 다음 공식에 의해 주어진다.

$$V = \frac{1}{3} h (a^2 + ab + b^2)$$

어떤 패턴을 의식하고 이용하는 것과, 그 패턴을 형식화하고 과학적 분석의 대상으로 삼는 것은 다르다. 예를 들어 교환법칙들은 자연수들이 덧셈과 곱셈 하에서 취하는 행동 방식의 특정한 패턴을 나타낸다. 더 나아가 교환법칙들은 그 패턴을 명시적인 방식으로 표현한다. 임의의 자연수를 가리키는 대수학적 불특정 상수 m, n을 써서 그 법칙들을 형식화함으로써 우리는 초점을 덧셈이나 곱셈 자체가 아닌 문제의 패턴으로 명시적으로 옮겨놓는다.

일반적인 추상적 수 개념, 그리고 덧셈과 곱셈의 교환법칙 같은 종류의 행태적인 규칙들은 기원전 600년경 그리스 수학의 시대가 도래할 때까지 인간의 인지 능력 속에 들어오지 못했다.

오랜 세월 동안 오직 그리스뿐이었다

추상적 수학이 정확히 언제 발생했는지 말하는 것은 불가능하다. 그러나 시간과 장소를 결정해야 한다면, 기원전 6세기 그리스라는 대답이 가장 그럴듯하다고 할 수 있다. 밀레투스의 탈레스는 그 시기에 기하학을 연구했다. 탈레스는 상인으로서 많은 여행을 했으므로 당시 알려져 있었던 측량과 관련된 기하학 지식을 접했음이 틀림없다. 그러나 그 기하학적 지식들을 수단으로 보는 것이 아니라 체계적 탐구의 주제로 보는 노력은 탈레스 이전에는 없었던 것으로 보인다. 탈레스는 알려져 있는 기하학적 앎들을 탐구했다. 다음을 예로 보자.

원은 지름에 의해 이등분된다.
닮은 두 삼각형의 변들의 비율은 일정하다.

탈레스는 이런 앎들이 길이와 면적의 성질과 관련된 보다 '기초적인' 사실들로부터 어떻게 연역될 수 있는지 보여주었다. 이렇게 도입된 수학적 증명의 발상은 뒤이은 수학 대부분의 주춧돌이 되었다.

수학적 증명의 개념을 옹호한 가장 유명한 고대인들 중 하나는 그리스 학자 피타고라스이다. 피타고라스는 기원전 570~500년경에 살았다. 그의 삶에 관해 세부적으로 알려진 바는 거의 없다. 그것은 그와 그의 추종자들이 스스로 신비로운 존재들로 행세하면서 그들의 수학적 연구를 일종의 마법으로 여겼기 때문이다. 피타고라스는 기원전 580년에서 560년 사이에 에게 해의 사모스 섬에서 태어났으며, 이집트와 바빌로니아 두 문명권 모두에서 공부했다고 믿어진다. 수년간의 방랑 생활 후 그는 이탈리아 남부의 발달된 그리스 도시 크로톤에 정착했던 것으로 보인다. 그가 설립한 학교는 산술학(arithmetica, 수 이론), 음악(harmonia), 기하학(geometria), 그리고 점성술(astrologia, 천문학)에 중점을 두었다. 이 네 과목은 중세에 4기예(quadrivium)라 불리게 된다. 3기예라 불리는 논리학, 문법, 수사학을 4기예에 더하면 '7기예', 즉 일곱 개의 '교양 과목(liberal arts)'이 된다. 이 7기예는 지식인이 필수적으로 배워야 하는 과목으로 간주되었다.

피타고라스는 철학적 사변과 수에 관한 신비적인 논의뿐만 아니라 유명한 피타고라스 정리를 비롯한 몇 가지 엄밀한 수학적 업적도 남겼다. 〔그림 1-3〕에 표현된 피타고라스 정리는, 임의의 직각삼각형에서 빗변의 길이의 제곱은 다른 두 변의 길이의 제곱의 합과 같다고 말한다. 이 정리는 두 가지 점에서 주목할 만하다. 첫째, 피타고라스주의자들은 변의 제곱들 사이에 성립하는 관계를 파악했다. 그들은 모든 직각삼각형이 나타내는 규칙적인 패턴이 있음을 간파한 것이다. 둘째, 그들은 그들이 관찰한 것이 실제로 모든 직각삼각형에 타당함을 보이는 엄밀한 증명에 도달할 수 있었다.

그리스 수학자들의 주요 관심사가 된 추상적 패턴은 기하학적 패턴, 즉 모양, 각, 길이, 면적의 패턴이었다. 사실상 자연수만 제외하면, 그리스인들의 수 개념은 본질적으로 기하학에 기반을 두고 있었다. 수들은 길이나 면적의 측정값으로 여겨졌다. 각, 길이, 면적 등과 관계된 모든 명제들은 ─ 오늘날이라면 그 명제들을 정수나 분수로 표현하겠지만 ─

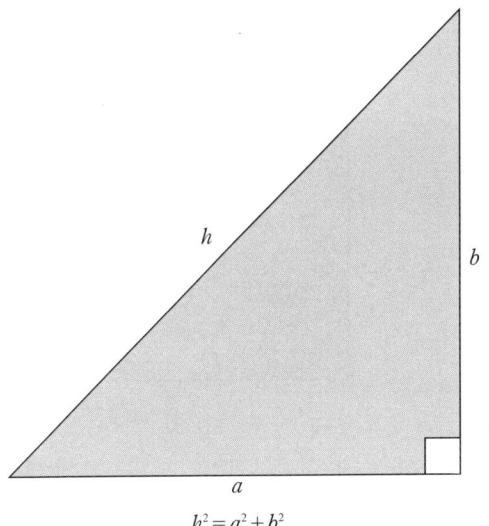

〔그림 1-3〕 피타고라스 정리는 직각삼각형의 빗변의 길이(h)와 다른 두 변의 길이(a와 b) 사이의 관계를 규정한다.

$h^2 = a^2 + b^2$

한 각, 길이, 면적을 다른 것과 비교하는 형태로 표현되었다. 그리스인들이 이렇게 비교를 통해 비율(ratio)에 초점을 두었기 때문에 유리수(rational number)라는 현대 수학 용어가 생겨났다. 유리수는 한 정수의 다른 정수에 대한 비율로 표현될 수 있는 수를 말한다.

그리스인들은 고등학생들에게도 익숙한 여러 대수학 공식들을 발견했다. 다음의 두 예를 보라.

$$(a+b)^2 = a^2 + 2ab + b^2$$
$$(a-b)^2 = a^2 - 2ab + b^2$$

이 공식들 또한 기하학적인 의미로, 면적들을 더하고 빼는 의미로 생각되었다. 예를 들어 유클리드의 『기하학 원론』(이 책에 관해서는 뒤에서 자세히 다루겠다)에는 위의 첫번째 공식이 다음과 같이 제시되어 있다.

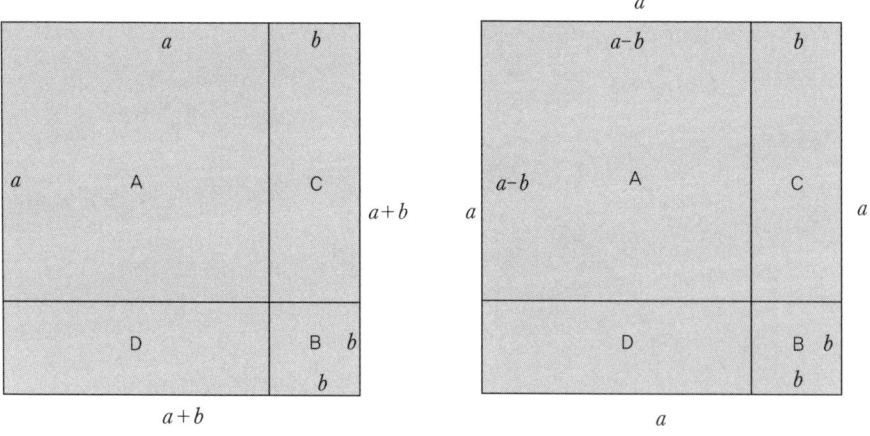

[그림 1-4] 이 도안들은 $(a+b)^2$(왼쪽)과 $(a-b)^2$(오른쪽)을 그리스인들이 어떻게 기하학적으로 계산했는지를 보여준다.

[명제 II. 4]

만일 한 선분을 임의로 자른다면, 선분 전체 위에 그린 정사각형의 면적은, 두 부분선분 위에 그린 정사각형의 면적의 합과, 두 부분선분으로 둘러싸인 직사각형 면적의 두 배를 전부 합한 것과 같다.

이 명제는 [그림 1-4]의 왼쪽 도면에 표현되어 있다.

도면에서 다음을 확인할 수 있다. 커다란 정사각형의 면적 $= (a+b)^2 =$ 정사각형 A의 면적과 정사각형 B의 면적과 직사각형 C의 면적과 직사각형 D의 면적의 합 $= a^2 + b^2 + ab + ab = a^2 + 2ab + b^2$. 위의 두번째 공식

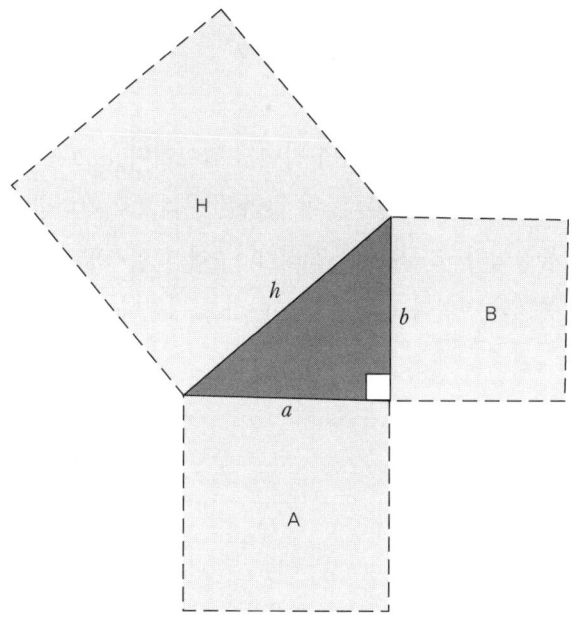

정사각형 H의 면적=정사각형 A의 면적+정사각형 B의 면적

[그림 1-5] 그리스인들은 피타고라스 정리를 기하학적으로 이해했다. 즉 직각삼각형의 세 변 위에 그린 정사각형들의 면적 사이의 관계로 이해했다. 이렇게 이해할 경우, 정리가 말하는 바는 H = A + B이다.

은 [그림 1-4]의 오른쪽 도면에서 도출된다. 이 도면에서 다음을 알 수 있다. 정사각형 A의 면적 = $(a-b)^2$ = 커다란 정사각형 면적 빼기 C와 B로 이루어진 직사각형의 면적 빼기 D와 B로 이루어진 직사각형의 면적 더하기 정사각형 B의 면적(이 면적이 두 번 뺄셈되었기 때문에 한 번 더해준다) = $a^2 - ab - ab + b^2$.

그리스 수 체계에는 음수가 없었다. 실제로 18세기에 이르러서도 음수가 널리 사용되지 않았다.

피타고라스 정리는 오늘날 다음과 같은 대수학 등식으로 표현될 수 있다.

$$h^2 = a^2 + b^2$$

이때 h는 주어진 직각삼각형의 빗변의 길이이며, a, b는 다른 두 변의 길이이다. 그러나 그리스인들은 이 정리를 전적으로 기하학적인 의미로 이해하고 증명했다. 그들은 이 정리가, 주어진 삼각형의 변들 위에 그린 정사각형들의 면적과 관련된 결론이라고 여겼다. [그림 1-5]를 참조하라.

치명적 결함을 발견하다

수에 관해 얻은 지식을 도형과 관련하여 표현한 것은 그리스인들이 어떤 전제를 가지고 있었기 때문인데, 그 전제는 그들이 생각했던 것보다 훨씬 위험한 것이었다. 현대적으로 말한다면, 그리스인들은 모든 길이가 서로 자연수의 비로 나타낼 수 있고, 모든 면적도 마찬가지임을 전제했던 것이다. 마침내 이 믿음이 오류라는 것이 밝혀지자 그리스인들은 커다란 충격을 받았다. 그리스 수학은 결국 그 충격에서 벗어나지 못했다.

일반적으로 그 충격적 발견의 주인공은 피타고라스 학파에 속한 히파수스라는 이름의 젊은 수학자였다고 전해진다. 그는 정사각형의 대각선과 그 정사각형의 변은 자연수의 비로 나타낼 수 없음을 증명했다. 현대적으로 말한다면, 유리수 길이의 변을 가지는 정사각형의 대각선은 유리수 길이를 가지지 않음을 증명했다. 역설적이게도 그의 증명은 피타고라스 정리에 기반을 두고 있었다.

정사각형의 변의 길이가 1이라고 가정하자. 그렇다면 피타고라스 정리에 의해서 대각선의 길이는 $\sqrt{2}$ (2의 제곱근)가 된다. 그런데 비교적 간단하면서도 대단히 멋진 논리적 추론을 동원하면, $\frac{p}{q}$ 가 $\sqrt{2}$와 같아지도록 만드는 정수 p, q가 존재하지 않음을 증명할 수 있다. 수 $\sqrt{2}$는 오늘날 수학자들이 무리수라고 부르는 수인 것이다. 간단하면서도 멋진 증명은 다음과 같다.

내가 위에서 말한 것과 반대로 $\frac{p}{q} = \sqrt{2}$인 자연수 p, q가 있다고 가정해 보자. 만일 p와 q가 공통인수를 가진다면, 그 인수를 약분할 수 있다. 우리는 그 약분 작업이 이미 완료되었다고 가정할 수 있을 것이다. 그러므로 p와 q가 공통인수를 가지지 않는다고 가정할 수 있다.

등식 $\sqrt{2} = \frac{p}{q}$ 의 양변을 제곱하면 $2 = \frac{p^2}{q^2}$ 이 된다. 항들을 재배치하면 $p^2 = 2q^2$이 얻어진다. 이 등식이 말하는 것은, p^2이 짝수라는 것이다. 그런데 임의의 짝수의 제곱은 짝수이고, 임의의 홀수의 제곱은 홀수이다. 따라서 p^2이 짝수이므로 p도 짝수이어야 한다. 결론적으로 p는 어떤 자연수 r에 대하여 $p = 2r$의 형태로 표현된다. $p = 2r$을 등식 $p^2 = 2q^2$에 대입하면 $4r^2 = 2q^2$이 얻어진다. 약분하면 $2r^2 = q^2$이다. 이 등식이 말하는 것은

q^2이 짝수라는 것이다. 따라서 p도 q도 짝수이다.

p와 q가 모두 짝수라는 우리의 결론은, 처음 우리가 가정했던 것, 즉 p와 q가 공통인수를 가지지 않는다는 것에 모순된다. 이 모순이 함축하는 바는, 해당 조건을 만족시키는 자연수 p와 q가 있다는 우리의 원래 가정이 거짓이라는 것이다. 다시 말해서 그런 p, q는 존재하지 않는다.

증명 끝.

비록 어떤 풍문에 따르면, 이 끔찍한 발견이 알려지는 것을 막기 위해 사람들이 히파수스를 물에 빠뜨려 죽였다고 하지만, 수학적 증명의 힘은 워낙 강력하므로, 이 새로운 발견이 무시되었다고는 생각할 수 없다.

불행히도 히파수스의 발견은 유리수보다 더 풍부한 수 체계를 향한 연구를 야기하지 못했다. 그 발전은 훨씬 훗날 '실수'가 발명됨으로써 비로소 이루어졌다. 히파수스의 발견은 그리스인들에게 근본적인 한계로 느껴졌다. 그때 이후 그리스인들은 수 연구를 기하학 연구와 구별되는 분야로 보게 되었고, 수에 관해 이루어진 이후의 중요한 발견들 대부분은 길이나 면적의 측정과 무관해진다. 이후의 발견들은 다만 자연수에만 관계된다. 자연수에 관한 최초의 연구는 일반적으로 유클리드에 의해 이루어졌다고 평가된다. 유클리드는 기원전 350~300년경에 살았던 인물이다.

유클리드를 보라

탈레스와 피타고라스 시대에서 유클리드가 등장하는 때에 이르는 기간 동안 그리스 수학은 소크라테스, 플라톤, 아리스토텔레스, 에우독수스 등의 연구에 힘입어 큰 발전을 이루었다. 에우독수스는 플라톤이 아테네에 세운 아카데미에서 연구했다. 그가 이룬 업적 중 하나는 '비율 이론'인데, 이 이론을 통해 그리스인들은 히파수스의 발견에 의해 생겨난 문제들 중 몇몇을 부분적으로 극복할 수 있었다. 유클리드 역시 알렉산드리아에 정착하기 이전에 플라톤의 아카데미에서 공부했다고 여겨진다. 기원전 330년경 유클리드는 새로운 지적 중심지가 된 알렉산드리아로 이주했다.

오늘날의 대학교와 같은 역할을 했던 알렉산드리아의 거대한 도서관에서 연구하면서 유클리드는 13권으로 된 방대한 저서 『기하학 원론』을 썼다. 그 작품은 사실상 당시의 모든 그리스 수학을 집대성한 것으로서, 평면 및 입체 기하학과 수 이론에 관한 465개의 명제들을 포함한다. 물론 몇몇 명제들은 유클리드 자신의 것이지만, 유클리드가 이룬 가장 큰 공로는 수학의 체계적 방법을 보여주었다는 것에 있다.

『기하학 원론』은, 씌어진 이후 수세기에 걸쳐 2천 개 이상의 판본으로 출간되었으며, 몇 가지 논리적 오류에도 불구하고 여전히 소위 수학적 방법의 탁월한 모범으로 남아 있다. 수학적 방법이란, 기본적 전제들을 분명하게 진술하는 것에서 출발하여 그 전제들로부터 증명되는 결과만을 사실로 인정하면서 나아가는 방법이다.

『기하학 원론』 제1권에서 제6권은 주로 평면 기하학을 다루며, 제11권에서 제13권은 입체 기하학을 다룬다. 이 두 부분의 내용은 이 책의 4장에서 논의할 것이다. 『기하학 원론』 제10권은 소위 '같은 단위로 잴 수 없는 양들(incommensurable magnitudes)'에 관한 연구이다. 현대적인 용어를 쓴다면, 바로 이 부분이 무리수에 관한 연구이다. 오늘날 수 이론이라 불리는 분야, 즉 자연수에 관한 연구는 『기하학 원론』 제7권에서 제9권에 걸쳐 소개된다. 자연수가 나타내는 명백한 패턴 한 가지는 순서가 있다는 것이다. 수 이론은 자연수에서 발견되는 보다 심층적인 패턴들을 탐구한다.

소수 조건을 만족시키는 수들

유클리드는 『기하학 원론』 제7권을 다음을 비롯한 22개의 기본 정의들의 목록으로 시작한다. 짝수는 두 개의 동일한 정수 부분으로 나눌 수 있는 수이며, 홀수는 그렇지 않은 수이다. 보다 중요한 정의로는, 소수(prime number)는 (현대적으로 말하면) 1과 자기 자신 외에 어떤 인수도 가지지 않는 수이다. 예를 들어 1에서 20까지의 수들 중에 2, 3, 5, 7, 11, 13, 17, 19가 소수이다. 1보다 크면서 소수가 아닌 수들은 합성수(composite number)이다. 즉 4, 6, 8, 9, 10, 12, 14, 15, 16, 18, 20이 합성수이다.

소수와 관련해서 유클리드가 증명한 근본적인 사실들 중에는 다음과 같은 것들도 있다.

- 만일 곱 mn이 어떤 소수 p로 나누어 떨어진다면, 두 수 m, n 중 최소한 하나는 p에 의해 나누어 떨어진다.
- 모든 자연수는 소수이거나, 소수들의 곱으로 표현될 수 있으며, 이때 소수들의 곱으로 표현하는 방법은, 소수들을 쓰는 순서를 무시하면 단 한 가지뿐이다.
- 무한히 많은 소수가 존재한다.

두번째 사실은 너무나도 중요해서 일반적으로 산술의 근본 정리

(fundamental theorem of arithmetic)라고 불린다. 첫번째와 두번째 사실은 소수들이 물리학에서 다루는 원자들과 매우 유사함을 말해준다. 소수들은 곱셈을 통해서 다른 모든 자연수들을 지을 수 있는 기초 벽돌이기 때문이다. 예를 들어보자.

$$328{,}152 = 2 \times 2 \times 2 \times 3 \times 11 \times 11 \times 113$$

2, 3, 11, 113은 모두 소수이다. 이들은 328,152의 소인수라 불린다. 곱 $2 \times 2 \times 2 \times 3 \times 11 \times 11 \times 113$은 328,152의 소인수분해라 불린다. 원자 구조를 아는 것과 마찬가지로, 주어진 수의 소인수분해를 알면 그 수의 수학적 성질에 대해 많은 것을 알 수 있다.

세번째 사실, 즉 소수의 무한성은 소수를 찾으면서 시간을 보낸 적이 있는 사람에게는 놀라운 사실로 여겨질 것이다. 처음 100개 정도의 자연수들을 보면, 소수가 아주 많이 있는 듯하지만, 큰 수로 갈수록 소수들은 점점 희박해져서 경험적 증거만으로는 소수들이 언젠가 완전히 없어지지 않는다는 확신을 얻을 수 없다. 예를 들어 2와 20 사이에는 8개의 소수가 있지만, 102와 120 사이에는 오직 4개가 있다. 더 나아가 2,101과 2,200 사이에 있는 100개의 자연수들 중에는 단 10개의 소수가 있고, 10,000,001과 10,000,100 사이에 있는 100개의 자연수 중에는 단 2개의 소수가 있다.

소수 분포

소수들이 희박해지는 것을 명확히 파악하는 한 가지 방법은 소위 소수 밀도 함수를 보는 것이다. 이 함수는 주어진 수에 대하여 그 수보다 작은 소수들의 개수를 비율로 나타낸다. 주어진 수 N에 대한 소수 밀도를 얻으려면, N보다 작은 소수들의 개수를 구하고—이를 $\pi(N)$이라 하자—이를 N으로 나누면 된다. 예를 들어 $N=1,000$인 경우 소수 밀도는 0.168이다. 이는 1,000보다 작은 수들 중에서는 대략 6개 중 하나가 소수라는 것이다. 반면에 $N=1,000,000$인 경우, 비율은 0.079로 떨어진다. 즉 13개 중 하나가 소수이다. 또한 $N=100,000,000$인 경우에는 0.058, 즉 17개 중 하나가 소수이다. N이 증가할수록 비율은 계속 떨어진다.

N	$\pi(N)$	$\dfrac{\pi(N)}{N}$
1,000	168	0.168
10,000	1,229	0.123
100,000	9,592	0.096
1,000,000	78,498	0.079
10,000,000	664,579	0.067
100,000,000	5,761,455	0.058

하지만 이렇게 비율 $\dfrac{\pi(N)}{N}$이 지속적으로 줄어듦에도 불구하고 소수들이 완전히 없어지는 일은 생기지 않는다. 이 사실에 대한 유클리드의 증명은 오늘날까지도 논리적으로 매우 아름다운 놀라운 증명 사례로 남아 있다. 그의 증명은 다음과 같다.

증명하려 하는 바는, 만약 소수들에 번호를 매겨 $p_1, p_2, p_3,$ …… 등으로 나열할 경우, 이 소수들의 목록이 계속 이어진다는 것이다. 이를 증명하기 위해서 우리는, 만일 우리가 특정한 소수 p_n까지 모든 소수들을 나열했다면, 언제나 또다른 소수 하나를 목록에 추가할 수 있음을 보일 것이다. 즉 소수 목록이 완결되지 않음을 보일 것이다.

유클리드의 천재적인 발상은 다음의 수를 찾았다는 것이다.

$$P = p_1 \times p_2 \times \cdots\cdots \times p_n + 1$$

이때 $p_1, \cdots\cdots, p_n$은 목록에 나열된 모든 소수들이다. 만일 P가 소수라면, P는 모든 소수 $p_1, \cdots\cdots, p_n$보다 큰 소수이고, 따라서 소수 목록에 추가되어야 한다(P가 p_n 다음에 바로 나오는 소수가 아닐 수도 있다. 그럴 경우에는 P를 p_{n+1}로 간주할 수 없을 것이다. 하지만 P가 소수라는 것에서 당신은 p_n을 넘어서는 다음 소수가 있음을 확실히 알 수 있다).

다른 한편, 만일 P가 소수가 아니라면, P는 어떤 소수에 의해 나누어 떨어질 것이다. 그런데 $p_1, \cdots\cdots, p_n$ 중 어느 소수도 P를 나누어 떨어지게 할 수 없다. 나눗셈을 하면 항상 나머지 1이 남는다—애초에 P를 만들 때 집어넣은 '1'을 상기하라. 따라서 만일 P가 소수가 아니라면, P는 $p_1, \cdots\cdots, p_n$과는 다른 (따라서 이들보다 큰) 어떤 소수에 의해 나누어 떨어져야 한다. 다시 말해서 $p_1, \cdots\cdots, p_n$보다 큰 어떤 소수가 있어야 한다. 그러므로 이 경우에도 마찬가지로 소수 목록은 확장된다.

재미있는 사실은 유클리드가 증명에서 사용한 수

$$P = p_1 \times p_2 \times \cdots\cdots \times p_n + 1$$

를 논할 때, P가 실제로 소수인지 아닌지를 모르면서 논한다는 것이다. 증명은 두 가지 논증을 이용한다. 한 논증은 P가 소수일 경우를 위해 있고, 다른 논증은 P가 소수가 아닐 경우를 위해 있다. 쉽게 떠오르는 질문은, 언제나 그 두 경우 중 하나가 되느냐는 것이다.

처음 몇 개의 P값은 다음과 같다.

$P_1 = 2 + 1 = 3$
$P_2 = 2 \times 3 + 1 = 7$
$P_3 = 2 \times 3 \times 5 + 1 = 31$
$P_4 = 2 \times 3 \times 5 \times 7 + 1 = 211$
$P_5 = 2 \times 3 \times 5 \times 7 \times 11 + 1 = 2,311$

이것들은 모두 소수이다. 하지만 다음 세 개는 소수가 아니다.

$P_6 = 59 \times 509$
$P_7 = 19 \times 97 \times 277$
$P_8 = 347 \times 27,953$

무한히 많은 n에 대하여 수 P_n이 소수인지의 여부는 알려져 있지 않다. 마찬가지로 무한히 많은 P_n이 합성수인지의 여부도 알려져 있지 않다(당연히 이 둘 중 하나는 참일 것이다. 대부분의 수학자들은 둘 모두가 참일 것이라고 추측한다).

다시 소수 밀도 함수 $\frac{\pi(N)}{N}$으로 돌아가자면, 곧바로 제기되는 질문은, N이 커짐에 따라 밀도가 감소할 때 특정한 패턴이 있는가?라는 것이다.

물론 단순한 패턴은 없다. 아무리 많이 올라간다 하더라도, 두 개 혹은 그 이상의 소수들이 가까이 모여 있는 것을 발견할 수 있다. 따라서 소수가 전혀 없는 긴 구간도 발견된다. 뿐만 아니라 소수들이 뭉쳐 있는 구역과 소수가 없는 구간은 규칙 없이 마구잡이로 나타나는 듯이 보인다.

실제로 소수들의 분포가 완전히 무질서한 것은 아니다. 그러나 19세기에 이르기까지 소수 분포에 관해 확실히 알려진 바는 아무것도 없었다. 1850년 러시아 수학자 체비쇼프(Pafnuti Chebychof)는 임의의 수 N과 $2N$ 사이에 최소한 한 개의 소수가 있음을 증명했다. 그러므로 소수들이 분포하는 방식에는 어떤 질서가 있는 것이다.

결국 그 중요한 질서는 밝혀졌다. 그러나 당신이 그 질서를 찾기는 쉽지 않다. 1896년 프랑스 수학자 아다마르(Jacques Hadamard)와 푸생(Charles de la Vallée Poussin)은 각기 독자적으로 다음과 같은 놀라운 사실을 증명했다. N이 커질수록 소수 밀도 함수 $\frac{\pi(N)}{N}$은 점점 더 $\frac{1}{\ln N}$(ln은 이 책 3장에서 논의되는 자연로그 함수이다)에 가깝게 접근한다. 이 사실은 오늘날 소수 정리라 불린다. 이 정리는, 계산의 기본 요소인 자연수 및 실수와, 미적분학과 관련된 자연로그 함수(3장 참조) 사이에 존재하는 놀라운 연관성을 말해준다.

증명이 이루어지기 백여 년 전에 14세의 수학 천재 소년 가우스(Karl Friedrich Gauss)가 소수 정리를 추측한 바 있다. 가우스의 업적들은 너무나 많아서 한 절 전체를 할애하기에 충분하다.

꼬마 천재

1777년 독일 브라운슈바이크에서 태어난 가우스는 매우 어릴 때부터

[그림 1-6] 가우스(1777~1855)

놀라운 수학적 재능을 나타냈다. 전하는 얘기에 따르면, 가우스는 세 살 때 아버지의 회계 계산을 맡아 할 수 있었다고 한다. 초등학교 시절 가우스는 어떤 패턴을 찾아내어 매우 지루한 계산 없이 과제를 해결하여 선생님을 놀라게 했다.

가우스의 선생님은 학생들에게, 1부터 100까지의 모든 수를 더하라고 시켰다. 아마도 선생님은 아이들이 문제를 푸는 동안 다른 일을 하려 했던 것 같다. 그러나 선생님에게는 불행하게도, 가우스는 곧바로 다음과 같은 지름길을 발견해 문제를 풀었다.

구할 합을 두 번 쓰되, 한번은 수가 커지는 순서로, 또 한번은 작아지는 순서로 써보자.

$$1+2+3+\cdots+98+99+100$$
$$100+99+98+\cdots+3+2+1$$

이제 세로줄을 따라 하나하나 더해보면, 두 합의 합은 다음과 같이 표현된다.

$$101 + 101 + 101 + \cdots\cdots + 101 + 101 + 101$$

정확히 100개의 101이 더해지므로, 총합은 $100 \times 101 = 10,100$이다. 이 값은 구할 합의 두 배이므로, 이 값을 둘로 나누면, 선생님이 요구한 답 5,050을 얻을 수 있다.

가우스의 계산법은 100뿐만 아니라 임의의 수 n에도 적용될 수 있다. 일반적으로 1부터 n까지의 합을 한번은 커지는 순서로, 또 한번은 작아지는 순서로 쓰고, 두 합을 세로줄을 따라 더하면, $n+1$을 n번 더하는 식이 얻어진다. 총합은 $n(n+1)$이다. 이 총합을 둘로 나누면 해답이 나온다.

$$1 + 2 + 3 + \cdots\cdots + n = \frac{n(n+1)}{2}$$

이 공식은 가우스가 해결한 특수한 경우 속에 들어 있는 일반적 패턴을 보여준다.

흥미롭게도 위 공식의 우변에 있는 식은 기하학적 패턴을 가진다. $\frac{n(n+1)}{2}$ 형태의 수는, 점들을 정삼각형으로 배치함으로써 얻는 수와

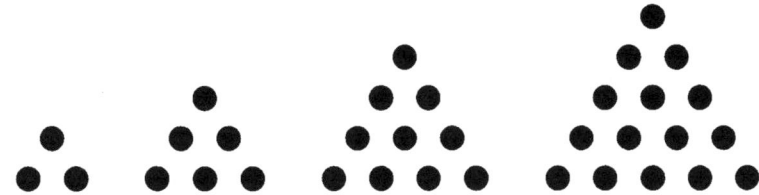

[그림 1-7] 1, 3, 6, 10, 15, …… 등의 수는 삼각수라 일컬어진다. 왜냐하면 이 수들은 정삼각형 모양으로 점들을 배열할 때 필요한 점의 개수이기 때문이다.

정확히 일치하기 때문에 삼각수(triangular number)라 불린다. [그림 1-7]은 처음 다섯 개의 삼각수 1, 3, 6, 10, 15를 보여준다.

가우스의 시계 산술

1801년 약관 24세의 가우스는 『산술학 논의*Disquisitiones Arithmeticae*』라는 제목의 책을 썼다. 이 책은 오늘날 역사를 통틀어 가장 큰 영향력을 발휘한 수학 책 중 하나로 평가된다. 이 책에서 가우스가 다룬 주제 중 하나는 유한 산술(finite arithmetic)이다.

유한 산술은, 주기적으로 원래의 자리로 되돌아가 다시 시작하는 셈 체계와 관련된 산술이다. 예를 들어 시간을 말할 때 당신은 1시, 2시, 3시 등으로 세어나가다가, 12시에 이르면 다시 1시, 2시, 3시 등으로 세어나간다. 마찬가지로 당신은 분을 셀 때 1부터 60까지 세고 다시 처음부터 시작한다. 이렇게 시간을 말할 때 유한 산술이 사용되기 때문에 유한 산술은 종종 '시계 산술'이라고도 불린다. 일반적으로 수학자들은 유한 산술을 법산(modular arithmetic)이라 부른다.

시와 분을 세는 익숙한 방법을 나타내는 적절한 수학을 구상하는 과정에서 가우스는, 일상적인 셈을 약간 수정하여 0부터 셈을 시작해야 함을 발견했다. 가우스의 방식으로 한다면, 시간을 0시, 1시, 2시, ……, 11시까지 세고 다시 0에서 시작해야 한다. 분 역시 0에서 59까지 세고 0으로 돌아가 다시 시작해야 한다.

이렇게 작은 수정을 가한 후, 가우스는 이런 종류의 수 체계의 산술을 탐구했다. 얻어진 결론은 대개 단순하고, 가끔은 대단히 흥미롭다. 예를 들어 시계 산술의 경우, 2와 3을 더하면 5이고(2시에서 3시간이 경과하면

5시이다), 7과 6을 더하면 1이다(7시에서 6시간이 경과하면 1시이다). 익숙하게 알고 있는 사실이다. 그러나 이를 표준적인 산술 기호로 쓰면 낯선 계산으로 보인다.

$$2+3=5, \quad 7+6=1$$

분의 경우에도, 매시 45분에서 0분이 지나면 매시 45분이고, 매시 48분에서 12분이 지나면 그 다음 시 0분이다. 이 사실은 다음과 같은 계산으로 표현된다.

$$45+0=45, \quad 48+12=0$$

낯선 모습임에도 불구하고, 가우스로서는 '시계 산술'을 이런 식으로 표현하는 것이 기발한 착상이라고 여겨졌다. 가우스는 일반 산술의 거의 모든 규칙들이 유한 산술에도 적용된다는 사실을 발견했다. 이는 한 영역의 수학적 패턴이 다른 영역으로 옮겨진 고전적인 사례이다(일반 산술 패턴이 유한 산술 패턴이 되었다).

유한 산술의 덧셈과 곱셈을 일반 산술과 혼동하는 것을 막기 위해 가우스는 등호를 ≡로 대체하고, 이 기호가 나타내는 관계를 '같음'이 아닌 합동(congruence)으로 표현했다. 즉 위의 첫번째 두 계산은 다음과 같이 표기된다.

$$2+3 \equiv 5, \quad 7+6 \equiv 1$$

셈을 다시 시작하는 지점이 되는 수들, 즉 관찰한 두 예에서 12와 60

은 산술의 법(modulus)이라 불린다. 물론 12와 60에는 어떤 특별함도 없다. 이들은 다만 시간을 말할 때 그렇게 익숙한 방식으로 사용될 뿐이다. 임의의 자연수 n에 대하여, 상응하는 유한 산술, 즉 n을 법으로 하는 법산이 존재한다. 그 산술 속에는 수 0, 1, 2, ……, $n-1$이 등장하며, 이 수들을 더하거나 곱할 경우에는, 일반 산술로 얻어지는 값에서 n의 배수만큼을 제한 후에 남는 값을 계산 결과로 한다.

위에서 나는 곱셈의 예를 들지 않았는데, 그것은 우리가 일상생활에서 시간의 곱셈을 하지 않기 때문이다. 그러나 수학적 관점에서 보면, 법의 곱셈은 완벽하게 유의미하다. 덧셈에서와 마찬가지로, 일반 산술로 곱셈을 한 후에 법으로 한 n의 배수를 제거하면 된다. 예를 들어 7을 법으로 하는 경우 다음과 같은 곱셈이 이루어진다.

$$2 \times 3 \equiv 6, \quad 3 \times 5 \equiv 1$$

가우스의 합동 개념은 수학에서 종종 다양한 법과 관련해서 사용된다. 이 경우에 각각 상응하는 법을 명시하기 위해 수학자들은 일반적으로 다음과 같은 방식으로 합동을 표기한다.

$$a \equiv b \,(\text{mod } n)$$

이때 (mod n)은 이 합동과 관련된 식에서 n을 법으로 함을 뜻한다. 이 식을 다음과 같이 읽을 수 있다. "n을 법으로 할 때 a는 b와 합동이다."

무슨 수를 법으로 하든지 간에 덧셈, 뺄셈, 곱셈은 문제없이 작동한다 (위에서 나는 뺄셈을 설명하지 않았지만, 뺄셈이 어떻게 작동하는지는 쉽게 알 수 있을 것이다. 시계 산술의 경우 뺄셈은 과거로 거슬러 올라가면서 시간을 세는 것에 해당한다). 반면에 나눗셈은 문제가 있다. 어떤 경우에는 나눗셈이 이루어지지만, 어떤 경우에는 이루어지지 않는다.

예를 들어 12를 법으로 할 때 7은 5로 나누어지며, 몫은 11이다.

$$\frac{7}{5} \equiv 11 \,(\text{mod}\ 12)$$

확인하기 위해 양변에 5를 곱하면, 다음의 등식을 얻는다.

$$7 \equiv 5 \times 11 \,(\text{mod}\ 12)$$

이 식은 참이다. 55에서 12의 배수 48을 제거하면 7이 남기 때문이다. 그러나 12를 법으로 할 때, 6으로는 6 자신 이외의 어떤 수도 나눌 수 없다. 예를 들어 5를 6으로 나눌 수 없다. 이를 확인하려면, 1에서 11까지의 수에 6을 곱해서 얻어지는 결과를 검토하면 된다. 결과들은 모두 짝수이다. 그러므로 이들은 12를 법으로 할 때와 5를 법으로 할 때가 겹칠 수 없다.

그러나 소수 n을 법으로 할 경우에는 언제나 나눗셈이 가능하다. 그러므로 소수를 법으로 한 법산은 유리수 또는 실수로 이루어지는 일반 산술이 가지는 모든 익숙한 성질들을 가진다. 수학적 용어로 표현한다면, 소수를 법으로 한 법산은 체(field)이다(체는 123쪽에서 다시 등장한다). 당신은 또 한 가지 패턴을 알게 되었다. 법산에서의 나눗셈 가능성과 소수의 관련성을 말하는 패턴 말이다. 이제 우리는 소수의 패턴들을 다룰 것이다. 또한 가장 위대한 아마추어 수학자 페르마(Pierre de Fermat)를 살펴볼 것이다.

[그림 1-8] '위대한 아마추어'
페르마(1601~1665)

위대한 아마추어

1601~1665년 프랑스에서 살았던 페르마는 툴루즈 지역 의회에 소속된 법률가였다. 그는 삼십대에 이르러 비로소 취미로 수학을 시작했다. 그런데 참으로 대단한 취미 생활이 되었다. 예를 들어 그는 수 이론에서 대단히 중요한 여러 발견들을 이루었을 뿐만 아니라 데카르트보다 몇 년 앞서 해석 기하학을 발명했다. 일반적으로 기하학 문제의 풀이에 대수학을 사용하는 방법을 최초로 발견한 인물은 데카르트라고 얘기되지만 말이다. 페르마는 또한 파스칼과 교류하면서 확률 이론을 정초했고, 미분

학 개발을 위한 많은 기초 작업을 했다. 그 작업은 몇 년 후 라이프니츠와 뉴턴에 의해 결실을 맺게 된다. 페르마가 이룬 이 모든 것이 전부 획기적인 업적들이다. 그러나 페르마의 가장 큰 명성은 자연수 속에 있는 패턴들을, 대개 소수와 관련된 패턴들을 발견한 그의 불가사의한 능력에 기인한다. 실제로 그는 패턴들을 찾아냈을 뿐 아니라 대개의 경우에는 자신의 발견이 옳음을 명백하게 증명할 수 있었다.

아마추어 수학자인 페르마는 자신의 연구를 거의 발표하지 않았다. 그의 업적들은 대부분 다른 사람들의 글을 통해 알려졌다. 왜냐하면 그가 유럽에서 가장 뛰어난 수학자 몇 명과 정기적인 편지를 통해 의견을 교환했기 때문이다.

예를 들어 1640년에 쓴 한 편지에서 페르마는, 자연수 a가 소수 p로 나누어 떨어지지 않을 때, $a^{p-1}-1$은 p로 나누어 떨어진다고 주장했다.

구체적으로 $a=8$, $p=5$라고 해보자. 8은 5로 나누어 떨어지지 않으므로, 페르마의 주장에 따르면, 8^4-1은 5로 나누어 떨어져야 한다. 계산을 해보면 $8^4-1=4{,}095$이다. 4,095가 5로 나누어 떨어진다는 것은 당신도 곧바로 알 수 있을 것이다. 마찬가지로 $145^{18}-1$도 19로 나누어 떨어져야 한다. 이 경우에는 대부분의 사람들이 직접 계산을 해서 확인을 하고 싶어할 것이다.

첫눈에는 불분명할지 몰라도 페르마의 발견은 수학뿐만 아니라 다른 응용 분야에서도 중요한 몇 가지 귀결을 가진다(예를 들어 자료 암호화 체계 고안과 여러 가지 카드 속임수에 응용된다). 실제로 이 발견은 매우 흔히 등장해서 수학자들은 여기에 페르마의 작은 정리라는 고유 명칭을 붙였다. 오늘날에는 이 정리를 위한 여러 가지 매우 정교한 증명들이 있지만, 페르마 자신이 이 정리를 어떻게 증명했는지는 아무도 모른다. 그는 자신의 방법을 비밀로 하면서 수수께끼를 내듯 타인들에게 결론만 얘기하는 습성을 가지고 있었다. 페르마의 '작은' 정리는 1736년 마침내 페르마와 견줄 만큼 위대한 스위스 수학자 오일러(Leonard Euler)에 의해 완벽하게 증명되었다.

페르마의 작은 정리는 법산을 이용하여 다음과 같이 재구성될 수 있다. 만일 p가 소수이고 a가 1과 $p-1$을 포함해서 이 둘 사이에 있는 자연수라면,

$$a^{p-1} \equiv 1 \pmod{p}$$

이다. $a=2$인 경우를 생각해보면, 2보다 큰 임의의 소수 p에 대하여

$$2^{p-1} \equiv 1 \pmod{p}$$

이다. 그러므로 임의의 수 p가 있을 때, 그 p가 위의 합동을 이루지 못한다면, p는 소수가 아니다. 페르마의 작은 정리는 주어진 수가 소수인지 여부를 검사하는 강력한 방법을 제공한다.

소수 검사

어떤 수 N이 소수인지 여부를 검사하는 가장 확실한 방법은 소인수분해를 하는 것이다. 이를 위해서는 $\sqrt{N}$ 이하의 모든 소수들로 N을 나누어보아야 한다($\sqrt{N}$보다 큰 소수로 나눌 필요는 없다. 왜냐하면 N이 소인수를 가질 경우, 그 소인수는 $\sqrt{N}$ 이하이기 때문이다). 비교적 작은 수의 경우에는 이 방법을 쓰는 것이 가능하다. 고성능 컴퓨터가 있다면, 10자

리 이하의 수는 거의 순간적으로 검사가 완료될 것이다. 예를 들어 N이 10자리 수라면, $\sqrt{N}$은 5자리 수, 즉 100,000보다 작을 것이다. 따라서 48쪽의 표를 보면 알 수 있듯이, 1만 개보다 적은 소수들을 발생시켜 N을 나누어보면 된다. 1초에 10억 번 이상의 산술 연산을 할 수 있는 현대적 컴퓨터에게 이 정도의 작업은 어린애 장난이다. 그러나 최고 성능의 컴퓨터조차도 20자리 수를 검사하려면 최대 두 시간이 걸릴 수 있고, 50자리 수를 검사하려면 최대 1백억 년이 걸릴 수 있다. 물론 운이 좋아서 금방 소인수를 찾을 수도 있다. 그러나 N이 실제로 소수일 때가 문제이다. 왜냐하면 이 경우에는 정말로 $\sqrt{N}$ 이하의 모든 소수로 나누기를 완료해야 작업이 끝나기 때문이다.

그러므로 20자리보다 훨씬 많은 자리 수를 가지는 수의 경우에는 위와 같은 방법으로 소수 여부를 검사하는 것이 적당하지 않다. 하지만 수학자들은 소수들의 패턴을 연구함으로써 여러 대안적 소수 검사 방법을 고안할 수 있었다. 페르마의 작은 정리도 한 방법을 제공한다. 주어진 수 p가 소수인지 여부를 검사하려면, p를 법으로 하는 법산에서 2^{p-1}을 계산하라. 만일 계산 결과가 1이 아니라면, p는 소수가 아니다. 그러나 결과가 1인 경우에는 어떻게 되는가? 불행히도 p가 소수라는 결론은 나오지 않는다. p가 소수일 경우에는 $2^{p-1} \equiv 1 \pmod{p}$이지만, 같은 합동식이 성립하면서 p가 소수가 아닌 경우도 있다는 것이 문제이다. 이런 문제를 나타내는 최소의 수는 341로, 341은 11과 31의 곱이다.

만일 341 같은 문제의 경우가 얼마 없다면, 페르마의 작은 정리를 이용한 검사법은 여전히 유용할 것이다. 왜냐하면 p가 문제의 경우인지를 따로 검토하는 작업을 보충할 수 있을 것이기 때문이다. 그러나 불행히도 이 문제의 경우의 수는 무한히 많다. 그러므로 페르마의 작은 정리는 주어진 수가 합성수라는 것을 검사할 때만 신뢰할 수 있다. 합동식 $2^{p-1} \equiv$

1(mod p)가 성립하지 않으면, p는 확실하게 합성수이다. 반면에 합동식이 성립할 경우에는, p는 소수일 수도 있고 그렇지 않을 수도 있다. 당신이 운이 좋은 사람이라면, p가 소수라고 도박을 걸 수도 있을 것이다. 물론 대가는 당신 책임이지만 말이다. $2^{p-1} \equiv 1 (\text{mod } p)$를 만족시키는 p가 합성수인 경우는 비교적 드물다. 1,000 이하의 수들 중에는 단 두 개 — 341, 561 — 가 있고, 1,000,000 이하에는 겨우 245개가 있다. 그러나 이런 합성수가 드물지만 무한히 많이 있기 때문에, 수학적으로 볼 때 p가 소수라는 것에 도박을 거는 것은 안전하지 못하며, p가 소수라고 주장하는 것은 수학적 확실성과 전혀 거리가 멀다.

결론적으로, $2^{p-1} \equiv 1 (\text{mod } p)$인 경우에 생기는 불확실성 때문에, 페르마의 작은 정리는 주어진 수가 소수인지 여부를 검사하는 완벽하게 신뢰할 만한 방법을 제공하지 못한다. 1986년 수학자 에이들먼(L. M. Adleman), 럼리(R. S. Rumely), 코헨(H. Cohen), 렌스트라(H. W. Lenstra) 그리고 포머런스(C. Pomerance)가 그 불확실성을 제거하는 방법을 개발했다. 그들은 페르마의 작은 정리에서 출발하여, 오늘날 가용한 최선의 일반 목적 소수 검사 방법 중 하나를 발견했다. ARCLP 검사라고 명명된 이 방법을 고성능 슈퍼컴퓨터로 실행하면, 20자리 수를 10초 안에, 50자리 수를 15초 안에 검사하여 소수 여부를 확인할 수 있다.

ARCLP 검사는 완벽하게 신뢰할 수 있다. 이 검사는 임의의 수 N에 대하여 적용될 수 있기 때문에 '일반 목적' 검사라 불린다. 특정 형태의 수, 예를 들어 $b^n + 1$ 형태의 수에만 적용되는 소수 검사 방법은 여러 가지가 개발되어 있다. 이런 특정한 경우에는, 크기 때문에 ARCLP 검사로도 감당하지 못하는 수들도 소수 여부를 확인할 수 있다.

비밀 보안

전화선이나 전파같이 보안되지 않은 경로를 통해 전송되는 메시지를 암호화하는 데 큰 소수가 이용될 수 있음이 밝혀진 이래로 큰 소수를 발견하는 능력은 수학 이외의 분야에서 매우 중요해졌다. 소수가 어떻게 암호화에 쓰이는지 대략적으로 살펴보자.

속도가 빠른 컴퓨터와 ARCLP 같은 소수 검사 방법이 있다면, 약 75자리에 이르는 소수 두 개를 찾는 것은 쉬운 일이다. 또한 컴퓨터를 통해 그 두 소수를 곱하면 150자리 수인 합성수 하나가 생긴다. 이 150자리 수를 낯선 사람에게 보내 소인수분해를 하도록 시킨다고 해보자. 그 수가 매우 큰 소수 두 개의 곱이라는 사실을 그에게 일러준다 하더라도, 그가 아무리 좋은 컴퓨터를 가지고 있다 하더라도, 그가 소인수를 찾아낼 가능성은 극도로 희박하다. 왜냐하면 150자리 수의 소수 여부는 수초 안에 검사 가능하지만, 그 정도 크기의 합성수를 소인수분해하려면, 현재 가용한 가장 빠른 컴퓨터를 이용한다 할지라도 실질적으로 불가능하다고 할 만큼 오랜 시간이 걸리기 때문이다. 몇십 년, 몇백 년은 아니라 할지라도 최소한 몇 년이 걸린다.

큰 수의 소인수분해가 어려운 것은 수학자들이 게을러서 기발한 방법을 개발하지 못했기 때문이 아니다. 현재 가용한 최고 성능의 컴퓨터를 쓰면 대략 80자리 수를 몇 시간 안에 소인수분해할 수 있다. 단지 50자리 수 하나를 소인수분해하려 해도 그냥 나누어보는 방법으로는 수십억 년이 걸림을 감안할 때, 이 정도로도 이미 커다란 성취이다. 하지만 가용한 최고의 소수 검사 방법은 1,000자리 수를 감당할 수 있는 것에 비해서, 이 정도의 능력에 근접하는 소인수분해 방법은 전혀 없다. 더군다나 그런 방법이 원리적으로 존재할 수 없음을 시사하는 몇 가지 증거들도

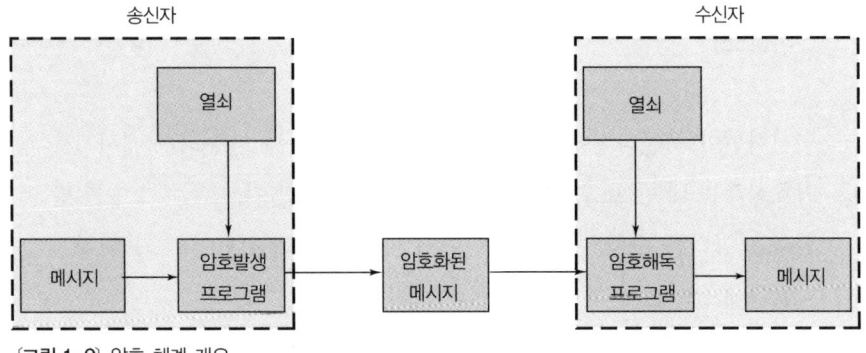

[그림 1-9] 암호 체계 개요

있다. 소인수분해는 소수 검사보다 본질적으로 더 어려운 계산인 것으로 보인다.

소수 검사가 가능한 수의 크기와 소인수분해가 가능한 수의 크기 사이에 있는 이 커다란 불균형을 이용하여 수학자들은 현재까지 알려진 가장 안전한 형태의 '공유 열쇠(public key)' 암호 체계를 고안했다.

[그림 1-9]는 보안되지 않은 전기적 통신 경로를 통해 전송되는 메시지를 암호화하는 데 쓰이는 전형적인 현대적 암호 체계를 보여주는 개념도이다. 체계를 구성하는 기본 요소는 두 개의 프로그램, 즉 암호발생기(encryptor)와 암호해독기(decryptor)이다. 암호 체계 개발은 매우 전문적이고 시일이 오래 걸리는 사업이기 때문에 각각의 고객을 위해 각기 다른 프로그램을 개발하는 것은 비실용적이고 아마도 불안전할 것이다. 그러므로 기초적인 암호발생/해독 프로그램은 누구나 살 수 있도록 완제품화되어 있는 것이 보통이다. 전송자와 수신자가 원하는 보안성은 암호 발생과 해독 모두에 수 열쇠(numerical key)가 필요하기 때문에 확보된다. 대개 그 열쇠는 100자리 이상의 어떤 수이다. 암호 체계의 보안은 그 열쇠의 비밀을 지키는 것에 달려 있다. 이런 이유 때문에 암호 체계 사용자들은 자주자주 그 열쇠를 바꾼다.

쉽게 지적할 수 있는 문제는 열쇠를 배포하는 문제이다. 한 팀에서 다른 팀으로 어떻게 열쇠를 전달할 수 있을까? 암호 체계를 통해 보안성을 확보한 통신 경로를 통해 열쇠를 보낸다는 것은 말이 안 된다. 실제로 현실적으로 안전한 유일한 방법은 믿을 수 있는 사람을 통해 물리적으로 열쇠를 보내는 것이다. 만일 당사자가 둘뿐이라면 이런 물리적 방법을 이용할 수 있을 것이다. 그러나 예를 들어 전세계의 은행과 무역회사를 묶는 안전한 통신망을 구축하려 한다면, 물리적으로 열쇠를 전달하기가 전혀 불가능할 것이다. 금융과 사업의 세계에서는 모든 은행과 사업체가 모든 다른 은행이나 사업체와 즉각적으로 또한 보안성을 확신하면서 통신을 통해 접촉하는 것이 매우 중요하다.

이 요구를 만족시키기 위해 수학자 디피(Whitfield Diffie)와 헬만(Martin Hellman)은 1975년 공유 열쇠 암호 체계(PKS, public key cryptosystem) 개념을 제안했다. 이 체계에서 각각의 메시지 수신자(이 체계를 이용하고자 하는 모든 사람)는 열쇠 한 개가 아니라 두 개를, 즉 암호발생 열쇠와 암호해독 열쇠를 발생시키는 프로그램을 사용한다. 암호발생 열쇠는 개방된 연결망을 통해 발표된다[오늘날에는 많은 사람들이 웹(WWW)에 있는 자신의 홈페이지에 공유 열쇠를 개방시켜놓는다. A라는 사람에게 메시지를 보내고자 하는 사람은 A의 암호발생 열쇠를 찾아서 그 열쇠로 메시지를 암호화한 다음에 메시지를 전송한다. 그러면 A는 누구에게도 알려주지 않은 자신의 암호해독 열쇠를 써서 메시지를 해독한다].

기본 개념은 이렇게 간단하지만 실제로 이런 체계를 고안하는 것은 간단하지 않다. 디피와 헬만이 처음 제안한 체계는 그들이 생각한 만큼 안전하지 못함이 밝혀졌다. 그러나 얼마 후 라이베스트(Ronald Rivest), 샤미르(Adi Shamir), 에이들먼(Leondard Adleman)이 개발한 체계는 훨씬 더 튼튼한 것으로 판명되었다. RSA 체계라 불리는 이 암호 체계는 오늘날 금융 및 재정 분야에서 널리 사용되고 있다(특별히 제작된 RSA 컴퓨터 칩은 누구나 구매할 수 있다). 이제 RSA 체계가 어떻게 작동하는지 간략하게 살펴보자.

공유 열쇠 체계를 고안하고자 하는 사람이 풀어야 하는 문제는 다음과 같다. 암호발생 과정은 매우 강력해서 암호해독 열쇠가 없이는 메시지를 알아볼 수 없어야 한다. 그러나 체계가 유용하려면—실제로 보는 암호 체계에서 마찬가지다—선택된 수신자가 암호화된 메시지를 해독할 수 있어야 하므로, 암호발생 열쇠는 암호해독 열쇠와 수학적으로 연결되어 있어야 한다. 실제로 수신자의 해독 열쇠 및 프로그램은 송신자의 암호발생 및 프로그램의 작용을 정확히 뒤집은 역작용을 한다. 따라서 암호 프로그램이 어떻게 작동하는지 안다면, 암호발생 열쇠로부터 암호해독 열쇠를 얻는 것이 이론적으로 가능할 것이다(요새는 누구나 암호 프로그램의 작동 방식을 알아내려고 한다).

핵심은, 공개된 암호발생 열쇠로부터 암호해독 열쇠를 복원하는 것이 **이론적으로는** 가능할지라도 **실제적으로는** 불가능하도록 만드는 것이다. RSA 체계의 경우, 수신자가 가진 암호해독 열쇠는 한 쌍의 매우 큰 소수이며(예를 들어 각각 75자리 수), 공개된 암호발생 열쇠는 그 두 소수의 곱이다. 메시지를 암호화하는 작업은 (매우 간략하게 말해서) 75자리인 소수 두 개를 곱하는 것에 해당한다. 암호해독은 (매우 간략하게 말해서) 150자리 수를 소인수분해하는 것에 해당한다. 그 작업은 오늘날의 지식과 기술 수준에서 거의 수행이 불가능하다(정확한 암호발생 및 해독 과정에는 페르마의 작은 정리가 관여한다).

쉬운 추측, 어려운 증명

양의 정수―자연수―는 단순하고 우리에게 매우 친숙하기 때문에 누구나 쉽게 그 속에서 패턴들을 발견할 수 있다. 그러나 아주 많은 경우에, 그 패턴들이 모든 자연수에 대하여 성립함을 증명하기는 매우 어렵다. 오랜 세월 동안 수학자들은 특히 소수와 관련된 몇 가지 간단한 추측들을 내놓았는데, 그 추측들은 겉보기에 간단함에도 불구하고 현재까지 진위 여부가 판정되지 않았다.

한 예로 1742년 오일러에게 보낸 편지에서 골드바흐(Christian Goldbach)가 내놓은 골드바흐 추측이 있다. 이 추측에 따르면, 2보다 큰 모든 짝수는 두 소수의 합이다. 처음 몇 개의 짝수들을 확인해보면 확실히 그러함을 알 수 있다. $4=2+2$, $6=3+3$, $8=3+5$, $10=5+5$, $12=5+7$ 등등. 또한 컴퓨터를 통해 검증된 바에 따르면, 최소한 10억까지는 추측이 옳다. 그러나 이렇게 간단함에도 불구하고 이 추측의 진위 여부는 오늘날까지 확실히 가려지지 않았다.

아무도 해결하지 못한 또하나의 질문은 쌍둥이 소수 문제이다. 쌍둥이 소수, 다시 말해서 3과 5, 11과 13, 17과 19, 또는 약간 더 올라가면 1,000,000,000,061과 1,000,000,000,063처럼 서로의 차이가 2인 소수 쌍이 무한히 많이 존재할까?

또다른 미해결 문제는 페르마와 동시대인인 프랑스 사제 메르센(Marin Mersenne)에 의해 처음 제시되었다. 1644년에 그가 발표한 책 『물리학적-수학적 사유 *Cogitata Physika-Mathematica*』에서 메르센은,

$$M_n = 2^n - 1$$

형태의 수들이 $n= 2, 3, 5, 7, 13, 17, 19, 31, 67, 127, 257$인 경우에 한해서 소수이고, n이 257보다 작은 다른 수들일 경우에는 합성수라고 주장했다. 그가 어떻게 이런 결론에 도달했는지는 아무도 모른다. 그러나 그의 주장은 진리에서 멀지 않다. 계산기가 등장하면서 메르센의 주장을 검증하는 것이 가능해졌다. 1947년 메르센이 오직 다섯 개의 오류만을 범했음이 밝혀졌다. M_{67}과 M_{257}은 소수가 아니며, M_{61}, M_{89}, M_{107}은 소수이다.

M_n 형태의 수는 오늘날 '메르센 수'라고 불린다. 처음 몇 개의 메르센 수를 검토해보면, n이 소수일 경우에는 M_n이 언제나 소수라는 추측을 하게 된다.

$$M_2 = 2^2-1 = 3 \qquad M_3 = 2^3-1 = 7$$
$$M_5 = 2^5-1 = 31 \qquad M_7 = 2^7-1 = 127$$

그러나 이 패턴은 곧바로 무너진다. $M_{11} = 2,047 = 23 \times 89$이다. 이후에 나오는 메르센 소수는 M_{31}, M_{61}, M_{89}, M_{107} 그리고 M_{127}이다.

위에서 한 추측의 역이 참이다. n이 소수인 경우에만 M_n이 소수가 될 자격이 있다. 다시 말해서 M_n이 소수인 경우에는 n이 언제나 소수이다. 이를 증명하기 위해서는 약간의 기초 대수학으로 충분하다. 그러므로 메르센 소수를 찾으려면 n이 소수인 경우의 메르센 수 M_n만 검사하면 된다.

충분히 나올 만한 또다른 추측은, n 자신이 메르센 소수인 경우에는 M_n이 항상 소수라는 것이다. 이 패턴은 메르센 소수 $M_{13} = 8,191$에 이르기까지 성립한다. 그러나 2,466자리 수인 $M_{8,191}$은 합성수이다.

메르센 소수를 찾는 작업은, 단순하고 신뢰할 수 있고 계산적으로 효율적인 방법이 개발됨으로써 훨씬 쉬워졌다. 그 방법은 주어진 메르센 수의 소수 여부를 검사하는 방법으로, 페르마의 작은 정리에 기초해 있으며, 루카스-레머(Lucas-Lehmer) 검사라 불린다. ARCLP 검사와는 달리 루카스-레머 검사는 메르센 수에만 적용될 수 있다. 하지만 ARCLP 검사가 겨우 천 자리 수 정도까지 작동하는 것에 비해서, 루카스-레머 검사는 거의 100만 자리 수인 $M_{3,021,377}$이 소수임을 밝힌 바 있다.

이 엄청난 크기의 메르센 수가 소수라는 사실은 캘리포니아에 사는 열아홉 살의 수학광 클락슨(Roland Clarkson)에 의해 1998년에 밝혀졌다. 클락슨은 인터넷에서 내려받은 프로그램과 가정용 PC를 이용해서 수학사의 한 페이지에 오르는 영광을 얻었다. 정확히 말해서 909,526자리 수인 클락슨의 소수는 37번째 메르센 소수이다.

거의 100만 자리에 육박하는 수는 도대체 얼마나 큰 수인가? 십진수로 표기한다면, 5백 쪽 분량의 책을 가득 메우고, 한 줄로 쓰면 2천4백 미터 이상의 길이에 이르고, 하루에 8시간씩 매일 읽으면 다 읽는 데 한 달이 걸릴 것이다.

클락슨의 PC로 이 수가 소수임을 보이는 계산을 완수하는 데는 2주일이 걸렸다. 계산이 정확한지 확인하기 위해 클락슨은 결과를 전문 소수 사냥꾼 슬로빈스키(David Slowinski)에게 보내 자문을 구했다. 슬로빈스키는 기존의 최대 소수 발견 기록 보유자였다. 그는 크레이 연구소(Cray Research)에서 일하고 있었고, 그곳에 있는 크레이 T90 슈퍼컴퓨터를 돌려 결과를 검산했다.

클락슨은 GIMPS, 즉 메르센 소수 찾기 인터넷 모임(Great Internet Mersenne Prime Search)에 참여하여 시간이 날 때마다 컴퓨터를 돌려 메르센 소수를 찾는 4천여 명의 회원 중 하나다. GIMPS는 전세계적으로 진행되는 기획으로, 주관자는 플로리다 주 올랜도에 사는 프로그래머 울트먼(George Woltman)이다. 이 모임의 소수 찾기 프로그램은 울트먼이 개발했고 지속적으로 개량하고 있다. 최대 소수 사냥은 슈퍼컴퓨터가 독점하는 분야였다. 그러나 수천 대의 개인 컴퓨터에서 프로그램을 작동시킴으로써, 심지어 세계 최고 성능의 슈퍼컴퓨터를 능가하는 성능을 발휘하는 것이 가능해진 것이다.

울트먼은 1996년 초 GIMPS를 출범시켰고, 곧바로 상당수의 회원을 확보했다. 초등학교에서 고등학교에 이르기까지 수학 선생님들은 학생들에게 GIMPS를 얘기하며 수학에 관심을 갖도록 유도했다. 현재 인텔 사(社)는 모든 펜티엄 II 칩과 펜티엄 프로 칩을 선적에 앞서 GIMPS에서 검사한다.

클락슨의 발견은 GIMPS가 이룬 세번째 성과였다. 1996년 11월 GIMPS 회원인 프랑스의 아르망고(Joel Armengaud)는 당시의 세계 기록인 최대 메르센 소수 $M_{1,398,269}$를 발견했고, 1997년에는 영국의 스펜스(Gordon Spence)가 $M_{2,976,221}$을 발견한 바 있다.

메르센 소수가 무한히 많은지 여부는 밝혀지지 않았다.

페르마의 마지막 정리

내기는 쉽고 풀기는 어려운 수에 관한 문제들이 우리가 살펴본 것 이외에도 많이 있다. 그중 가장 유명한 문제는 단연 '페르마의 마지막 정리'이다. 사실상 페르마의 마지막 정리는 피타고라스 정리와 함께 수학에서 가장 유명한 정리일 것이다. 그러나 페르마의 마지막 정리는 3백 년이 넘는 노력 끝에 1994년에 비로소 증명되었다. 이 정리는 페르마가 내놓았다. 그는 자신이 증명도 알고 있다고 주장했다. '페르마의 마지막 정리'라고 불리게 된 이유는, 이 정리가 최후까지 증명되지 않고 남았기 때문이다.

이야기는 페르마가 죽고 5년 후인 1670년으로 거슬러 올라간다. 페르마의 아들 사무엘은 출간을 목적으로 아버지의 문서들을 정리하고 있었다. 그는 문서들 중에서 그리스어 원문에 라틴어 번역을 첨가하여 바셰(Claude Bachet)가 편집한 1621년 판 디오판투스의 『산술학』을 발견했다. 디오판투스의 저술이 유럽 수학자들의 관심을 얻게 된 것이 바로 이 판본을 통해서이다. 페르마가 책 여백에 남긴 다양한 메모를 볼 때, 이 위대한 프랑스 아마추어도 주로 디오판투스―기원후 3세기에 살았던―의 저술을 통해 수 이론에 대한 흥미를 키웠음을 알 수 있다.

페르마가 여백에 적은 메모들 중에는 약 48개의 흥미롭고, 부분적으로 중요한 주장들이 있었다. 사무엘은 아버지의 메모들을 부록으로 첨가하여 새로운 판본의 『산술학』을 출간하기로 결심했다. 사무엘은 아버지의 메모를 '디오판투스에 관한 언급'이라는 제목으로 첨부했다. 그 언급들 중 두번째 언급은 페르마가 디오판투스의 『산술학』 제2권 〔문제 8〕 옆에 적었던 것이다.

〔문제 8〕은 다음과 같다. "주어진 하나의 제곱수를 다른 두 제곱수의 합으로 나타내시오." 대수학 기호를 사용하면 다음과 같다. 임의의 수 z가 주어졌을 때, 다음의 관계를 만족시키는 두 수 x, y를 찾으시오.

$$z^2 = x^2 + y^2$$

페르마의 메모는 다음과 같다.

반면에 세제곱수를 두 세제곱수의 합으로, 또는 네제곱수를 두 네제곱수의 합으로 나타내는 것은 불가능하다. 일반적으로 3차 이상의 제곱수를 같은 차수의 제곱수의 합으로 나타내는 것은 불가능하다. 나는 이 명제를 위한 정말 멋진 증명을 알고 있는데, 여백이 좁아 기록할 수 없다.

페르마의 얘기를 현대 용어로 표현하면, n이 3 이상일 경우에는 방정식

$$z^n = x^n + y^n$$

에 (정수)해가 없다는 것이다(수학자들은 미지수 중 하나가 0일 때 얻어지는 자명한 해는 무시한다).

1994년까지 이어진 전설은 그렇게 시작되었다. 직업적인 혹은 그렇지 않은 수많은 수학자들이 증명—페르마가 증명을 가지고 있었다면, 그것과 동일한 증명—을 찾으려 노력했다. 사실상 페르마는 처음에 착각을 했고, 곧이어 실수를 깨달았을 가능성이 높다. 그가 여백에 적은 메모는 발표할 의도가 아니었으므로, 나중에 실수를 알게 되었다 할지라도 메모를 찾아내어 삭제할 필요는 없었을 것이다. 이 추측은 거의 확실하다. 왜냐하면 결국 발견된 증명에는 페르마의 시대에는 없었던 수학이 상당량 사용되기 때문이다(일단 여기까지만 언급하겠다. 증명의 윤곽은 이 책의 뒷부분에서 제시할 것이다).

그러나 페르마가 실제로 증명을 알고 있었는지의 여부와 상관없이 이 이야기는 강한 매력을 지녔다. 17세기의 어느 아마추어 수학자가 3백 년 이상 세계 최고 수학자들의 공격에도 무너지지 않은 문제를 해결했다고 주장했다. 더군다나 페르마의 주장 대부분이 옳았으며, 그 문제가 학

생이면 누구나 이해할 수 있을 만큼 단순하다는 것을 생각하면, 페르마의 마지막 정리가 얻은 명성에 의문을 제기할 이유는 거의 없다. 이 정리의 증명에는 여러 가지 막대한 현상금이 걸려 사람들을 더욱 유혹했다. 1816년 아카데미프랑세즈는 금메달과 상금을 내걸었고, 1908년 괴팅엔 왕립 과학 아카데미도 현상금으로 볼프스켈(Wolfskell) 상을 내걸었다 (마침내 1997년 수여된 볼프스켈 상의 가치는 약 5만 달러였다).

페르마의 마지막 정리는 쉽게 증명되지 않아서 유명해졌다. 그 정리는 수학에서도 실생활에서도 실질적으로 귀결되는 바가 없다. 여백에 메모를 적으면서 페르마는 단지 거듭제곱에서는 성립하는 어떤 패턴이 보다 큰 차수에서는 성립하지 않음을 언급했을 뿐이다. 이 사실에 대한 관심은 순전히 학문적인 것이었다. 만일 문제가 곧 해결되었더라면, 페르마의 마지막 정리는 이후의 수학 책에 각주 정도로만 실리게 되었을 것이다.

그러나 만일 문제가 보다 일찍 해결되었더라면, 수학의 세계는 훨씬 더 빈곤한 상태에 머물렀을 것이다. 왜냐하면 그 문제를 해결하는 여러 시도를 통해 몇 가지 수학적 개념과 기법이 개발되었는데, 이들이 수학의 여타 분야에서 가지는 중요성은 페르마의 마지막 정리의 중요성을 훨씬 능가하기 때문이다. 또한 마침내 증명에 성공한 영국 출신의 수학자 와일스(Andrew Wiles)에 따르면, 그 정리는 완전히 새로운 수학 분야를 여는 일련의 새로운 결론들로부터 도출되는 '단순한 귀결'이다.

페르마 전설이 시작되다

언급했듯이, 모든 사건의 발단이 된 것은 디오판투스의 『산술학』에 나

오는 한 문제였다. 그 문제는, 방정식

$$z^2 = x^2 + y^2$$

의 정수해를 구하는 것이다. 이 문제는 분명 피타고라스 정리와 관련되어 있다. 이 문제를 동치인 다음과 같은 기하학 문제로 바꿀 수 있다. 세 변의 길이가 모두 단위 길이의 정수배인 직각삼각형들이 존재하는가?

이 문제에 대한 잘 알려진 해 하나는 $x=3$, $y=4$, $z=5$이다.

$$3^2 + 4^2 = 5^2$$

이 해는 고대 이집트 시절에도 알려져 있었다. 실제로 고고학자들의 주장에 따르면, 기원전 2000년경 이집트 건축가들은 건물의 직각을 맞추기 위해, 변의 길이가 3, 4, 5 단위인 삼각형이 직각삼각형임을 이용했다고 한다. 건축가들은 우선 길이가 같은 12개의 밧줄을 연결하여 커다란 고리를 만들었다고 한다. 이어서 직각을 만들 자리에 매듭 하나를 위치시키고, 이 매듭에서 세 매듭 떨어진 자리와 네 매듭 떨어진 자리를 팽팽히 잡아당겨, [그림 1-10]과 같은 삼각형을 만들었다고 한다. 이 삼각

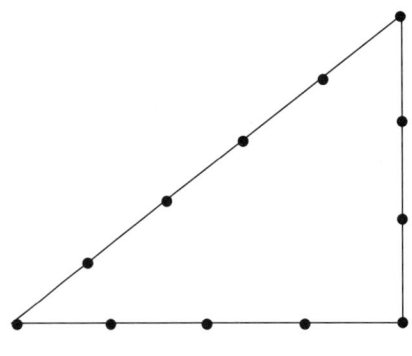

[그림 1-10] 직각을 만들기 위해 3, 4, 5 삼각형을 이용하기

형은 직각삼각형이다. 이렇게 해서 건축가들은 직각을 얻었다.

사실상 이 기술은 피타고라스 정리를 적용한 것이 아니라 정리의 역을 적용한 것이다. 이 기술이 이용한 것은, 다음과 같은 등식을 만족시키는 변들로 이루어진 삼각형에서, 즉

$$h^2 = a^2 + b^2$$

인 삼각형에서 변 h의 대각이 직각이라는 사실이다. 이 사실은 『기하학 원론』에서 (명제 I. 48)로 논의되었다. 한편 피타고라스 정리 자체는 (명제 I. 47)이다.

그런데 3, 4, 5가 유일한 해일까? 그렇지 않음을 금방 알 수 있다. 일단 해 하나를 찾으면, 해들의 무한집합 하나를 찾은 것이다. 해가 되는 세 수를 임의의 수로 곱하면 또하나의 해를 얻을 수 있기 때문이다. 즉 해 3, 4, 5로부터 해 $x=6, y=8, z=10$, 그리고 해 $x=9, y=12, z=15$ 등을 얻을 수 있다.

이렇게 새로운 해를 찾는 자명한 방식을 논의에서 제외하려면, 해를 이루는 세 수에 공통인수가 없어야 한다는 조건을 추가하면 된다. 공통인수가 없는 해는 일반적으로 **원초해**(primitive solution)라고 불린다.

만일 원초해만 허용한다면 3, 4, 5 외에 다른 해가 있을까? 이 경우에도 역시 간단한 해들이 알려져 있다. $x=5, y=12, z=13$도 해이며 $x=8, y=15, z=17$도 해이다.

실제로 무한히 많은 원초해가 존재한다. 유클리드는 『기하학 원론』에서 모든 원초해가 가지는 정확한 패턴을 보임으로써 완벽한 해답을 제시했다.

$$x=2st, \quad y=s^2-t^2, \quad z=s^2+t^2$$

아래 조건을 만족시키는 모든 자연수 s, t에 대해서 위의 공식을 통해서 모든 원초해를 산출할 수 있다. 조건은 이러하다.

1) $s>t$
2) s와 t는 공통인수를 가지지 않는다.
3) s, t 중 하나는 짝수이고 다른 하나는 홀수이다.

뿐만 아니라 모든 원초해는 특정한 s, t 값에 대하여 위의 세 등식의 형태로 표현된다.

이제 페르마의 마지막 정리로 돌아가자. $n=4$인 경우와 관련해서는 페르마가 실제로 타당한 증명을 알고 있었음을 시사하는 몇 가지 증거가 있다. 다시 말해서, 페르마가 방정식

$$z^4 = x^4 + y^4$$

에 정수해가 없다는 것을 증명했을 가능성이 있다. 우리가 고려하는 증거는, 페르마가 남긴 소수의 완전한 증명들 중 하나다. 그 증명은, 변의 길이가 모두 정수인 직각삼각형의 면적은 정수의 제곱수일 수 없음을 보이는 천재적인 논증이다. 이로부터 페르마는 방정식

$$z^4 = x^4 + y^4$$

이 정수해를 가지지 않음을 도출할 수 있었을 것이다. 또한 페르마가 제

곱수 면적을 가지는 직각삼각형을 연구한 이유가 그의 '마지막 정리'에서 $n=4$인 경우를 증명하기 위해서였다고 추측하는 것이 합리적이다.

삼각형의 면적에 관한 결론을 얻기 위한 페르마의 착상은 다음과 같다. 만일 아래의 관계를 만족시키는 자연수 x, y, z가 있다면,

$$z^2 = x^2 + y^2$$

그리고 어떤 자연수 u에 대해서 $\frac{1}{2}xy = u^2$이라면(즉 삼각형의 면적이 제곱수라면), $z_1 < z$인 다른 네 수 x_1, y_1, z_1, u_1이 있어서 동일한 관계를 만족시킨다, 라는 사실을 보일 수 있다.

그런데 이 추론은 무한히 반복될 수 있다. 따라서 다음의 관계에 있는 자연수의 무한수열 $z, z_1, z_2, z_3, \cdots\cdots$이 얻어질 것이다.

$$z > z_1 > z_2 > z_3 > \cdots\cdots$$

그러나 이 무한수열은 불가능하다. 수열은 1까지 내려갈 것이고, 거기에서 멈출 수밖에 없다. 그러므로 전제된 성질을 가지는 자연수 x, y, z는 존재하지 않는다. 이것이 바로 페르마가 증명하려 했던 사실이다.

이 증명법은 페르마의 무한 감소 방법이라 불린다. 이 방법은 오늘날 사용되는 수학적 귀납법과 매우 유사하다. 수학적 귀납법은 자연수와 관련된 많은 패턴들을 입증할 때 효과적인 도구로 사용된다. 나는 다음 절에서 몇 개의 패턴들을 논의할 것이다.

지수 $n=4$인 경우에 대한 증명이 이루어진 후, 수학자들은 곧바로, 만일 지수가 소수인 모든 경우에서 페르마의 마지막 정리가 성립한다면, 페르마의 정리는 모든 지수에 대하여 성립함을 알게 되었다. 그리하여

마지막 정리의 증명을 시도하는 학자는 지수가 임의의 소수인 경우에 정리가 옳음을 증명하는 과제를 맡게 되었다.

증명을 향한 실질적인 진보를 이룬 최초의 인물은 오일러였다. 1753년 그는 $n=3$인 경우를 증명했다고 주장했다. 비록 그가 발표한 증명에는 근본적인 결함이 있었지만, 수정되고 입증된 증명도 일반적으로 오일러의 업적으로 간주된다. 오일러의 증명에 있었던 문제점은, 그 증명이 인수분해에 관한 어떤 특정한 가정에 의존해 있다는 것이었다. 그 가정은 물론 $n=3$인 경우에 대해서는 증명 가능하지만, 오일러의 추측과는 달리, 모든 소수에 대해서 참은 아니다. 사실상 이후에 있었던 많은 증명 시도들 역시 바로 그 미묘하고 타당치 않은 가정 때문에 실패로 돌아갔다.

1825년 디리힐레트(Peter Gustav Lejenne Dirichilet)와 르장드르(Adrien-Marie Legendre)는 오일러의 논증을 확장하여 $n=5$인 경우에 페르마의 마지막 정리가 성립함을 증명했다(이들의 증명은 오일러가 빠진 인수분해 함정을 피해나갔다).

이어서 1839년 라메(Gabriel Lamé)는 동일한 일반적 방법을 써서 $n=7$이 경우를 증명했다. 이 단계에 이르는 동안 논증은 점점 더 복잡해져서, 다음 경우인 $n=11$을 증명할 수 있으리라는 희망이 거의 없어 보였다(이런 식으로 한 걸음씩 전진해서는 문제 전체를 해결할 가망이 없었다).

더 전진하려면 증명들이 가지는 어떤 보편적인 패턴을 발견할 필요가 있었다. 빽빽한 나무들로부터 뒤로 물러나 숲의 거시적인 질서를 관찰할 필요가 있었다. 이 작업은 독일 수학자 쿰머(Ernst Kummer)에 의해 1847년에 이루어졌다.

쿰머는 특정한 종류의 소수들이 정상성(regularity)이라 불리는 일정한 패턴을 가짐을 발견했다. n값이 그런 소수일 경우에는 페르마의 마지막 정리를 비교적 쉽게 증명할 수 있다. 정상성이라는 새로운 성질을 이용해서 쿰머는 n이 정상 소수인 모든 경우에 정리가 성립함을 증명할 수 있었다. 100보다 작은 소수들 중에서는 오직 37, 59, 67만이 정상 소수가 아니다. 따라서 쿰머의 연구에 의해 페르마의 마지막 정리는 $n=36$까지의 모든 경우들과 n이 37, 59, 67을 제외한 100 이하의 모든 소수인 경우에 대하여 증명되었다.

정상 소수가 무엇인지를 정확히 정의하는 방법은 여러 가지지만, 그 방법들은 완전히 동치이다. 하지만 그 방법들은 높은 수준의 수학 개념을 사용하기 때문에 나는 여기에서 어떤 정의도 제시하지 않겠다. 다만 간단히 언급한다면, 1980년대 말 컴퓨터를 통해 연구한 결과에 따르면, 4,000,000 이하의 소수들은 거의 모두 정상 소수이다. 뿐만 아니라 4,000,000 이하의 모든 비정상 소수들은 정상성보다 약간 약한 성질을 가지는데, 그 성질로도 페르마의 마지막 정리가 성립함을 증명할 수 있다. 그러므로 1990년대 초에는 4,000,000 이하의 임의의 수를 지수로 가지는 모든 경우에 페르마의 마지막 정리가 참임이 증명되었다.

여기까지 하고 페르마 정리에 관한 얘기를 잠시 접으려 한다. 하지만 6장에서 나는, 쿰머의 연구 이래 페르마의 마지막 정리와 관련해서 이루어진 가장 중요한 발전임에 틀림없는 1983년의 놀라운 발견을 얘기하면서 다시 페르마의 정리를 다룰 것이다. 거기에서 나는 또한 1986년에서 1994년 사이에 일어난 일련의 예기치 못한 극적인 사건들을 언급하게 될 것이다. 그 사건들에 의해 결국 3백 년을 이어온 페르마의 마지막 전설은 최종적으로 막을 내렸다. 이 두 가지 이야기를 뒤로 미루는 것 ─ 더군다나 몇 장이나 떨어진 뒤로 ─ 역시 수학이 패턴을 찾고 연구하는 작업이라는 사실을 보여주는 분명한 사례이다. 1983년의 발견과 1986

년에서 1994년에 걸쳐 일어난 사건들은 모두 수의 패턴과는 전혀 다른 성질을 가진 패턴들을 연구하는 과정에서 일어났다. 그것은 모양과 위치의 패턴, 무한과 근본적인 방식으로 관계된 패턴이었다.

도미노 효과

이 장을 마감하기 전에 약속한 대로 수학적 귀납법을 간략하게 설명하겠다[페르마의 무한 감소 방법(77쪽)을 살펴보면서 나는 페르마의 기발한 기법이 귀납법과 관련되어 있음을 언급했었다].

수학적 귀납법은 수학자들의 무기고 속에 있는 가장 강력한 무기 중 하나다. 이 무기를 사용하면, 단 두 개의 증거만 가지고도 어떤 패턴이 모든 자연수에 대해서 성립함을 결론지을 수 있다. 얼마나 대단한 생산성인가! 오직 두 개의 사실만 증명하면, 무한히 많은 자연수들에 관한 결론을 얻을 수 있다.

수학적 귀납법을 직관적으로 이해하려면, 그것이 다름이 아니라 '도미노 논증'이라고 생각하는 것이 좋다. 도미노를 한 줄로 세워놓았다고 가정해보자. 기호 $P(n)$은 'n번째 도미노가 쓰러진다'를 의미한다. 이제 나는 도미노 전체가 쓰러지는, 즉 모든 n에 대해서 $P(n)$일 조건을 말해보겠다.

첫째, 도미노들이 서로 충분히 가깝게 세워져 있어서 하나가 쓰러지면 다음번 도미노도 쓰러진다. 우리의 기호를 써서 표현한다면, 만일 임의의 n에 대해서 $P(n)$이 참이라면, $P(n+1)$도 참이다. 이것이 첫번째 조건이다.

둘째, 첫번째 도미노가 쓰러진다. 우리의 기호를 써서 표현한다면,

$P(1)$이 참이다. 이것이 두번째 조건이다.

이 두 조건이 충족된다면, 도미노 전체가 쓰러진다고 확실히 결론지을 수 있다. 다시 말해서 모든 n에 대해서 $P(n)$이 성립한다고 결론지을 수 있다(왜냐하면 각각의 도미노가 앞의 도미노에 의해 쓰러지면서 다음 도미노를 쓰러뜨리기 때문이다. 〔그림 1-11〕 참조).

물론 실제 세상에서는 도미노의 줄이 유한할 것이다. 그러나 $P(n)$이 임의의 자연수 n에 대해 유의미한 어떤 사태를 가리키는 보다 추상적인 경우에도 사정은 동일하다. 좀더 자세히 살펴보자.

당신이 임의의 자연수 n에 대해 성립하는 듯이 보이는 어떤 패턴—그 패턴을 P라 하자—을 발견했다고 가정해보자. 예를 들어 홀수들을 더해나가는 과정에서 당신이 처음 n개의 홀수들의 총합이 항상 n^2인 듯하다는 생각을 갖게 되었다고 해보자.

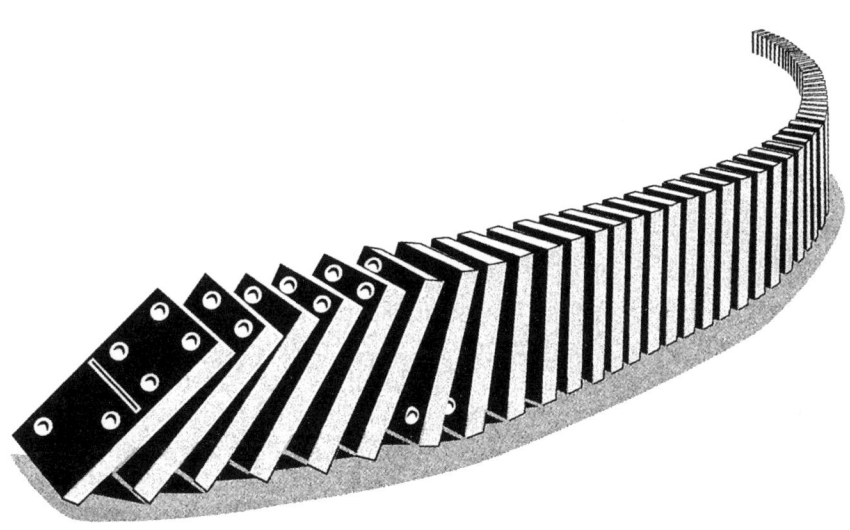

〔그림 1-11〕 쓰러지는 도미노. 수학적 귀납에 의한 증명법의 바탕에 깔린 생각

$$1+3=4=2^2$$
$$1+3+5=9=3^2$$
$$1+3+5+7=16=4^2$$
$$1+3+5+7+9=25=5^2$$
$$1+3+5+7+9+11=36=6^2$$

등등이다.

당신은 이 패턴이 계속 유지될 것이라고 추측한다. 즉 임의의 자연수 n에 대해서 다음의 등식이 성립하리라고 추측한다.

$$1+3+5+\cdots\cdots+(2n-1)=n^2$$

이 등식을 $P(n)$이라고 하자.

당신은 임의의 자연수 n에 대하여 등식 $P(n)$이 참임을 어떻게 증명할 것인가? 수많은 사례들을 증거로 확보하면 꽤 설득력이 있을 것이다―컴퓨터를 이용해서 n이 10억인 경우까지 모든 n에서 $P(n)$이 성립함을 보일 수 있을 것이다. 그러나 수많은 증거만으로는 엄밀한 증명에 이를 수 없다. 실제로 10억 개 이상의 사례에서 검증된 패턴도 신뢰할 수 없는 패턴임이 드러난 경우들이 있다. 당신이 입증하려 하는 패턴 P가 무한히 많은 대상들에 대하여 성립함을 어떻게 증명할 것인가? 각각의 사례 모두를 확인하는 방식으로는 절대 증명할 수 없다.

바로 여기서 수학적 귀납법이 등장한다. 도미노 배열에서와 마찬가지로, $P(n)$이 모든 자연수 n에 대해 성립함을 증명하려면, 단 두 개의 사실만 증명하면 된다. 첫째, $n=1$인 경우에 $P(n)$이 성립한다. 즉 $P(n)$이 참이다. 둘째, 만일 어떤 n에 대해서 $P(n)$이 참이라면, $P(n+1)$도 참이다. 만일 당신이 이 두 사실을 보일 수 있다면, $P(n)$은 모든 자연수 n에 대해서 참이다.

수학적 귀납법을 사용하면 쉽게 위의 패턴을 입증할 수 있다. $n=1$인 경우, 위의 등식은

$$1=1^2$$

이므로 자명하게 참이다. 이제 어떤 자연수 n에 대해서 등식이 성립한다고 가정하자(이는 n번째 도미노가 쓰러진다고 가정하는 것과 같다). 즉 다음과 같다고 가정하자.

$$1+3+5+\cdots+(2n-1)=n^2$$

$(2n-1)$ 다음의 홀수는 $(2n+1)$이다. $(2n+1)$을 양변에 더하면 다음 등식이 산출된다.

$$1+3+5+\cdots+(2n-1)+(2n+1)=n^2+(2n+1)$$

간단한 대수학 계산에 의해 등식의 우변이 $(n+1)^2$임을 알 수 있다. 그러므로 위 등식을 다음과 같이 다시 쓸 수 있다.

$$1+3+\cdots+(2n-1)+(2n+1)=(n+1)^2$$

이 등식은 다름이 아니라 $P(n+1)$이다. 따라서 위의 대수학적 논증에

의해서, $P(n)$이 성립한다면 $P(n+1)$도 성립함이 증명되었다(다시 말해서 내가 제시한 간단한 대수학적 논증은, n번째 도미노와 $(n+1)$번째 도미노가 충분히 가깝게 놓여 있어서 처음 것이 쓰러지면 나중 것도 쓰러짐을 보인 것과 같다).

그러므로 수학적 귀납법에 따라 모든 자연수 n에 대해서 $P(n)$이 성립한다고 결론지을 수 있다.

이것은 정말 대단한 위력이다. 등식

$$1+3+5+\cdots\cdots+(2n-1)=n^2$$

의 개별 사례가 모두 성립함을 입증할 길은 없다. 그런 개별 등식들은 무수히 많다. 하지만 위의 증명을 기반으로 하여 당신은 모든 개별 등식이 절대적으로 참임을 알 수 있다.

이렇게 수학적 귀납법은 수학자들에게 어떤 특정한 패턴이 모든 자연수에 대하여 성립함을 입증할 수 있는 방법을 제공한다. 이 사실은 우리를 (순수) 수학('순수 수학'이라는 말은 응용 수학에 대비되는 의미이다)의 핵심으로 이끈다. 순수 수학자들의 관심사는 패턴을 입증하는 것이다. 어떤 성질이 처음 10개 혹은 100개 혹은 1,000개의 자연수에 대해서 성립함을 어떤 수학자가 발견했다면, 그의 자연스러운 질문은 다음과 같다. 이 성질이 모든 자연수에 대하여 성립할까? 발견된 결론이 일반적인 패턴을 지시하는가? 아무리 많은 양의 계산 검증도 이 질문에 대한 충분한 대답이 될 수 없다. 예를 들어 처음 100만 개의 사례를 검사하는 것도 도움이 되지 않는다. 그렇게 검사해서 얻을 수 있는 결론은, 그 패턴이 처음 100만 개의 자연수에 대해서 참이라는 것뿐이다. 이런 증거를 바탕으로 우리는 일반적인 패턴이 존재한다는 추측을 더욱 강화할 수 있을 것이다. 그러나 추측은 증명이 아니다. 수 1,000,001에서 패턴이 깨질 수도 있다. 실제로 수백만까지의 모든 경우에 대해서 컴퓨터로 검증되었지만, 결국 그 이상의 어떤 수에서 깨짐이 밝혀진 패턴들이 있다. 물론 누구나 생각할 수 있듯이 어떤 특정한 응용을 위해서는, 특정한 성질이 처음 5백만 개의 자연수에 대해서 성립함을 아는 것으로 충분할 수 있다. 그러나 순수 수학자의 입장에서는, 그것은 단지 계산일 뿐 진정한 수학이 아니다. 수학이 하는 일은 '완벽한' 패턴들을 찾아내는 것이다. 수학자는 어떤 패턴을 입증하기 위해서 증명을 발견해야만 한다. 수학적 귀납법은 증명을 위해 사용되는 수많은 방법들 중 하나다.

2장 정신의 패턴들

의심 불가능한 증명

그리스 수학자 탈레스의 시대 이래로 증명은 수학에서 중심적인 역할을 해왔다. 수학자들은 어떤 명제들이 참이고(예를 들어 피타고라스 정리 같은 명제), 또 어떤 명제들이 거짓인지를 증명을 통해 결정한다. 그런데 증명은 정확히 무엇일까? 예를 들어 이 책 43쪽에는 수 $\sqrt{2}$가 유리수가 아니라는—즉 두 정수의 비율로 표현될 수 없다는—사실의 증명이 있다. 누구든 그 논증을 세심히 읽어가면서 각 단계를 생각해보면, 그것이 전적으로 신뢰할 수 있는 논증임을 발견하게 될 것이다. 그 논증은 $\sqrt{2}$가 무리수라는 사실을 정말로 증명한다. 그러나 그 특정한 논증을, 그렇게 특정한 순서로 쓰여진 문장들을 증명이 되도록 만드는 것이 도대체 무엇일까?

물론 그 논증에는 몇 가지 간단한 대수학적 기호들이 사용되었지만, 그 점이 중요한 것은 아니다. 아주 간단하게 대수학 기호들을 빼버리고 모든 기호를 단어와 구로 대체해도 결과는 여전히 그 주장의 증명이다. 더군다나 원래와 **동일한 증명**이다. 수학적 기호를 쓸 것인가, 혹은 언어적 표현이나 그림을 쓸 것인가 등의 선택에 따라 증명의 길이나 난이도는 달라질 수 있지만, 논증이 증명인지 아닌지는 달라지지 않는다. 세상사와 관련해서 말하자면, 증명이 된다는 것은, 충분한 교육과 지적 능력과 합리성을 가진 모든 사람을 완벽하게 설득할 능력이 있다는 것이며, 그 능력은 논증과 관련된 어떤 추상적 패턴 혹은 구조와 상관이 있다. 그 추상적 구조는 무엇이며, 그 구조에 관해 무엇을 말할 수 있을까?

보다 심층적인 차원에서, 동일한 질문을 언어 자체에 대해서도 던질 수 있다. 증명은 언어를 통해 표현될 수 있는 수많은 것들 중 하나에 불과하다. 내가 작가로서 이 페이지에 있는 기호들을 통해 독자인 당신에게 내 생각을 전달할 수 있는 것은, 이 기호들에 무엇이 있기 때문일까? 증명의 경우와 마찬가지로, 이 책의 외국어 판들도 나의 **동일한 생각**을 전달할 것이므로, 이 경우에도 이 특정한 페이지나 특정한 언어와 관련된 어떤 물리적이고 구체적인 것이 올바른 대답일 수 없고, 올바른 대답은 이 페이지에 나타난 것과 관련된 어떤 추상적 구조가 되어야 할 것이다. 그 추상적 구조가 무엇일까?

인간이 인지를 위해 갖추고 사용하는 추상적 패턴들은 물리적 세계에 국한된 연구로는 발견될 수 없다. 추상적 패턴들은 우리의 사고와 상호 간의 의사소통에도 관여한다.

아리스토텔레스의 논리적 패턴들

증명과 관련된 패턴을 기술하는 최초의 체계적 시도는 고대 그리스인들에 의해, 특히 아리스토텔레스에 의해 이루어졌다(그 논리학에서 정확히 어디까지가 아리스토텔레스의 업적이고, 어디까지가 후대 사람들의 업적인지는 분명치 않다. 내가 이 장에서 언급하는 '아리스토텔레스'는 아리스토텔레스와 그의 후계자들을 뜻한다).

아리스토텔레스에 따르면, 증명 혹은 합리적 논증 혹은 논리적 논증은, 열을 이루는 각 문장이 앞의 문장으로부터 논리직으로, 즉 논리적 규칙들에 의거해 따라나오도록 되어 있는 일련의 문장들로 이루어진다. 물론 이 설명은 완전하지 못하다. 왜냐하면 증명을 시작하는 방법을 제시하지 않았기 때문이다. 한 논증의 첫 문장은 선행 문장에서 따라나올 수 없다. 왜냐하면, 만일 그렇다면, 그 문장은 첫 문장이 아닐 것이기 때문이다. 따라서 어떤 증명이든 특정한 첫 사실 혹은 가정에 의존해야만 한다. 그러므로 문장열은 그 첫 가정들을, 혹은 첫 가정들 중 일부를 나열하는 것으로 시작되어야 한다(실질적으로는, 첫 가정들이 당연하고 명백할 수 있고, 따라서 명시적으로 언급하지 않을 수도 있다. 이 장의 논의에서는 수학에서 일반적으로 행해지는 증명을 모범으로 하여 모든 단계들이 명시적으로 드러나는 이상적인 경우들에 논의의 초점을 둘 것이다).

아리스토텔레스가 한 다음 단계의 연구는, 타당한 결론에 이르기 위해 사용할 수 있는 논리적 규칙들을 기술하는 것이었다. 이 문제를 다루기 위해 그는, 임의의 올바른 논증이 특정한 형식을 지닌 문장들의, 즉 소위 주어-술어 명제들의 열로 표현될 수 있다고 가정했다.

명제란 참 혹은 거짓인 문장이다. 아리스토텔레스가 염두에 둔 주어-술어 명제는, 두 개의 항목으로 구성된, 즉 주어와 속성으로 구성된 명제이다. 속성은 주어에 귀속되는 술어이다. 다음은 주어-술어 명제의 예들이다.

아리스토텔레스는 사람이다.
모든 사람은 죽는다.
어떤 음악가들은 수학을 좋아한다.
어떤 돼지도 날지 못한다.

임의의 타당한 논증이 이렇게 단순한 형식의 문장들의 열로 재구성될 수 있다는 아리스토텔레스의 가정이 과연 옳은지 당신은 의심할지도 모른다. 사실상 당신의 의심은 정당하다. 예를 들어 많은 수학적 증명들은 이런 방식으로 분석될 수 없다. 또한 이런 분석이 가능한 경우에도, 논증을 실제로 이런 식의 단계들로 분해하는 것은 극도로 난해한 일일 수 있다. 그러므로 사실상 아리스토텔레스의 분석은 모든 올바른 논증에 적용될 수 있는 추상적 패턴을 드러내지 못했다. 그의 분석은 다만 매우 협소하게 제한된 특정한 종류의 올바른 논증들에만 타당하다.

그럼에도 불구하고 아리스토텔레스의 업적이 불멸의 역사적 가치를 지니는 이유는, 그가 올바른 논증들 속에서 패턴을 찾으려 노력했을 뿐만 아니라 실제로 몇 개의 패턴을 찾아냈기 때문이다. 아리스토텔레스 이후 거의 2천 년의 세월 동안 합리적 논증의 패턴에 관한 연구를 중요하게 발전시킨 사람은 아무도 없었다!

아리스토텔레스가 찾아낸 논리적 규칙들은 **삼단논법**이라 불린다. 올바른 증명을 (주어-술어 명제들을 써서) 구성하려면, 그 규칙들을 따라야 한다. 그 규칙들은 정확히 두 개의 문장으로부터 한 문장을 도출하는 규칙이다. 다음은 삼단논법의 한 예이다.

모든 사람은 죽는다.
<u>소크라테스는 사람이다.</u>

소크라테스는 죽는다.

가로줄 밑에 있는 세번째 문장이 앞의 두 문장에서 논리적으로 따라나온다는 것이 아리스토텔레스의 생각이다. 이 간단한—또한 대단히 진부한—예의 경우, 도출은 비록 흥미롭지는 못할지라도 확실히 타당해 보인다. 아리스토텔레스의 업적이 위대한 이유는, 그가 이런 사례들로부터 보편적인 패턴을 추상해냈기 때문이다.

아리스토텔레스가 한 첫번째 작업은 보편적인 경우를 얻기 위해 모든 특정한 사례를 추상하는 것이었다. 대략적으로 다음과 같다. S가 임의의 주어-술어 명제의 주어를 가리키고, P가 술어를 가리킨다고 하자. '소크라테스는 사람이다'라는 문장의 경우에, S는 '소크라테스'이고 P는 술어 '사람이다'이다. 이 단계는 수들을 문자 x, y, z 등의 대수학적 기호들로 대체하는 작업과 매우 유사하다. 그런데 이 경우에 S와 P는 임의의 수를 나타내는 것이 아니라 임의의 주어와 술어를 나타낸다. 이런 방식으로 개별을 제거함으로써 추론의 추상적 패턴을 연구하기 위한 발판이 마련된다.

아리스토텔레스에 따르면, 명제에서 술어는 긍정적으로 혹은 부정적으로 사용될 수 있다. 즉 다음 형태가 가능하다.

S는 P이다. 또는 S는 P가 아니다.

뿐만 아니라 주어는 양화될(quantified) 수 있다(수적으로 규정될 수 있다). 주어를 다음과 같은 형태들로 표현할 수 있다.

모든 S, 또는 어떤 S

주어 양화의 두 종류와 술어의 두 가능성인 긍정과 부정을 조합하면 총 네 개의 양화된 주어-술어 명제의 가능성이 나온다.

모든 S는 P이다.
모든 S는 P가 아니다.
어떤 S는 P이다.
어떤 S는 P가 아니다.

두번째 명제는 다음과 같은 동치인 형태로 표현할 수 있다.

어떤 S도 P가 아니다.

첫번째 명제를 다음과 같이 복수로 쓸 수 있을 것이다.

모든 S들은 P이다.

그러나 이 차이는 무의미한 것으로, 다음 단계의 추상화를 통해 제거된다. 다음 단계의 추상화는 네 가지 패턴의 명제들을 축약 기호로 표현하는 것이다.

SaP: 모든 S는 P이다.
SeP: 어떤 S도 P가 아니다.
SiP: 어떤 S는 P이다.
SoP: 어떤 S는 P가 아니다.

축약 표현들은 아리스토텔레스가 염두에 둔 명제들의 추상적 패턴들을 매우 분명하게 보여준다.

삼단논법에 관한 연구 대부분은, 위의 네 가지 형태의 양화된 명제들에 집중된다. 네 가지 형태를 살펴보면, 우리가 앞에서 예로 든 명제, '소크라테스는 사람이다'와 같은 종류의 명제들은 간과된 것처럼 보일지도 모른다. 그러나 이렇게 주어가 유일한 개체인 명제들 역시 사실상 위의 네 형태 속에 포함된다. 정확히 말한다면, 이런 명제들은 두 번이나 포함된다. S가 모든 '소크라테스'의 모임을 가리키고, P가 '사람이다'라는 속성을 가리킨다면, 위의 특정한 명제는 SaP 혹은 SiP로 표현된다. 중요한 것은, 소크라테스는 오직 하나뿐이기 때문에 다음의 세 표현이 모두 동등하다는 점이다.

'소크라테스', '모든 소크라테스', '어떤 소크라테스'

일상 언어에서는, 위의 표현들 중 첫번째만이 의미 있어 보인다. 하지만 이 추상화 과정 전체의 목적이 바로 일상적인 언어를 벗어나 그 언어로 표현되는 추상적 패턴들을 다루는 것임을 상기하라.

개체 주어를 무시하고 대신에 주어들의 모임 혹은 종류에 초점을 두기로 하는 결정은 다음과 같은 귀결을 가진다. 주어-술어 명제의 주어와 술어는 자리가 뒤바뀔 수 있다. 예를 들어 '모든 사람은 죽는다'라는 문장에서 주어와 술어를 바꾸어 '모든 죽는 것은 사람이다'라는 문장을 만들 수 있다. 물론 자리를 바꾸어 만든 새 문장은 일반적으로 원래 문장과 의미가 다르고, 거짓일 수 있고, 심지어 무의미할 수도 있다. 그러나 새 문장 역시 원래 문장과 동일한 추상적 구조를 가진다. 즉 모든 '어떤 것'

은 '어떤 것'이다라는 구조를 가진다. 허용 가능한 주어-술어 명제의 기준과 관련해서 위에 제시한 네 가지 구성 규칙들은 교환을 허용한다. 즉 각각의 구성 규칙에서 S와 P를 서로 바꿀 수 있다.

아리스토텔레스 논리학의 논증에서 사용 가능한 명제들의 추상적 구조를 기술한 후에 다음으로 이어지는 단계는 이 명제들을 써서 구성할 수 있는 삼단논법들을 분석하는 작업이다. 일련의 삼단논법들로 이루어진 올바른 논증을 구성하기 위해 사용될 수 있는 타당한 규칙들은 무엇인가?

한 개의 삼단논법은, 삼단논법의 전제라고 불리는 두 개의 선행 명제들과, 규칙에 따라 두 전제에서 따라나오는 한 개의 **결론**으로 이루어진다. 만일 S와 P가 결론의 주어와 술어를 가리킨다면, 추론이 이루어지기 위해서는 두 전제에 포함된 어떤 세번째 항목이 있어야만 한다. 이 부가적인 항목은 중간항(middle term, 중개념)이라 불린다. 나는 중간항을 M으로 표기하겠다. 예를 들어보자.

모든 사람은 죽는다.
<u>소크라테스는 사람이다.</u>
소크라테스는 죽는다.

S는 '소크라테스'를, P는 '죽는다'라는 술어를, M은 '사람이다'라는 술어를 가리킨다고 하자. 그렇다면 이 특정한 삼단논법을 다음과 같이 기호로 나타낼 수 있다.

MaP
<u>SaM</u>
SaP

(두번째 전제와 결론은 a 대신 i를 써서 표기할 수도 있다.) M과 P에 관련된 전제는 대전제라 불리며 첫번째로 기록된다. 나머지 S와 M에 관련된 전제는 소전제라 불리며 두번째로 기록된다.

이렇게 삼단논법을 나타내는 방식을 표준화하고 나면, 자연스럽게 다음과 같은 질문이 제기된다. 가능한 삼단논법의 수가 얼마나 될까?

각각의 대전제는 두 가지 방식으로 쓰어질 수 있다. 즉 M이 먼저 나오거나 P가 먼저 나올 수 있다. 마찬가지로 소전제에도 기호 배열 순서에 두 가능성이 있다. S가 먼저 나오거나 P가 먼저 나올 수 있다. 그러므로 가능한 삼단논법들은 네 개의 상이한 부류로 나뉜다. 그 네 부류는 삼단논법의 네 형태(figure)라고 불린다.

I	II	III	IV
MP	PM	MP	PM
SM	SM	MS	MS
SP	SP	SP	SP

각각의 형태에서 주어와 술어 사이의 틈에 네 개의 문자 a, e, i, o 중 하나가 들어갈 수 있다. 그러므로 가능한 삼단논법 전체의 수는 $4 \times 4 \times 4 \times 4 = 256$이다.

물론 이 가능한 패턴들 모두가 논리적으로 타당한 것은 아니다. 아리스토텔레스가 이룬 주요 업적 중 하나는 타당한 패턴들을 모두 찾아냈다는 것이다. 256개의 가능한 삼단논법 패턴들 중에서 아리스토텔레스가 찾아낸 타당한 패턴은 아래에 열거한 19개의 패턴이다(하지만 아리스토텔레스는 두 개의 오류를 범했다. 그가 열거한 패턴들 중에는 타당하지 않은 패턴이 두 개 있다. 이에 관해 다음 절에서 논할 것이다).

> 형태 I: *aaa*, *eae*, *aii*, *eio*
> 형태 II: *eae*, *aee*, *eio*, *aoo*
> 형태 III: *aai*, *iai*, *aii*, *eao*, *oao*, *eio*
> 형태 IV: *aai*, *aee*, *iai*, *eao*, *eio*

오일러, 삼단논법에 동그라미를 치다

오일러는 간단한 기하학적 착상을 이용하여 삼단논법의 타당성을 검사하는 훌륭한 방법을 개발했다. 그 방법은 오일러 원 방법(method of Euler circles)이라 불린다. 〔그림 2-1〕에서처럼 겹치는 세 원으로 삼단논법을 나타내는 것이 오일러의 착상이다. S로 표시된 원의 내부는 S 유형의 모든 대상들을 나타낸다. P, M으로 표시된 원의 내부도 마찬가지 방식으로 P, M 유형의 모든 대상들을 나타낸다. 삼단논법을 검증하기 위해 필요한 작업은, 두 개의 전제가 도면에 있는 여러 영역들―1에

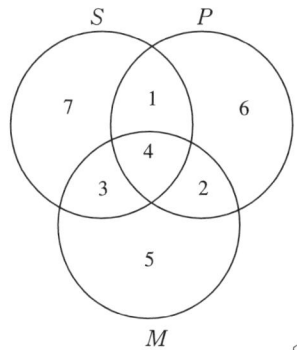

〔그림 2-1〕 오일러 원

서 7까지 번호가 매겨진 영역들—에 관해서 무슨 말을 하는지 살펴보는 것이다.

이 방법을 이해하기 위해 우리가 앞에서 살펴본 단순한 예를 다시 언급하겠다.

MaP
$\underline{SaM}$
SaP

이 삼단논법에서 대전제 '모든 M은 P이다'는 영역 3과 5가 비었음을 말한다(M 속에 있는 모든 대상들은 P 속에 있다. 즉 영역 2와 4에 있다). 소전제 '모든 S는 M이다'는 영역 1과 7이 비었음을 말한다. 그러므로 두 전제가 하는 말을 종합해보면, 영역 1, 3, 5, 7이 비었다.

이제 해야 할 일은, 영역들에 관해 우리가 얻은 정보와 양립 가능하면서 S 및 P와 관련된 명제를 구성하는 것이다. 영역 3과 7이 비었으므로, S 속에 있는 것은 모두 영역 1이나 4에 있어야 한다. 그러므로 P 속에 있어야 한다. 다시 말해서 모든 S는 P이다. 그러므로 위의 특정한 삼단논법이 검증되었다.

물론 모든 삼단논법이 이렇게 쉽게 분석되는 것은 아니지만, 다른 모든 타당한 삼단논법들도 동일한 방식으로 검증될 수 있다.

매우 단순함에도 불구하고 오일러 원 방법은 추론을 기하학적으로 고찰하는 수단을 제공했다는 점에서 주목할 만하다. 위의 논의에서 사유의 패턴은 우선 대수학적 패턴으로 변환되었고, 이어서 단순한 기하학적 패턴으로 변환되었다. 이것 또한 수학적 추상화 방법의 엄청난 위력을 보여주는 실례이다.

우리는 이미 가능한 삼단논법 전체에서 타당한 것들만을 걸러냈다. 이제 타당한 삼단논법들 중에서 논리적 패턴이 중복되는 것들을 제거하여 아리스토텔레스가 남긴 목록을 더욱 축소시킬 수 있다. 예를 들어 e 혹은 i가 들어간 어떤 명제의 경우, 그 명제의 의미에 영향을 주지 않으면서 주어와 술어를 서로 바꿀 수 있다. 그렇게 두 항목을 바꾸어 새 패턴을 만들면 논리적 중복이 생길 것이다. 그런 잉여적인 패턴들을 모두 제거하면 다음과 같은 여덟 개의 형식들만이 남는다.

> 형태 I : aaa, eae, aii, eio
> 형태 II : aoo
> 형태 III : aai, eao, oao

네번째 형태는 완전히 없어졌다.

앞에서 언급한 아리스토텔레스의 두 오류는 여전히 위의 목록에 들어 있다. 당신도 지적할 수 있는가? 오일러 원 방법을 써서 각각의 삼단논법을 검증해보라. 만일 당신이 오류를 찾지 못한다 할지라도 주눅이 들 필요는 없다. 그 두 오류가 발견되기까지 거의 2천 년이 걸렸다. 다음 절에서 나는 그 오류가 어떻게 수정되었는지 설명할 것이다. 오류의 수정에 그렇게 오랜 세월이 걸린 것은, 사람들이 삼단논법에 관심을 두지 않았기 때문이 아니다. 사실상 여러 세기에 걸쳐 아리스토텔레스의 논리학은 인류의 교육에서 탁월한 지위를 누렸다. 예를 들어 14세기 옥스퍼드 대학 학칙에는 다음과 같은 조항이 있었다. "아리스토텔레스의 철학을 따르지 않는 인문학 학사들과 석사들은, 의견 불일치가 일어날 때마다 5실링의 벌금을 내야 한다." 그런데 바로 옥스퍼드에서 오류가 발견되었다.

사유의 대수학

고대 그리스 시대 이래 19세기에 이르기까지 합리적인 논증의 패턴에 관한 수학적 연구에는 사실상 진보가 없었다. 아리스토텔레스 이후 최초의 중요한 진보는 영국인 불(George Boole)이 수학 무대에 등장하면서 이루어졌다. 불은 인간의 추론을 연구히는 데 대수학의 방법을 적용하는 길을 열었다.

1815년 아일랜드인 부모로부터 이스트 앵글리아(East Anglia)에서 태어난 불이 성숙한 수학자가 되었을 때, 수학자들은 대수학적 기호들이 수가 아닌 다른 항목들을 나타내는 데도 사용될 수 있으며, 대수학의 방법들이 일반 산술이 아닌 다른 영역에도 적용될 수 있음을 깨달아가고 있었다. 예를 들어 18세기 말에 복소수(복소수는 실수의 확장이다. 3장에서 복소수를 다룰 것이다) 산술학이 개발되었고, 그라스만(Hermann Grassmann)에 의해 벡터 대수학이 개발되었다(벡터는 속도나 힘과 같이

〔그림 2-2〕 불(1815~1864)

크기와 방향을 모두 가진 항목이다. 벡터는 기하학적으로 또는 대수학적으로 연구될 수 있다).

불은 사고의 패턴을 대수학적으로 규명하는 작업에 착수했다. 특히 아리스토텔레스의 삼단논법 논리학을 대수학적으로 다루려 노력했다. 물론 내가 앞절에서 했던 것처럼 대수학적 기호를 써서 아리스토텔레스의 분석을 다만 표현하는 것은 쉬운 일이다. 하지만 불은 더 나아갔다. 그는 단지 대수학적 기호를 사용하는 수준을 넘어, 대수학적 구조도 사용해서 논리학을 다루었다. 특히 그는 자신의 사유 대수학에서 방정식을 구성하는 방법과, 그 방정식을 푸는 방법을 제시했다. 또한 그 방정식들과 해들이 논리학에서 무슨 의미를 가지는지도 밝혔다.

불의 천재적인 분석은 그가 1854년 『논리학과 확률의 수학적 이론에 토대가 되는 사유의 법칙들에 관한 연구』라는 제목으로 출간한 책에 들어 있다. 흔히 『사유의 법칙들』이라는 간단한 명칭으로 불리는 이 획기적인 책은 보다 이전에 불이 쓴 「논리학의 수학적 분석」이라는 제목의 논문을 발전시킨 결과이다. 이 논문은 사람들에게 잘 알려져 있지 않다.

『사유의 법칙들』 제1장은 다음과 같이 시작된다.

이 논의의 목적은 추론하는 정신의 작용들이 따르는 근본 법칙들을 탐구하는 것이다. 더 나아가 그 법칙들을 미적분학의 기호언어로 표현하고, 이를 바탕으로 논리의 과학을 정초하며, 그 방법론을 구성하는 것이다.

불 논리학의 출발점은 오일러 원 방법과 동일한 발상이다. 즉 명제가 대상들의 모임 혹은 집합을 다룬다고 간주하고, 집합들을 탐구하는 것이다. 예를 들어 명제 '모든 사람은 죽는다'는, 모든 사람의 집합이 모든 죽는 것들의 집합의 부분집합(즉 하위모임, 혹은 부분)임을 의미한다고 간주할 수 있다. 또는 다른 말로 표현한다면, 모든 사람의 집합에 속하는 원소들 모두가 모든 죽는 것들의 집합의 원소임을 의미한다. 하지만 불은 집합의 원소 차원에서 구조를 탐구하지 않았다. 그는 집합 자체에 집중하여 집합의 '산술'을 개발했다. 그의 생각은 단순하고 아름다우며 매우 효율적이라는 사실이 곧 밝혀지게 된다.

먼저 임의의 대상 모임을 나타내기 위해 예를 들어 x, y, z 같은 철자를 사용하자. xy는 x와 y에 공통되는 대상들의 집합을 나타내며, $x+y$는 x나 y에 혹은 양자 모두에 있는 대상들의 집합을 나타낸다(실제로 불은 '덧셈' 연산을 정의할 때, x와 y에 공통원소가 없는 경우와 있는 경우를 구분했다. 집합을 다루는 오늘날의 논의에서는—이 책도 마찬가지다—일반적으로 그 구분을 하지 않는다).

0은 공집합을, 1은 모든 대상들의 집합(전체집합)을 의미한다고 하자. 즉 등식 $x=0$은 x가 원소를 가지지 않음을 의미한다. x에 속하지 않는 모든 대상들로 이루어진 집합은 $1-x$로 표기된다.

불은 이 새로운 집합 '산술'이 다음과 같은 성질을 가짐을 발견했다.

$$x+y=y+x \qquad xy=yx$$
$$x+(y+z)=(x+y)+z \qquad x(yz)=(xy)z$$
$$x(y+z)=xy+xz$$
$$x+0=x \qquad 1x=x$$
$$2x=x+x=x \qquad x^2=xx=x$$

처음 다섯 개의 등식은, 철자들이 수를 가리킨다고 해석하면, 익숙한 일반 산술이 가지는 성질들이다. 즉 두 교환법칙과 두 결합법칙과 배분법칙을 나타낸다.

그 다음 두 개의 등식은 0이 덧셈 연산에 대하여 항등원이고(즉 불이 정의한 0은 수 0과 같은 성질을 지닌다), 1이 '곱셈'에 대하여 항등원임을 말한다(즉 불이 정의한 1도 수 1과 같은 성질을 지닌다).

마지막 두 등식은 첫눈에 보기에는 매우 낯설어 보인다. 일반 산술에서는 당연히 이 두 등식이 성립하지 않는다. 이 두 등식은 멱등법칙(idempotent law)이라 불린다.

현대적 용어를 쓴다면, 위의 모든 등식을 만족시키는 임의의 대상 집합과 그 집합에 적용되는 두 연산('곱셈'과 '덧셈')은 불 대수학(Boolean algebra)이라 불린다. 사실 우리가 서술한 체계는 불 자신이 개발한 체계와 약간 다르다. 특히 불 자신이 정의한 '덧셈'에 따른다면, '덧셈'의 멱등법칙은 성립하지 않는다. 수학에서—또한 삶의 모든 행보에서—흔히 그렇듯이, 훌륭한 생각에도 언제나 다른 사람들이 개선할 여지는 있다. 불의 체계 역시 순차적으로 개선되어 우리가 서술한 모습이 되었다.

불의 대수학적 논리학은 아리스토텔레스의 삼단논법을 연구하는 훌륭한 수단을 제공한다. 불의 체계에서는, 아리스토텔레스가 연구한 네 가지 주어-술어 명제들이 아래와 같이 표현될 수 있다.

$$SaP: s(1-p)=0$$
$$SeP: sp=0$$
$$SiP: sp \neq 0$$
$$SoP: s(1-p) \neq 0$$

삼단논법을 이렇게 표현하고 나면, 어떤 삼단논법이 타당한지를 결정하는 작업은 간단한 대수학이 된다. 예를 들어 다음과 같은 두 전제를 가지는 삼단논법을 보자.

모든 P는 M이다.
어떤 M도 S가 아니다.

이 두 전제를 대수학적으로 표현하면, 다음의 두 등식이 된다.

$$p(1-m)=0$$
$$ms=0$$

일반 대수학 법칙에 따라 연산을 하면, 첫번째 등식을 다음과 같이 고쳐 쓸 수 있다.

$$p=pm$$

이제 p와 s만을 포함한(결론에는 중간항이 포함되지 않아야 하므로) 등식을 찾기 위해 조금만 생각해보면, 다음을 발견할 수 있을 것이다.

$$ps=(pm)s=p(ms)=p0=0$$

이 등식을 말로 바꾸면, 다음과 같다.

어떤 P도 S가 아니다.

불 논리학을 이용하기 위해 필요한 것은 실제로 이것이 전부이다. 모든 것이 기초 대수학으로 환원되었다. 기호들이 수가 아닌 집합을 나타낸다는 점만이 일반 대수학과 다르다(마찬가지로 그라스만은 벡터에 관한 모든 논의를 대수학으로 환원할 수 있었다).

아리스토텔레스 자신의 삼단논법 논의에 들어 있는 두 오류는 불의 대수학적 논리학에 의해 발견되었다. 아리스토텔레스가 타당하다고 생각한 두 형식이 사실은 타당하지 않았다. 그 두 형식은 모두 세번째 형태에 속한다. aai와 eao가 그것이다.

첫번째 형식을 말로 표현하면 다음과 같다.

모든 M은 P이다.
모든 M은 S이다.
어떤 S는 P이다.

이를 대수학적으로 표현하면 다음과 같다.

$$m(1-p)=0$$
$$m(1-s)=0$$
$$sp \neq 0$$

이제 문제는, 위의 세번째 등식이 처음 두 등식으로부터 도출되는가? 이다. 정답은, 아니다!이다. 만일 $m=0$이면 s와 p에 상관없이 처음 두 등식이 성립한다. 그러므로 두 전제가 참이면서 결론이 거짓인 경우가 가능하다. 따라서 이 형식은 타당하지 않다.

아리스토텔레스가 타당하다고 잘못 분류한 두번째 형식 역시 마찬가지 방법으로 타당하지 않음을 보일 수 있다.

만일 $m \neq 0$이라면, 두 형식 모두 타당하다. 분명 이 이유 때문에 천 년

이상 오류가 지적되지 않았을 것이다. 만일 당신이 단어를 사용하여 술어에 관해 생각한다면, 그 술어들 중 하나가 어떤 불가능한 것을 묘사할 경우 어떤 일이 생길지를 생각한다는 것은 자연스럽지 않다. 그러나 만일 당신이 단순한 대수학 등식들을 다룬다면, 항들이 0인지 아닌지를 검토하는 일은 자연스러운 정도가 아니라 수학자에게는 제2천성에 따라 당연히 해야 할 작업이다.

핵심은 다음과 같다. 논리의 패턴을 대수학에서의 패턴으로 번역하는 과정에서 패턴이 내적으로 변화하는 것은 아니다. 그러나 그 번역을 통해 사람들이 그 패턴을 생각하는 방식이 변화한다. 한 틀에서는 어렵고 부자연스러운 것이 다른 틀에서는 쉽고 자연스러울 수 있다. 수학에서는, 또한 삶의 다른 행보 속에서도, 종종 당신이 무엇을 말하는지만이 중요한 것이 아니라 당신이 그것을 어떻게 말하는지가 중요하다.

논리학에 대한 원자론적 접근

불의 대수학적 체계는 성공적이었다. 특히 아리스토텔레스 삼단논법 논리학을 이해하는 데 매우 성공적이었다. 하지만 불 체계의 의미는 이 한 가지 성취를 훨씬 능가한다.

아리스토텔레스의 체계는 함축된 의미에 있어서 매우 흥미로움에도 불구하고 폭이 너무 좁다는 약점을 지녔다. 물론 많은 논증들이 일련의 주어-술어 명제들로 재구성될 수 있지만, 이 방법이 논증을 표현하기에 언제나 가장 자연스러운 방법인 것은 아니다. 뿐만 아니라 많은 논증들은 삼단논법으로 전혀 재구성될 수 없다.

추론의 패턴들에 대수학을 적용한 불의 과감한 시도를 필두로 하여 논리학자들은 추론에 사용되는 패턴들을 발견하기 위해 보다 일반적인 방법을 채택했다. 그들은 아리스토텔레스처럼 특정한 종류의 명제들을 사용하는 논증을 연구하는 것이 아니라 모든 종류의 명제들을 고려 대상으로 삼았다. 이를 통해 그들은, 아리스토텔레스 학파와 경쟁한 그리스 시대의 학파인 스토아 철학이 개발한 논리학 방법론을 부활시켰다. 스토아 철학의 논리학은 거의 잊혀진 상태였다.

스토아 철학적으로 접근한다면, 우선 몇 개의 기초적이고 분석되지 않은 명제들로부터 출발해야 한다. 이 명제들에 대해 당신이 아는 것은, 이들이 명제라는 것뿐이다. 즉 이들은 참이거나 거짓인 문장들이다(물론 일반적으로 당신은 참인지 혹은 거짓인지 모른다). 몇 가지 명시된 규칙들(아래에서 제시된다)에 의거해서 당신은 이 기초 명제들을 결합하여 보다 복잡한 명제들을 만들 수 있다. 그리고 당신은 그런 복합적인 명제들로 이루어진 논증을 분석한다.

이 체계는 오늘날 **명제 논리학**이라 불린다. 이 논리학은 고도로 추상적이다. 왜냐하면 관련된 논리적 패턴들에 전혀 맥락이 없기 때문이다. 이 이론은 다양한 명제들이 무엇을 말하는지와 전혀 상관이 없다. 이는 물질의 분자 이론과 매우 유사한 관점이다. 분자 이론에서 당신은 분자가 다양한 원자로 이루어졌다고 간주하지만, 그 원자들은 분석하지 않은 채 내버려두고, 다만 원자들이 결합하는 방식에만 관심의 초점을 둔다.

아리스토텔레스의 삼단논법 논리학과 마찬가지로 명제 논리학 역시 너무 제한적이라는 약점을 지니고 있다. 모든 논증이 그렇게 원자적이지는 않다. 하지만 매우 많은 논증들이 명제 논리학을 통해 분석될 수 있는 것도 사실이다. 뿐만 아니라 명제 논리학을 통해 밝혀진 논리적 패턴들은, 수학적 증명뿐만 아니라 논리적 연역 전반을 이해하는 데 큰 도움을 준다. 명제 논리학은 다양한 명제들이 무엇을 말하는지와 상관이 없으므로 명제 논리학에서 발견된 패턴들은 순수 논리학 패턴들이다.

오늘날 명제들을 조합하여 보다 복잡한 복합명제를 만들 때 사용되는 규칙들 대부분은 본질적으로 스토아 철학자들이 연구한(또한 후대에 불이 연구한) 규칙들과 동일하다. 하지만 내가 이제부터 서술할 내용에는 긴 세월에 걸쳐 순차적으로 개선된 측면들도 포함되어 있다.

한 명제에 대해 알려져 있는 것은 오직 그것이 참 또는 거짓이라는 사실뿐이므로, 참 개념 혹은 거짓 개념이 결정적인 역할을 하리라고 당연히 예상할 수 있다. 명제 논리학에서 명제들이 결합될 때 생기는 논리적 패턴들은 참의 패턴들이다.

예를 들어 명제들을 결합하는 방법으로 연언(conjunction) 연산이 있다. 명제 p, q가 있을 때, 이 두 명제로부터 새로운 명제 [p 그리고 q]를 만들 수 있다. 예를 들어 명제 '존은 아이스크림을 좋아한다'와 명제 '매리는 파인애플을 좋아한다'의 연언은, 복합명제 '존은 아이스크림을 좋아하고 매리는 파인애플을 좋아한다'이다. 일반적으로 당신이 합성명제 [p 그리고 q]에 관해서 알기를 희망해도 좋은 것은, p와 q의 진리치가 주어졌을 때 이 합성명제의 진리치가 무엇인가?이다. 만일 p와 q가 모두 참이라면, 연언 [p 그리고 q]는 참일 것이다. 만일 p와 q 중 하나가 또는 둘 다 거짓이라면, [p 그리고 q]는 거짓일 것이다.

이 패턴은 표로 나타내는 것이 아마도 가장 선명할 것이다. 우리는 그 표를 **진리표**라 부를 것이다. 다음은 연언의 진리표와, 다른 세 명제 연산의 진리표, 즉 선언 [p 혹은 q], 조건 [$p \rightarrow q$], 그리고 부정 [p 아님]의 진리표이다.

p	q	p 그리고 q
T	T	T
T	F	F
F	T	F
F	F	F

p	q	p 혹은 q
T	T	T
T	F	T
F	T	T
F	F	F

p	q	$p \rightarrow q$
T	T	T
T	F	F
F	T	T
F	F	T

p	p 아님
T	F
F	T

표에서 T는 진리값 '참', F는 진리값 '거짓'을 나타낸다. 가로줄을 따라 읽으면, 성분들의 진리값에 따라 결정되는 합성명제의 진리값을 확인할 수 있다. 이 표들은 논의되는 논리적 연산들의 형식적 정의이기도 하다.

마지막 연산 [p 아님]은 쉽게 이해할 수 있지만, 나머지 두 연산은 간단히 설명할 필요가 있다. 일상 언어에서 단어 '혹은'에는 두 의미가 있다. '혹은'은 양자택일의 의미로 사용될 수 있다. 예를 들어 '그 문은 잠겨 있다, 혹은 잠겨 있지 않다'에서처럼 말이다. 이 경우 두 가능성 중 오직 하나만이 참일 수 있다. 한편 '혹은'은 허용의 의미로(inclusive) 사용될 수 있다. '내일은 비 혹은 눈이 올 것이다'에서처럼 말이다. 이 경우에는 두 가능성 모두가 함께 일어날 수 있다. 일상적인 의사소통에서 사람들은 일반적으로 맥락에 의지하여 '혹은'의 의미를 명료화한다. 하지만 명제 논리학에는 맥락이 없고, 참 혹은 거짓이라는 명백한 앎만 있다. 수학은 일의적인 정의를 필요로 하므로, 수학자들은 명제 논리학의 규칙을 세울 때 일상적인 두 의미 중 하나를 선택해야 했고, 결국 허용적인 의미가 선택되었다. 위의 선언 진리표는 그 선택의 산물이다. 양자택일적 '혹은'을, 허용적 '혹은'과 기타 논리 연산을 통해 나타내는 것은 쉬운 일이므로, 일면적인 선택을 했다 할지라도 실질적으로 손해를 본 것은 아니다. 수학자들이 허용적 '혹은'을 선택한 것은, 그 의미가 앞절에서 논의한 불 대수학과 훨씬 더 유사한 논리적 패턴을 나타냈기 때문이다.

조건 연산(conditional operation)에 직접 대응하는 일상 언어는 없다. 조건 연산은 논리적 함축과 관련이 있으므로, '함축한다'가 가장 유사한 단어일 것이다. 그러나 조건 연산은 사실상 함축 개념과 일치하지 않는다. 함축은 일종의 인과성을 의미한다. 'p가 q를 함축한다' (또는 '만일 p이면 q이다')라고 내가 말한다면, 당신은 p와 q 사이에 일종의 연결이 있다고 이해할 것이다. 그러나 명제 논리학 연산들은 오직 참과 거짓으로만 정의되며, 이 정의 방법은 함축 개념을 담기에 너무 협소하다. 조건 연산은 함축 관계에서 등장하는 다음과 같은 두 패턴을 표현하는 것으로 만족할 수밖에 없다.

- 만일 p가 q를 함축한다면, p가 참이라는 사실로부터 q가 참임을 도출할 수 있다.
- 만일 p가 참이고 q가 거짓이라면, p는 q를 함축하지 않는다.

이 두 사실은 조건 진리표의 처음 두 행으로 표현된다. 표에 있는 나머지 행들, 즉 p가 거짓인 경우와 관련된 행들은 이론의 유용성을 극대화하는 방식으로 구성되었다. 이것은 이론 구성에서 실재 세계의 패턴을 지침으로 할 수 없는 경우에 수학적 패턴을 지침으로 삼은 실례이다.

다양한 논리 연산들이 순전히 진리 패턴에 의해서 정의되므로, 만일 두 복합명제의 진리표가 완전히 일치한다면, 그 두 복합명제는 내용이나 목적에 상관없이 동치이다. 우리는 진리표를 계산함으로써 여러 가지 논리적 대수학 법칙을 도출할 수 있다. 기호 $\otimes$가 '그리고'를, 기호 $\oplus$가 '혹은'을, 기호 $-$가 부정을 가리킨다고 하자. 이렇게 하면 이 논리적 연결사들이 산술 연산자 $\times$, $+$, $-$와 유사하면서도 다름을 분명히 나타낼 수 있다. 산술과의 유사성을 더욱 분명히 하기 위해 나는, 임의의 참인 명제(예를 들어 5=5)를 1로 나타내고, 임의의 거짓인 명제(예를 들어 5=6)를 0으로 나타낼 것이다.

$$p \otimes q = q \otimes p$$
$$p \otimes (q \otimes r) = (p \otimes q) \otimes r$$
$$p \otimes (q \oplus r) = (p \otimes q) \oplus (p \otimes r)$$
$$p \otimes 1 = p$$
$$p \otimes 0 = 0$$
$$-(p \otimes q) = (-p) \oplus (-q)$$
$$-(-p) = p$$
$$p \rightarrow q = (-p) \oplus q$$

$$p \oplus q = q \oplus p$$
$$p \oplus (q \oplus r) = (p \oplus q) \oplus r$$
$$p \oplus (q \otimes r) = (p \oplus q) \otimes (p \oplus r)$$
$$p \oplus 1 = 1$$
$$p \oplus 0 = p$$
$$-(p \oplus q) = (-p) \otimes (-q)$$

위의 패턴들은 불 대수학의 패턴들과 더욱 밀접하게 관련되어 있다. $p \otimes q$를 불의 곱셈 pq로 보고, $p \oplus q$를 불의 덧셈 $p+q$로, $-p$를 불의 $1-p$로, 그리고 1, 0을 불의 1, 0과 같게 보면, 위의 등식들은 (마지막 등식만 제외하고) 모두 불의 논리학에서도 성립한다.

이 모든 등식들에서 '같음(equality)'은 일반적인 의미에서의 같음이 아니다. 여기에서의 '같음'이 의미하는 바는 단지 관계된 두 명제가 동일한 진리표를 가진다는 것뿐이다. 이런 의미로 '같음'을 얘기하기 때문에 예를 들어 다음과 같은 등식도 참이다.

7은 소수이다 = 삼각형의 내각의 합은 180도이다.

이렇게 '같음'의 의미가 특수하기 때문에 수학자들은 보통 이런 등식에서 기호 = 대신에 ⟷ 또는 ≡를 사용한다.

위에 열거한 대수학적 등식들이 표현하는 논리적 성질들 중 많은 부분은 스토아 철학자들에 의해 발견되었다. 그러나 그들은 대수학적 기호를 사용하지 않고 모든 것을 말로 적었다. 쉽게 상상이 되겠지만, 그것은 그들이 실질적으로 거의 독해가 불가능한 장문을 사용했음을 의미한다. 바로 이 이유 때문에 스토아 철학의 논리학은, 불이 등장해 논리적 패턴의 연구에 대수학적 기호를 사용하는 방법을 선보일 때까지 잊혀진 상태로 남았던 것이 분명하다.

추론의 패턴

진리의 패턴들은 명제들을 결합하는 규칙들을 설명한다. 반면에 한 명제로부터 다른 명제를 도출하는 것과 관련된 패턴들은 어떤 것들일까? 질문을 좀더 구체화한다면, 명제 논리학에서 아리스토텔레스의 삼단논법의 역할을 하는 것은 무엇일까?

정답은 다음과 같은 간단한 연역 규칙이다. 이 규칙은 스토아 철학자들에게도 알려져 있었다. 그들은 이 규칙을 모두스 포넨스(modus ponens)라고 불렀다.

$p \rightarrow q$ 그리고 p로부터, q를 도출한다.

이 규칙은 조건 연산이 함축 개념과 일치한다고 생각하는 직관에 잘 조화된다.

이 규칙에서 p와 q가 반드시 합성되지 않은 단순명제일 필요는 없다는 사실을 강조해야겠다. 모두스 포넨스와 관련해서는, 두 기호가 임의의 명제를 나타낸다. 사실상 명제 논리학 전체에서 대수학 기호들은 거의 예외 없이, 합성명제든 단순명제든 상관없는 임의의 명제를 나타낸다.

명제 논리학에서 증명, 즉 타당한 연역은, 명제들로 이루어진 계열(series)인데, 이때 각각의 명제는 선행하는 명제에서 모두스 포넨스를 통해 도출되거나 아니면 증명의 기반에 있는 가정이다. 증명 과정에서 앞절에서 열거한 논리적 등식들이 사용될 수 있다. 이는 계산 과정에서 산술학 법칙들이 사용될 수 있는 것과 같다.

명제 논리학은, 비록 모든 종류의 추론을 포괄하지 못하고, 모든 종류의 수학적 증명을 포괄하지도 못하지만, 대단히 유용함이 밝혀졌다. 한 예로 오늘날의 컴퓨터는 내용과 목적이 무엇이든 간에 모두 명제 논리학의 연역을 수행하는 기계이다. 실제로 컴퓨터 공학의 위대한 두 개척자인 튜링(Alan Turing)과 폰 노이만(John von Neumann)은 모두 수리 논리학 전문가였다.

논리적 원자의 분해

수학적 증명과 관련된 패턴들을 파악하는 시도의 마지막 단계는 19세기 말 페아노(G. Peano)와 프레게(G. Frege)에 의해 이루어졌다. 그들의 착상은 '논리적 원자를 분해하기'였다. 즉 그들은 명제 논리학이 분석되지 않는 원자적 항목으로 취급한 기초 명제들을 쪼개는 방법을 선보였다. 구체적으로 말하자면, 그들은 명제 논리학을 수용하는 동시에 명제의 진리치뿐만 아니라 명제의 성질에도 상관하는 부가적인 연역 기제(mechanism)들을 도입했다. 어떤 의미에서 보면, 그들은 아리스토텔레스 논리학―그 논리학에서는 연역 규칙들이 명제들의 성질에 의해 결정된다―과, 순수 논리학의 연역 패턴을 파악하는 명제 논리학의 장점을 결합한 체계를 만들었다고 할 수 있다. 그러나 술어 논리학이라는 이름으로 불리게 된 이 새로운 논리학이 부가적으로 채택한 규칙들은 (물론 이 규칙들은 삼단논법의 기본 형태를 결정하는 기준이 되었던 '모든' 및 '어떤' 개념과 관련되지만) 아리스토텔레스 삼단논법보다 훨씬 더 포괄적이다.

술어 논리학에는 분석되지 않는 원자적 명제가 없다. 모든 명제들은 보다 기초적인 요소들로 구성된 것으로 간주된다. 다시 말해서 술어 논리학에서는, 연역 패턴을 연구하기에 앞서 그 연구의 기반을 마련하기 위해 특정한 언어적 패턴을 연구해야 한다. 즉 명제를 구성하기 위해 사용되는 언어의 패턴들을 먼저 연구해야 한다.

이 논리학 체계가 채택하는 기초 요소는 명제가 아니라 속성 혹은 술어이다. 가장 단순한 술어들은 아리스토텔레스 논리학에 나오는 술어들과 동일하다. 예를 들어보자.

　　…… 사람이다.
　　…… 죽는다.
　　…… 아리스토텔레스이다.

그러나 술어 논리학은 보다 복잡한 술어들도 허용한다. 예를 들어 다음과 같이 둘 이상의 대상과 상관하는 술어들도 허용한다.

……는 ……와 결혼했다.

이 술어는 두 대상(사람)을 관계짓는다. 또한

……는 ……과 ……의 합이다.

같은 술어는 세 대상(수)을 관계짓는다.

술어 논리학은 명제 논리학의 확장이지만, 논의의 핵심을 명제에서 문장으로(전문적인 용어를 쓴다면 식으로) 옮긴다는 점에서 특별하다. 이러한 초점 이동이 필요한 이유는, 술어 논리학은 참 혹은 거짓이 아닌 문장, 즉 명제가 아닌 문장의 구성을 허용하기 때문이다. 구성 규칙들은 명제 연산자 '그리고' '혹은' '아니다'와 조건 연산(→), 그리고 양화사 '모든'과 '어떤'의 사용을 규정한다. 아리스토텔레스 논리학에서와 마찬가지로, '어떤'은 '최소한 하나'를 의미한다. 예를 들어 '어떤 짝수는 소수이다'에서처럼 말이다. 이와 동일한 의미를 가진 다른 표현은 '존재한다'이다. '짝수인 소수가 존재한다'에서처럼 말이다.

문장 구성 규칙들―술어 논리학의 문법―은 정확하고 완벽하게 설명하기가 약간 복잡하지만, 다음의 간단한 예들을 보면 대략적인 이해를 얻을 수 있을 것이다.

술어 논리학에서 아리스토텔레스의 명제 '모든 사람은 죽는다'는 아래와 같이 재구성된다.

모든 x에 대하여, 만일 x가 사람이라면, x는 죽는다.

 이렇게 구성된 문장은 원래 명제보다 복잡해 보이고, 사실 말하기도 더 번거롭다. 이렇게 구성함으로써 얻는 이점은, 명제가 구성 요소로 분해되어 내적인 논리적 구조가 드러난다는 것이다. 그 구조는 단어와 구 대신에 논리적 기호를 사용하면 더욱 선명해진다.
 첫째, 논리학자는 술어 'x는 사람이다' 를 축약된 형식 '사람임(x)' 로 쓰고, 술어 'x는 죽는다' 를 '죽음(x)' 로 쓴다. 경우에 따라서는 이렇게 표기법을 바꿈으로써 단순해 보이던 것이 더 복잡하고 신비로워질 수도 있지만, 새로운 표기법의 의도는 분명 그것이 아니다. 새 표기법의 목표는 관련된 중요한 패턴들에 직접적으로 주목하는 것이다. 술어가 가지는 가장 결정적인 성질은, 그 술어가 하나 혹은 그 이상의 특정 대상에 대하여 참이거나 거짓이라는 점이다. 중요한 것은 (1) 속성, 그리고 (2) 대상이다. 그 외에 모든 것은 중요치 않다.
 따라서 '아리스토텔레스는 사람이다' 는 이렇게 표기된다.

  사람임(아리스토텔레스)

명제 '아리스토텔레스는 로마인이 아니다' 는 이렇게 표기될 것이다.

  아님-로마인임(아리스토텔레스)

명제 '수전은 빌과 결혼했다' 는 다음과 같이 표기된다.

  결혼했음(수전, 빌)

이 표기법은, 술어가 특정 대상에 대하여 참인(혹은 거짓인) 어떤 것이라는 사실을, 그 패턴을 명료하게 보여준다.

술어(대상, 대상, ……)
아님-술어(대상, 대상, ……)

추가로 두 기호가 사용될 수 있다. '모든' 혹은 '모든 ……에 대하여'는 A를 뒤집어놓은 기호 $\forall$로 축약될 수 있다. '어떤' 혹은 '존재한다' 는 좌우를 바꾼 E, 즉 $\exists$로 축약될 수 있다. 이 기호를 써서 '모든 사람은 죽는다' 를 표기하면 다음과 같다.

$\forall x$: 사람임(x) → 죽음(x)

이렇게 표기하면, 명제를 이루는 모든 논리적 요소들과 기반에 있는 논리적 패턴이 즉각적으로 눈에 들어온다.

- 양화사 $\forall$
- 술어 사람임과 죽음
- 술어들 사이의 논리적 연결, 즉 →

마지막으로, 명제 '잠들지 않은 사람이 있다' 를 기호로 표기하면 다음과 같다.

- $\exists x$: 사람임(x) 그리고 아님-잠들었음(x)

처음 보는 사람에게는 이런 방식으로 표기된 명제가 낯설겠지만, 논리학자들은 이 표기법이 매우 유용함을 발견했다. 뿐만 아니라 술어 논리학은 충분히 강력해서 모든 수학적 명제들을 표현할 수 있다. 술어 논리학으로 표현된 정의나 명제가 초심자들에게 위압적으로 보일 것은 당연하다. 그러나 그것은 그 표현이 어떤 논리적 구조도 속으로 감추지 않기 때문이다. 당신이 술어 논리학 표현에서 보는 복잡함은 정의된 개념 또는 표현된 명제 자신이 실제로 가지는 구조적 복잡함이다.

명제 논리학 연산과 마찬가지로 술어 논리학 연산의 대수학적 성질을 기술하는 규칙들도 있다. 예를 들어 다음과 같은 규칙이 있다.

$$\text{아님-}[\forall x : p(x)] \equiv \exists x : \text{아님-}p(x)$$

이 규칙에서 $P(x)$는 죽음(x)처럼 한 개의 대상에 적용되는 어떤 술어라도 좋다. 이 규칙을 보여주는 사례를 말로 적는다면 아래와 같을 것이다.

모든 사람이 축구를 좋아하는 것은 아니다 ≡ 어떤 사람은 축구를 좋아하지 않는다

명제 논리학 규칙들을 표기할 때 사용된 기호 ≡와는 달리, 여기에서 기호 ≡는 두 표현이 '동일한 것을 말한다'를 의미한다.

술어 논리학의 발전에 의해 수학자들은 수학적 증명의 패턴들을 형식적으로 파악할 방법을 얻었다. 이는 수학자들이 술어 논리학의 규칙들을 노예처럼 신봉함을 의미하지 않는다. 모든 수학적 진술들이 술어 논리학

으로 표현된다거나, 모든 증명들을 양화사와 관련된 연역 규칙들(이 책에서는 그 규칙들을 언급하지 않는다)과 모두스 포넨스만을 써서 표현할 수 있다고 주장하는 수학자는 아무도 없다. 그렇게 표현하는 일은, 가장 단순한 증명들의 경우를 제외하면, 극도로 어려울 것이며, 그렇게 해서 얻은 증명은 이해하기가 거의 불가능할 것이다. 그러나 술어 논리학의 패턴들에 관한 세부적 연구를 진행한 덕분에 수학자들은 형식적 증명 개념에 대한 중요한 이해를 얻었을 뿐만 아니라 술어 논리학이 수학적 참을 입증하는 신뢰할 만한 방법임을 확증했다. 이 깨달음은 같은 시기에 수학에서 일어난 다른 발전들과 관련해서 생각할 때 매우 큰 의미를 지닌다. 이제 나는 그 발전들을 이야기할 것이다.

현대의 여명

19세기 후반의 반세기는 눈부신 수학적 업적이 이루어진 시기이다. 구체적인 예를 하나만 언급한다면, 만족스러운 실수 연속체 이론이 마침내 완성된 것이 바로 이 시기이다. 이 이론을 통해 수학자들은 3백 년 전에 뉴턴과 라이프니츠가 개발한(3장 참조) 미적분학 기법에 엄밀한 토대를 놓았다. 이 발전에 결정적으로 기여한 것은, 공리적 방법(axiomatic method)에 점점 더 많이—많은 경우에는 전적으로—의지한 수학자들의 연구 태도였다.

모든 수학은 추상물을 다룬다. 물론 수학의 많은 부분들은 물리적 세계로부터 동기를 얻고 물리적 세계를 서술하는 데 사용될 수 있지만, 수학자들이 실제로 다루는 항목들—수, 기하학적 도형, 다양한 패턴과 구조—은 순수 추상물이다. 미적분학 분야의 경우, 수학자들이 다루는 많은

은 추상물들은 수학적 무한 개념과 관련되어 있기 때문에 실재 세계에 있는 그 어떤 것에도 직접적으로 상응하지 않는다고 할 수 있다.

이 추상물들에 관한 진술이 참이거나 거짓이라는 것을 수학자들은 어떻게 결정할까? 일반적으로 물리학자나 화학자나 생물학자는 실험에 근거하여 가설을 수용하거나 거부한다. 그러나 수학자는 대개의 경우 실험에 의지할 수 없다. 직접적인 계산을 통해 결정지을 수 있는 경우에는 아무 문제가 없다. 그러나 일반적인 경우, 실재 세계의 사건을 관찰해서 얻은 증거는 기껏해야 어떤 수학적 사실을 시사할 수 있을 뿐이며, 경우에 따라서는 완전히 오류로 이끌기도 한다. 수학적 진실은 일상의 경험이나 직관과 많이 다를 수 있다.

유리수가 아닌 실수가 존재한다는 것도 이런 종류의 반(反)직관적인 수학적 사실이다. 임의의 두 유리수 사이에는 세번째 유리수가 있다. 예를 들면 두 유리수의 평균값이 되는 유리수가 있다. 따라서 일상적인 경험을 기반으로 한다면, 모든 유리수로 이루어진 수직선에는 다른 수가 들어갈 틈이 전혀 없다고 보는 것이 타당한 듯하다. 그러나 피타고라스주의자들이 (경악하면서) 발견했듯이, 전혀 그렇지 않다.

피타고라스주의자들은 그들의 발견 앞에서 넋을 잃었지만, 후대의 수학자들은 무리수의 존재를 인정했다. 왜냐하면 무리수의 존재가 **증명되**었기 때문이다. 탈레스 이래로 증명은 수학의 중심이다. 수학에서 진리는 실험이나 다수결이나 독재로 결정되지 않는다. 세상에서 가장 존경받는 수학자가 독재자의 지위에 있다 해도 마찬가지다. 수학적 진리는 증명으로 결정된다.

그렇다고 증명이 수학의 전부라는 것은 아니다. 수학은 패턴의 과학이므로, 수학의 많은 부분은 세계에서 새로운 패턴을 발견하고 분석하고 이를 기술하면서 발전된 연구를 가능케 하는 규칙들을 제시하고, 다른 곳에서 발견된 패턴 속에서 문제의 패턴이 어떻게 재등장하는지 탐색하고, 일상적인 세계 속의 현상들에 이론과 결론을 적용하는 활동으로 이루어진다. 이 많은 활동들 속에서 탐구되는 자연스러운 질문은, 이 수학적 패턴들과 결론들이 물리적으로 관찰되는 것들과 또는 계산되는 것들과 얼마나 잘 조화되는가?라는 것임은 당연하다. 하지만 수학적 진리의 확증과 관련되는 한에서는, 단 한 가지 게임밖에 없다. 그것은 증명이다.

수학적 진리들은 모두 근본적으로 다음의 형식을 띤다.

만일 A라면, B이다.

다른 말로 표현한다면, 모든 수학적 사실들은 특정한 가정들의, 혹은 공리들의(공리는 '원리'를 뜻하는 라틴어 악시오마 *axioma*에서 나온 말이다) 초기 집합에서 도출됨으로써 증명된다. 어떤 수학자가, 특정한 사실 B가 '참'이라고 말한다면, 그 말의 의미는, 전제된 공리집합 A를 토대로 해서 B가 증명된다는 것이다. 공리들의 집합 A가 자명할 경우, 혹은 최소한 수학자 사회 내에서 보편적으로 받아들여질 경우, 위의 얘기를 간단히 'B가 참이다'라고 표현하는 것이 허용된다.

예를 들어 임의의 양의 정수 N과 $2N$ 사이에 소수가 존재한다는 것이 참이라는 사실에 모든 수학자들은 동의한다. 수학자들이 어떻게 그런 확신을 얻은 것일까? 경우의 수는 무한히 많으므로 그들이 가능한 모든 경우를 검사한 것은 당연히 아니다. 하지만 그 사실은 **증명되었다**. 뿐만 아니라 그 증명은 모든 사람이 자연수와 관련해서 정의상 참이라고 받아들이는 공리들에만 의존해 있다.

만일 당신이 어떤 증명의 타당성을 확신한다면, 논의의 여지가 있는 부분은 오직, 공리들이 당신의 직관과 일치하느냐?라는 문제뿐이다. 당신이 일단 공리들의 집합을 서술하면, 그 공리들로부터 당신이 증명하는 모든 것들은 공리들이 기술하는 대상들의 체계에 대하여 수학적으로 참이다(엄밀히 말한다면 '임의의 대상들의 체계'라고 해야 한다. 왜냐하면 대부분의 공리 체계는 원래 어떤 목적으로 구성되었건 간에 하나 이상의 대상 체계를 기술하기 때문이다). 물론 당신의 공리들이 기술하는 체계가 당신이 의도한 체계가 아닐 수도 있다.

예를 들어 기원전 350년경 유클리드는 우리 주변의 세계에 맞는 평면 기하학의 공리집합을 명시했다. 그는 이 공리집합으로부터, 미적으로도 훌륭하고 일상생활에도 매우 유용한 수많은 정리들을 증명할 수 있었다. 그러나 유클리드의 공리들이 기술하는 기하학이 우리 주변 세계의 기하학이 전혀 아닐 수 있음이 19세기에 밝혀졌다. 유클리드 기하학은 근사적으로만 옳은지도 모른다. 물론 근사의 정도가 일상생활에서는 감지할 수 없을 정도로 작지만 말이다. 실제로 오늘날의 물리학 이론들은 유클리드 기하학과는 다른 기하학을 전제로 한다(이 역사에 얽힌 흥미로운 이야기는 4장에서 상세히 다룰 것이다).

공리적 방법의 예를 보이기 위해 19세기에 제시된 기초 정수(양의 정수와 음의 정수) 산술학 공리들을 열거하겠소.

1. 모든 m, n에 대하여 $m+n = n+m$ 그리고 $mn = nm$ (덧셈과 곱셈의 교환법칙).

2. 모든 m, n, k에 대하여 $m+(n+k) = (m+n)+k$ 그리고 $m(nk) = (mn)k$ (덧셈과 곱셈의 결합법칙).

3. 모든 m, n, k에 대하여 $k(m+n) = km+kn$ (배분법칙).

4. 모든 n에 대하여 $n+0 = n$ (덧셈의 항등원).

5. 모든 n에 대하여 $1 \times n = n$ (곱셈의 항등원).

6. 모든 n에 대하여 $n+k=0$인 k가 존재한다(덧셈의 역원).

7. 모든 m, n, k에 대하여 $k \neq 0$인 경우, 만일 $km=kn$이라면, $m=n$이다(약분법칙).

이 공리들은 정수 산술학을 기술하는 공리로 수학자들에게 폭넓게 받아들여지고 있다. 다시 말해서 이 공리들을 기반으로 하여 증명된 모든 것은 수학자들에게 '참'으로 인정될 것이다. 그런데 직접적인 계산을 통해서도, 동전을 늘어놓는 등의 실험을 통해서도 전혀 검증될 가능성이 없는 '사실'을 위 공리로부터 도출하기는 전혀 어렵지 않다. 예를 들어 다음의 등식이 참인가?

$$12{,}345^{678{,}910} + 314{,}159^{987{,}654{,}321} = 314{,}159^{987{,}654{,}321} + 12{,}345^{678{,}910}$$

이 등식은 $m+n=n+m$ 형태이므로, 공리에 근거해서 당신은 이 등식이 '참'임을 안다(사실상 덧셈의 교환법칙은 이 등식이 참이라는 말이다. 이 경우에는 증명을 구성할 필요조차 없다). 이것이 무언가를 '아는 데' 신뢰할 만한 방법일까?

정수 산술학과 관련해서 위의 공리들을 서술할 때, 수학자들은 관찰된 특정한 패턴들을 서술하는 것이다. 작은 수들로부터 얻는 일상적인 경험들이 당신에게 덧셈과 곱셈에서 순서는 답에 영향을 주지 않음을 말해준다. 예를 들어 동전을 세어서 증명할 수 있듯이, $3+8=8+3$이다. 당신이 동전 3개를 세고 이어서 8개를 더 세든, 아니면 먼저 8개를 세고 이어서 3개를 더 세든, 결론적으로 센 동전은 11개로 동일하다. 이 패턴은 당신이 만나는 모든 두 수에서 반복된다. 뿐만 아니라 내일이나 모레 만나는 다른 수들에 대해서도, 심지어 임의의 사람이 언제든 어디에서든 만나는 수들에 대해서도 그 패턴이 참일 것이라고 가정하는 것이 합리적으로 보인다. 수학자는 일상 경험을 기반으로 이러한 합리적 가정을 하고, 그 가정이 모든 정수에 대하여 '참'이라고 선언한다.

이 규칙들은 공리로 채택되었으므로, 이들을 따르는 임의의 대상 집합은 이들을 기반으로 하여 증명되는 모든 성질을 가질 것이다. 예를 들어 위의 공리들을 쓰면, 임의의 '수'의 덧셈에 대한 역원이 단 한 개 있음을 증명할 수 있다. 즉 임의의 '수' n에 대하여 $n+k=0$이 되는 '수' k는 단 하나뿐이다. 그러므로 위의 모든 공리들을 만족시키는 어떤 '수' 체계가 있다면, 그 체계 속에는 덧셈에 대한 역원을 두 개 가지는 '수'가 존재하지 않을 것이다.

위 문단에서 내가 '수'라는 말에 따옴표를 붙인 이유는, 이미 언급했듯이, 일반적으로 공리들의 집합 하나를 서술할 경우, 그 공리들을 만족시키는 대상들의 계(system)가 하나 이상이기 때문이다. 정수 산술을 나타내는 위의 공리들을 만족시키는 계를 정수 영역(integral domain)이라 부른다.

수학자들은 정수 이외에도 여러 대상들이 정수 영역을 형성함을 발견했다. 예를 들어 다항식들이 정수 영역을 이룬다. 또한 1장에서 서술한 유한 산술 중 일부가 정수 영역을 이룬다. 사실상 소수를 법으로 하는 유한 산술은 정수 산술의 공리 7개를 만족시킬 뿐 아니라 다음과 같은 8번째 공리도 만족시킨다.

8. 0이 아닌 모든 n에 대하여 $nk=1$인 k가 존재한다.

이것은 곱셈에 대한 역원의 존재를 말하는 법칙이다. 이 법칙 속에는 공리 7, 즉 약분법칙이 함축되어 있다(보다 정확히 설명하면, 공리 1~6

과 공리 8로부터 공리 7을 도출할 수 있다). 공리 1에서 공리 8까지를 모두 만족시키는 계는 체(field)라 불린다.

수학적인 체의 예는 많이 있다. 유리수, 실수, 복소수가 모두 체이다(3장 참조). 또한 일반적으로 이해되는 의미의 '수'가 아닌 대상들로 이루어진 중요한 체들도 있다.

추상화의 힘

현대의 추상적 수학을 처음 접하는 사람은 그 수학이 당돌한 게임 같다고 느낄 것이다―당돌한 게임이라는 것은 옳은 평가이다! 그러나 공리들을 설정하고 이들로부터 다양한 귀결을 도출하는 작업은 많은 종류의 현상 연구와 관련해서―그 연구들은 긍정적이든 부정적이든 일상생활에 직접적으로 영향을 미친다―대단히 유용하다는 사실이 긴 세월에 걸쳐 밝혀졌다. 사실상 현대적인 삶을 구성하는 대부분의 요소들은 인류가 공리적 방법에 힘입어 얻은 지식들에 기반을 두고 있다(물론 공리적 방법이 기반 전체는 아니다. 하지만 공리적 방법은 핵심적인 기반이다. 공리적 방법이 없었다면, 예를 들어 과학기술은 백 년 전과 비교했을 때 그저 미미한 정도로만 발전했을 것이다).

공리적 방법은 왜 그렇게 성공적이었을까? 여러 이유가 있겠지만, 가장 중요한 이유는, 사용된 공리들이 실제로 의미 있고 참된 패턴들을 포착하는 공리들이었기 때문이다.

어떤 문장을 공리로 채택할지의 문제는, 다른 분야에서와 마찬가지로 주로 인간의 판단에 의해 결정된다. 예를 들어 대부분의 사람들은, 꼭 그래야만 한다면, 놀랍도록 적은 경험 증거만으로도 덧셈의 교환법칙의 타당성에 기꺼이 목숨을 걸 것이다(살아오면서 당신은 몇 번이나 덧셈의 교환법칙을 검증하기 위해 구체적으로 두 수를 계산해보았는가? 사실상 목숨을 내걸면서 안전을 믿고 비행기에 탑승할 일이 생기거든 그때 한번 이 질문을 돌아보라).

사람들이 그런 확신을 가지는 데는 분명 어떤 논리적인 근거도 없을 것이다. 수학에는 수백만 가지의 경우에 참이지만 보편적으로는 참이 아닌 명제들이 대단히 많다. 예를 들어 머튼스 추측(Mertens conjecture)은 자연수와 관련된 명제인데, 처음 78억 개의 자연수 모두에 대해 타당함에도 불구하고 거짓임이 1983년에 밝혀졌다. 그런데 머튼스 추측이 거짓임이 아직 증명되지 않았을 때에도 그 명제를 자연수에 관한 공리로 채택하자고 제안한 수학자는 아무도 없었다.

수학자들은 왜 엄청난 양의 계산 증거로 입증된 명제들을 제치고 계산 증거가 빈약한 교환법칙을 공리로 채택했을까? 그 결정은 본질적으로 인간의 판단이다. 수학자가 어떤 패턴을 공리로 채택하기 위해서는, 그 패턴이 유용한 가정이어야 할 뿐만 아니라 '믿을 만해야' 하고, 즉 수학자의 직관과 일치해야 하고, 가능한 한 단순해야 한다. 이 조건들과 비교한다면, 계산 증거는 단지 사소한 조건이다. 물론 공리의 반대를 입증하는 계산 증거가 단 한 개라도 있다면, 공리는 무너질 것이다!

물론 누군가 임의로 어떤 공리들을 설정하고 이들로부터 정리들을 증명한다면, 그 사람에게 이의를 제기할 수는 없다. 그러나 그런 임의의 공리로부터 도출된 정리들이 실용적으로 적용되거나 혹은 수학의 다른 분야에 적용될 가능성은 사실상 희박하다. 또한 수학자 사회는 아마도 그런 자의적인 공리적 연구를 수용하지 않을 것이다. 수학자들은 그들의 연구가 '놀이'라는 말에 큰 불만을 느끼지 않는다. 그러나 그들의 연구가 '무의미한 놀이'라고 누군가 말한다면, 수학자들은 정말로 크게 화를

낼 것이다. 문명의 역사는 거의 확실하게 수학자들의 손을 들어주었다. 대개의 경우 수학자들이 얻은 결론은 풍부하게 응용되었다.

수학자들이 어떤 계에 관해서 믿을 만한 공리들을 설정하는 것으로 출발점을 삼는 편리함을 추구하는 이유는, 그렇게 할 경우 그 공리들의 귀결을 증명함으로써 그 계를 이해해가는 작업 전체의 타당성이 처음 공리들의 타당성 여부에 걸리게 되기 때문이다. 공리는 건물의 주춧돌과 같다. 수학자가 벽이나 그 밖의 건물의 부분들을 아무리 세심하게 지었다 할지라도, 만일 주춧돌이 튼튼하지 못하다면, 건물 전체가 무너질 것이다. 한 개의 공리가 거짓일 경우, 도출되는 모든 것이 거짓이거나 무의미해진다.

앞에서 간단히 언급했듯이, 새로운 수학 분야가 개발되기 위한 첫 단계는 특정한 패턴이 식별되는 것이다. 이어서 그 패턴은 수학적 대상 혹은 구조로, 이를테면 자연수나 삼각형의 개념으로 추상화된다. 그 추상적인 개념을 연구함으로써 수학자들은 다양한 패턴들을 발견하고 공리들을 설정할 것이다. 이 단계에 이르면, 공리들에 도달하기 전에 원래 있었던 현상에 관해 더이상 알 필요가 없다. 일단 공리들이 주어지면, 순전히 추상적인 틀 속에서 수행되는 논리적 증명을 기반으로 하여 모든 일이 진행된다.

물론 이 모든 과정을 출발시키는 패턴은 일상 세계에서 발견된 것일 수도 있다. 예를 들어 유클리드 기하학이 연구하는 패턴들이 그런 종류이며, 기초적인 수 이론이 탐구하는 패턴들도 어느 정도까지는 그런 종류이다. 그러나 수학 속에서 발견된 패턴을 가지고 동일한 추상화 과정을 진행시키는 것도 충분히 가능하다. 이 경우에는 새로운 수준의 추상이 산출될 것이다. 정수 영역의 공리들이 보여주는 패턴은, 정수에서 등장할 뿐만 아니라 다항식을 비롯한 많은 수학적 계에서 등장한다. 한편 정수를 비롯한 이 모든 계들은 그 자체로 이미 보다 낮은 수준의 패턴들을 포착하는 추상들이다.

이렇게 추상을 기반으로 해서 보다 높은 수준의 추상화를 진행시키는 연구는 19세기를 거치는 동안 고도로 강화되어, 비교적 소수인 전문 수학자를 제외한 사람들이 수학의 새로운 발전들을 이해하는 것이 거의 불가능한 지경에까지 이르렀다. 추상 위에 추상이 쌓여 엄청난 높이의 탑이 되었고, 그 과정은 오늘날에도 진행중이다. 물론 고도의 추상들은 많은 사람들로 하여금 현대 수학에 겁을 집어먹게 만들지만, 추상이 고도화된다는 것이 그 자체로 수학이 어려워지는 것을 뜻하지는 않는다. 실제로 각각의 추상 수준에서 수학이 이루어지는 기제는 거의 변함없이 유지된다. 다만 추상 수준이 달라질 뿐이다.

흥미로운 사실은, 보다 높은 추상을 향한 지난 백여 년간의 추세가 수학에만 국한된 것이 아니라는 것이다. 문학, 음악, 시각예술에서도 같은 과정이 진행되었다. 이 분야들에서도 직접 참여하는 예술가들을 제외한 사람들이 작품을 감상하는 것이 불가능해지는 일이 발생했다.

집합이라는 다용도 개념

수학의 추상 수준이 높아짐에 따라 수학자들은 추상적 집합 개념에 점점 더 의존하게 되었다('집합'은 어떠어떠한 대상들로 이루어진 임의의 모임을 가리키기 위해 도입된 전문용어이다).

군, 정수 영역, 체, 위상 공간, 벡터 공간 등의 새로운 수학적 개념들이 도입되고 연구되었으며, 이 개념들 중 많은 부분이 대상들의 집합으로, 보다 분명히 말하자면, 특정한 연산들(다양한 종류의 '덧셈'과 '곱셈' 같은 연산들)이 수행될 수 있는 대상들의 집합으로 정의되었다. 친숙하고 오래된 기하학 개념들, 예를 들어 직선, 원, 삼각형, 평면, 육면체, 팔면체 등은 각각의 특정 조건을 만족시키는 점들의 집합으로 새롭게 정의되었다. 또한 이미 보았듯이 불 역시 그의 대수학적 논리학에서 집합을 이용하여 삼단논법을 탐구했다.

추상적 집합에 관한 최초의 완결된 수학적 이론은 19세기가 거의 끝날 무렵 독일 수학자 칸토르(Georg Cantor)에 의해 이루어졌다. 물론 불의 연구 속에 집합 이론의 단초가 분명히 들어 있었지만 말이다. 칸토르 이론의 기본 발상은 불의 삼단논법 연구에서도 찾아볼 수 있다. 칸토르 이론의 출발점은 집합의 '산술'을 개발하는 것이다.

집합 x, y에 대하여, xy는 x와 y가 공유하는 모든 원소들로 이루어진 집합을 나타내고, $x+y$는 x의 모든 원소들과 y의 모든 원소들로 이루어진 집합을 나타낸다고 하자.

이 정의와 과거 불의 논리학에서 제시된 정의 사이에 있는 유일한 차이는, 이제 기호 x, y가 단지 논리적 명제에 등장하는 집합만을 가리키는 것이 아니라 임의의 집합을 가리킨다는 점이다. 불이 다른 집합들에 대해서 성립했던 '산술' 공리들은 보다 일반화된 칸토르의 집합에도 타당하다.

$$x+y=y+x \qquad xy=yx$$
$$x+(y+z)=(x+y)+z \qquad x(yz)=(xy)z$$
$$x(y+z)=xy+xz$$
$$x+0=x$$
$$x+x=x \qquad xx=x$$

(1로 표현된 대상과 관련된 불의 공리는 없어졌다. 이는 집합론에서는 더 이상 그런 대상이 필요치 않기 때문인데, 그런 대상을 집합론에 도입할 경우, 전문적인 문제들이 발생할 수 있다.)

오늘날의 집합론에서 집합 xy는 x와 y의 교집합이라 불리며, 집합 $x+y$는 합집합이라 불린다. 교집합과 합집합을 나타내는 보다 일반적인 표기법을 따른다면, 교집합은 $x \cap y$, 합집합은 $x \cup y$로 표기된다. 또한 오늘날의 수학자들은 공집합—원소가 없는 집합—을 나타낼 때, 대개 0 대신에 기호 $\emptyset$를 사용한다(집합론에서 공집합이 가지는 성격은 산술에서 수 0이 가지는 성격과 같다).

열 개 정도의 원소를 가지는 작은 집합들을 나타낼 때 수학자들은 원소들을 명시적으로 나열하는 표기법을 사용한다. 예를 들어 수 1, 3, 11로 이루어진 집합은 다음과 같이 표기된다.

$$\{1, 3, 11\}$$

더 큰 집합이나 무한집합은 당연히 이런 식으로 표기할 수 없다. 이 경우에는 다른 방법으로 집합을 기술해야 한다. 집합의 원소들이 명백한 패턴을 가지는 경우에는 그 패턴을 이용해서 집합을 기술할 수 있다. 다음의 예를 보자.

$$\{2, 4, 6, \cdots\}$$

이 표현은 모든 짝수로 이루어진 무한집합을 나타낸다. 흔히 있는 경우지만, '모든 소수들의 집합'에서처럼 집합을 기술하는 유일한 방법이 말로 설명하는 방법인 경우도 있다.

일반적으로 $x \in A$는, 대상 x가 집합 A의 원소라는 것을, $x \notin A$는 x가 A의 원소가 아니라는 것을 의미한다.

무로부터 나온 수

집합론은 겉보기에는 단순하지만 매우 유용함이 밝혀졌다. 수학자들은 집합론을 이용하여 다음의 예와 같은 가장 근본적인 질문들에 답하는 데 성공했다. 도대체 수가 무엇인가?

물론 수학자들조차도 대개는 이 질문을 던지지 않는다. 다른 모든 사람들과 마찬가지로 수학자들 역시 수를 다만 사용한다. 그러나 과학에는 언제나 어떤 개념을 보다 단순하고 기초적인 개념으로 환원하려는 욕구가 있다. 수학 역시 예외가 아니다.

'수가 무엇인가?'라는 질문에 답하기 위해 수학자들은, 실수가 어떻게 유리수를 통해서 기술될 수 있는지, 또한 유리수가 어떻게 정수로 기술될 수 있는지, 더 나아가 정수가 어떻게 자연수로 기술될 수 있는지 보이고, 마지막으로 자연수가 어떻게 집합으로 기술될 수 있는지 보인다. 세부 사항을 논외로 한다면, 이 환원 과정 중 처음 세 단계는 다음과 같다.

실수는, 유리수로 이루어진 어떤 (무한)집합 두 개로 정의될 수 있다. 유리수는 정수 쌍으로 이루어진 (무한)집합으로 정의될 수 있다. 정수는 자연수 쌍으로 정의될 수 있다.

만일 당신이 집합 개념을 기본 개념으로 본다면, 단순화를 향한 환원

과정은 자연수를 집합으로 정의해야만 완결될 것이다. 그리고 놀랍게도 그런 정의가 가능하다. 집합론에서는, 무로부터—정확히 말하자면, 공집합 Ø로부터—출발해서 무한히 많은 자연수 전체를 구성하는 것이 가능하다. 그 구성은 대략 다음과 같이 이루어진다.

수 0이 공집합 Ø라고 정의한다.

그 다음 수 1은 집합 {0}으로, 즉 수 0을 유일한 원소로 가지는 집합으로 정의한다(기호의 원래 사용을 복원하면, 수 1은 집합 {Ø}와 같음을 알 수 있다. 조금만 세심히 생각하면, {Ø}와 Ø가 다름을 알 수 있을 것이다. Ø는 원소를 가지지 않는 반면에, 집합 {Ø}는 한 개의 원소를 가진다).

수 2는 집합 {0, 1}로 정의된다. 수 3은 집합 {0, 1, 2}, 등등이다.

매번 새로운 수가 정의되면, 당신은 그 정의와 선행하는 모든 수들을 이용해서 다음 수를 정의할 수 있다. 일반적으로 자연수 n은 n보다 작은 모든 자연수들과 0으로 이루어진 집합이다.

$$n = \{0, 1, 2, \cdots\cdots, n-1\}$$

(따라서 자연수 n은 정확히 n개의 원소를 가지는 집합이다.) 정의 과정 전체가 공집합 Ø에서 출발함을 눈여겨보라. 이는 마치 '무'로부터 나오는 것과 같다. 매우 영리한 창조이다.

흔들리는 기반

19세기에서 20세기로 넘어오는 전환기에 이르면, 집합론은 모든 사람들에게 유효성을 인정받아 매우 많은 수학 영역의 보편적인 기본 틀이 되었다. 그러므로 1902년 6월의 어느 아침, 수학의 세계를 깨우며 울린 경고음은 매우 심각한 것이었다. 그날 이후 수학자들은 집합론이 근본적으로 비일관적임을 알게 되었다. 즉 칸토르의 집합론에서는 0이 1과 같음을 증명할 수 있었다(엄밀히 말하자면, 스웨덴 수학자 프레게가 집합론을 공리화하는 과정에서 문제가 발생했다. 하지만 프레게의 공리들은 칸토르의 생각을 단지 형식화한 것에 불과하다).

공리 체계가 가질 수 있는 문제점들 중에 비일관성은 가장 치명적인 문제점이다. 난해한 공리들을 가지고 작업하는 것은 가능하다. 직관에 반하는 공리들을 가지고 작업하는 것도 가능하다. 당신이 설정한 공리들이 당신이 파악하고자 하는 구조를 부정확하게 기술한다는 것조차 완전한 실패가 아닐 수 있다. 여러 역사적 사례들에서 그랬듯이, 당신의 공리들이 적용되는 대상들이 새롭게 발견될 수가 있다. 그러나 비일관적인 공리집합은 완전히 무용하다.

집합론의 비일관성은 러셀에 의해 발견되었다. 당시 프레게는 자신의 새로운 이론을 다루는 저술의 제2권을 인쇄소에 넘긴 상태였다. 러셀의 논증은 지극히 단순하다.

칸토르와 프레게를 비롯해서 당시 집합론에 관심이 있던 대부분의 수학자들은, 임의의 속성 P에 대응하여, 속성 P를 가지는 모든 대상들로 이루어진 집합이 당연히 있다고 생각했다. 예를 들어 만일 속성 P가 삼각형이라면, P에 대응하는 집합은 모든 삼각형들로 이루어진 집합이다(프레게의 연구 대부분은 이 생각을 바탕으로 하여 형식화된 속성 이론을 만드는 것에 할애되어 있다. 이 장 앞부분에서 설명된 술어 논리학이 바로 프레게가 만든 속성 이론이다).

속성 P를 가지는 모든 대상 x로 이루어진 집합을 나타내는 표준적인 표기법은 다음과 같다.

$$\{x \mid P\}$$

예를 들어 모든 소수로 이루어진 집합은 다음과 같이 표기될 수 있다.

$$\{x \mid x\text{는 소수이다}\}$$

이 예에서 속성 P는 자연수들에 적용되며, 최종적으로 산출되는 집합은 자연수로 이루어진 집합이다. 러셀이 논증에서 사용한 속성들은 대상들이 아니라 집합들에 적용되는 속성들이다. 그 속성들에 대응하는 집합은 집합으로 이루어진 집합이다.

집합에 적용되는 속성 P로, 한 집합이 자기 자신의 원소가 된다, 라는 속성을 생각해보자. 어떤 집합들은 실제로 이 속성을 가진다. 그 집합들은 자기 자신의 원소가 된다. 예를 들어 만일 M이 이 책에서 명시적으로 언급된 모든 집합들의 집합이라면, M은 자기 자신의 원소이다($M \in M$). 다른 한편 속성 P를 가지지 않는 집합들이 있다. 이 집합들은 자기 자신의 원소가 아니다. 예를 들어 모든 자연수들의 집합(N)은, 그 자신이 자연수인 것은 아니므로 자기 자신의 원소가 아니다($N \notin N$).

모순을 이끌어내기 위해 러셀은 속성 P가 아니라, P와 밀접하게 관련된 또하나의 속성 R을 문제삼았다. 속성 R은, 집합 x가 자기 자신의 원소가 아니다, 라는 속성이다. 어떤 집합들은 이 속성을 가지고(예를 들어 N), 어떤 집합들은 가지지 않는다(M). R은 좀 특이하기는 해도 완벽하게 합리적으로 정의된 속성으로 보이므로, 칸토르와 프레게에 따른다면, R에 대응하는 집합이 있어야 한다. 그 집합을 $\mathscr{C}$라 하자. $\mathscr{C}$는 속성 R을 가지는 모든 집합들로 이루어진 집합이다. 기호로 표기하면 다음과 같다.

$$\mathscr{C} = \{x \mid x\text{는 집합이고}, x \notin x \text{이다}\}$$

여기까지는 문제가 없다. 그러나 이제 러셀은 역시 완벽하게 합리적으로 들리는 다음과 같은 질문을 던진다. 이 새로운 집합 $\mathscr{C}$는 자기 자신의 원소가 되는가?

만일 $\mathscr{C}$가 자기 자신의 원소라면, $\mathscr{C}$는 $\mathscr{C}$의 정의인 속성 R을 가져야 한다. 그것은 $\mathscr{C}$가 자기 자신의 원소가 아님을 뜻한다. 그러므로 $\mathscr{C}$는 자기 자신의 원소인 동시에 원소가 아니다. 이는 불가능하다.

이어서 러셀은 $\mathscr{C}$가 자기 자신의 원소가 아닐 경우에는 어떻게 되는지 고찰한다. 이 경우 $\mathscr{C}$는 속성 R을 가지지 말아야 한다. 그러므로 $\mathscr{C}$는 자기 자신의 원소가 아니어야 한다. 그런데 이 말은, $\mathscr{C}$가 자기 자신의 원소라는 것을 복잡하게 말한 것에 불과하다. 그러므로 이 경우에도 $\mathscr{C}$가 자기 자신의 원소인 동시에 원소가 아니라는 결론이 불가피하다. 이는 있을 수 없는 사태이다.

당신은 막다른 곳에 이르렀다. $\mathscr{C}$는 자기 자신의 원소이거나, 자기 자신의 원소가 아니거나, 둘 중 하나일 것이다. 두 가능성 중 어느 것을 선택해도 도달하는 결론은, $\mathscr{C}$가 자기 자신의 원소인 동시에 자기 자신의 원소가 아니라는 것이다. 이 결론은 '러셀의 역설'이라고 불린다. 이 역설이 발견됨으로써 칸토르의 집합론 어딘가에 결함이 있음이 밝혀졌다. 그런데 어디에 결함이 있을까?

러셀의 추론은 타당하므로, 역설을 해결하는 유일한 길은 다음과 같이 주장하는 방법으로 보인다. 집합 $\mathscr{C}$의 정의가 어떤 식으로든 부당하다. 그러나 그 정의는 누구나 기꺼이 수용할 만큼 간단한 정의가 아닌가! 다양한 수 체계를 구성하기 위해 사용한 집합들은 이 집합보다 훨씬 더 복잡했다. 그러므로 수학자들은, 분명 씁쓸했겠지만, 임의의 속성에 대응하는 집합—그 속성을 지니는 모든 대상들의 집합—이 있다는 가정을 포기해야만 했다.

당시 수학자들이 겪은 경험은, 알려진 어떤 수에도 대응하지 않는 길이가 있음을 발견하고서 피타고라스주의자들이 겪은 경험과 다를 바 없었다. 그들과 마찬가지로 현대 수학자들에게도 달리 도리가 없었다. 무언가 근본적으로 잘못되었음을 보여주는 증명 앞에서 이론은, 아무리 단순하고 아름답고 직관적으로 옳은 이론이라 할지라도, 수정되거나 대체되어야 한다. 칸토르의 집합론은 단순하고 아름답고 직관적으로 옳았다. 그러나 그 이론은 폐기되어야 했다.

칸토르의 집합론에 대한 대안으로 등장한 것은 체르멜로(Ernst Zermelo)와 프렌켈(Abraham Fraenkel)이 개발한 공리적 집합론이다. 체르멜로-프렌켈 집합론은, 칸토르의 고도로 직관적인 추상적 집합 개념의 정신에서 되도록 멀어지지 않으려는 노력에 성공했으며, 모든 순수 수학을 위한 적당한 토대가 됨이 밝혀졌지만, 전혀 아름답지 않다고 말할 수밖에 없다. 칸토르의 이론과 비교한다면, 체르멜로가 도입한 7개의 공리와 프렌켈이 추가한 미묘한 8번째 공리는 전체적으로 일종의 누더기를 연상시킨다. 그 공리들은 수학에서 요구되는 다양한 집합들을 산출하는 규칙들을 기술하면서, 동시에 러셀이 발견한 것과 같은 종류의 문제점을 조심스럽게 잘라낸다.

체르멜로와 프렌켈의 분석은 충분한 설득력을 갖추고 있어서, 대부분의 수학자들은 그들의 공리들이 수학의 올바른 토대를 이룬다고 인정한다. 그러나 많은 수학자들은, 먼저 러셀의 역설에 부딪힌 다음에 그 역설을 피하기 위해 그들의 이론이 등장했다는 점에서 그들의 이론에 순수성이 결여되어 있다는 느낌을 가진다. 그럼에도 불구하고 순수 집합 개념은 단순성의 정수인 듯이 보일지도 모른다. 그러나 보다 깊이 분석해보면 사태가 그렇지 않음이 드러난다. 집합론은 인간 지성이 만들어낸 최종적인 순수 창조물이요, 추상화의 본질일 수도 있다. 그러나 수학에서 등장한 모든 위대한 구성물들이 그러하듯이 집합 개념 역시, 마치 독자적인 주체인 듯이, 자신의 속성들을 드러내고 있는 중이다.

힐베르트 프로그램의 등장과 소멸

러셀이 칸토르의 직관적 집합론을 깨뜨리고 30년 후, 마찬가지로 치명적인 귀결을 동반한 또하나의 반란이 일어났다. 이 새로운 반란의 표적은 공리적 방법 그 자체였다. 공리적 방법의 선구자로서 가장 큰 영향력을 발휘한 인물은 독일 수학자 힐베르트(David Hilbert)였다.

공리적 방법을 채택함으로써 수학자들은 증명 가능함과 참을 명확히 구별할 수 있었다. 한 명제가 적당한 공리들로부터 논리적으로 건전한 논변에 의해 도출될 경우, 그 명제는 **증명** 가능하다. 증명된 명제는, 가정된 공리들이 **참**일 때, 참이다. 첫번째 개념, 즉 증명 가능함은 수학자들이 탁월하게 다루는 순전히 학술적인 개념이다. 두번째 개념, 즉 참임은 심오한 철학적 질문들과 관련된 개념이다. 이 두 개념을 구별함으로써 수학자들은 참임의 본성에 관한 까다로운 문제를 우회하여 증명에 관한 논의에만 집중할 수 있었다. 가정된 공리 체계를 기반으로 하여 결론들을 증명하는 일에만 자신들의 임무를 국한시킴으로써 수학자들은 수학을 형식적인 게임으로—적절한 공리들에서 출발하여 논리학의 규칙에 따라 이루어지는 게임으로—간주할 수 있었다.

차차 알려진 바와 같이, 이러한 형식주의적 수학 방법에서도 적절한 공리들을 찾아내는 작업은 중요한 요소이다. 형식주의는, 만일 당신이 충분히 오랫동안 연구한다면 결국 필요한 모든 공리들을 발견할 것이다, 라고 암묵적으로 전제한다. 이리하여 공리 체계의 완전성(completeness)이 중요한 문제가 되었다. 공리들이 충분히 많이 발견되어서 이제 모든 질문에 대답할 수 있는가? 예를 들어 자연수의 경우, 이미 페아노가 제시한 공리 체계가 있었다. 이 페아노 공리 체계는 완전한가, 아니면 부가적인 공리들이 더 필요한가?

중요한 두번째 질문은, 공리 체계가 일관적인가?이다. 러셀의 역설이 보여주었듯이, 고도로 추상적인 수학 분야를 기술하는 공리들을 일관적으로 설정하는 작업은 결코 쉬운 일이 아니다.

일관적이고 완전한 공리 체계의 발견을 포함해서 순전히 형식적으로 수학을 연구하는 방법론은 당대 최고의 수학자 중 하나였던 힐베르트의 이름을 따서 힐베르트 프로그램이라 불리게 되었다. 힐베르트는 물론 프레게나 러셀과는 달리 논리학자가 아니었지만, 수학의 토대와 관련된 문제들을 특히 중시했다. 힐베르트 자신의 연구 대부분은 고도로 추상적인 것들이었다. 예를 들어 그가 수학에 남긴 유산들 중 하나는 힐베르트 공간이다. 힐베르트 공간은 3차원 유클리드 공간과 유사하면서 차원이 무한대인 공간이다.

1931년 오스트리아의 젊은 수학자 괴델(Kurt Gödel)은 수학에 대한 우리의 생각을 영원히 바꾸어놓은 정리를 증명했고, 이로써 힐베르트 프로그램이 언젠가 성취되리라는 꿈은 덧없이 사라졌다. 괴델의 정리에 따르면, 적당히 큰 수학 부분을 기술하는 임의의 일관적 공리 체계를 설정하면, 그 공리 체계는 반드시 불완전하다. 그 공리들을 기반으로 해서는 대답할 수 없는 문제가 항상 있다.

[그림 2-3] 괴델(1906~1978)

'적당히 큰'이라는 문구는, 단일한 점의 기하학(0차원 기하학)과 같은 자명한 예들을 배제하기 위해 삽입되었다. 괴델의 정리가 증명되려면, 해당 공리 체계가 기초 산술의 모든 공리들을 포함하거나, 그 공리들을 도출할 수 있을 만큼 충분히 풍부해야 한다. 이 조건은 수학에서 의미 있는 공리 체계가 갖추어야 할 최소한의 조건이라 해도 과언이 아니다.

아무도 예기치 못한 결론에 대한 괴델의 증명은 고도로 전문적이지만, 그의 착상은 단순한 것으로, 고대 그리스의 거짓말쟁이 역설에 기원을 두고 있다. 어떤 사람이 자리에서 일어나면서, "나는 거짓말을 하고 있다"라고 말한다고 상상해보자. 만일 그의 진술이 참이라면, 그는 정말로 거짓말을 하고 있고, 따라서 그의 진술은 거짓이다. 반대로 그의 진술이 거짓이라면, 그는 거짓말을 하고 있는 것이 아니고, 따라서 그의 진술은 참이다. 어느 쪽이든 그 사람의 진술은 모순적이다.

괴델은 참임을 증명 가능하므로 대체한 상태로 이 역설을 수학 속으로

2장 정신의 패턴들 137

들여오는 방법을 발견했다. 괴델의 첫번째 작업은 명제 논리학을 수 이론으로 번역하는 것이었다. 이 작업 속에서, 공리로부터 이루어지는 형식적 증명 역시 수 이론으로 번역된다. 이어서 그는 사실상 아래의 명제를 말하면서, 수 이론으로 표현된 명제를 만들어냈다.

(*)이 페이지에 있으면서 별표가 붙은 명제는 증명 불가능하다.

우선 명제 (*)(혹은 보다 정확히 말하자면, 괴델이 구성한 형식적 문장)는 (기술되는 수학적 구조―이를테면 자연수 산술 또는 집합론 등과 관해서) 참이거나 거짓이어야 한다. 만일 이 명제가 거짓이라면, 이 명제는 증명 가능해야 한다. (*)가 말하는 것이 무엇인지를 보기만 하면 이를 확인할 수 있다. 그런데 공리 체계가 일관적이라는 것이 전제되어 있으므로, 증명 가능한 것은 모두 참이 되어야 한다. 따라서 만일 (*)가 거짓이라면, (*)는 참이다. 이는 불가능한 일이다. 그러므로 (*)는 참이어야 한다.

명제 (*)는 증명 가능한가?(관련된 공리들로부터 도출되는가?) 만일 그렇다면, 방금 말했듯이, 명제 (*)는 참이어야 한다. 이는 명제 (*)가 증명 불가능함을 의미한다. 이는 모순적인 사태이다. 결론적으로 명제 (*)는 주어진 공리들로부터 증명될 수 없다. 그러므로 명제 (*)는 해당 구조에 대해서 참이면서, 그 구조를 기술하는 공리들로부터 증명될 수 없다.

괴델의 논증은 수학적 구조와 관련하여 당신이 서술하는 임의의 공리 집합에 대해서 타당하다. 당신이 공리들을 서술할 수 있어야 한다, 라는 조건이 중요하다. 물론 한 구조와 관련된 모든 참인 명제들을 증명할 수 있는 공리집합을 얻는 한 가지 자명한 방법이 있다. 그것은, 모든 참인 명제들의 집합이 공리집합이라고 선언하는 방법이다. 이 방법은 공리적 수학 방법론의 정신에 명백하게 위배된다. 또한 이 방법은 전혀 쓸모 없는 공리화 방법이다.

다른 한편 '서술한다'라는 문구는 매우 넓은 관념적 의미로 해석될 수 있다. 이 문구는 오직 원리적으로만 진술을 완결할 수 있는 커다란 공리집합을 배제하지 않을 뿐만 아니라 특정한 종류의 무한 공리집합조차 허용한다. 이 경우에 핵심적인 요구 조건은, 공리들을 어떻게 서술할 수 있는지를 보여주는 규칙들을 제시해야 한다는 것이다. 다시 말해서 공리들이 매우 분명한 언어적 패턴을 가져야 한다는 것이다. 자연수에 관련된 페아노의 공리 체계와 체르멜로-프렌켈의 집합론 공리 체계는 모두 이런 종류의 무한 공리 체계이다.

수 이론이나 집합론 같은 수학의 주요 분야에서 어떤 일관적인 공리집합도 완전할 수 없다는 괴델의 증명은, 힐베르트 프로그램이 성취되는 것이 불가능함을 명백히 보여준다. 사실상 사태는 더 비관적이다. 괴델은 한 걸음 더 나아가, 참이면서 공리로부터 증명되지 않는 명제들 중에, 그 공리들의 일관성을 진술하는 명제가 포함됨을 증명했다. 그러므로 당신의 공리들이 일관적이라는 사실조차 증명되리라고 기대할 수 없다.

요약하자면, 공리 체계로 되어 있는 게임에서 당신이 할 수 있는 최선의 일은, 당신의 공리들이 일관적임을 가정하고, 그 공리들이 당신의 최대 관심사인 문제들을 푸는 데 도움이 될 수 있을 만큼 충분히 풍부하기를 희망하는 것뿐이다. 당신은 당신의 공리들을 써서 모든 문제들을 해결할 수는 없음을 인정해야 한다. 당신이 공리들로부터 증명할 수 없는 참인 명제들이 언제나 있기 마련이다.

논리학의 황금시대

괴델 정리의 증명은 힐베르트 프로그램의 종말인 동시에 논리학의 황금시대라고 표현할 만한 한 시대의 시작이었다. 대략 1930년에 시작해서 1970년대 후반에 이르는 기간 동안, 오늘날 소위 '수리 논리학'이라는 일반 명칭으로 불리는 분야에서 활발한 연구가 이루어졌다.

수리 논리학은 탄생 순간부터 이미 여러 가닥으로 갈라졌다.

증명 이론은 아리스토텔레스가 시작하고 불이 계승한 연구인 수학적 증명의 연구이다. 이 수리 논리학 분과의 방법과 결론들은 최근 들어 컴퓨터 공학에, 특히 인공지능에 응용되었다.

폴란드 태생의 미국 수학자 타르스키(Alfred Tarski)를 비롯한 여러 수학자가 개발한 **모형 이론**은 수학적 구조 속에서의 참임과 그 구조에 관한 명제들 사이의 연결을 탐구했다. 앞에서 내가 했던 주장, 즉 임의의 공리 체계가 하나 이상의 구조에 대해서 참이라는 주장은 모형 이론에서 얻어진 정리이다. 1950년대에 미국의 논리학자 겸 응용수학자 로빈슨(Abraham Robinson)은 모형 이론의 기법을 써서 엄밀한 무한소 이론을 구성했으며, 이를 통해 19세기에 이루어진 것과는 전혀 다르면서 여러 면에서 우월한 방식으로 미적분학(3장 참조)을 전개할 수 있음을 보였다.

집합론은 모형 이론의 기법들이 체르멜로-프렌켈 집합론 연구에 도입되면서 새로운 활력을 얻었다. 가장 큰 발전은 1963년 젊은 미국 수학자 코헨(Paul Cohen)에 의해 이루어졌다. 그는 어떤 종류의 특정한 수학적 진술들이 판정 불가능함—즉 체르멜로-프렌켈 공리 체계로부터 참이라고도 거짓이라고도 증명될 수 없음—을 엄밀하게 증명하는 방법을 발견했다. 이 결론은 괴델의 정리보다 훨씬 더 큰 파급 효과를 가진다. 괴델의 정리가 말해주는 것은 단지, 체르멜로-프렌켈 집합론의 공리 체계와 같은 공리 체계에 **모종의 판정 불가능한 진술들이 있다는 것**뿐이다. 코헨이 개발한 기법에 힘입어 수학자들은 특정한 수학적 진술들을 지적해내고, 그 진술들이 판정 불가능함을 증명할 수 있게 되었다. 코헨 자신은 새로운 기법을 써서 1900년 힐베르트가 제시한 유명한 연속체 문제를 해결했다. 코헨은 그 문제가 판정 불가능함을 증명했다.

계산 가능성 이론 역시 1930년대에 시작되었다. 이 이론은 괴델 자신이 가장 크게 기여한 분야이기도 하다. 실제로 컴퓨터가 만들어지기 20년 전에, 또한 오늘날의 데스크탑 컴퓨터가 생겨나기 50년 전에 이루어진 계산 가능성에 관한 연구를 오늘날의 입장에서 되돌아보는 것은 흥미로운 일이다. 특히 영국 수학자 튜링은 당신이 원하는 임의의 계산을 수행하도록 프로그램할 수 있는 간단한 계산 기계가 이론적으로 가능함을 입증하는 추상적인 정리를 증명했다. 미국 논리학자 클렌(Stephen Cole Kleene)은 또다른 추상적 정리를 증명하여, 그 계산 기계를 위한 프로그램이, 그 기계가 처리할 자료와 본질적으로 다르지 않음을 보였다.

이 모든 수리 논리학 분야들의 공통점은 수학적인 성격을 지닌다는 것이다. 이 말로 내가 의미하고자 하는 바는, 이 분야들에서 연구가 수학적인 방식으로 이루어진다는 것뿐만이 아니라 이 분야들이 다루는 주제가 대부분 그 자체로 수학이라는 것이다. 그러므로 이 시기에 논리학에서 이루어진 엄청난 발전의 이면에는, 치러야만 했던 대가가 있다. 논리학은 원래 수학에 관한 사유에 국한되지 않은 인간의 사유 일반을 분석하고자 하는 고대 그리스인들의 노력에서 시작되었다. 불의 대수학적 논리학 이론은 추론의 연구에 수학의 방법을 도입했지만, 연구된 추론 패턴들은 여전히 일반적인 패턴이었다고 볼 수 있다. 그러나 20세기의 고도로 전문적인 수리 논리학은 사용되는 기법에서뿐만 아니라 연구되는 대상에서도 완벽하게 수학적이다. 수학적인 정교함에 도달함과 함께 논리학은, 수학을 이용하여 인간 정신의 패턴들을 기술한다는 원래의 목표에서 이탈했다.

그러나 논리학자들이 수학의 한 분야로서 수리 논리학을 개발하는 동안, 수학을 이용하여 정신의 패턴을 기술하는 작업은 다른 영역에서 부활하고 있었다. 그 부활을 주도한 사람들은 수학자가 아닌 전혀 다른 부류의 학자들이었다.

언어의 패턴

대부분의 사람들은 수학이 언어 구조 연구—사람들이 매일 사용하는 영어, 스페인어, 일본어 등의 실제 언어들의 구조 연구—에 적용될 수 있다는 사실을 의아하게 여긴다. 일상 언어는 전혀 수학적이지 않다. 도대체 어디가 수학적이란 말인가?

아래 A, B, C를 한번 보라. 당신이 본 각각의 문자열이 참된 의미에서 문장인지 아닌지 오래 머뭇거리지 말고 대답해보라.

    A. 생물학자들은 스피넬리 모르페니움이 연구할 가치가 있는 흥미로운 종임을 발견했다.
    B. 많은 수학자들은 2차 상호성에 매료되었다.
    C. 바나나는 분홍색 왜냐하면 수학 규정하다.

당연히 당신은 오래 생각할 필요 없이 즉각적으로 A와 B가 올바른 문장이고 C가 그렇지 않다고 판정했을 것이다.

그러나 A에는 당신이 한 번도 본 적이 없는 단어들이 들어 있다. 내가 어떻게 확신하느냐고? '스피넬리'와 '모르페니움'은 내가 만든 단어이기 때문이다. 그러니까 당신이 고민하지 않고 선택한 문장 속에는 사실상 전혀 단어가 아닌 것들이 들어 있다!

B의 경우, 모든 단어들이 올바르며, 문장도 사실상 참이다. 그러나 당신이 전문 수학자가 아닌 한, 당신은 아마도 '2차 상호성'이라는 말을 전혀 접해보지 못했을 것이다. 하지만 당신이 B를 올바른 문장으로 판정한 것은 잘한 일이다.

다른 한편, 당신은 전혀 머뭇거림 없이 C가 문장이 아니라고 판정했을 것이 분명하다. C에 들어 있는 단어들은 모두 익숙한 단어들이지만 말이다.

당신은 어떻게 이토록 놀라운 능력을 거의 아무 애씀도 없이 발휘한 것일까? 보다 엄밀하게 질문하자면, A와 B를 C와 다르게 만드는 것이 도대체 무엇일까?

그 무엇은 분명 문장이 참인지 여부와, 혹은 당신이 그 문장을 이해하는지 여부와 관계가 없다. 뿐만 아니라 그 무엇은 당신이 문장 속의 단어 모두를 아는지 여부나, 그 단어들이 정말 단어들인지 여부와도 상관이 없다. 중요한 것은 문장의 (혹은 비문장의) 일반 구조이다. 다시 말해서 단어들이 (혹은 비단어들이) 조합되는 방식이 결정적으로 중요하다.

이 구조는 물론 고도로 추상적인 대상이다. 당신은 개별 단어나 문장을 가리키는 방식으로 그 구조를 가리킬 수 없다. 당신이 할 수 있는 최선의 일은, 앞의 A, B가 올바른 구조이며, C는 그렇지 않다고 말하는 것뿐이다. 그리고 그 자리가 바로 수학이 개입할 자리이다. 왜냐하면 수학은 추상적 구조의 과학이기 때문이다.

우리가 서로에게 말하고 글을 쓰고 서로를 이해하기 위해 반(半)의식적으로 애씀 없이 의지하는 문장의 추상적 구조는 소위 언어의 **통사구조**

(syntactic structure)이다. 그 구조를 기술하는 '공리들'의 집합은 언어의 문법이라 불린다. 이런 방식으로 언어를 고찰하는 것은, 1930년대와 1940년대에 개발된 수리 논리학으로부터 영감을 받아 비교적 최근에 이루어진 성과이다.

19세기와 20세기 전환기에 언어의 역사적 측면에 관한 연구로부터, 즉 언어의 뿌리와 발전에 관한 연구(흔히 역사적 언어학, 혹은 문헌학이라 불리는 연구)로부터, 역사와는 상관없이 특정한 한 시점에서 존재하는 의사소통 체계로서의 언어를 분석하는 연구로의 전회가 일어났다. 이런 종류의 연구는 일반적으로 공시적 언어학(synchronic linguistics)이라 불린다. 수학에 기반을 둔 현대 언어학은 이 공시적 연구로부터 발전하였다. 역사적 언어학으로부터 체계로서의 언어 연구로의 전회는 주로 유럽의 소쉬르(Mongin-Ferdinand de Saussure), 그리고 미국의 보아스(Frank Boas)와 블룸필드(Leonard Bloomfield)의 업적이다.

특히 블룸필드는 과학적인 언어학 연구를 강조했다. 그는 철학자 카르납(Rudolf Carnap)과 빈 학파의 철학적 입장인 논리실증주의의 적극적인 지지자였다. 당대의 논리학 연구 및 수학의 토대 연구에, 특히 힐베르트 프로그램에 고무된 논리실증주의는 모든 의미 있는 진술들을 명제 논리학과 감각 자료(sense data, 당신이 보고 듣고 만지고 냄새맡는 것)의 조합으로 환원하려 했다. 몇몇 언어학자들, 특히 미국의 해리스(Zelling Harris)는 블룸필드보다 한 걸음 더 나아가 언어 연구에 수학적 방법이 적용될 수 있다고 제안했다.

언어의 통사구조를 기술하는 공리들을 찾는 작업은 미국 언어학자 촘스키에 의해 시작되었다. 물론 그런 연구는 백여 년 전에 훔볼트(Wilhelm von Humboldt)에 의해 제안된 바 있다. 촘스키는 이렇게 주장했다. "한 언어의 문법을 기록하는 것은, 언어와 관련된 관찰을 설명하

〔그림 2-4〕 매사추세츠 공과대학(MIT)에 있는 촘스키

기 위해 일반성들의 집합, 즉 이론을 구성하는 것이다."

혁명적으로 새로운 촘스키의 언어 연구 방법은 1957년 출간된 책 『통사구조 Syntactic Structures』에서 제시된다. 이 짧은 책은—본문은 겨우 102쪽이다—출간 후 수년 안에 미국 언어학을 바꾸어놓았다. 미국 언어학은 인류학의 한 분야에서 수학적 과학이 되었다(유럽에 미친 영향은 미국보다 덜했다).

촘스키 식으로 기술된 영어 문법의 일부를 살펴보자. 먼저 나는, 영어가 매우 복잡하며, 우리가 살펴볼 것들은 영어 문법에 있는 여러 규칙들 중 단 7개에 불과하다는 것을 밝혀야겠다. 하지만 이 7개의 규칙에 관한 논의로 문법에 들어 있는 구조의 수학적 성질을 시사하기에 부족함이 없을 것이다.

$DNP\ VP \rightarrow S$

$V\ DNP \rightarrow VP$

$P\ DNP \rightarrow PP$

$DET\ NP \rightarrow DNP$

$DNP\ PP \rightarrow DNP$

$A\ NP \rightarrow NP$

$N \rightarrow NP$

말로 표현한다면, 첫번째 규칙은, 특정 명사구(DNP) 뒤에 동사구(VP)가 따라오면 문장이 됨을 말한다. 두번째 규칙은 동사(V) 뒤에 특정 명사구(DNP)가 따라오면 동사구(VP)가 됨을 말한다. 세번째 규칙은 전치사(P) 뒤에 특정 명사구(DNP)가 따라오면 전치사구(PP)가 됨을 말한다. 다음 규칙은, 'the(그)'와 같은 규정자(DET) 뒤에 명사구(NP)가 오면 특정 명사구(DNP)가 됨을 말한다. 마지막 세 개의 규칙에서 A는 형용사를, N은 명사를 가리킨다. 이 세 규칙의 의미는 당신 스스로 알아낼 수 있을 것이다.

영어 문장을 산출하는(혹은 분석하는) 문법을 활용하기 위해 당신에게 필요한 것은 단어마다 언어적 범주가 표기된 사전—단어목록—뿐이다. 예를 들어

the(그) $\rightarrow DET$ (규정자)

to(~로) $\rightarrow P$ (전치사)

run(달리다) $\rightarrow V$ (동사)

big(큰) $\rightarrow A$ (형용사)

$woman$(여자) $\rightarrow N$ (명사)

car(차) $\to N$(명사)

위의 문법과 이 단어 목록을 이용하면 다음과 같은 영어 문장의 구조를 분석할 수 있다.

The woman runs to the big car.
(그 여자가 커다란 차를 향해 달린다.)

분석 결과는 일반적으로 〔그림 2-5〕에서처럼 소위 **분석수형도**(parse tree) 형태로 표현된다(분석수형도는 '뿌리'가 위로 올라가도록 뒤집어진 나무 모양이다).
　수형도의 꼭대기에는 문장이 있다. 수형도상의 임의의 한 점에서 한 단계 아래로 이동하려면, 문법 규칙 중 하나를 사용해야 한다. 예를 들어 꼭대기 점에서 한 단계 내려가는 첫번째 이동은 다음과 같은 규칙의 적용이다.

DNP　$VP \to S$

분석수형도는 문장의 추상적 구조를 보여준다. 영어를 할 줄 아는 사람은 누구나 그 구조를 (일반적으로는 반半의식적으로) 인지한다. 당신은 분석수형도에 있는 각 단어를 다른 단어로 대체하거나 심지어 비(非)단어로 대체할 수 있다. 그렇게 할 경우, 당신이 새로 집어넣은 것들이 각각의 문법적 범주에 맞는 듯이 들리기만 한다면, 산출되는 단어열 전체는 제대로 된 영어 문장처럼 들릴 것이다. 형식문법은 이런 분석수형도 전체를 규정하는 공리들을 제시함으로써 영어 문장의 추상적 구조 일부

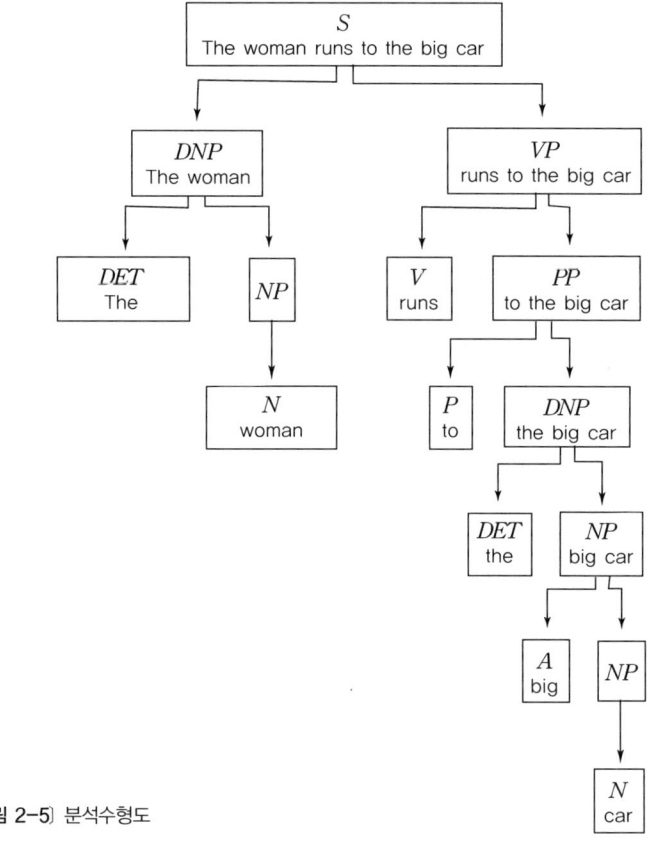

〔그림 2-5〕 분석수형도

를 드러낸다.

촘스키의 작업이 성공적이라는 것이, 언어에 대해 알아야 할 것들 모두를 수학을 통해 파악할 수 있음을 의미하지는 않는다. 수학을 통해 얻은 지식은 훨씬 더 큰 전체의 부분에 불과하다. 영어와 같은 인간 언어는 고도로 복잡한 체계이며, 끊임없이 변화하고 진화한다. 문법은 다만 훨씬 더 큰 그림의 일부분만을 포착한다. 그러나 그 부분은 중요한 부분이다. 또한 그 부분은 수학적 기법을 써서 가장 잘 다룰 수 있는 부분들 중 하나다(수학을 써서 다룰 다른 부분들도 있다). 영어 통사법(syntax)은 복잡하고 추상적인 구조이며, 수학은 추상적 구조들을 기술하기 위해 있는 지적 도구들 중 가장 정확한 도구일 뿐이다.

우리의 글 속에 숨어 있는 지문

촘스키는 우리 모두가 공유하는 몇 가지 언어 패턴들을 포착하기 위해 대수학을 사용했다. 그러나 수학자들이 언어에서 발견할 수 있는 다른 패턴들도 있다. 그중 한 패턴은, 우리가 쓴 글로부터 우리를 식별하는 데 이용될 수 있다. 충분히 긴 글이 주어진다면, 수학자는 글을 쓴 사람이 누구일 개연성이 가장 큰지 알아낼 수 있다. 이를 가능케 하는 것은, 우리가 전형적으로 사용하는 다양한 단어들의 상대적 사용 빈도가 특정한 수량적 윤곽을 나타내기 때문이다. 이 윤곽을 통해 수학자는, 비록 지문 감식보다는 정확도가 떨어질지라도, 지문 감식과 거의 유사한 방식으로 우리를 식별할 수 있다.

이 식별 방법이 최초로 사용된 사례 중 하나는 여러 연방주의자 문건의 저자가 누구인지의 문제를 해결하기 위해서였다. 1962년 미국 수학자 모스텔러(Frederick Mosteller)와 월리스(David Wallace)는 단어 패턴 식별법을 이용해서 연방주의자 문건의 저자를 추적했다. 그 문제는 미국 헌법의 기원을 연구하는 학생들에게 중요한 관심사였다.

『연방주의자The Federalist』라 불리는 문건은 1787년에서 1788년까지 해밀턴(Alexander Hamilton), 제이(John Jay), 매디슨(James Madison)에 의해 발표된 85편의 문서들의 묶음이다. 문건의 목적은 뉴욕 주 주민들이 새 헌법을 인준하도록 설득하는 것이다. 각각의 문서에는 실제 저자의 이름이 표기되어 있지 않기 때문에 헌법사학자들은 문서들의 실제 저자가 누구인가, 라는 의문을 품지 않을 수 없었다. 그 문서들은 미국의 헌법을 정하고 미국의 미래를 결정한 사람들에 관한 지식을 주기 때문에 문서들의 저자에 관한 의문은 매우 큰 관심사였다. 문서들 중 15편을 제외한 나머지에 관해서는 역사적 증거를 토대로 저자가 밝혀졌다. 51편은 해밀턴에 의해, 14편은 매디슨에 의해, 그리고 5편은 제이에 의해 씌어졌다는 것이 일반적으로 받아들여졌다. 나머지 15편에 대해서는 저자가 밝혀지지 않았다. 이들 중 12편의 경우에는 해밀턴이나 매디슨이 저자라는 추측이 있었고, 나머지 3편은 두 사람의 공동 저작이라는 추측이 있었다.

모스텔러와 월리스의 전략은 글 속에서 패턴들을 찾아내는 것이었다. 촘스키를 비롯한 여러 언어학자들이 연구한 통사적 패턴이 아니라 수적인 패턴을 찾아내는 것이었다. 이미 언급했듯이 이 작업이 가능한 근거는, 모든 개인들이 고유한 문체를 가지고 있고 그 문체의 요소들이 통계적으로 분석될 수 있다는 것이다. 논란이 되는 문서에서 추출한 다양한 수량적 값들과 저자가 확실히 밝혀진 문서에서 추출한 값들을 비교함으로써 저자가 누구인지 밝힐 수 있을 것이다.

확실히 조사할 수 있는 수 중 하나는, 작가가 한 문장 안에서 사용하는 단어의 개수이다. 문장 속 단어 개수는 글의 주제가 무엇인가에 따라 달라질 수 있지만, 연방주의자 문건에서처럼 한 주제를 다룰 경우에는, 한 작가의 평균 문장 길이는 어느 문서에서나 두드러지게 일정하다.

그러나 연방주의자 문건의 경우 이 추정 방법은 너무 허술했다. 저자가 확실히 밝혀진 문서들에서 조사한 바에 따르면, 해밀턴은 평균 34.5단어를 한 문장에 사용했고, 매디슨은 평균 34.6단어를 사용했다. 단지 문장 길이만 가지고는 두 사람 중 누가 저자인지 판정할 수 없었다.

보다 세밀해 보이는 조사 방법들 역시, 예를 들어 미국식으로 '한편(while)'을 쓰지 않고 영국식으로 '한편(whilst)'을 쓴 빈도를 조사하는 것 역시 확실한 결론을 내려주지 못했다. 결국 유효한 판정 방법이 된 것은, '~에 의해(by)' '~에게(to)' '이(this)' '거기(there)' '충분히(enough)' '~에 따라(according)' 등을 비롯해서 세심하게 선정된 30개의 일상 단어들을 사용하는 상대적 빈도를 조사하는 것이었다. 세 작가가 이 단어들을 사용하는 빈도를 컴퓨터로 분석해서 수량적 패턴을 살펴보니 결론은 대단히 극적이었다. 각 작가의 글은 뚜렷한 수량적 '지문(指紋)'을 드러냈다.

예를 들어 저자가 확실히 밝혀진 글들에서 해밀턴은 '위에(on)'와 '위에(upon)'를 거의 같은 정도인 1천 단어당 3회 비율로 사용했다. 이와는 대조적으로 매디슨은 '위에(upon)'를 거의 사용하지 않았다. 해밀턴은 '그(the)'를 1천 단어당 평균 91회, 매디슨은 94회 사용했다. 따라서 이 기준으로는 둘을 구분할 수 없다. 그러나 제이는 '그(the)'를 1천 단어당 평균 67회 사용했다. 그러므로 '그(the)'의 사용을 기준으로 제이와 나머지 두 작가를 구분할 수 있다. 〔그림 2-6〕은 저자들이 '~에 의해(by)'를 사용한 빈도를 나타낸다.

그 자체로만 본다면, 어떤 단어 하나의 사용 빈도에서 얻은 증거는 그럴듯하기는 하지만 확신을 주기에는 부족하다. 그러나 30개의 단어 전체에 대한 세밀한 통계적 분석은 훨씬 더 신뢰할 만하다. 최종 결론이 오류일 가능성은 아마도 매우 적을 것이다.

분석에 의한 결론은, 논란이 된 문서들의 저자는 매디슨임이 거의 확실하다는 것이었다.

이 시대의 많은 사람들이 스스로가 수학에 무능하다고 말한다는 것을 생각하면, 우리의 매일매일의 언어 사용이 비록 반(半)의식적일지라도

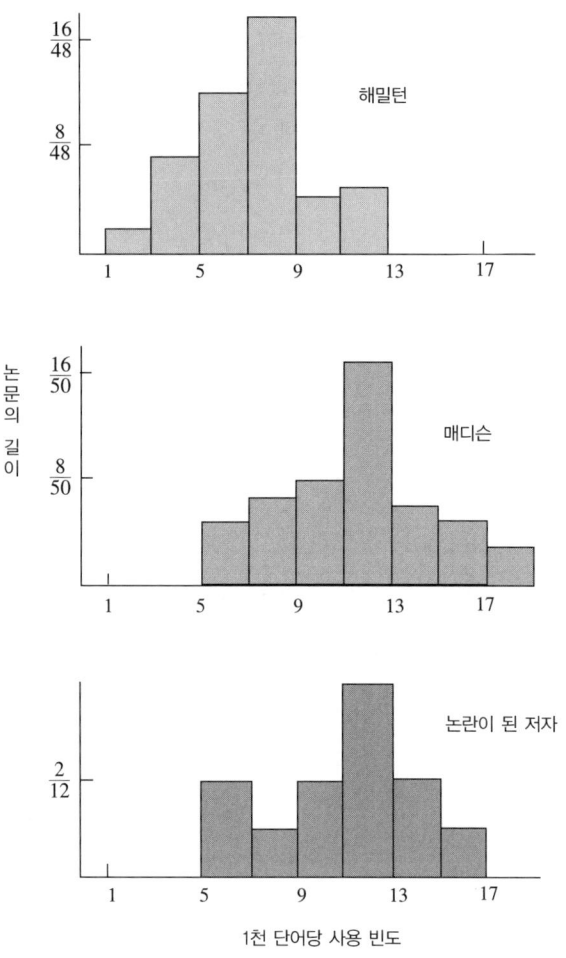

[그림 2-6] 연방주의자 문건의 저자들이 글에서 단어 'by'를 사용한 빈도를 조사하여 얻은 패턴

수학과 관련되어 있다는 언어학자들과 통계학자들의 연구 결론은 매우 흥미롭다. 촘스키가 보여주었듯이, 문법적 문장의 추상적 패턴들은 수학적이다. 최소한 수학적으로 기술했을 때 가장 훌륭하게 기술된다. 모스텔러와 월리스의 연방주의자 문건 분석은, 글을 쓸 때 우리가 각자 지문

만큼이나 독특한 단어 사용 빈도의 수학적 패턴을 가지고서 쓴다는 사실을 보여주었다. 갈릴레오가 말했듯이 수학은 우주의 언어이다. 그러나 그뿐만이 아니다. 수학은 우리 자신을 이해하는 데도 도움을 준다.

3장 운동 속의 수학

움직이는 세계

우리는 끊임없이 움직이는 세계 속에서 살며, 그 움직임의 대부분이 규칙적임을 확인한다.

태양은 매일 아침 떠올라 일정한 궤적을 그리며 대낮의 하늘을 건너간다. 계절이 흘러가면, 수평선과 태양의 궤적 사이의 거리가 역시 규칙적으로 커지고 작아진다.

박히지 않은 돌은 언덕을 굴러 내려가고, 공중으로 던진 돌은 곡선을 그리며 날아가 땅에 떨어진다.

움직이는 공기는 우리의 얼굴을 쓰다듬고, 비는 우리의 머리에 떨어지고, 바닷물은 들고나며, 맑은 하늘에는 구름이 흘러가고, 동물들은 뛰고 걷고 날고 헤엄치고, 식물들은 땅에서 솟아나고 자라고 죽는다. 질병이 발생하고 확산된다.

운동은 어디에나 있다. 만일 운동이 없었다면 생명 같은 것은 존재할 수 없었을 것이다. 멈춘 생명은 회화 전시장에나 있다. 그것은 실제 생명이 아니다. 왜냐하면 이런저런 종류의 운동과 변화가 생명의 본질 그 자체이기 때문이다.

어떤 운동들은 무질서해 보이지만, 많은 운동들은 질서와 규칙성을 가지고 있으며, 수학적으로 연구될 수 있는, 혹은 최소한 있어야 하는 종류의 규칙적 패턴을 나타낸다. 그러나 수학의 도구들은 본질상 정적(static)이다. 수, 점, 선, 방정식 등은 어떤 방식으로도 운동하지 않는다. 그러므로 운동을 연구하려면 이 정적인 도구들이 변화의 패턴에 어울리도록 만드는 방법이 있어야 한다. 그런 방법을 깨닫기까지 인류는 2천 년 이상을 노력해야 했다. 그 발전 과정에서 가장 커다란 한 걸음은 17세기 중반에 이루어진 미적분학의 발명이다. 이 한 걸음의 수학적 진보가 인류 역사의 전환점을 이룬다. 미적분학 발명은 바퀴나 활자인쇄의 발명만큼이나 극적이고 혁명적인 효과를 가져왔다.

핵심만 말한다면, 미적분학은 무한—무한대와 무한소—의 패턴들을 기술하고 다루기 위한 방법들의 집합이다. 고대 그리스 철학자 제논이 여러 개의 까다로운 역설들(곧 그 역설들을 다룰 것이다)을 통해 보여주었듯이, 운동과 변화의 본성을 이해하기 위해 필요한 열쇠는 무한을 길들이는 방법을 발견하는 것이다.

여기에 또하나의 역설이 있다. 무한은 비록 우리가 사는 세계에 속한 일부는 아니지만, 인간의 정신은 세계 속의 운동과 변화를 분석하기 위해 무한을 이해해야만 하는 것 같다. 그렇다면 미적분학의 방법들은 그것들이 매우 유용하게 적용될 수 있는 물리적 세계에 관해 많은 이야기를 해줄 뿐 아니라 우리 자신에 관해서도 많은 이야기를 해주는 듯하다. 우리가 미적분학을 써서 이해하는 운동과 변화의 패턴들은 분명 우리가 세계에서 관찰하는 운동 및 변화에 대응하지만, 그 패턴들은 무한의 패턴으로서 우리의 정신 속에 존재한다. 그 패턴들은 우리 인간이 우리의 세계를 이해하기 위해 개발한 패턴들이다.

간단한 실험으로 운동에서 등장하는 매우 흥미로운 수 패턴을 살펴볼 수 있다. 기다란 플라스틱 물받이를 준비해서 미끄럼대가 되도록 고정시킨다([그림 3-1]). 물받이 꼭대기에서 공 하나를 가만히 놓는다. 정확히 1초 후에 공의 위치를 물받이에 표시한다. 이제 물받이 전체에 처음 표시와 같은 간격으로 표시를 만들고 1, 2, 3, …… 등의 번호를 매긴다. 이제 다시 꼭대기로 공을 가져가 놓으면, 공의 위치가 1초 후에는 표시 1, 2초 후에는 표시 4, 3초 후에는 표시 9와 일치함을 보게 될 것이다. 만일 당신이 준비한 물받이가 충분히 길다면, 4초 후 공의 위치가 표시 16과 일치한다는 것도 확인하게 될 것이다.

드러난 패턴은 명백하다. n초 동안 굴러 내려간 공은 번호가 n^2인 표시와 일치하는 위치에 있다. 뿐만 아니라 이 패턴은 미끄럼대의 기울기에 상관없이 항상 성립한다.

이 관찰은 매우 단순하지만, 관찰된 패턴을 완벽하게 수학적으로 기술하려면 미분학과 적분학의 기법 전체가 동원되어야 한다. 이 장에서 우

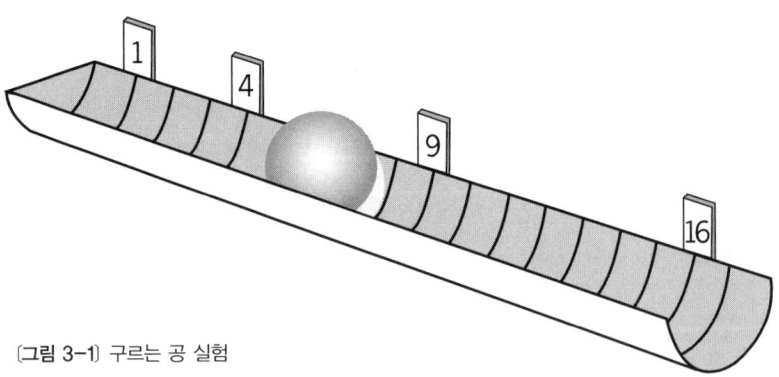

[그림 3-1] 구르는 공 실험

리는 미분학과 적분학의 기법들을 설명할 것이다.

미적분학을 발명한 두 사람

미적분학은 두 수학자에 의해 각기 독자적으로 거의 동시에 발명되었다. 영국의 뉴턴과 독일의 라이프니츠가 그들이다. 인간의 생활 양식을 영원히 바꾸어버리게 될 수학적 통찰을 이룬 이들은 과연 어떤 사람들이었을까?

뉴턴은 1642년 성탄절에 울스토프의 링컨셔 빌리지에서 태어났다. 그는 평범한 문법학교 교육을 마친 후 1661년 케임브리지 대학 트리니티 칼리지에 입학했으며, 거의 독학으로 천문학 및 수학 석사학위를 취득했다. 1664년 뉴턴은 '스콜라(scholar)' 지위를 얻어 석사학위를 받을 때까지 4년 동안 경제적 지원을 보장받게 된다.

[그림 3-2] 미적분학의 두 창시자 뉴턴 경과 라이프니츠

1665년 대학은 페스트로 인해 휴교했고, 23세의 뉴턴은 고향 울스토프로 돌아왔다. 이후 2년 동안 뉴턴은 독창적인 과학적 사유를 펼치며 세계사에 유례가 드문 풍요로운 생산의 시기를 보냈다. 유율법(method of fluxions, 뉴턴은 미분법을 이렇게 명명했다)과, 유율법의 역(적분법)을 개발한 것은 1665년에서 1666년 사이에 뉴턴이 수학과 물리학에서 이룬 수많은 업적들 중 두 가지에 불과하다.

1668년 뉴턴은 석사학위를 받고 트리니티 칼리지 펠로(연구원)로 선출되었다. 펠로우는 평생 동안 유지되는 직위이다. 일 년 후 배로(Isaac Barrow)가 왕궁 목사로 부임하면서 루카스 수학 교수직을 내놓았고, 뉴턴이 그 자리를 얻었다.

뉴턴은 비판을 매우 두려워하여 미적분학을 비롯한 많은 연구들을 발표하지 않았다. 그러나 1684년 천문학자 핼리(Edmund Halley)가 그를 설득하여 운동법칙 및 중력에 관한 연구를 출간하는 작업에 착수하도록 했다. 마침내 1687년 출간된 『자연철학의 수학적 원리 *Philosophiae Naturalis Principia Mathematica*』(줄여서 『프린키피아』라고도 부른다―옮긴이)는 물리학을 영원히 바꾸어놓았고, 뉴턴을 오늘날까지도 역사상 가장 위대한 과학자의 지위로 올려놓았다.

1696년 뉴턴은 케임브리지 교수직에서 물러나 조폐국의 이사로 부임했다. 그후 1704년 영국 조폐국 책임자 뉴턴은 케임브리지에 근무하는 동안 연구한 광학 이론의 개요를 담은 방대한 책 『광학 *Opticks*』을 출간했다. 이 책 부록에서 그는 자신이 40년 전에 개발한 유율법을 간략하게 설명했다. 그것이 그가 최초로 출간한 미분법 연구였다. 보다 상세한 설명을 담은 『분석에 관하여 *De Analysi*』는 1670년대 초반 이후 영국 수학자 사회 내에서 사적으로 유통되었지만 1711년이 되어서야 출간되었다. 뉴턴이 쓴 체계적인 미분법 설명은 그가 사망하고 9년 뒤인 1736년에 처음으로 출간되었다.

『광학』이 출간되기 직전 뉴턴은 영국 과학자가 오를 수 있는 최고 지위인 왕립학회 회장에 선출되었으며, 1705년에는 앤 여왕으로부터 과학자로서는 최초로 기사 작위를 받았다. 한때 촌동네 링컨셔 빌리지 출신의 부끄럼 많고 허약한 소년이었던 뉴턴은 여생을 영국의 보배로 추앙받으며 보냈다.

뉴턴 경은 1727년 84세의 나이로 사망했고, 웨스트민스터 사원에 묻혔다. 사원에 있는 그의 묘비에는 다음과 같은 글이 새겨졌다. "유한한 인간들아, 이토록 위대한 사람이 있어 인류의 명예를 높였음을 기뻐하라."

또 한 명의 미적분학 발명자 라이프니츠는 1646년 라이프치히에서 태어났다. 그는 조숙한 아이였으며, 철학 교수였던 아버지의 서재에서 많은 책을 읽고 도움을 받았다. 라이프니츠는 열다섯 살이 되었을 때 이미 라이프치히 대학에 입학할 수 있는 수준에 이르렀다. 5년 후 그는 박사 학위를 받고, 본격적인 학자의 길로 나설 차비를 갖추었으나, 대학을 떠나 행정적인 일을 하기로 결심했다.

1672년 라이프니츠는 파리에서 고위 외교관으로 일하면서 여러 차례 네덜란드와 영국을 방문했다. 그 방문을 통해 그는 당대의 여러 학자들과 접촉했다. 그가 만난 학자들 중 하나인 네덜란드 과학자 호이겐스(Christian Huygens)는 젊은 독일 외교관 라이프니츠에게 수학 연구를 다시 한번 해볼 것을 독려했다. 호이겐스와의 만남은 행운이었다. 수학에 거의 초심자였던 라이프니츠는 곧 엄청난 발전을 이루어 1676년에는 독자적으로 미적분학의 근본 원리들을 발견했다.

그런데 정말로 독자적으로 발견했을까? 1684년 라이프니츠가 자신의 발견을 자신이 편집하는 잡지 『악타 에루디토룸 Acta Eruditorum』에 처음으로 발표하자, 당대의 많은 영국 수학자들은 라이프니츠가 뉴턴의 생각을 훔쳤다고 언성을 높였다. 1673년 런던 왕립학회를 방문했을 때 라이프니츠가 뉴턴의 미출간 논문들 중 일부를 본 것은 분명하다. 또한 1676년 뉴턴은 보다 상세한 정보를 요구하는 라이프니츠에게 두 통의 편지를 보내 몇 가지 세부 사항을 일러주었다.

뉴턴과 라이프니츠 자신은 논쟁에 거의 가담하지 않았지만, 미적분학 발명자가 누구인지를 놓고 벌어진 영국 수학자들과 독일 수학자들 사이의 언쟁은 점점 격렬해졌다. 뉴턴의 연구가 라이프니츠의 연구보다 먼저 있었다는 사실은 분명했다. 그러나 뉴턴은 연구를 전혀 발표하지 않았다. 반면에 라이프니츠는 자신의 연구를 즉각 발표했고, 더군다나 더 기하학적인 라이프니츠의 설명은 여러 면에서 더 자연스러워서 빠르게 유럽 전체의 호응을 얻었다. 실제로 오늘날 전세계 학교에서 미적분학 시간에 보편적으로 채택되는 것은 라이프니츠의 기하학적 접근 방법이다 (177쪽). 라이프니츠가 발명한 도함수 기호(우리가 곧 보게 될 dy/dx) 역시 널리 사용되고 있다. 반면에 뉴턴의 물리적 운동을 통한 접근 방법과 표기법은 물리학 이외의 분야에서는 거의 사용되지 않는다.

오늘날 일반적으로 인정되는 견해는, 물론 라이프니츠가 생각의 일부를 뉴턴의 연구에서 얻은 것은 확실하지만, 라이프니츠의 공헌도 충분히 중요하므로, 뉴턴과 라이프니츠 모두를 '미적분학의 아버지'로 평가하는 것이 옳다는 것이다.

뉴턴과 마찬가지로 라이프니츠도 생애 전체를 수학에 헌신하는 것으로는 만족할 수 없었다. 라이프니츠는 철학을 연구했고, 오늘날 기호 논리학의 전신인 형식 논리학 이론을 개발했으며, 산스크리트 및 중국 문화 전문가가 되었다. 1700년 그는 베를린 아카데미 창립을 주도했고, 이후 1716년 사망할 때까지 베를린 아카데미 회장직을 맡았다.

웨스트민스터 사원에 묻힌 뉴턴과는 대조적으로 라이프니츠는 세상에 알려지지 않은 채 조용히 삶을 마감했다.

　미적분학의 두 발명자에 관해서는 이 정도로 얘기를 줄이자. 미적분학이 도대체 무엇인가? 수학 이야기가 흔히 그렇듯이, 시작은 고대 그리스부터이다.

운동의 역설

　미적분학은 분절적인 운동이 아닌 연속적인 운동에 적용된다. 그러나 간단한 분석만으로도 연속적 운동 개념 자체가 역설적인 듯이 보인다. 생각해보자. 시간상의 어느 한순간에 임의의 물체는 특정한 장소에, 즉 공간 속의 특정 위치에 있어야 한다. 그 순간만을 생각한다면, 그 물체는 정지해 있는 물체와 구분이 불가능하다. 그런데 이는 시간상의 임의의 순간에 타당할 것이다. 그렇다면 그 물체가 어떻게 움직일 수 있겠는가? 물체가 모든 각각의 순간에 멈춰 있다면, 물체는 항상 멈춰 있을 것이다 ([그림 3-3] 참조).

　이 역설을 처음 제시한 사람은 그리스 철학자 제논이다. 그가 역설을 제시한 목적은 아마도 수에 근거한 피타고라스주의자들의 수학 연구에 반대하기 위해서였던 것 같다. 기원전 450년경에 살았던 제논은 엘레아 학파의 창시자인 파르메니데스의 제자였다. 엘레아 학파는 마그나 그라이키아*의 엘레아 지역에서 전성기를 맞았던 철학 학파이다. 제논은 원래 날아가는 화살을 예로 들어 역설을 제시했는데, 만일 공간이 잇닿은

---

* Magna Graecia, '위대한 그리스'라는 뜻의 라틴어로, 이탈리아 남부 연안에 있던 고대 그리스의 도시집단. 상업과 무역이 번창했으며 피타고라스·엘레아 학파 철학의 중심지였다.

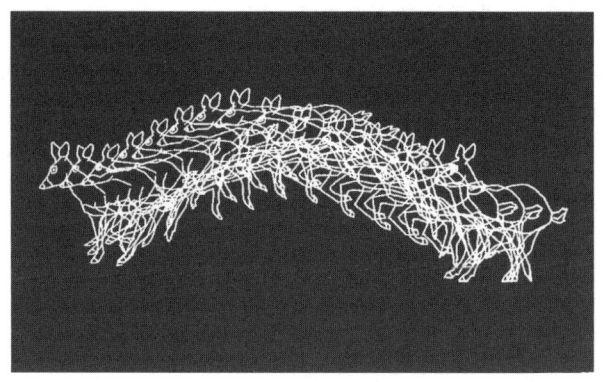

[그림 3-3] 운동의 역설. 달리는 사슴을 나타낸 이 그림은 운동의 역설에 담긴 생각, 즉 임의의 순간에 물체는 멈춰 있어야 한다는 생각을 표현한다. 임의의 순간에 물체가 멈춰 있다면 물체는 당연히 계속 멈춰 있어야 한다. 그렇다면 어떻게 운동이 일어날 수 있는가? 그리스 철학자 제논은 시간이 분절된 순간들의 연쇄라는 믿음을 공격하기 위해 이 역설을 제시했다.

수많은 점들로 이루어졌다는 원자론적 전제를 하고, 시간도 분절적인 순간들이 이어지는 연쇄열이라고 생각할 경우에는, 제논의 역설은 참된 역설이다.

제논이 제시한 또하나의 수수께끼는, 시간과 공간이 원자적이지 않고 무한히 분할 가능하다고 생각하는 사람들에게 역설이 된다. 그것은 아킬레우스와 거북이 역설로, 아마도 제논의 논변 중 가장 잘 알려져 있을 것이다. 아킬레우스는 100미터 달리기에서 거북이를 이겨야 한다. 그런데 아킬레우스가 거북이보다 10배 빨리 달릴 수 있으므로, 거북이가 10미터 앞에서 출발하기로 했다. 경주가 시작되고, 아킬레우스는 앞에 있는 거북이를 향해 달린다. 아킬레우스가 10미터를 달려 거북이의 출발점에 이르면, 거북이는 정확히 1미터를 달려나가 여전히 1미터 앞에 있다. 아킬레우스가 그 1미터를 달려 따라잡으면, 그 순간 거북이는 $\frac{1}{10}$미터 앞에 있다. 다시 아킬레우스가 거북이 자리에 이르면, 거북이는 $\frac{1}{100}$미터 앞에 있다. 이런 식으로 무한히 따라잡기가 계속된다. 그러므로 제논의 주장에 따르면, 아킬레우스와 거북이 사이의 간격은 점점 줄어들지만, 영원히 거북이가 앞선다. 아킬레우스는 거북이를 추월하지 못한다.

제논이 이 역설들을 제시한 목적은 분명 화살이 움직일 수 없다거나, 아킬레우스가 거북이를 이길 수 없다고 주장하기 위해서가 아닐 것이다. 이 두 사실은 부정할 수 없는 경험적 사실이다. 제논의 역설이 표적으로 삼는 것은 오히려 공간과 시간과 운동을 분석적으로 설명하려는 당대의 시도이다. 그 시도는 그리스인들로서는 감당할 수 없는 것이었다. 사실상 이 역설들에 대한 진실로 만족스러운 해결은 19세기 말까지 이루어지지 않았다. 이 역설들은 결국 19세기 말에 사람들이 수학적 무한을 확실히 다룰 수 있게 됨으로써 해결되었다.

무한 길들이기

운동과 변화를 수학적으로 다루는 방법이 개발되기 위해 필요한 궁극적 열쇠는 무한을 다루는 방법의 발견이었다. 다시 말해서 무한을 포함한 다양한 패턴들을 기술하고 조작하는 방법을 발견해야만 했다.

예를 들어 제논의 아킬레우스와 거북이 역설의 경우, 당신이 일단 그 역설에 들어 있는 패턴을 다루는 방법만 알고 있다면, 역설을 피해갈 수 있다. 경주에서 매순간 거북이가 아킬레우스보다 앞선 거리는 (미터 단위로) 다음과 같다.

$$10, 1, \frac{1}{10}, \frac{1}{100}, \frac{1}{1,000}, \cdots\cdots$$

결국 역설은 우리가 다음과 같은 무한 합을 어떻게 다루는가에 달려 있다.

$$10+1+\frac{1}{10}+\frac{1}{100}+\frac{1}{1,000}+\cdots\cdots$$

마지막에 붙인 생략기호는 이 합이 제시된 패턴을 유지하면서 무한히 계속됨을 의미한다.

이 식의 무한히 많은 항들을 실제로 다 더해서 합을 구한다는 것은 불가능하다. 사실상 나는 식을 다 적어놓지도 못했으므로, '합'을 구한다는 말이 이미 오해를 일으킬 수 있다. 이 경우 '합'을 구한다는 것은 일반적인 의미와 다르다. 실제로 수학자들은 이런 혼동을 피하기 위해 이런 종류의 무한 합을 무한급수(infinite series)라고 부른다. 이 예에서처럼 수학자들은 흔히 일상과는 거의 관련이 없는 의미로 전문적인 용어들을 사용하곤 한다.

관심의 초점을 급수의 개별 항들로부터 일반적인 패턴으로 옮기면 쉽게 급수의 값을 발견할 수 있다. 미지의 급수 값을 S로 나타내자.

$$S = 10+1+\frac{1}{10}+\frac{1}{100}+\frac{1}{1,000}+\cdots\cdots$$

이 급수의 패턴은, 이어지는 항이 이전 항의 $\frac{1}{10}$이라는 것이다. 그러므로 급수 전체를 10으로 곱하면, 첫 항을 제외하고 나머지가 전부 원래와 같은 새로운 급수를 얻을 수 있다.

$$10S = 100+10+1+\frac{1}{10}+\frac{1}{100}+\frac{1}{1,000}+\cdots\cdots$$

이제 이 두번째 등식에서 첫번째 등식을 빼면 우변에 있는 모든 항들은 한 쌍씩 지워지고 첫 항 100만 남게 된다.

$$10S - S = 100$$

이제 당신은 일반적인 유한한 방정식을 얻었다. 이 방정식은 일반적인 방식으로 풀 수 있다.

$$9S = 100$$

그러므로

$$S = \frac{100}{9} = 11\frac{1}{9}$$

다시 말해서 아킬레우스는 정확히 $11\frac{1}{9}$을 달린 시점에서 거북이를 따라잡는다.

결정적인 것은 무한급수가 유한한 값을 가질 수 있다는 사실이다. 제논의 수수께끼는, 무한급수가 무한한 값을 가져야 한다고 생각하는 사람에게만 역설이 된다.

급수 값을 구하는 열쇠가, 개별 항들을 더하는 과정으로부터 일반 패턴을 식별하고 조작하는 것으로의 관심 이동이었음을 주목하라. 한마디로 말해서 그것이 바로 수학에서 무한을 다루기 위해 필요한 열쇠이다.

무한의 역습

당신도 의식했는지 모르지만, 내가 앞에서 한 것과 같이 무한급수를 특정한 수로 곱하거나 한 무한급수에서 다른 무한급수를 각 항 별로 빼는 조작이 정당한지의 문제는 자명하지 않다. 무한 패턴들은 예측하기 어렵기로 악명 높다. 무한급수를 연산할 때는 쉽게 오류가 발생한다. 예를 들어 다음과 같은 무한급수를 살펴보자.

$$S = 1-1+1-1+1-1+\cdots\cdots$$

이 무한급수 전체에 -1을 곱하면, 각 항이 한 자리씩 옮겨진 것만이 다를 뿐 원래와 동일한 급수를 얻게 된다.

$$S = 1-1+1-1+1-1+\cdots\cdots$$
$$-S = -1+1-1+1-1+\cdots\cdots$$

이제 첫번째 급수에서 두번째 급수를 빼면, 우변의 모든 항들이 상쇄되고, 첫 급수의 첫 항만 남는다.

$$2S = 1$$

그러므로 결론은 $S = \frac{1}{2}$ 이다.

계산이 아무 문제 없이 잘 이루어졌다고 당신은 생각할지도 모른다. 그러나 아래와 같이 원래의 무한급수를 두 항씩 괄호로 묶는다고 생각해 보자.

$$S = (1-1) + (1-1) + (1-1) + \cdots\cdots$$

이 조작 역시 패턴 전체에 적용해도 좋은 적법한 조작으로 보인다. 물론 무한급수에는 무한히 많은 항들이 있지만, 나는 그 항들을 어떻게 괄호로 묶을지를 확실히 보여주는 패턴을 제시했다. 그런데 이렇게 괄호로 묶고 보니, 묶인 각각의 계산 값이 0이 되므로, 다음과 같은 결론이 나온다.

$$S = 0 + 0 + 0 + \cdots\cdots$$

그러므로 $S = 0$이다.
당신은 또한 아래와 같은 패턴으로 괄호를 묶을 수 있다.

$$S = 1 + (-1+1) + (-1+1) + (-1+1) + \cdots\cdots$$

이번에는 $S = 1$이라는 결론이 나온다.

원래의 무한급수 S는 완벽하게 이해 가능한 패턴으로 주어져 있었다. 나는 그 패턴을 세 가지 상이한 조작 패턴을 써서 상이하게 조작했고, $S = \frac{1}{2}$, 0, 1이라는 세 가지 상이한 계산 값에 도달했다. 어느 값이 정답인가?

사실은 정답이 없다. 이 급수의 패턴은 수학적인 방식으로 다루어질 수 없다. 간단히 말해서 이 무한급수에는 급수 값이 없다. 다른 한편, 아킬레우스와 거북이의 경주에 관련된 급수는 급수 값을 가지며, 그 경우에 내가 했던 조작들은 실제로 허용된다. 조작 가능한 급수들과 조작 불가능한 급수들을 구분하고 무한급수를 다루는 튼튼한 이론을 개발하는 데는 수백 년의 노력이 필요했으며, 그 노력은 19세기 후반에 이르러서야 비로소 결실을 맺었다.

　무한급수의 패턴을 조작함으로써 급수 값을 구하는 방법을 특히 깔끔하게 보여주는 예로 소위 기하급수(등비급수)가 있다. 기하급수는 다음과 같은 형태의 급수이다.

$$S = a + ar + ar^2 + ar^3 + \cdots\cdots$$

　각각의 항은 앞에 있는 항에 어떤 상수 r을 곱해서 얻어진다. 기하급수는 일상생활에서 자주 등장한다. 예를 들어 방사성 붕괴 현상을 분석할 때나 자금을 빌린 은행에 지불할 이자를 계산할 때 등장한다. 아킬레우스와 거북이 역설에 등장했던 급수도 기하급수이다(그 기하급수의 공비는 $\frac{1}{10}$이었다). 사실상 내가 그 급수의 값을 찾기 위해 사용한 방법은 임의의 기하급수에 적용될 수 있다. 기하급수 S의 값을 얻으려면, 우선 급수 전체에 공비 r을 곱하여 다음과 같은 새로운 급수를 만든다.

$$Sr = ar + ar^2 + ar^3 + ar^4 + \cdots\cdots$$

　이어서 원래의 급수 S에서 이 새로운 급수를 빼면, 첫 항 a를 제외하고 우변의 모든 항들이 둘씩 상쇄되어 아래와 같은 등식이 나온다.

$$S - Sr = a$$

　S에 대해서 이 등식을 풀면, $S = \dfrac{a}{1-r}$를 얻는다. 이제 남은 질문은,

우리가 한 여러 조작들이 타당한지 여부이다. 무한급수 패턴을 보다 상세하게 검토하면, 우리의 조작은 r이 1보다 작을 경우에는(r이 음수인 경우에는 -1보다 커야 한다) 허용되지만, 그렇지 않을 경우에는 타당하지 않음을 알 수 있다.

그러므로 예를 들어 다음과 같은 급수는

$$S = 1 + \frac{1}{2} + \frac{1}{4} + \frac{1}{8} + \frac{1}{16} + \cdots\cdots + \frac{1}{2^n} + \cdots\cdots$$

첫 항 $a=1$이고 공비 $r=\frac{1}{2}$인 급수로서, 급수 값은 다음과 같다.

$$S = \frac{1}{1-\frac{1}{2}} = \frac{1}{\frac{1}{2}} = 2$$

쉽게 알 수 있듯이, 공비 r이 1보다 작을 경우에는(또한 -1보다 클 경우에는) 급수의 항들이 점점 작아진다. 무한급수가 유한한 값을 가지기 위해 결정적인 조건이, 급수의 항들이 점점 작아진다는 것일까?

일단 그렇다고 가정하는 것이 타당해 보인다. 만약 항들이 점점 작아진다면, 항들이 전체 값에 미치는 영향은 점점 미미해질 것이다. 만일 이 가정이 옳다면, 다음과 같은 아름다운 급수도 유한한 값을 가진다는 결론이 나올 것이다.

$$S = 1 + \frac{1}{2} + \frac{1}{3} + \frac{1}{4} + \cdots\cdots + \frac{1}{n} + \cdots\cdots$$

이 급수는 음높이와 관련된 특정한 패턴과 연결되기 때문에 **조화급수**라고 불린다.

이 무한급수의 처음 천 개의 항을 더하면 합이 7.485(소수점 넷째 자리에서 반올림)이다. 처음 백만 개의 항을 더하면 14.357이며, 처음 10억 개의 합은 약 21, 처음 1조 개의 합은 약 28이다. 하지만 무한급수 전체의 합은 얼마일까?

정답은 값이 없다는 것이다. 이 사실을 최초로 발견한 사람은 14세기 수학자 오렘(Nicolae Oresme)이다. 그러므로 무한급수의 항들이 점점 작아진다는 것만으로는 그 급수가 유한한 값을 가진다는 결론을 내릴 수 없다.

조화급수가 유한한 값을 가지지 않는다는 사실을 당신은 어떻게 증명할 수 있겠는가? 점점 더 많은 항들을 합하는 방식으로는 당연히 증명할 수 없을 것이다. 당신이 긴 종이끈 위에 한 항에 1센티미터씩 공간을 할애하여 항들을 적어나간다고 가정해보자(공간을 대단히 작게 잡은 것이다. 왜냐하면 급수가 진행될수록 항을 적기 위해 점점 더 넓은 공간이 필요할 것이기 때문이다). 합이 100을 넘길 수 있을 만큼 항들을 적으려면 대략 10^{43}센티미터 길이의 종이끈이 필요하다. 10^{43}센티미터는 대략 10^{25}광년이며, 이 길이는 현재 알려진 우주 전체의 크기를 능가한다(현재 추정된 우주 전체의 크기는 10^{12}광년이다).

조화급수가 무한 값을 가짐을 보이는 방법은 당연히 패턴을 연구하는 방법이다. 급수의 세번째 항과 네번째 항이 최소한 $\frac{1}{4}$ 이상임을 확인하는 것에서 출발하자. 그러므로 그 두 항의 합은 최소한 $2 \times \frac{1}{4} = \frac{1}{2}$ 이상이다. 또한 다음 4개의 항, 즉 $\frac{1}{5}, \frac{1}{6}, \frac{1}{7}, \frac{1}{8}$은 최소한 $\frac{1}{8}$ 이상이므로, 이들의 합은 $4 \times \frac{1}{8} = \frac{1}{2}$ 이상이다. 마찬가지로 다음 16개의 항, 즉 $\frac{1}{9}$에서 $\frac{1}{32}$까지의 항들은 모두 $\frac{1}{32}$ 이상이므로, 이 항들을 합한 값은 $16 \times \frac{1}{32} = \frac{1}{2}$ 이상이다. 이렇게 2개, 4개, 8개, 16개, 32개 등의 패턴으로 점점 더 많은 개수의 항들을 하나로 묶어 계산하면, 각각의 경우에 $\frac{1}{2}$ 이상인 합이 얻어진다. 이 과정을 통해서 무한히 많이 반복되는 $\frac{1}{2}$의 연쇄열을 얻을 수 있다. 무한히 많은 $\frac{1}{2}$을 합하면 당연히 무한한 값이 산출될 것이다. 만일 조화급수가 값을 가진다면, 그 값은 무한히 많은 $\frac{1}{2}$을 합한 값 이상일 것이다. 그러므로 조화급수는 유한한 값을 가질 수 없다.

17세기와 18세기를 겪는 동안 수학자들은 무한급수를 훨씬 더 정교하게 다룰 수 있게 되었다. 예를 들어 스코틀랜드의 그레고리(James Gregory)는 1671년에 다음과 같은 결론에 도달했다.

$$\frac{\pi}{4} = \frac{1}{1} - \frac{1}{3} + \frac{1}{5} - \frac{1}{7} + \frac{1}{9} - \cdots$$

이 무한급수의 값에 왜 원주율 π가 들어가는지 당신은 의아하게 여길 것이다.

1736년 오일러는 값에 π가 들어가는 또다른 무한급수를 발견했다.

$$\frac{\pi^2}{6} = \frac{1}{1^2} + \frac{1}{2^2} + \frac{1}{3^2} + \frac{1}{4^2} + \frac{1}{5^2} + \cdots$$

사실상 오일러는 전적으로 무한급수만을 다루는 책을 쓰기도 했다. 그 책은 『무한분석입문 Introductio in Analysin infinitorum』이라는 제목으로 1748년에 출간되었다.

이렇게 수학자들은 산술보다는 패턴에 초점을 맞춤으로써 무한을 다룰 수 있게 되었다. 무한 패턴에 관한 연구의 결실로 이루어진 가장 중요한 성취는 17세기 중반 이후 뉴턴과 라이프니츠가 미적분학을 개발한 것이다. 뉴턴과 라이프니츠의 업적은 역사 전체를 통틀어 가장 위대한 수학적 성취 중 하나임이 분명하다. 미적분학은 인류의 삶을 영원히 바꾸어놓았다. 미적분학이 없었다면, 현대 과학기술은 전혀 존재하지 않았을 것이다. 전기도 전화도 자동차도 흉부 절개 수술도 없었을 것이다.

이 기술적 진보들 — 또한 여러 다른 진보들 — 을 가능케 한 과학들은 근본적으로 미적분학에 의존한다.

함수가 열쇠를 제공하다

미적분학은 운동과 변화를 기술하고 분석하는 수단을 제공한다. 하지만 미적분학은 임의의 운동과 변화를 다루는 것이 아니라 패턴을 나타내는 운동과 변화를 다룬다. 미적분학을 이용하려면 먼저 해당 운동이나 변화를 기술하는 패턴을 가지고 있어야 한다. 왜냐하면 구체적으로 말해서 미적분학은 패턴들을 조작하는 기술들의 총체이기 때문이다(미적분학을 뜻하는 영어 calculus의 어원은 '조약돌'을 뜻하는 라틴어 calculus이다. 고대의 셈 체계에서 조약돌을 이용한 물리적 조작이 사용되었음을 상기하라).

미적분학의 기본 연산은 소위 미분이라 불리는 과정이다. 미분의 목표는 어떤 변화량의 변화율을 얻는 것이다. 미분을 하기 위해서는, 문제되는 양의 값, 혹은 위치, 혹은 경로가 적절한 공식의 형태로 주어져 있어야 한다. 그럴 경우에 그 공식을 미분하여 변화율을 나타내는 새로운 공식을 산출할 수 있다. 다시 말해서 미분은 공식을 다른 공식으로 변환하는 작업이다.

예를 들어 도로 위를 달리는 자동차를 생각해보자. 자동차가 달린 거리(이를 x라 하자)가 시간 t에 따라 아래와 같은 공식에 의해 변화한다고 가정하자.

$$x = 5t^2 + 3t$$

이 경우 미적분학에 따르면, 임의의 시간 t에서 자동차의 속도 s(즉 위치의 변화율)는 아래의 공식에 의해 주어진다.

$$s = 10t + 3$$

공식 $10t+3$은 공식 $5t^2 + 3t$를 미분하여 얻은 결과이다(잠시 뒤에 상세한 미분법을 설명할 것이다).

이 예에서 자동차의 속도가 상수가 아님을 눈여겨보라. 달린 거리가 시간에 따라 변하는 것과 마찬가지로 속도도 시간에 따라 변한다. 실제로 미분을 한 번 더 수행하여 가속도(즉 속도의 변화율)를 구할 수도 있다. 공식 $10t+3$을 미분하면, 가속도

$$a = 10$$

이 얻어진다. 우리가 든 예에서 가속도는 상수이다.

미분이 적용되는 근본적인 수학적 대상은 함수라고 불린다. 함수 개념 없이는 미적분학이 있을 수 없다. 산술의 덧셈이 수에 대해서 수행되는 연산인 것과 마찬가지로 미분은 함수에 대해서 수행되는 연산이다.

그렇다면 함수는 도대체 무엇일까? 가장 간단한 대답은 다음과 같다. 수학에서 함수란, 한 수가 주어졌을 때 다른 한 수를 계산할 수 있도록 해주는 규칙이다(엄밀히 말하자면 이 설명은 특정한 함수에만 국한된다. 하지만 미적분학이 어떻게 이루어지는지를 이해하기에 적당한 설명이다).

예를 들어 다음과 같은 다항식은 한 함수를 정의한다.

$$y = 5x^3 - 10x^2 + 6x + 1$$

어떤 x값이 주어질 경우, 이 식을 이용하여 대응하는 y값을 계산할 수 있다. 예를 들어 주어진 값이 $x=2$일 경우, 아래와 같이 계산할 수 있다.

$$y = 5 \times 2^3 - 10 \times 2^2 + 6 \times 2 + 1 = 40 - 40 + 12 + 1 = 13$$

또다른 예로 삼각함수 $y=\sin x$, $y=\cos x$, $y=\tan x$를 살펴보자. 이 함수들의 경우, 다항식의 경우에서처럼 y값을 계산하는 간단한 방법은 없다. 일반적으로 익숙한 삼각함수의 정의는, 직각삼각형의 변들 사이의 비율로 주어지는데, 그렇게 정의할 경우 삼각함수들은 주어진 x가 직각보다 작은 각일 때만 함수값을 가진다. 수학자들은 탄젠트 함수를 사인 함수와 코사인 함수를 써서 다음과 같이 정의한다.

$$\tan x = \frac{\sin x}{\cos x}$$

그리고 사인 함수와 코사인 함수는 무한급수를 써서 다음과 같이 정의한다.

$$\sin x = x - \frac{x^3}{3!} + \frac{x^5}{5!} - \frac{x^7}{7!} + \cdots\cdots$$
$$\cos x = 1 - \frac{x^2}{2!} + \frac{x^4}{4!} - \frac{x^6}{6!} + \cdots\cdots$$

이 두 공식을 이해하려면 $n!$의 의미를 알아야 한다. 임의의 자연수 n에 대하여 $n!$('엔 팩토리알'이라고 읽는다)은 1부터 n까지의 모든 자연수를 곱한 값이다. 예를 들어 3!=1×2×3=6이다. sin$x$, cos$x$와 동치인 무한급수들은 항상 유한한 값을 가지며, 유한한 다항식과 거의 마찬가지로 조작 가능하다. 이 두 무한급수는 x가 직각삼각형의 한 각일 때, 일반적인 값을 산출하지만, x가 임의의 실수일 때도 값을 산출한다.

또다른 함수의 예로 지수함수를 들 수 있다.

$$e^x = 1 + \frac{x^1}{1!} + \frac{x^2}{2!} + \frac{x^3}{3!} + \frac{x^4}{4!} + \cdots\cdots$$

이 무한급수 역시 항상 유한한 값을 가지며, 유한 다항식과 마찬가지 방식으로 조작 가능하다. $x=1$을 대입하면, 아래의 등식이 나온다.

$$e^1 = e = 1 + \frac{1}{1!} + \frac{1}{2!} + \frac{1}{3!} + \frac{1}{4!} + \cdots\cdots$$

이 무한급수의 값인 수학적 상수 e는 무리수이다. e를 십진수로 표기하면 대략 2.71828이다.

지수함수 e^x의 역함수 역시 중요한 함수이다. e^x의 역함수란, 함수 e^x가 일으키는 효과를 정확히 뒤집은 효과를 일으키는 함수이다. e^x의 역함수는 x의 자연로그 함수인 ln x이다. 수 a에 함수 e^x를 적용하여 또다른 수 $b=e^a$를 얻었다면, b에 함수 ln x를 적용할 경우, 다시 a를 얻을 수 있다. 즉 $a=$ ln b이다.

기울기 계산하기

다항식, 혹은 삼각함수나 지수함수를 정의하는 무한급수 등과 같은 대

3장 운동 속의 수학 175

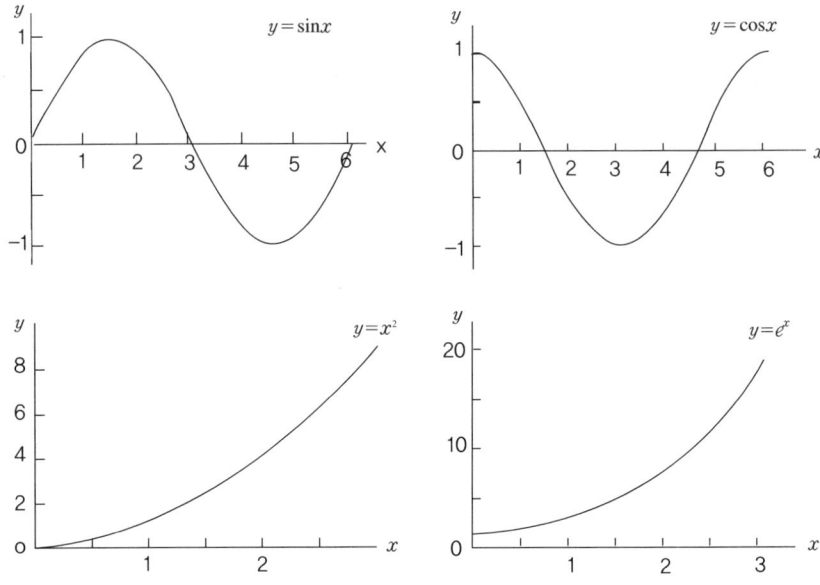

(그림 3-4) 변수 y가 변수 x와 어떤 관계에 있는지 보여주는 네 가지 일반적인 함수의 그래프

수학적 공식들은 특정한 종류의 추상적 패턴을 기술하는 매우 정확하고 대단히 유용한 방법이다. 그 특정한 패턴은 한 쌍의 수를 연결짓는 패턴이다. 당신은 독립변수, 혹은 공변역 x에서 출발해서 특정한 패턴으로 연결된 종속변수, 혹은 치역 y를 얻는다. 많은 경우에 이 패턴은 (그림 3-4)에서처럼 그래프를 통해 시각화될 수 있다. 함수의 그래프는 변수 y가 변수 x에 어떻게 연결되는지를 한눈에 보여준다.

예를 들어 사인 함수의 경우, x가 0에서 시작해서 대략 $x=1.5$ 근처 (정확한 지점은 $x=\frac{\pi}{2}$)에 이를 때까지 y 역시 증가하며, 그후에는 y가 감소하기 시작한다. $x=3.1$ 근처(정확히 하면 $x=\pi$)에서 y는 음수가 되며, $x=4.7$ 근처($x=\frac{3\pi}{2}$)에 이를 때까지 계속 감소하다가 이후에는 다시 증가하기 시작한다.

뉴턴과 라이프니츠가 해결해야 하는 과제는 다음과 같다. $\sin x$와 같은 종류의 함수의 변화율을 어떻게 계산할 것인가? 즉 x의 변화에 대한 y의 변화율을 어떻게 계산할 것인가? 그래프와 관련해서 말하자면, 변화율을 계산하는 것은 곡선의 기울기를 계산하는 것과 같다—곡선이 얼마나 가파른가? 문제는 기울기가 일정하지 않다는 것이다. 어떤 위치에서는 기울기가 꽤 가파른 상승세이고(커다란 양의 기울기) 또 어떤 위치에서는 거의 수평이며(거의 0에 가까운 기울기), 또 어떤 위치에서는 매우 가파른 하강세이다(커다란 음의 기울기).

간단히 요약하자면, y값이 x값에 따라 변하는 것과 마찬가지로 임의의 점에서의 기울기도 x값에 따라 변한다. 다시 말해서 함수의 기울기 역시 하나의 함수이다. 즉 제2의 함수이다. 이제 문제는 다음과 같다. 한 함수의 공식이 주어질 경우, 즉 x와 y를 연결짓는 패턴을 기술하는 공식이 주어질 경우 x와 그래프의 기울기를 연결짓는 패턴을 기술하는 공식을 찾을 수 있을까?

뉴턴과 라이프니츠가 발견한 방법은 본질적으로 다음과 같다. 단순한 예로 함수 $y=x^2$을 고찰해보자. 이 함수의 그래프는 〔그림 3-5〕에 있다.

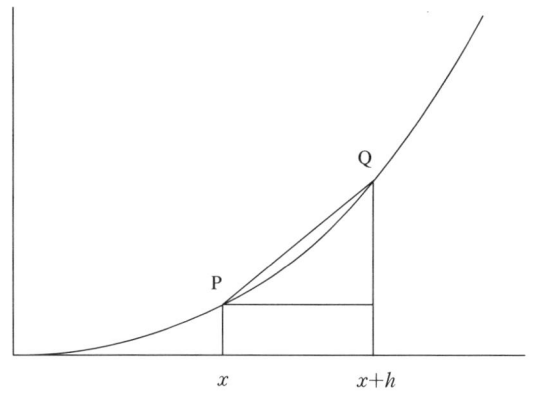

〔그림 3-5〕 함수 $y=x^2$ 그래프의 기울기 계산

x가 증가하면 y뿐만 아니라 기울기도 증가한다. 다시 말해서 x가 증가하면, 곡선이 위로 올라갈 뿐만 아니라 점점 더 가팔라진다. x값이 주어질 경우, 그 x점에서의 곡선의 높이는 x^2을 계산하면 주어진다. 그런데 그 x값에서 곡선의 기울기를 계산하려면 어떻게 해야 할까?

착상은 다음과 같다. x에서 오른쪽으로 h만큼 약간 떨어진 위치에 있는 점을 생각해보자. 〔그림 3-5〕에서 곡선 위의 점 P의 높이는 x^2이며, 점 Q의 높이는 $(x+h)^2$이다. P에서 Q로 움직이는 동안 곡선은 위쪽으로 휘어진다. 그러나 만일 h가 충분히 작다면(〔그림 3-5〕에서처럼) 곡선과 P, Q를 잇는 직선의 차이도 작아진다. 그러므로 P점에서 곡선의 기울기도 직선의 기울기와 유사할 것이다.

이렇게 직선을 동원하는 이유는, 직선의 기울기는 쉽게 계산되기 때문이다. 직선의 기울기를 계산하려면, 다만 높이의 증가량을 수평 방향 증가량으로 나누기만 하면 된다. 이 경우에 높이의 증가량은

$$(x+h)^2 - x^2$$

이며, 수평 방향 증가량은 h이므로, P와 Q를 잇는 직선의 기울기는 다음과 같다.

$$\frac{(x+h)^2 - x^2}{h}$$

기초적인 대수학 법칙을 써서 분자를 간단히 하면 다음과 같다.

$$(x+h)^2 - x^2 = x^2 + 2xh + h^2 - x^2 = 2xh + h^2$$

그러므로 직선 PQ의 기울기는

$$\frac{2xh+h^2}{h}$$

이다.

이때 h를 약분하면 기울기는 최종적으로 $2x+h$가 된다.

이것은 P와 Q를 잇는 직선의 기울기를 나타내는 공식이다. 하지만 우리가 원래 계산하고자 했던 곡선 $y=x^2$의 기울기는 어떻게 될까? 바로 이 지점에서 뉴턴과 라이프니츠는 결정적인 천재적 도약을 이루었다. 그들은 다음과 같이 제안했다. 정적인 상황 대신에 동적인 상황을 고려하여, P와 Q 사이의 x 방향 거리인 h가 점점 작아진다면 어떻게 될지 생각하라.

h가 점점 작아지면, Q점이 P점에 점점 가깝게 다가온다. 각각의 h값에 대하여 공식 $2x+h$에 의해 직선 PQ의 기울기가 정해짐을 상기하라. 예를 들어 $x=5$인 경우에, h값이 0.1, 0.01, 0.001, 0.0001 등으로 순차적으로 작아진다고 해보자. 이 경우에 각 h값에 대응하는 직선 PQ의 기울기는 10.1, 10.01, 10.001, 10.0001 등이다. 당신은 즉각적으로 명백한 수적인 패턴을 볼 수 있을 것이다. 직선 PQ의 기울기가 10.0값에 점점 다가가는 것으로 보인다(수학자들의 용어를 쓴다면, h가 점점 작아질 때, 직선 PQ의 기울기가 이루는 수열의 **극한값**이 10.0인 듯하다).

앞의 그림을 보면서 이 과정을 기하학적으로 떠올려보면, 또다른 기하학적 패턴을 발견할 수 있다. h가 작아지면, Q가 P에 다가가고, 직선 PQ의 기울기와 P점에서 곡선의 기울기 사이의 차이가 점점 작아져서, 직선 PQ의 기울기의 극한값이 P점에서 곡선의 기울기와 정확히 일치할 것이다.

예를 들어 $x=5$인 점의 경우에, 그 점 P에서 곡선의 기울기는 10.0일 것이다. 보다 일반화한다면, 임의의 지점 x에 있는 점 P에서 곡선의 기울기는 $2x$일 것이다. 다시 말해서 x에서 곡선의 기울기는 공식 $2x$에 의해 주어진다($2x$는 식 $2x+h$에서 h가 0에 다가갈 때 산출되는 극한값이다).

떠나간 크기의 유령

공식적으로 말한다면, 뉴턴의 접근 방식은 이제껏 설명한 것과 정확히 일치하지는 않는다. 뉴턴의 주요 관심사는 물리학이었다. 그는 특히 행성의 운동에 관심을 가지고 있었다. 변수 x에 따라서 변화하는 변수 y를 그래프로 나타낸 후, 기하학적으로 고찰하는 대신에, 뉴턴은 시간 t에 따라—이를테면 $r=t^2$의 패턴으로—변화하는 거리 r(반지름)을 고찰했다. 그는 주어진 함수를 흐름(fluent)이라 명명하고, 기울기 함수를 흐르는 정도(fluxion, 유율)라고 명명했다(흐름 r이 t^2이라면, 흐르는 정도는 $2t$이다). 이 경우에 흐르는 정도는 당연히 일종의 속력 혹은 속도(즉 거리의 변화율)일 것이다. 앞에서 내가 h로 나타낸 작은 증가량을 뉴턴은 기호 o로 나타냈다. 이 기호는 0에 가깝지만 0과는 다른 크기를 나타내기 위해 도입되었다.

반면에 라이프니츠는 곡선의 기울기를 찾는 것이 핵심이라고 보고 문제에 접근했다. 내가 미분을 설명하기 위해 채택한 것이 바로 라이프니츠의 접근 방식이다. 라이프니츠는 내가 쓴 기호 h 대신에 dx를 사용했고, 이에 상응하는 y값의 작은 차이(점 P와 점 Q 사이의 높이 차이)를 나타내기 위해 기호 dy를 사용했다. 그는 기울기 함수를 dy/dx로 나타냈다. 이 표기법은 기울기 함수가 두 개의 작은 증가량 사이의 비율임을 분명히 보여준다(기호 dx는 일반적으로 '디엑스', dy는 '디와이', dy/dx는

'디엑스 분에 디와이'로 읽는다).

어쨌든 두 사람 모두가 출발점으로 삼은 것은 두 크기를 연결짓는 함수 관계이다. 뉴턴의 경우에는

$$r = [t\text{로 이루어진 특정한 식}]$$

이 출발점이며, 라이프니츠의 경우에는

$$y = [x\text{로 이루어진 특정한 식}]$$

이 출발점이다. 현대적인 용어를 사용하자면, r이 t의 함수이며, y가 x의 함수라고 말할 수 있고, 이를 $r=f(t)$ 혹은 $r=g(t)$와 같은 기호를 써서 나타낼 수 있다. x, y에 대해서도 마찬가지로 $y=f(x)$ 혹은 $y=g(x)$ 같은 표기법을 사용한다.

동기와 기호는 다르다 할지라도, 뉴턴과 라이프니츠 두 사람 모두가 내디딘 결정적인 한 걸음은, 특정한 점 P에서의 기울기를 묻는 본질적으로 정적인 상황에서, 그 기울기를 P를 지나는 직선들의 기울기로 순차적으로 근사시키는 동적인 과정으로 관심의 초점을 옮긴 것이다. 이 근사 과정 속에서 등장하는 수적 기하학적 패턴을 포착했기 때문에 뉴턴과 라이프니츠는 올바른 해결책에 이를 수 있었던 것이다.

더 나아가 이들의 접근 방식은 우리가 살펴본 단순한 예에서뿐만 아니라 매우 많은 함수들에서 유효하다. 예를 들어 함수 x^3에서 시작할 경우, 당신은 기울기 함수 $3x^2$을 얻을 수 있다. 보다 일반적으로, 당신이 임의의 자연수 n을 포함한 함수 x^n에서 시작한다면, 기울기 함수는 nx^{n-1}이 된다. 다시 말해서 당신은 임의의 n값에 대해서 x^n을 nx^{n-1}로 옮기는 패

턴을 얻었다. 이 패턴은 조금 낯설기는 하지만 쉽게 포착할 수 있다.

뉴턴과 라이프니츠가 한 일은, h값을 0과 같게 만든 것이 전혀 아님을 강조해야 한다. 물론 앞에서 살펴본 매우 단순한 함수 x^2의 경우, 기울기 공식 $2x+h$에 단순히 $h=0$을 대입하면 올바른 해답 $2x$가 나오는 것이 사실이다. 그러나 만일 $h=0$이라면, 점 P와 점 Q가 같은 한 점이 되므로 직선 PQ가 사라질 것이다. 비록 직선 PQ의 기울기를 나타내는 간단한 표현을 얻기 위해 항 h가 삭제되었지만, 이 기울기는 원래 두 크기 $2xh+h^2$과 h의 비율이었음을 상기하라. 따라서 만일 $h=0$으로 놓으면, 그 비율은 0 나누기 0이 되므로 무의미해져버린다.

바로 이 문제점 때문에 뉴턴과 라이프니츠 당대뿐만 아니라 뒤이은 여러 세대 동안 중요한 오해와 혼동이 발생했다. 수학이 패턴의 과학이라는 생각에 익숙한 현대 수학자들은, 순차적인 근사 과정을 통해 수적 기하학적 패턴을 찾는 것을 전혀 이상하게 여기지 않는다. 그러나 17세기에는 사정이 달랐다. 뉴턴과 라이프니츠조차도 반대자들을 침묵시킬 만큼 충분히 명확하게 자신들의 생각을 설명할 수 없었다. 가장 악명 높은 반대자는 영국 철학자 버클리 주교(Bishop Berkeley)였다. 버클리는 1734년 미적분학에 대한 격렬한 비판을 담은 글을 발표했다.

라이프니츠는 dx와 dy가 '무한히 작은' 크기, 혹은 '무제한적으로 작은' 크기라고 설명함으로써 자신의 생각을 명료화하려고 애썼다. 라이프니츠는 이 수학적 항목들을 다루는 기법들을 정당화하는 튼튼한 논변에 도달하지 못한 채, 이렇게 썼다.

당신은 그런 항목이 전혀 불가능하다고 생각할지도 모른다. 그 항목들을 다만 계산을 위해 유용한 도구로 사용하는 것으로 충분할 것이다.

'무한소'를 언급하는 정도는 아니라 할지라도, 뉴턴 역시 자신이 말하는 흐르는 정도가 '사라지는 증가량의 궁극적 비율'이라고 설명했다. 이 설명에 대해서 버클리는 1734년의 비판에서 이렇게 말했다.

> 또한 이 흐르는 정도는 무엇인가? 사라지는 증가량의 속도이다. 그렇다면 이 사라지는 증가량은 도대체 무엇인가? 그것은 유한한 크기도 아니고, 무한히 작은 크기도 아니고, 아무것도 아닌 것도 아니다. 그렇다면 우리가 그것을 떠나간 크기의 유령이라고 불러도 좋지 않을까?

뉴턴과 라이프니츠가 정적인 고찰 방식으로 설명한 작고 고정된 양 h를 염두에 둔다면, 버클리의 반론은 전적으로 타당하다고 할 수 있다. 그러나 h를 변화하는 양으로 간주하고, 주어진 함수에 집중하는 대신에 h가 0에 다가갈 때 생기는 근사 과정에 집중한다면, 버클리의 반론은 더이상 유효할 수 없다.

버클리의 반론을 막는 확실한 방패를 얻으려면, 근사 과정에 관한 엄밀한 수학 이론이 있어야 한다. 뉴턴도 라이프니츠도 그런 이론을 구성할 수 없었다. 결국 1821년에 이르러서야 프랑스 수학자 코시(Augustin-Louis Cauchy)에 의해 극한이라는 핵심적인 개념이 개발되었고, 몇 년 후에 독일 수학자 바이어슈트라스(Karl Weierstrass)가 극한 개념의 형식적 정의를 내놓았다. 이로써 미적분학은 개발된 지 거의 2백 년이 지난 후에 비로소 튼튼한 발판을 얻었다.

엄밀한 이론이 구성되기까지 왜 그토록 오랜 세월이 걸린 것일까? 또한 더욱 기이한 일은, 미적분학이라는 그토록 강력하고 신뢰할 만한 도구가 어떻게 논리적 설명이 불가능한 상태에서 개발될 수 있었던 것일까?

올바른 직관을 품고

뉴턴과 라이프니츠가 개발한 방법은 그들을 이끈 직관이 타당했기 때문에 유효했다. 그들은 그들이 순차적 근사라는 동적인 과정을 다루고 있음을 알고 있었다. 실제로 뉴턴은 그의 저술 『자연철학의 수학적 원리』에서 올바른 설명에 매우 근접한 다음과 같은 표현을 했다.

 크기들이 사라지며 결과로 산출되는 궁극적 비율은 엄밀히 말하자면 궁극적인 크기들의 비율이 아니라, 한계 없이 줄어드는 그 크기들의 비율들이 다가가는 한계점이다.

다시 말해서 예를 들어 x^2의 기울기 함수를 찾을 때, h가 0에 다가갈 경우 비율 $\dfrac{2xh+h^2}{h}$ 이 어떻게 되는지를 고찰하는 것은 허용되는 고찰이다. 그러나 h를 0으로 놓아서는 안 된다(위의 비율을 h로 약분하여 $2x+h$를 얻는 조작은 오직 $h \neq 0$일 때만 허용됨을 상기하라).

그러나 코시와 바이어슈트라스가 등장할 때까지, 라이프니츠와 뉴턴을 비롯한 어느 누구도 극한 개념을 엄밀한 수학적 방식으로 파악하지 못했다. 그 이유는, 그들이 문제의 패턴을 정적인 방식으로 식별해낼 수 있을 만큼 충분히 '뒤로 물러서지' 않았기 때문이다. 수학자들이 포착하는 패턴은 정적인 대상임을 상기하라. 심지어 그 패턴이 운동의 패턴이라 할지라도 사정에는 변함이 없다. 즉 뉴턴이 예를 들어 행성의 운동을 연구하는 과정에서, 위치가 시간의 제곱에 의해 결정되는 동적인 상황을 고찰한다 할지라도, 뉴턴은 이 상황을 x^2이라는 정적인 공식을 통해 파악할 것이다. 이 공식은 한 쌍의 수 사이의 관계를 나타낸다는 의미에서 정적이다. 동적인 운동이 정적인 함수를 통해 파악되는 것이다.

미적분학에 엄밀한 토대를 마련하는 일의 핵심은, 이와 동일한 발상이 기울기 근사 과정에도 적용될 수 있음을 깨닫는 것이다. 증가량 h가 0에 다가감에 따라 점점 더 근사한 기울기를 얻는 동적인 과정 역시 정적인 방식으로, 즉 h의 함수로 파악될 수 있다. 바이어슈트라스가 이 생각을 어떻게 구체화했는지 살펴보자.

어떤 함수 $f(h)$가 있다고 하자. 우리가 앞에서 본 예에서는 $f(h)$가 비율 $\frac{2xh+h^2}{h}$이다(이때 x는 고정된 것으로, h는 변수로 간주된다). 이때(h가 0으로 다가갈 때) 함수 $f(h)$의 극한이 어떤 수 L(우리의 예에서는 $2x$)이라는 말은, 정확히 다음을 의미한다.

0보다 큰 임의의 수 ε(엡실론)에 대하여, 다음을 만족시키는 0보다 큰 수 δ(델타)가 존재한다. 만일 $0 < |h| < \delta$라면, $|f(h)-L| < \varepsilon$이다.

이 문장을 어디선가 이미 본 적이 있는 사람이 아니라면, 아마 이 문장의 뜻조차 가늠하지 못할 것이다. 사실상 수학자들이 이 정의에 도달하는 데 대략 2백 년이 걸렸다. 어쨌든 반드시 눈여겨보아야 할 핵심은, 위의 정의가 어떤 종류의 (동적인) 과정도 언급하지 않는다는 사실이다. 위 정의는 다만 특정한 성질을 지닌 수 δ의 존재를 언급할 뿐이다. 이런 측면에서 위 정의의 핵심은, 뉴턴이 이미 내디딘 원래의 발걸음, 즉 운동을 공식으로 파악하는 것과 정확히 동일하다. 뉴턴은 시간을 (정적인) 변수 t로 나타냄으로써 운동을 t로 이루어진 공식을 통해 파악할 수 있었다. 마찬가지로 바이어슈트라스는 h를 변수로 취급함으로써 h가 포함된 공식 형태의 정의를 통해 (근사 과정의) 극한 개념을 파악할 수 있었다. 뉴턴은 t-패턴을 파악했고, 바이어슈트라스는 h-패턴을 파악한 것이다.

코시는 비록 방대한 극한 이론을 구성했지만, 여전히 동적인 근사 과

정의 개념을 사용했다. 다시 말해서 미적분학을 위한 튼튼한 토대를 마련하는 데 그가 기여한 것은 다만, 극한의 정확한 정의를 제시하는 것이 문제의 핵심임을 밝혔다는 점뿐이다. 최종적이고 결정적인 한 걸음을 내디딘 사람은 바이어슈트라스이다. 왜 뉴턴도 라이프니츠도 심지어 코시조차도 그 한 걸음을 내딛지 못한 것일까? 이 세 명의 위대한 수학자들은 운동을 파악하기 위해 변수들을 사용하고, 운동의 패턴을 포착하기 위해 공식을 사용하는 데 이미 익숙해 있었지 않은가? 이 질문에 대한 대답은 어떤 과정을 그 자체로 한 항목으로 고찰하는 인간 정신의 능력의 한계와 관련된 것이 거의 확실하다. 그 과정이 어떤 수준인가에 따라 정신은 한계에 부딪힌다. 뉴턴과 라이프니츠의 시대에는, 함수를 변화나 운동의 과정이 아닌 한 항목으로 간주하는 것만으로도 이미 중요한 인지적 성취였다. 더 나아가 그 함수의 기울기를 순차적으로 근사하는 과정 자체를 또하나의 항목으로 간주한다는 것은, 너무 과한 요구가 아닐 수 없다. 오직 세월이 흐른 뒤에야, 미적분학의 기법들이 보다 익숙해진 후에야 이 두번째 개념적 도약이 가능할 것이다. 위대한 수학자들은 경이로운 업적을 이룰 수 있다. 그러나 그들 역시 사람이다. 인지적 발전에는 세월이 필요하다. 때로는 여러 세대가 필요하다.

뉴턴과 라이프니츠는 근사(또는 극한) 과정에 관한 올바른 직관을 가지고 있었기에 그들이 개발한 미적분학을 신뢰할 만하고 대단히 유용한 도구로 발전시킬 수 있었다. 이를 위해 그들은 함수를 단지 계산 공식으로 보는 수준을 넘어서, 연구하고 조작해야 할 수학적 대상으로 간주했다. 그들은 함수들의 기울기를 혹은 다른 변화량들을 순차적 근사를 통해 계산하는 과정과 관련된 다양한 패턴들을 지침으로 삼아 연구를 진행시켰다. 그러나 그들은 더 뒤로 물러나서 그 근사 과정의 패턴들 자체를 수학적 탐구 대상으로 삼는 것에는 도달하지 못했다.

미분법

이미 언급했듯이, 어떤 곡선의 공식에서 출발해서 그 곡선의 기울기를 나타내는 공식으로 가는 과정을 미분이라 부른다(이 명칭은, x와 y 방향으로 미세한 차이를 설정하여 얻은 직선의 기울기를 측정한다는 생각을 반영한다). 기울기 함수는 원래 함수의 도함수라 부른다(도출된 함수임을 뜻한다).

우리가 고찰해온 단순한 예에서 함수 $2x$는 x^2의 도함수이다. 마찬가지로 함수 x^3의 도함수는 $3x^2$이며, 일반적으로 임의의 자연수 n을 포함한 함수 x^n의 도함수는 nx^{n-1}이다.

뉴턴과 라이프니츠가 이룬 발명의 위력은, 복잡한 함수들을 미분하는 일련의 규칙들인 미분법을 개발함으로써 미분 가능한 함수들의 수를 대폭 늘렸다는 점에 있다. 이 미분법의 발달 또한 그들이 발명한 방법이, 완벽하게 이해되지 않은 추론에 의존함에도 불구하고, 다양한 적용 분야에서 엄청난 성공을 이룩한 이유 중 하나다. 사람들은 미분법을 통해 최소한 무엇을 해야 하는지 알게 되었다. 그 일이 왜 유용한지는 모르더라도 말이다. 오늘날 미적분학을 공부하는 많은 학생들 역시 거의 동일한 경험을 한다.

미분법 규칙들을 기술하려면 현대적 표기법을 사용하는 것이 가장 편리하다. 임의의 x의 함수는 $f(x)$, $g(x)$ 등의 기호로 표현되며, 이 함수들의 도함수(이들 역시 x의 함수이다)는 각각 $f'(x)$, $g'(x)$ 등으로 표기된다. 예를 들어 $f(x)$가 함수 x^5를 의미한다면, $f'(x) = 5x^{5-1} = 5x^4$이다.

미분법 규칙 중 하나는 A가 고정된 수(상수)일 때 함수 $Af(x)$(즉 $A \times f(x)$)의 도함수가 어떻게 되는지를 결정한다. 함수 $Af(x)$의 도함수는 간단히 $f(x)$의 도함수의 A배, 즉 $Af'(x)$이다. 예를 들어 함수 $41x^2$의 도함수는 $41 \times 2x$, 즉 $82x$이다.

또다른 규칙에 따르면, $f(x)+g(x)$ 형태의 합으로 되어 있는 함수의 도함수는 개별 함수의 도함수의 합과 같다. 즉 위 함수의 도함수는 $f'(x)+g'(x)$이다. 예를 들어 함수 x^3+x^2의 도함수는 $3x^2+2x$이다. 마찬가지 규칙이 $f(x)-g(x)$ 형태의 차로 되어 있는 함수에도 적용된다.

위의 두 규칙을 이용하면 임의의 다항함수를 미분할 수 있다. 왜냐하면 모든 다항식은 x의 제곱항에 덧셈과 상수 배수를 적용하여 만들어지기 때문이다. 예를 들어 함수 $5x^6-8x^5+x^2+6x$의 도함수는 $30x^5-40x^4+2x+6$이다.

이 마지막 예에서 함수 $6x$를 미분하면 어떤 결론에 도달하는지 눈여겨보자. 함수 $6x$의 도함수는 함수 x의 도함수의 6배이다. 다차항 x^n을 nx^{n-1}로 변환시키는 미분법 규칙을 함수 x에 적용해보자. x는 x^1과 같으므로, 규칙에 의해 도함수는 $1x^{1-1}$, 즉 $1x^0$이다. 그런데 임의의 수의 0제곱은 1이다. 따라서 함수 x의 도함수는 1이다.

고정된 수를, 예를 들어 11을 미분하면 어떻게 될까? 다항식 $x^3-6x^2-4x+11$를 미분하려면 이 문제에 부딪히게 될 것이다. 미분은 수가 아니라 식에 적용되는 과정임을 상기하라. 미분은 기울기를 얻는 방법이다. 그러므로 11을 미분하기 위해서는 11을 수가 아닌 함수로 간주해야 한다. 즉 임의의 x값에 대해서 함수값 11을 산출하는 함수로 간주해야 한다. 하나의 수를 이런 식으로 고찰하는 일이 낯설게 느껴질지 몰라도, 그래프를 그려보면 이런 고찰이 매우 자연스러움을 확인할 수 있다. '함수' 11은 x축 위로 11단위 위에 그린 수평선, 즉 y축상의 점 11을 통과하는 수평선이다. 당신은 이 함수의 기울기를 미적분학 없이도 알 수 있을 것이다. 기울기는 0이다. 다시 말해서 함수 11과 같은 상수함수의 도함수는 0이다.

코시가 극한 이론을 개발한 목적은 우리가 살펴본 것과 같은 종류의 미분법 규칙들의 토대를 마련하기 위해서였다. 고정된 수를 곱하는 경우와 두 함수를 더하거나 빼는 경우에는, 미분 규칙들(또는 패턴들)이 매우 자명했다. 반면에 두 함수의 곱을 미분하는 경우에는 패턴이 약간 더 복잡하다. $f(x)g(x)$ 형태의 함수의 도함수를 나타내는 식은 다음과 같다.

$$f(x)g'(x)+f'(x)g(x)$$

예를 들어 함수 $(x^2+3)(2x^3-x^2)$의 도함수는 다음과 같다.

$$(x^2+3)(6x^2-2x)+(2x+0)(2x^3-x^2)$$

도함수가 간단한 패턴으로 산출되는 다른 종류의 함수로 삼각함수가 있다. $\sin x$의 도함수는 $\cos x$이며, $\cos x$의 도함수는 $-\sin x$이다. 또한 $\tan x$의 도함수는 $\dfrac{1}{(\cos x)^2}$ 이다.

지수함수의 도함수는 더욱 간단한 패턴을 가진다. e^x의 도함수는 e^x 자신이다. 다시 말해서 지수함수는 임의의 점에서의 기울기가 그 점의 함수값과 같아지는 독특한 성질을 지니고 있다.

사인, 코사인, 지수 함수의 경우(무한급수로 정의된 함수들 모두가 이러한 것은 아니다)에, 마치 유한한 다항식을 미분할 때처럼 무한급수의 각 항을 미분함으로써 도함수를 얻을 수 있다. 이 방법으로 당신이 직접 미분해보면, 위에서 말한 미분 결과들을 직접 확인할 수 있다.

자연로그 함수 $\ln x$를 미분하는 경우에도 간단한 패턴이 산출된다. $\ln x$의 도함수는 함수 $\dfrac{1}{x}$ 이다.

방사능 위험이 있는가?

1986년 우크라이나 체르노빌 원자력 발전소 사고로 인해 대기 속으로 방사능 물질이 누출된 일이 있다. 당국은 주변 지역의 방사능 누출량이 치명적으로 위험한 수준에 이를 가능성은 전혀 없다고 발표했다. 당국은 어떻게 이런 결론에 도달한 것일까? 더 일반화하여 말하자면, 이런 상황에서 하루 혹은 일 주일 후의 방사능 농도를 당신은 어떻게 예측할 수 있을까? 그 예측을 통해 당신은 필요할 경우 주민들을 대피시키는 등의 예방 조치를 취할 수 있을 것이다.

미분방정식을 풀면 예측이 가능하다―미분방정식은 하나 이상의 도함수가 포함된 방정식이다.

당신이 사고 발생 t시간 후의 대기 속 방사능 양을 알고자 한다고 가정하자. 방사능은 시간에 따라 변하므로, 방사능을 시간의 함수 $M(t)$로 표기하는 것이 합리적일 것이다. 불행히도 탐구를 시작하는 시점에서 당신은 주어진 시간에 $M(t)$값을 계산하는 공식을 가지고 있지 못할 것이다. 하지만 물리학 이론에 따르면, 방사능 물질의 증가율 dM/dt를, 방사능 물질이 대기에 유입되는 고정 비율 k 및 방사능 물질이 붕괴되는 고정 비율 r과 연결짓는 방정식이 존재한다. 그 방정식은 다음과 같다.

$$\frac{dM}{dt} = k - rM$$

이 방정식은 미분방정식, 즉 하나 이상의 도함수가 포함된 방정식의 한 예이다. 이런 방정식을 푼다는 것은, 미지의 함수 $M(t)$를 나타내는 공식을 찾는다는 것을 의미한다. 방정식이 어떠한가에 따라 풀이가 가능

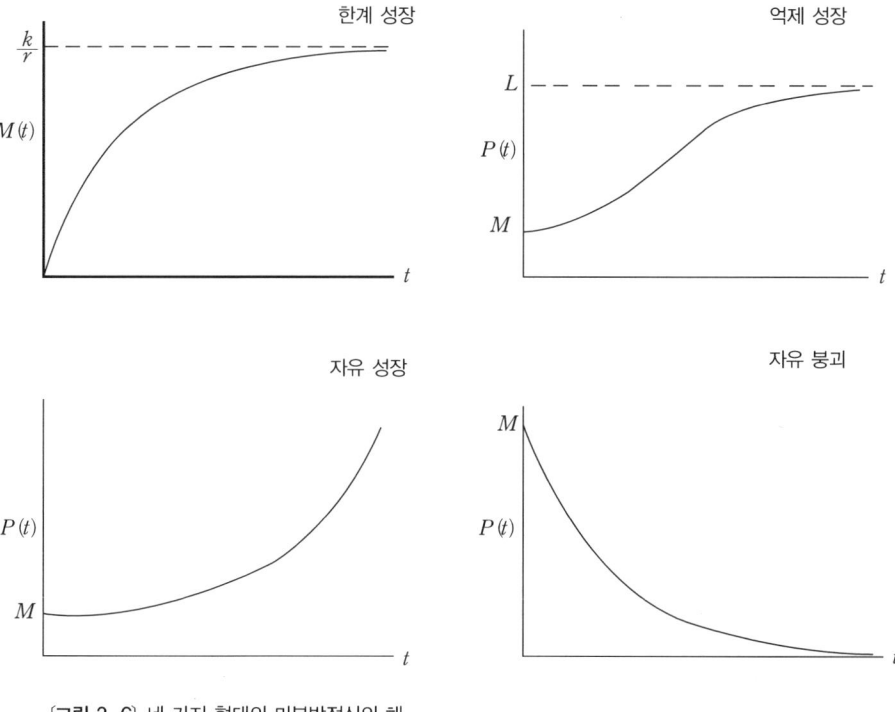

〔그림 3-6〕 네 가지 형태의 미분방정식의 해

할 수도 있고 그렇지 않을 수도 있다. 우리가 말한 방사능 오염 상황과 관련해서는, 주어지는 미분방정식이 매우 단순하고, 해를 얻는 것도 가능하다. 위 미분방정식의 해는 다음과 같은 함수이다.

$$M(t) = \frac{k}{r}(1-e^{-rt})$$

이 함수의 그래프를 그려보면―〔그림 3-6〕의 첫번째 그래프―다음의 사실을 알 수 있다. 처음에는 곡선이 급격히 상승하지만, 점점 상승 정도가 낮아져 극한값 $\frac{k}{r}$ 에 점점 다가가면서 절대로 그 값에 도달하지 않는다. 그러므로 도달할 수 있는 최고 오염 농도는 절대로 $\frac{k}{r}$ 보다 클 수 없다.

많은 다른 상황에서도 동일한 유형의 미분방정식이 등장한다. 예를 들어 물리학에서 뉴턴의 냉각법칙에 등장하고, 심리학에서는 학습에 관한 연구의 결론으로(소위 헐리안 학습 곡선 Hullian learning curve), 의학에서는 약물의 정맥류 확산율(rate of intravenous infusion)을 나타내기 위해, 사회학에서는 대중매체를 통한 정보의 확산을 측정하는 과정에서, 경제학에서는 가치 하락 현상과 관련해서, 신상품의 매출과 관련해서, 또한 사업의 성장과 관련해서 등장한다. 어떤 양이 고정된 최대값을 향해 증가하는 패턴 일반은 한계 성장(limited growth)이라 불린다.

일반적으로 미분방정식은, 변화하는 양이 있고, 성장 패턴이 이론에 의해 등식의 형태로 주어질 경우 항상 도출된다. 엄밀히 말하자면, 변화하는 양이 연속적으로 변할 때만 미분방정식이 도출된다. 즉 양이 실수 변수 함수로 표현될 수 있어야만 한다. 그러나 많은 실제 상황에서 변화는 다수의 개별적이고 분절적인 변화들을 요소로 하여 이루어진 복합적인 변화이다. 대개의 경우 요소 변화들은 문제 전체의 규모에 비교했을 때 상대적으로 대단히 작은 규모이다. 이런 경우에는 전체 변화가 연속적이라고 가정하는 것이 허용될 수 있다. 이 가정을 통해 얻어진 미분방정식을 푸는 과정에서 미적분학의 참된 위력이 발휘된다. 경제학에 응용되는 대부분의 미분방정식들이 이런 가정에 의한 산물이다. 개인이나 작은 회사가 경제에 일으키는 변화는 경제 전체와 비교했을 때 매우 작고, 또한 개인과 회사의 수는 매우 많으므로, 전체 경제 체계는 마치 연속적인 변화를 겪는 것처럼 움직인다.

다른 종류의 변화에는 다른 형태의 미분방정식이 등장한다. 예를 들어 미분방정식

$$\frac{dP}{dt} = rP$$

는 소위 자유 성장(uninhibiter growth)을 나타낸다. 이 방정식에서 $P(t)$는 인구수를 나타내고, r은 고정된 증가율을 나타낸다. 이 경우에 해가 되는 함수는 다음과 같다.

$$P(t) = Me^{rt}$$

이때 M은 초기 인구수를 뜻한다. 이 해의 그래프는 〔그림 3-6〕의 왼쪽 아래에 있다. 짧은 기간 동안, 동물의 개체수, 전염병, 암세포, 그리고 인플레이션(물가상승) 등이 이런 패턴으로 성장할 수 있다.

긴 기간을 고찰할 경우, 자유 성장보다 훨씬 더 개연성이 높은 성장 패턴은 억제 성장(inhibited growth)이다. 억제 성장을 나타내는 미분방정식은 다음과 같다.

$$\frac{dP}{dt} = rP(L-P)$$

L은 인구의 특정 한계치를 나타낸다. 이 방정식의 해함수는 다음과 같다.

$$P = \frac{ML}{M + (L-M)e^{-Lrt}}$$

이런 함수의 그래프를 그려보면, 〔그림 3-6〕의 두번째 그래프에서 보는 바와 같이, 곡선이 초기값 M에서 출발하여 처음에는 천천히 증가하다가, 이어서 보다 빠르게 증가하여 한계값 L에 가까이 가고, L에 가까워질수록 증가가 점진적으로 느려짐을 알 수 있다.

마지막 예로 미분방정식

$$\frac{dP}{dt} = -rP$$

는 소위 **자유 붕괴**(uninhibited decay)를 표현한다. 이 방정식의 해함수는 다음과 같다.

$$P(t) = Me^{-rt}$$

방사능 붕괴와 특정한 자연 자원의 고갈이 이 패턴을 따른다. 이 함수의 그래프 역시 [그림 3-6]에서 볼 수 있다.

보다 복잡한 형태의 미분방정식들은 흔히 도함수의 도함수, 즉 일반적으로 2차 도함수라 불리는 도함수를 포함한다. 특히 물리학에서 등장하는 많은 미분방정식들이 이런 유형이다.

미분방정식의 해를 찾는 작업은 그 자체로 독자적인 수학 분야를 형성한다. 미분방정식은 많은 경우에 공식으로 표현된 해를 얻는 것이 불가능하다. 그런 경우에는 공식 대신에 컴퓨터 계산을 이용하여 수나 그래프로 표현된 해를 얻는다.

미분방정식은 삶의 모든 행보에서 등장하기 때문에 미분방정식 연구는 인류에게 엄청난 영향을 미치는 수학 분야이다. 사실상 수량의 관점에서 본다면, 미분방정식은 생명의 본질 그 자체를, 즉 성장, 발전, 쇠퇴를 표현한다.

대중음악 산업의 역군인 파동

신세사이저(synthesizer)를 사용하는 오늘날의 팝 그룹들 스스로는 설령 모른다 할지라도, 그 전자악기가 내는 소리는 18세기의 유럽 수학자 그룹이 개발한 수학에 의해 가능해졌다. 단진자 회로를 통해 산출되는 단순한 음으로부터 컴퓨터 기술을 이용해서 복잡한 음향을 만들어내는 현대의 신세사이저는 무한 수열을 다루는 기술의 발전 및 미적분학을 통해 이룩된 직접적인 산물이다. 공학기술은 물론 최근에야 이룩되었지만, 그 기술의 이면에 있는 수학 이론은 18세기 후반 달랑베르(Jean d'Alembert), 베르누이, 오일러, 푸리에(Joseph Fourier)에 의해 완성되었다. 그 이론은 푸리에 해석학이라 불리며, 수들의 무한 연쇄열을 다루는 것이 아니라 함수들의 무한 연쇄열을 다룬다.

이 이론을 응용하여 얻을 수 있는 놀라운 결론 하나는, 충분히 많은 소리굽쇠만 있다면, 모든 면에서 완벽하게 합창까지 포함해서 베토벤 9번 교향곡을 당신 혼자서 연주하는 것이 원리적으로 가능하다는 것이다(현실적으로는 대단히 많은 수의 소리굽쇠가 있어야만 금관악기, 목관악기, 현악기, 타악기가 내는 복합음과 사람의 목소리를 합성할 수 있을 것이다. 그

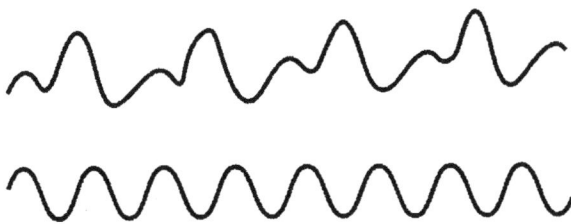

[그림 3-7] 전형적인 음파(위)와 사인 파동(아래)

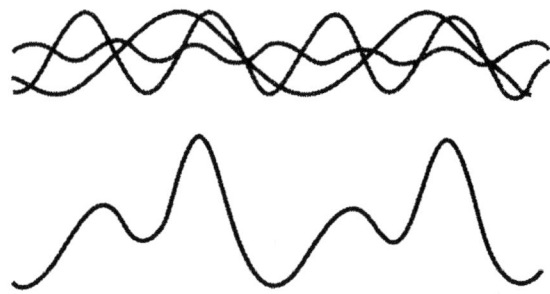

[그림 3-8] 위에 있는 세 파동이 중첩되면 아래 파동이 형성된다.

러나 그 작업은 원리적으로 완수될 수 있다).

핵심은 이렇다. [그림 3-7]의 첫번째 파동과 같은 음파는, 아니 어떤 종류의 파동이든, 사인 파동—[그림 3-7]의 두번째 파동인 순수 파동 형태—의 무한 연쇄열을 더해서 얻을 수 있다(한 개의 소리굽쇠는 한 개의 사인 파동 형태의 소리를 낸다). 예를 들어 [그림 3-8]은 세 개의 사인 파동이 합쳐져 보다 복잡한 파동을 산출하는 것을 보여준다. 물론 이것은 매우 단순한 예이다. 현실적으로는 특정 형태의 파동을 산출하기 위해 매우 많은 사인 파동들을 중첩해야 하는 경우들이 있다. 수학적으로 말하자면, 무한히 많은 사인 함수들이 필요할 수도 있다.

한 파동이 사인 파동들의 합으로 전개될 수 있다는 수학적 결론은 푸리에 정리라 불린다. 푸리에 정리는 음파를 비롯해서, 시간의 함수이면서 특정한 값들이 주기적으로 반복되는 모든 경우—이런 함수를 주기함수라 부른다—에 적용될 수 있다. 푸리에 정리에 따르면, 만일 y가 시간의 주기함수이고, y가 단위 시간 동안 한 주기를 순회하는 횟수(진동수)가 예를 들어 1초에 100번이라면, y는 다음과 같은 형태로 표현될 수 있다.

$$y = 4\sin 200\pi t + 0.1\sin 400\pi t + 0.3\sin 600\pi t + \cdots\cdots$$

　덧셈은 유한할 수도 있고, 무한정 계속되어 무한급수가 될 수도 있다. 각각의 항에서 시간 t에는 $2\pi \times$(진동수)가 곱해져 있다. 첫 항을 제1배음이라 부르고, 첫 항의 진동수를 기저 진동수(위의 예에서는 100)라 부른다. 다른 항들은 상위 배음이라 부르며, 이들의 진동수는 정확히 기저 진동수의 배수이다. 계수들(4, 0.1, 0.3 등)은 y의 특정 파동 형태에 맞도록 조절되어야 한다. 함수 y에서 관측한 값들을 토대로 하고 미적분학의 다양한 기법들을 사용해서 이 계수들을 결정하는 일이 바로 소위 y의 푸리에 해석이다.

　핵심만 말하자면, 푸리에 정리가 얘기하는 바는, 임의의 음파가 가진 패턴, 혹은 사실상 임의의 파동의 패턴을, 그 패턴이 아무리 복잡하다 할지라도, 사인 함수에 의해 산출되는 단순하고 순수한 파동 패턴으로부터 구성할 수 있다는 것이다. 흥미롭게도 푸리에는 이 결론을 증명하지 못했다. 하지만 그는 정리를 수학적 공식으로 제시했으며—오늘날에는 분명 수용할 수 없을 불분명한 추론을 통해서—그 정리가 참일 개연성이 있음을 보이는 논증을 제시했다. 수학자 사회는 이 정리에 푸리에의 이름을 붙였다. 수학의 발전에서 가장 중요한 단계는 증명이 아니라 패턴을 식별하는 단계라는 사실을 수학자 사회가 인정한 셈이다.

확실히 전부 다 합하기

　미분학의 발전과 더불어 거의 기대치 않았던 뜻밖의 성취가 이루어졌다. 미분의 기본 패턴들이 면적과 체적 계산의 기반에 있는 패턴들과 동

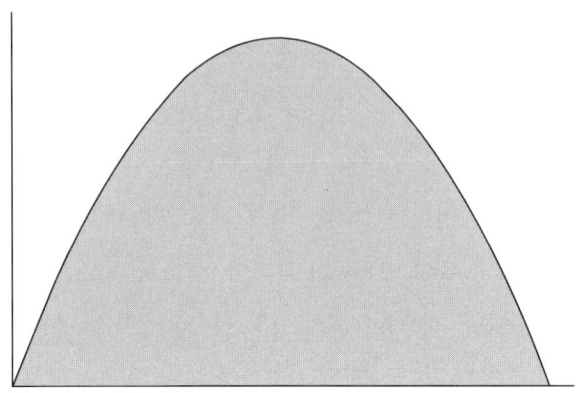

〔그림 3-9〕 포물선으로 덮인 면적

일하다는 사실이 밝혀진 것이다. 보다 분명히 말하자면, 면적과 체적의 계산은 본질적으로 미분 — 기울기를 찾는 작업 — 의 역이다. 이 놀라운 사실이 미적분학의 두번째 하위 분야인 적분학의 토대를 이룬다.

직사각형의 면적이나 정육면체의 체적을 계산하는 일은 상이한 차원의 길이들 — 길이, 폭, 높이 등 — 을 곱하는 단순한 작업이다. 하지만 경계선이 곡선인 도형의 면적이나, 휘어진 면을 가진 입체의 체적은 어떻게 구할 수 있을까? 예를 들어 포물선으로 덮인 면적 — 〔그림 3-9〕에 어둡게 표시된 면적 — 은 어떻게 구할 수 있을까? 또는 원뿔의 체적은 얼마일까?

이런 기하학적 도형의 면적과 체적을 계산하는 알려진 최초의 시도는 플라톤의 제자로 아테네의 아카데미에서 공부한 에우독수스에 의해 이루어졌다. 에우독수스는 소진법이라 불리는 효율적이고 대단히 지혜로운 면적 및 체적 계산법을 개발했다. 이 계산법을 이용해서 그는, 임의의 원뿔의 부피는 밑면과 높이가 원뿔과 같은 원기둥 부피의 $\frac{1}{3}$ 과 같음을 보일 수 있었다. 이는 자명하지도 않고 쉽게 증명되지도 않는 독특한 패

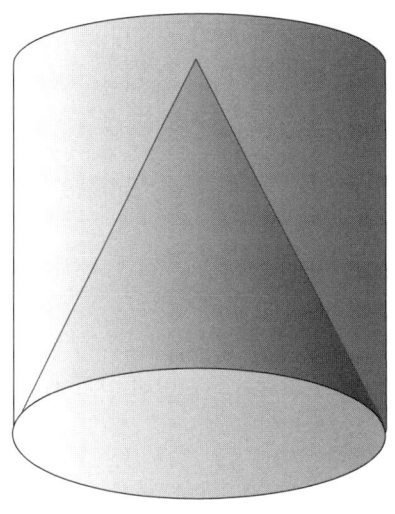

[그림 3-10] 원뿔의 체적은 밑면과 높이가 같은 원기둥 체적의 $\frac{1}{3}$ 과 같다.

턴이다([그림 3-10]).

아르키메데스는 에우독수스의 계산법을 사용하여 여러 도형들의 면적과 체적을 계산했다. 예를 들어 그는 포물선으로 덮인 면적을 구했다. 이 예를 통해서 소진법이 어떻게 작동하는지 살펴보자. 근본 착상은, [그림 3-11]에서처럼 곡선을 여러 선분들로 근사시키는 것이다. 선분들로 덮인 면적은 삼각형 및 사다리꼴 면적을 더해서 간단히 계산할 수 있

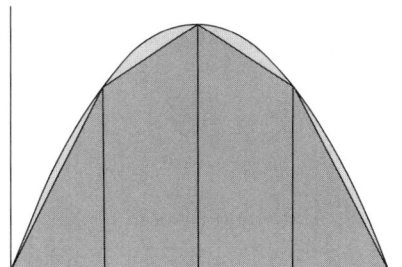 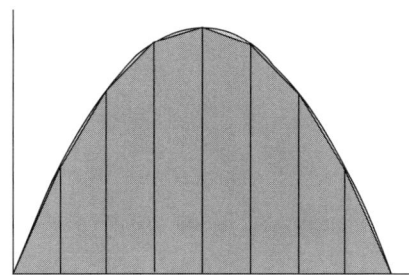

[그림 3-11] 포물선 아래의 면적은 삼각형과 사다리꼴 면적들의 합으로 근사된다. 부분들의 수가 많을수록 근사는 더 정확하다.

다. 얻어진 계산값은 포물선으로 덮인 면적의 근사값일 것이다. 당신은 선분의 수를 점차 늘려가면서 계산을 반복함으로써 점점 더 나은 근사값을 얻을 수 있다. 소진법은 그렇게 선분의 수를 점차 늘려가면서 보다 나은 근사값을 얻는 방식으로 작동한다. 당신은 충분히 좋은 근사값을 얻었다고 생각할 때 계산을 종결한다.

이 방법이 소진법이라 불리는 이유는, 에우독수스가 수많은 근사값들을 계산하느라고 기력이 소진했기 때문이 아니라, 만일 계산을 무한정 계속한다면, 면적의 순차적 근사값들이 원래의 곡선으로 덮인 면적 전체를 결국 소진시킬 것이기 때문이다.

포물선이나 타원 같은 기하학적 도형에 대한 관심은 17세기 초 케플러(Johannes Kepler)가 천체에서 세 개의 아름답고 심오한 수학적 패턴을 발견함으로써 부활했다. 그 세 패턴은 오늘날 케플러의 행성 운동법칙이라 불리는 다음과 같은 유명한 법칙들이다. 1) 행성은 태양을 두 초점 중 한 초점으로 하는 타원 궤도를 그리며 태양을 돈다. 2) 행성은 같은 시간 동안에 같은 면적을 쓸고 지나간다. 3) 태양으로부터 행성까지의 거리의 세제곱은 행성의 공전주기의 제곱과 같다.

갈릴레오, 케플러 자신, 그리고 특히 이탈리아의 카발리에리(Bona-

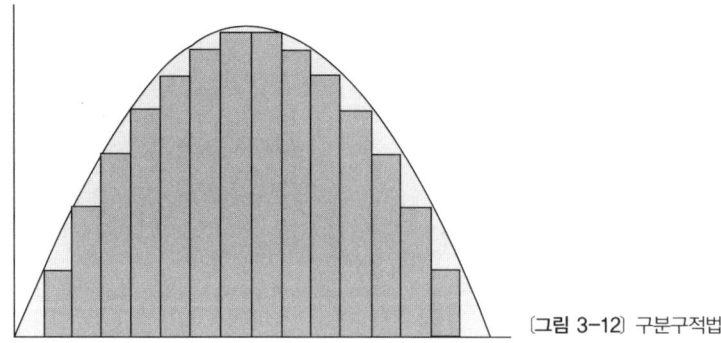

〔그림 3-12〕 구분구적법

ventura Cavalieri)를 비롯한 당대의 수학자들은 **구분구적법**을 이용해서 면적과 체적을 계산했다. 이 계산법은, 모든 기하학적 도형을 '원자' 면적 혹은 '원자' 체적이 무한히 모여 이루어진 것으로 간주하고, 그 원자들을 전부 합해서 요구되는 면적 혹은 부피를 계산하는 방법이다. [그림 3-12]는 구분구적법의 일반적인 착상을 보여준다. 검은 부분들 각각은 면적을 정확히 계산할 수 있는 직사각형이다. 그림에서처럼 그런 직사각형의 수가 유한하다면, 이 직사각형들의 면적의 합은 포물선으로 덮인 면적의 근사값이다. 만일 폭이 무한소인 직사각형이 무한히 많이 있다면, 이 직사각형들의 면적을 모두 합할 경우 참된 면적이 산출될 것이다. 이 무한한 계산을 완수하는 것이 가능하기만 하다면 말이다. 1635년 출간된 책 『구분구적 연속체 기하학 *Geometria Indivisibilus Continuorum*』에서 카발리에리는 합리적으로 신뢰할 만한 방식으로 구분구적인 원자를 다루어 올바른 계산값을 얻는 방법을 보여주었다. 그의 접근 방식을 코시–바이어슈트라스 극한 이론을 동원하여 엄밀한 토대 위에 세우면, 곧바로 현대의 적분 이론을 얻을 수 있다.

에우독수스의 소진법과 카발리에리의 구분구적법은 특정 도형의 면적 혹은 체적을 계산하는 수단을 제공했다. 하지만 두 방법 모두 많은 반복 계산을 포함하며, 새로운 도형을 만날 때마다 처음부터 다시 계산을 시작해야만 하도록 되어 있다. 수학자들에게 면적과 체적을 구하는 생산적이고 효율적인 계산법을 제공하기 위해서는 더 많은 것이 필요했다. 마치 미분법을 통해서 당신이 곡선의 공식으로부터 기울기의 공식으로 곧바로 옮겨간 것과 마찬가지로, 도형의 공식에서 면적이나 부피의 공식으로 옮겨가는 길이 필요했다.

바로 이 필요 앞에서 참으로 놀라운 사실이 발견되었다. 그렇게 도형에서 면적으로 옮겨가는 일반적인 방법이 있을 뿐만 아니라 그 방법은

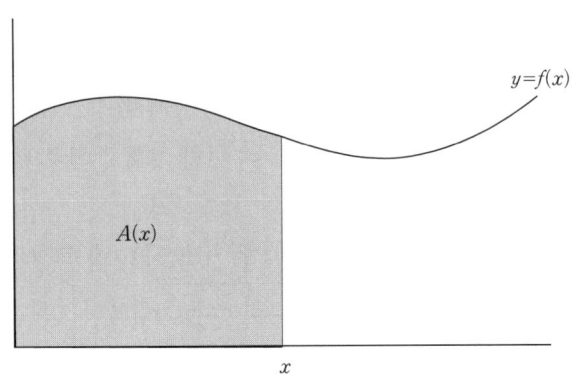

[그림 3-13] 면적 함수

미분법에서 직접적으로 도출된다. 미분학에서와 마찬가지로 핵심적인 도약은, 특정 면적이나 부피를 계산하는 문제에 매달리는 대신에, 면적 혹은 체적 함수를 찾는 일반적인 과제를 숙고하는 것이다.

  면적 계산의 경우를 보자. [그림 3-13]에 있는 곡선은 특정한 면적을 덮는다. 좀더 정확히 말하자면, 그 곡선은 하나의 면적 함수를 결정한다. 임의의 점 x에 대해서, 대응하는 면적, 즉 그림에서 어둡게 칠해진 면적이 있다(이것은 특별히 선택한 단순한 경우이다. 일반적인 상황은 약간 더 복잡하다. 그러나 본질적으로 근본 착상은 동일하다). $A(x)$가 그 면적을 가리키고, $f(x)$가 원래의 곡선을 나타내는 공식이라고 하자. 어떤 경우에서든 당신은 $f(x)$의 공식은 알고 있고, $A(x)$의 공식은 모를 것이다.

  당신이 공식을 모른다 할지라도, $A(x)$는 함수이며, 따라서 도함수를 가질지도 모른다. 이 경우에 도함수가 무엇을 의미할지 생각해볼 수 있을 것이다. 생각해보면, 오! 놀라워라, 다름아닌 $f(x)$가 바로 $A(x)$의 도함수이다. 면적을 덮는 곡선의 공식이 바로 면적 함수의 도함수인 것이다.

  이 사실은 합리적인 공식으로 주어진 임의의 함수 $f(x)$에 대해서 참이

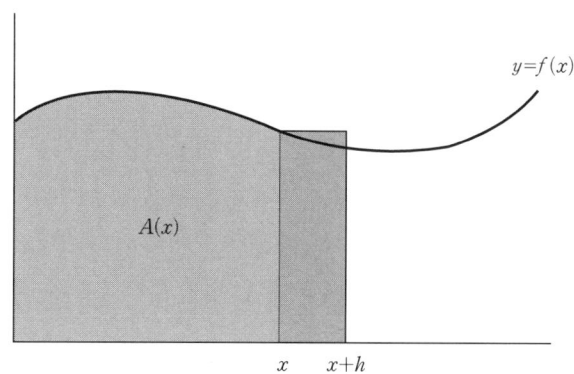

[그림 3-14] 미적분학의 기본 정리 증명

다. 또한 이 사실은 $A(x)$의 공식을 모른다 할지라도 증명될 수 있다! 면적 계산 및 도함수와 관련된 일반 패턴에만 의존해서 증명이 이루어진다.

간단히 말해서, x를 h만큼 약간 증가시킬 때 면적 $A(x)$가 어떻게 변하는지를 살펴보는 것이 핵심이다. [그림 3-14]를 보라. 새로운 면적 $A(x+h)$는 두 부분으로 나뉘어질 수 있다. $A(x+h)$는 $A(x)$와 거의 직사각형에 가까운 작은 추가 면적의 합이다. 이 추가 직사각형의 폭은 h이다. 이 직사각형의 높이는, 그래프에서 곧바로 알 수 있듯이, $f(x)$이다. 그러므로 추가 면적은 $h \times f(x)$(폭×높이)이다. 따라서 $A(x+h)$ 면적 전체는 다음과 같이 근사적으로 결정된다.

$$A(x+h) \approx A(x) + h \times f(x)$$

이때 기호 $\approx$는 근사적으로 같음을 의미한다.
위의 등식을 다음과 같이 재배열할 수 있다.

$$\frac{A(x+h) - A(x)}{h} \approx f(x)$$

이 등식이 오직 근사적인 등식임을 상기하라. 왜냐하면 $A(x)$에 추가되어야 할 면적이 사실상 정확한 직사각형이 아니기 때문이다. 그러나 h가 점점 작아지면, 점점 더 좋은 근사값을 얻을 수 있을 것이다.

위 등식의 좌변은 익숙한 형태이다. 그것은 h를 0에 근접시키면서 극한을 구할 경우 도함수 $A'(x)$가 되는 형태이다. 그러므로 h가 점점 작아지면, 세 가지 일이 일어난다. 등식은 점점 더 정확해지고, 좌변은 극한값 $A'(x)$에 다가가고, 우변은 고정된 상수값 $f(x)$에 머문다. 결론적으로 얻을 수 있는 것은 근사적 등식이 아니라 참된 등식이다.

$$A'(x) = f(x)$$

기울기 계산 작업과 면적(혹은 체적) 계산 작업을 연결하는 이 놀라운 결론은 **미적분학의 기본 정리**라 불린다.

미적분학의 기본 정리를 기반으로, $A(x)$의 공식을 찾는 방법을 얻을 수 있다. 주어진 곡선 $y=f(x)$의 면적 함수 $A(x)$를 찾기 위해서는, $f(x)$를 도함수로 가지는 함수를 찾아야 한다. 예를 들어 $f(x)$가 함수 x^2이라 해보자. 함수 $\dfrac{x^3}{3}$은 도함수로 함수 x^2을 가진다. 그러므로 면적 함수 $A(x)$는 $\dfrac{x^3}{3}$이다. 만일 당신이 $x=4$ 지점까지 곡선 $y=x^2$이 덮는 면적을 알고자 한다면, 면적 함수에 $x=4$를 대입하면 된다. 면적은 $\dfrac{4^3}{3}$, 즉 $\dfrac{64}{3} = 21\dfrac{1}{3}$이다(이번에도 나는 매우 단순한 경우를 선택하여, 다른 경우에서는 생길 수 있는 한두 가지 복잡한 문제를 피했다. 그러나 기초 원리는 올바르다). 그러므로 면적과 체적을 계산하기 위해서는 다만 미분을 거꾸로 하는 것만 배우면 된다. 미분 자체는 컴퓨터에 프로그램될 수 있는 기계적인 작업이다. 마찬가지로 적분을 수행하는 컴퓨터 프로그램도 있다.

  미적분학의 기본 정리는, 보다 깊고 보편적이고 추상적인 패턴을 탐구함으로써 얻을 수 있는 거대한 이득을 보여주는 찬란한 실례이다. 기울기를 찾고 면적과 체적을 계산하는 경우에는 최종 목표가 특정한 수를 찾는 것일 수도 있다. 그러나 두 경우에 모두 핵심적인 일은 보다 일반적이고 훨씬 더 추상적인 패턴—x값이 변하면 그 패턴에 의거해서 기울기와 면적 혹은 체적이 변한다—을 찾는 것이다.

실수

  시간과 공간이 연속적인지, 혹은 분절적인, 즉 원자적인 본성을 지녔는지의 문제는 과학의 시작 이래로 중요한 함축을 지녀왔다. 사실상 그리스 시대 이래 19세기 말까지 모든 과학적 수학적 진보는 시간과 공간이 분절적이지 않고 연속적이라는 가정 위에서 이루어졌다. 제논의 역설을 피하기 위해서는 시간과 공간이 연속적임을 가정할 필요가 있었다. 이 가정은 플라톤의 시대 이후 주도적인 입장이 되었다. 플라톤은 아페이론(apeiron, 무규정자)의 움직임의 산물로 연속체가 생겨난다고 생각했다. 아페이론은 오늘날의 이론에서 대응하는 개념을 전혀 찾을 수 없는 고도로 추상적인 개념이다.

  뉴턴과 라이프니츠의 시대에, 물리적 세계의 시간과 공간에서 등장하는 연속체가 소위 실수와 동일시되기 시작했다. 길이, 온도, 무게, 속도 등의 물리적 양과 시간의 측정값은 실수 연속체상의 점들이라고 상정되었다. 미적분학은 실수 연속체를 공변역으로 하는 변수가 포함된 함수들에 적용되었다.

1870년대 코시, 바이어슈트라스, 데데킨트(Richard Dedekind) 등의 수학자들은 미적분학의 기법들을 떠받치는 극한 이론을 개발하려 노력했고, 그 과정에서 실수 연속체의 본성에 관한 보다 심오한 연구를 해야만 했다. 그들이 출발점으로 삼은 것은, 실수 연속체를 양방향으로 무한히 뻗은 직선 위에 배열된 점들―실수들―의 집합으로 간주하는 것이었다.

실수는 유리수의 확장이므로, 실수에 관한 공리들 중 많은 것들은 또한 유리수에 관한 공리이기도 하다. 특히 덧셈, 뺄셈, 곱셈, 나눗셈의 성질을 규정하는 산술 공리들이 실수와 유리수 모두에 관한 공리이다. 이 산술 공리들에 의해 실수는 체(123쪽 참조)를 이룬다. 이밖에 실수들의 순서를 기술하는 공리들이 있는데, 이 공리들 역시 유리수에 관해서도 공리들이다.

실수와 유리수를 구분짓는 핵심적인 공리는, 적합한 극한 이론 구성의 가능성과 관련된 공리이다. 유리수는 미적분학을 위해 필요한 산술적 성질 및 기타 모든 필요한 성질들을 가지지만, 극한 이론을 위해서는 적당하지 않다. 코시가 실수에 덧붙인 공리는 다음과 같다.

$a_1, a_2, a_3, \ldots\ldots$가 실수들의 무한수열이고, 수열이 진행될수록 수들이 서로 점점 더 가까워진다고 가정하자(즉 수열이 진행될수록 수들 사이의 차이가 0에 임의로 가까워진다). 그렇다면 수열에 속하는 수들이 점점 가까이 다가가는 어떤 실수 L이 존재한다(즉 수열이 진행될수록 수 a_n과 L 사이의 차이가 0에 임의로 근접한다).

수 L은 수열 $a_1, a_2, a_3, \ldots\ldots$의 극한이라 명명되었다.
유리수는 이 성질을 가지지 않음을 주목하라. $\sqrt{2}$의 유리수 근사값들로 이루어진 수열 1, 1.4, 1.41, 1.414, ……는 진행되면서 항들이 서로 점점 더 근접하지만, 항들이 임의로 근접하게 되는 유리수 L은 존재하지 않는다(L이 될 수 있는 유일한 수는 $\sqrt{2}$인데, 우리가 이미 알고 있듯이 $\sqrt{2}$는 유리수가 아니다).

코시의 공리는 완전성 공리라 불린다. 코시는 유리수에서 출발해서 유리수 수직선에 새로운 점들을 (고도로 전문적인 방식으로) 추가하는 방식으로 실수를 형식적으로 구성했다. 새 점들은, 수들이 서로 가까워지는 성질을 지닌 모든 유리수 수열들의 극한으로 정의되었다. 이와는 다른 방식으로 유리수로부터 실수를 구성하는 방법은 데데킨트에 의해 개발되었다.

실수를 구성하고, 극한, 도함수, 적분 등에 관한 엄밀한 이론을 개발하는 작업을 시작한 코시, 데데킨트, 바이어슈트라스 등의 수학자들은 오늘날 실수해석학이라 불리는 분야의 개척자들이다. 오늘날 대학의 수학 교과 과정에는 상당한 비중의 실수해석학 공부가 필수과목으로 포함되어 있다.

복소수

2천 년이나 지속된 제논의 역설을 염두에 둔다면, 운동과 변화의 연구로 시작된 이론이 극한과 실수 연속체의 연구로 발전한 것은 놀라운 일이 아닐 것이다. 반면에 미적분학 발명의 귀결로, −1의 제곱근과 같이 반직관적인 항목을 포함한 수 체계를 수학의 본류에 받아들인다는 것은 매우 놀라운 일이다. 그러나 이 일은 실제로 일어났고, 코시 자신이 이 일을 일으킨 주요 인물 중 하나다.

이야기의 시작은 뉴턴과 라이프니츠가 미적분학을 발명하기 백 년 전으로 거슬러 올라간다. 16세기 유럽 수학자들, 특히 이탈리아의 카르다노(Girolamo Cardano)와 봄벨리(Rafaello Bombelli)는, 대수학적 문제를 푸는 과정에서 때때로 음수의 존재를 상정하는 것이 유용하며, 더 나아가 음수가 제곱근을 가진다고 상정하는 것이 유용하다는 것을 깨닫기 시작했다. 그러나 이 두 생각 모두 매우 의심스럽다고 여겨졌다. 사람들은 그 생각이 최악의 경우 완전한 헛소리이며, 최선의 경우라 할지라도 그저 실용적으로 유용할 뿐이라고 생각했다.

고대 그리스 시대 이래로 수학자들은 $-(-a)=a$, $\frac{1}{-a} = \frac{-1}{a}$ 등의 규칙들을 써서 음의 기호가 포함된 식들을 조작하는 방법을 알고 있었다. 그러나 그들은 최종 결과가 양수일 때만 이런 조작들이 허용된다고 생각했다. 수학자들이 음수를 불신한 이유는 주로, 수가 항상 양의 크기인 길이나 면적을 나타낸다는 그리스적 생각의 영향 때문이었다. 18세기에 이르기까지 음수는 참된 수로 간주되지 않았다.

음수의 제곱근을 참된 수로 받아들이기까지는 더 오랜 세월이 걸렸다. 사람들이 이 수를 수용하기를 꺼렸다는 사실은, 이 수를 지칭하기 위해 허수라는 용어를 사용한 것에서도 드러난다. 음수의 경우에서와 마찬가지로, 수학자들은 계산 과정에서 거리낌없이 허수를 사용했다. 실제로 허수가 포함된 산술적 표현들은 대수학의 일반 규칙에 따라 조작될 수 있다. 그러나 문제는, 과연 그런 수가 존재하는가?였다.

이 문제는 결국 단 한 개의 허수, 즉 −1의 제곱근이 존재하는지의 문제로 환원될 수 있다. 왜 그런지 살펴보자. $\sqrt{-1}$과 같은 수가 있다고 가정하자. 오일러가 사용한 표기법을 따라서 그 수를 허수기호 i로 나타내자. 그렇다면 임의의 음수 $-a$의 제곱근은 간단히 $i\sqrt{a}$, 즉 양수 a의 제곱근에 문제의 특별한 수 i를 곱한 값이 된다.

수학자들은 수 i가 실제로 존재하는지의 문제는 무시한 채 $a+bi$ 형태의 합성된 수를 도입했다(이때 a, b는 실수이다). 이 합성된 수는 복소수라 불린다. $i^2=-1$과 대수학의 일반 규칙을 이용하면, 복소수의 덧셈, 뺄셈, 곱셈, 나눗셈이 가능하다. 예를 들어

$$(2+5i)+(3-6i)=(2+3)+(5-6)i$$
$$=5-1i$$
$$=5-i$$

또한 (곱셈을 · 으로 나타내면)

$$(1+2i)(3+5i)=1\cdot 3+2\cdot 5\cdot i^2+2\cdot 3\cdot i+1\cdot 5\cdot i$$
$$=3-10+6i+5i$$
$$=-7+11i$$

(나눗셈의 경우는 약간 더 복잡하다.)

오늘날의 용어를 쓴다면, 유리수나 실수와 마찬가지로 복소수도 체를 이룬다고 할 수 있다. 그러나 유리수나 실수와는 달리 복소수에는 순서가 없다. 다시 말하면 복소수와 관련해서는 '더 크다'에 해당하는 자연스러운 개념이 없다. 유리수나 실수가 직선 위의 점인 것과는 달리, 복소수는 복소평면 위의 점이다. 복소수 $a+bi$는 좌표가 a, b인 점이다. [그림 3-15]를 보라.

복소평면에서 수평축은 **실수축**이라 불리며, 수직축은 **허수축**이라 불린다. 왜냐하면 모든 실수들은 실수축 위에 있고, 모든 허수들은 허수축 위에 있기 때문이다. 그밖에 복소평면 위에 있는 모든 점들은 실수와 허수

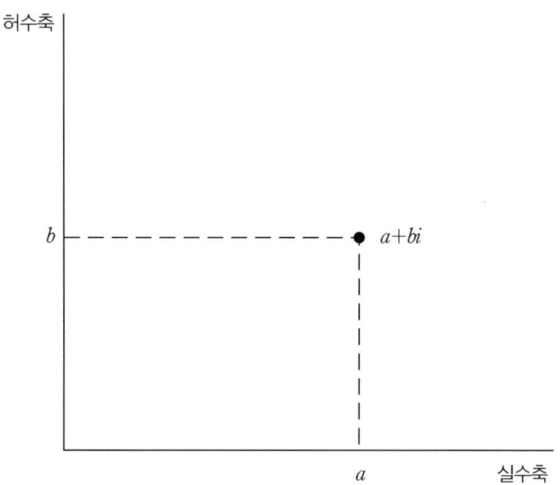

〔그림 3-15〕 복소평면

의 합인 복소수들을 나타낸다.

복소수는 직선 위의 점이 아니기 때문에 당신은 두 복소수 중 어느 쪽이 더 큰지 말할 수 없다. 복소수에는 그런 개념이 없다. 그러나 복소수에 맞는 특별한 크기 개념이 있다. 복소수 $a+bi$의 절대값은, 복소평면의 원점으로부터 그 수를 나타내는 점까지의 거리이다. 복소수 $a+bi$의 절대값은 일반적으로 $|a+bi|$로 표기된다. 피타고라스 정리에 의해 다음의 등식이 성립한다.

$$|a+bi|=\sqrt{a^2+b^2}$$

두 복소수의 절대값은 서로 비교될 수 있다. 그러나 상이한 복소수들이 동일한 절대값을 가질 수도 있다. 예를 들어 $3+4i$와 $4+3i$의 절대값은 모두 5이다.

첫눈에 보면 복소수는 수학자들이 재미를 위해 꾸며낸 기이한 발명품에 불과해 보일지도 모른다. 그러나 실상은 전혀 그렇지 않다. 복소수가 무언가 심오한 의미를 가진다는 것은, 다항방정식 풀이에서 복소수가 심오하고 중요한 함축을 가진다는 사실에서 가장 먼저 드러난다.

모든 방정식들이 풀리는 곳

자연수는 가장 기초적인 수 체계이다. 하지만 자연수는 셈에 유용한 반면에 방정식 풀이에는 적합하지 않다. 자연수 체계에 의존할 경우, 다음과 같은 간단한 방정식조차 풀 수 없다.

$$x+5=0$$

이런 종류의 방정식을 풀려면 정수가 필요하다.
그러나 정수 역시 완전하지 못하다. 정수로는 다음과 같은 단순한 일차방정식도 풀 수 없다.

$$2x+3=0$$

이런 방정식을 풀려면 유리수가 필요하다.
유리수는 모든 일차방정식의 풀이를 가능케 한다. 그러나 유리수는 어떤 종류의 이차방정식의 풀이를 허용하지 않는다. 예를 들어 방정식

$$x^2-2=0$$

은 유리수로는 풀 수 없다.

실수는 충분히 풍부해서 위의 이차방정식의 풀이를 허용한다. 그러나 실수도 모든 이차방정식의 풀이를 가능케 하는 것은 아니다. 예를 들어 실수로는 다음과 같은 방정식을 풀 수 없다.

$$x^2 + 1 = 0$$

이 이차방정식을 풀려면 복소수가 필요하다.

수학에서 패턴을 발견하는 일을 중시하는 당신은 아마 이런 확장 과정이 무한히 계속되리라고 추측할지도 모른다. 매번 보다 풍부한 수 체계로 옮겨갈 때마다 그 수 체계로는 풀 수 없는 종류의 방정식들이 등장하리라고 당신은 예상할지도 모른다. 그러나 실제로는 그렇지 않다. 당신이 복소수에 이르면, 확장 과정은 종결된다. 임의의 다항방정식

$$a_n x^n + a_{n-1} x^{n-1} + \cdots\cdots + a_1 x + a_0 = 0$$

은 복소수 안에서 풀 수 있다(이때 계수 $a_0, \cdots\cdots, a_n$은 복소수이다).

이 중요한 결론은 대수학의 기본 정리라 불린다. 이 정리는 17세기 초에 이미 예견되었지만, 증명되지는 않았다. 1746년 달랑베르가, 그리고 1749년 오일러가 오류가 포함된 증명을 내놓았다. 최초의 올바른 증명을 제시한 사람은 가우스이다. 그의 증명은 1799년에 이루어졌고, 그 증명이 가우스의 박사학위 주제였다.

오일러의 놀라운 공식

복소수는 수학의 여러 다른 분야와도 관련됨이 밝혀졌다. 매우 놀라운 한 실례는 오일러의 연구에서 도출되었다. 1748년 오일러는 다음과 같은 놀라운 등식을 발견했다.

$$e^{ix} = \cos x + i \sin x$$

이 등식은 x가 임의의 실수일 때 성립한다.

삼각함수와, 수학적 상수 e와, -1의 제곱근 사이에 이런 밀접한 관계가 성립한다는 것만으로도 충분히 놀라운 일이 아닐 수 없다. 이런 등식은 절대로 우연히 성립할 수 없다. 오히려 우리는 이 등식에서, 우리에게 거의 전부 가려져 있는 풍부하고 복잡하고 고도로 추상적인 수학적 패턴의 섬광을 포착해야만 한다.

사실상 오일러 등식 속에는 또다른 놀라운 결론들이 풍부하게 들어 있다. 등식에 x 대신에 π를 집어넣으면, $\cos\pi = -1$이고 $\sin\pi = 0$이므로, 아래의 등식이 나온다.

$$e^{i\pi} = -1$$

이 등식을 다음과 같이 재배열하면,

$$e^{i\pi} + 1 = 0$$

다섯 개의 가장 일반적인 수학적 상수, e, π, i, 0, 1을 연결하는 간단한 등식을 얻을 수 있다.

이 등식에서 알 수 있는 놀라운 사실 중 하나는, 무리수를 무리허수만큼 제곱한 결과가 정수일 수 있다는 것이다. 사실상 허수를 허수만큼 제곱하는 경우에도 실수가 나올 수 있다. 최초의 공식에 $x = \frac{\pi}{2}$를 대입하면, $\cos\frac{\pi}{2} = 0$이고, $\sin\frac{\pi}{2} = 1$이므로, 다음 등식이 얻어진다.

$$e^{i\frac{\pi}{2}} = i$$

이제 양변을 i로 제곱하면, 다음의 등식이 나온다($i^2 = -1$임을 상기하라).

$$e^{-\frac{\pi}{2}} = i^i$$

그러므로 계산기를 써서 $e^{-\frac{\pi}{2}}$값을 계산해보면, 다음을 알 수 있다.

$$i^i = 0.207879576 \cdots\cdots$$

(이 값은 i^i의 값으로 가능한 무한히 많은 값들 중 하나다. 복소수의 경우에는, 제곱연산에서 항상 단일한 결과가 나오는 것이 아니다.)

대수학의 기본 정리가 발휘하는 막강한 힘과, 오일러 공식이 보여주는 아름다움에 고무된 수학자들은 점차 복소수의 사용을 일반화하게 되었고, 이와 함께 복소수는 참된 수로 인정받는 것에 이르는 여정을 시작했다. 복소수가 최종적으로 진실된 수로 인정된 것은, 코시를 비롯한 수학자들이 미적분학의 기법들을 복소수를 포함하도록 확장하기 시작한 때인 19세기 중반이다. 그들이 개발한 복소 함수의 미적분학 이론은 매우 아름다웠기 때문에—실수 미적분학보다 훨씬 더 아름다웠다—미적인 이유만으로도 더이상 복소수를 수학 사회의 정회원으로 받아들이기를 거절할 수 없어졌다. 만일 옳기만 하다면, 수학자들은 아름다운 수학에 절대로 등을 돌리지 않는다. 심지어 그 아름다운 수학이 그들의 과거 경험 전체를 짓밟는다 할지라도 말이다.

한편 복소 미적분학―오늘날의 용어로는, 복소해석학―은 수학적 아름다움을 지녔을 뿐만 아니라, 특히 정수 이론과 관련해서 중요한 귀결들을 가진다는 사실이 밝혀졌다. 복소해석학과 자연수 사이에 깊고 심오한 관련이 있다는 사실의 발견은 수학적 추상의 위력을 보여주는 또하나의 증거였다. 복소 미적분학의 기법들은, 아마도 영원히 가려져 있었을 수 패턴들을 식별하고 기술하는 것을 가능케 했다.

수의 숨은 패턴들을 들춰내기

최초로 복소 미적분학의 방법을 사용해 정수를 연구한―오늘날 이 연구 기법은 해석 수 이론이라 불린다―사람은 독일 수학자 리만(Bernhard Riemann)이다. 1859년 발표된 논문 「주어진 크기보다 작은 소수에 관하여」에서 리만은, 가우스가 최초로 발견한 수 이론적인 패턴을 연구하기 위해 복소 미적분학을 이용했다. 그 패턴은, 충분히 큰 자연수 N에 대해서, N보다 작은 소수들의 개수(이를 $\pi(N)$이라 하자)는 근사적으로 비율 $\frac{N}{\ln N}$과 같다, 라는 패턴이다(48쪽 표에 있는 함수 $\pi(N)$의 값들을 참조하라). 그런데 N이 커질수록, $\pi(N)$과 $\frac{N}{\ln N}$이 모두 커지므로, 위의 패턴은 조심스럽게 진술될 필요가 있다. 정확한 진술은, N이 무한에 다가갈 때, 비율 $\frac{\pi(N)}{\frac{N}{\ln N}}$의 극한값이 정확히 1과 같다는 것이다. 이 결론은 소수 추측이라 불리었다.

리만 이전에 소수 추측의 증명에 근접한 사람이 있다면, 그것은 체비쇼프이다. 그는 1852년, N값이 충분히 클 경우, $\dfrac{\pi(N)}{\frac{N}{\ln N}}$이 0.992와 1.105 사이에 놓임을 발견했다. 이 결론에 이르기 위해 체비쇼프는 1740년 오일러가 도입한 제타 함수를 이용했다. '제타' 함수라는 이름은 오일러가 이 함수를 나타내기 위해 그리스 문자 제타(ζ)를 사용했기 때문에 붙여졌다.

오일러는 제타 함수를 무한급수를 이용해서 다음과 같이 정의했다.

$$\zeta(x) = \frac{1}{1^x} + \frac{1}{2^x} + \frac{1}{3^x} + \frac{1}{4^x} + \cdots\cdots$$

이때 x는 1보다 큰 임의의 실수일 수 있다. 만일 x가 1보다 작거나 같으면, 이 무한급수는 유한한 값을 가지지 않고, 따라서 그런 x에 대해서는 $\zeta(x)$가 정의되지 않는다. 만일 $x=1$이라면, 제타 함수로부터, 이 장 초반에서 살펴본 조화급수가 나온다. x값이 1보다 큰 경우에는 무한급수가 유한한 값을 가진다.

오일러는 다음과 같은 사실을 증명함으로써 제타 함수가 소수와 관련을 가짐을 보였다. x가 1보다 큰 임의의 실수일 때, $\zeta(x)$값은 아래의 무한곱의 값과 같다.

$$\frac{1}{1-(\frac{1}{2})^x} \times \frac{1}{1-(\frac{1}{3})^x} \times \frac{1}{1-(\frac{1}{5})^x} \times \cdots\cdots$$

이때 곱해지는 항들은 모두 다음의 형태이며,

$$\frac{1}{1-(\frac{1}{p})^x}$$

이때 p는 소수이다.

제타 함수의 무한급수와 모든 소수들의 집합 사이에 이런 연관성이 있다는 사실만으로도 충분히 놀라운 일이 아닐 수 없다. 소수들은 식별 가능한 패턴이 거의 없이 매우 불규칙적으로 분포하는 것처럼 보이고, 반면에 제타 함수의 무한급수는 모든 자연수 각각에 대해서 규칙적으로 진행되는 매우 명확한 패턴을 가지기 때문이다.

리만이 내디딘 핵심적인 한 걸음은, 제타 함수를 확장하여 모든 복소수 z에 대해 정의되는 함수 $\zeta(z)$를 만든 것이다(일반적으로 실수 변수를 x로 나타내는 것처럼, 복소수 변수는 일반적으로 z로 나타낸다). 결론에 이르기 위해 리만은 소위 해석적 연속화(analytic continuation)라 불리는 복잡한 과정을 수행했다. 그 과정은, 오일러 제타 함수가 가지는 어떤 추상적 패턴을 확장하는 방식으로 이루어진다. 그러나 그 패턴의 추상 수준은 이 책과 같은 교양 서적의 수준을 벗어나므로, 자세한 언급은 하지 않겠다.

리만은 왜 그런 어려운 연구를 했을까? 그것은 그가, 복소 제타 함수의 복소수 해를 얻을 수 있으면, 소수 추측을 증명할 수 있다는 사실을 깨달았기 때문이다. 즉 방정식

$$\zeta(z) = 0$$

의 해를 구하는 것이 목적이었다. 이 방정식의 복소수 해는 일반적으로 제타 함수의 복소수 제로라 불린다(이 용어에서 '제로(영)'는 전문용어임을 명심하라. 여기에서 '제로'는 함수 $\zeta(z)$가 0과 같아지도록 만드는 z값들을 의미한다).

제타 함수의 실수 제로는 쉽게 구할 수 있다. -2, -4, -6 등의 음의 짝

수들이 실수 제로이다(오일러가 무한급수를 써서 정의한 제타 함수는 오직 x가 1보다 큰 실수일 때만 함수값을 가짐을 상기하라. 지금 우리가 언급하는 제타 함수는 리만이 확장한 제타 함수이다).

제타 함수는 실수 제로들 외에도 무한히 많은 복소수 제로들을 가진다. 복소수 제로들은 모두 $a+bi$의 형태이며, 이때 a는 0과 1 사이의 실수이다. 다시 말해서 복소수 제로들은 모두 복소평면에서 y축과 직선 $x=1$ 사이에 놓인다. 그런데 더 정확하게 제로들의 위치를 말할 수 없을까? 언급한 논문에서 리만은, 음의 짝수를 제외한 모든 제로들이 $\frac{1}{2}+iy$의 형태를 가진다고 제안했다. 다시 말해서 제로들이 복소평면상의 직선 $x=\frac{1}{2}$ 위에 놓인다는 것이다. 이 가설을 받아들일 경우, 소수 추측을 증명할 수 있다.

리만은 제타 함수와 제로들의 패턴에 대한 이해를 기반으로 그의 가설에 도달했음이 분명하다. 사실상 그는 계산 증거를 거의 가지고 있지 않았다. 계산 증거는 훨씬 나중에 컴퓨터가 발전하면서 얻을 수 있게 되었다. 지난 30년 동안 수행된 계산에 의하면, 처음 15억 개의 제로들이 모두 리만이 제안한 직선 위에 놓인다. 그러나 이런 강력한 계산 증거에도 불구하고 리만 가설은 오늘날까지도 미증명으로 남아 있다. 대부분의 수학자들은 리만 가설이 오늘날 수학에서 풀리지 않고 남아 있는 가장 중요한 문제라는 것에 동의할 것이다.

소수 추측은 결국 아다마르와 푸생에 의해 각기 독자적으로 1896년에 증명되었다. 그들은 증명에서 제타 함수를 사용했지만, 그들의 증명에는 리만 가설이 필요치 않다.

소수 추측의 증명과 함께—소수 추측은 소수 정리가 되었다—수학자들은 긴 여정을 마쳤다. 수학자들은 셈의 벽돌인 자연수에서 출발했다. 뉴턴과 라이프니츠가 미적분학을 발명함으로써 수학자들은 무한을 움켜쥐고 연속적인 운동을 연구할 수 있게 되었다. 복소수의 도입과 대수학 기본 정리의 증명은 수학자들에게 모든 다항방정식을 푸는 능력을 선사해주었다. 이어서 코시와 리만이 복소수에 적용될 수 있도록 미적분학을 확장했다. 마지막으로 리만을 비롯한 학자들이 복소 미적분학의 귀결—대단히 복잡하고 추상적인 이론—을 이용해서 자연수에 관한 새로운 결론들을 확립했다.

4장 모양 속으로 들어간 수학

우리는 모두 기하학자이다

〔그림 4-1〕에서 당신은 무엇을 보는가? 다른 모든 사람들과 마찬가지로 당신도 아마 삼각형을 볼 것이다. 그러나 좀더 자세히 관찰하면, 거기에는 전혀 삼각형이 없고 단지 귀퉁이가 조금 떨어져나간 원반 세 개만이 있음을 알게 될 것이다. 당신이 본 삼각형은 (의식적인 애씀 없이 발생한) 시각적 착각이다. 당신의 정신과 시각 체계가 직선이나 표면 같은 세부를 채워서 기하학적인 전체를 얻은 것이다. 인간의 시각-인지 체계는 항상 기하학적 패턴들을 추구한다. 이런 의미에서 우리는 모두 기하학자이다.

우리가 기하학적 모양들을 '본다'는 것은 인정되었다. 그렇다면 이제 당신으로 하여금 어떤 삼각형을—종이에 있든, 주위의 풍경에 있든, 혹은 〔그림 4-1〕에서처럼 당신의 정신 속에 있든—삼각형으로 인지하게 만드는 것은 무엇일까? 크기는 분명 아니다. 색깔도 아니다. 선의 굵기

[그림 4-1] 착시를 통해 보이는 삼각형

역시 아니다. 당신으로 하여금 삼각형을 인지하게 만드는 것은 오히려 모양이다. 끝에서 서로 만나는 직선 세 개가 닫힌 도형을 형성한 것을 볼 때마다, 당신은 그 도형이 삼각형임을 인지한다. 당신이 인지할 수 있는 이유는, 당신이 삼각형의 추상 개념을 소유하고 있기 때문이다. 추상 개념인 수 3이 모든 특정한 대상 세 개의 모임을 초월하는 것과 마찬가지로, 추상 개념인 삼각형도 모든 특정 삼각형을 초월한다. 이런 의미에서도 역시 우리는 모두 기하학자이다.

우리는 주변 세계에서 기하학적 패턴들을 볼 뿐 아니라 그 패턴들 중 특정한 부류를 더 선호하는 타고난 본성을 지닌 것 같다. 우리가 선호하는 패턴과 관련된 가장 유명한 예는 **황금비율**이다. 황금비율은 유클리드의 『기하학 원론』 제6권 첫머리에서 언급되는 수이다.

그리스인들에 따르면, 황금비율은 인간의 눈이 가장 좋아하는 직사각형의 변의 비율이다. 파르테논 신전의 전면을 이루는 직사각형의 두 변은 황금비율을 이룬다. 뿐만 아니라 모든 그리스 건축에서 황금비율을 관찰할 수 있다.

황금비율의 값은 대략 1.618이며, 정확히는 무리수 $\frac{1+\sqrt{5}}{2}$ 이다. 이 수는, 선분을 둘로 자르되 선분 전체 대 큰 부분의 비율이 큰 부분 대 작

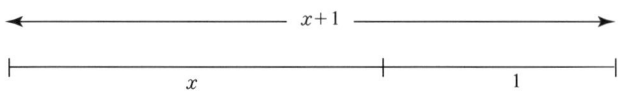

[그림 4-2] 선분을 분할하여 황금비율을 얻기

은 부분의 비율과 같아지도록 자를 때 얻어지는 비율이다. 이를 대수학적으로 표현하면, [그림 4-2]에서처럼 황금비율을 $x:1$이라 할 경우, x는 다음과 같은 방정식의 해이다.

$$\frac{x+1}{x} = \frac{x}{1}$$

즉

$$x^2 = x+1$$

이 방정식의 양의 해는 $x = \frac{1+\sqrt{5}}{2}$ 이다.

황금비율은 수학의 여러 분야에서 등장한다. 잘 알려진 한 예는 피보나치 수열과 관련된 경우이다. 피보나치 수열은, 1에서 시작하며, 선행하는 두 수를 더한 값을 다음 수로 놓는 방식으로 만들어진다(두번째 수의 경우에는, 선행하는 수가 단 한 개이므로, 예외적으로 그 수를 그대로 쓴다). 즉 피보나치 수열의 첫 부분은 다음과 같다.

1, 1, 2, 3, 5, 8, 13, 21, ……

이 수열은 식물에서부터 컴퓨터 데이터베이스까지 성장과 관련된 많은 상황에서 관찰된다. $F(n)$이 피보나치 수열의 n번째 항을 나타낸다면, n이 커질수록, 비율 $\dfrac{F(n+1)}{F(n)}$ 은 점점 더 황금비율에 가까워진다.

황금비율을 나타내는 매우 특이한 분수 표현은 다음과 같은 무한분수이다.

$$1+\cfrac{1}{1+\cfrac{1}{1+\cfrac{1}{1+\cfrac{1}{1+\cdots}}}}$$

자연 속에 있는 황금비율의 예는 다양하다. 몇 가지만 언급한다면, 앵무조개 껍질 속의 방들의 상대적 크기 비율, 해바라기 속의 씨들의 배열, 솔방울 표면에서 관찰되는 패턴 등이 황금비율과 관련된다. 어떤 이유에서든 우리가 황금비율을 좋아한다는 사실 또한, 우리의 정신이 특정한 기하학적 패턴에 동조하도록 만들어져 있음을 보여주는 한 가지 증거이다.

토지 측정

기하학을 뜻하는 그리스어 게오메트리(geometry)는 게오-메트리(geo-metry), 즉 '토지-측정'을 의미한다. 오늘날의 기하학자의 선조들은, 나일 강의 주기적 범람으로 인해 지워지는 토지의 경계선을 다시 긋는 임무를 맡았던 고대 이집트의 토지 관리자들, 신전과 무덤과 명백히 기하학적인 피라미드를 설계하고 건설한 이집트인과 바빌로니아인들,

타고난 항해술로 지중해 연안을 누비며 교역을 한 뱃사람들이다. 이 초기 문명인들은, 수에 관한 이론은커녕 분명한 수 개념도 없이 실용적으로 수를 사용했을 뿐만 아니라, 직선과 각과 삼각형과 원의 여러 성질들 역시 자세한 수학적 탐구 없이 대부분 실용적으로 이용했다.

1장에서 언급한 바와 같이 기원전 6세기에 수학의 한 분야로 그리스 기하학을 시작한 사람은 탈레스였다. 사실상 기하학은 최초의 수학 분야였다. 기원전 350년경에 쓰여진 유클리드의 『기하학 원론』은 대부분 기하학에 관한 책이다.

『기하학 원론』 제1권에서 유클리드는, 소위 유클리드 기하학이라 불리게 된 정의들과 전제들(공리들)의 체계를 이용해서, 평면에 있는 규칙적인 모양들—즉 직선, 다각형, 원—의 패턴을 파악하려 노력한다. 유클리드가 설정한 23개의 기초 정의들 가운데는 다음과 같은 것들이 있다.

〔정의 1〕 점은 부분이 없는 것이다.
〔정의 2〕 선은 폭이 없는 길이이다.
〔정의 4〕 직선은 점들이 그 위에 있으면서 곧은 선이다.
〔정의10〕 한 직선이 다른 직선 위에 있으면서, 인근 교차각의 크기가 서로 같으면, 교차각 각각은 직각이고, 다른 직선 위에 있는 직선은 그 직선에 대해서 수직이라고 부른다.
〔정의23〕 평행한 직선들은, 동일한 평면에 있으면서 양방향으로 무제한 적으로 뻗어나가며, 어느 방향에서도 서로 만나지 않는 직선들이다.

오늘날 수학자들의 입장에서 보면, 위의 정의들 중 처음 셋은 받아들일 수 없다. 그 세 정의들은 세 개의 정의되지 않은 개념을 다른 정의되지 않은 개념으로 대체할 뿐, 아무 내용도 주지 못한다. 사실상 현대 기하학자들은 '점'과 '직선'을 주어진 개념으로 간주하고, 이들을 정의하는 시도를 하지 않는다. 반면에 나머지 두 정의는 오늘날에도 유효하다.

직각의 정의가 전적으로 크기와 무관하다는 사실을 눈여겨보라. 그 정의에서는 90도 혹은 $\frac{\pi}{2}$가 전혀 언급되지 않았다. 그리스인들에게 기하학은 수와 관계없이 모양의 패턴을 관찰하는 것에 전적으로 토대를 두고 있었다. 그들은 특히 길이와 각을 수적인 개념으로 보지 않고 기하학적인 개념으로 보았다.

기초 개념들을 정의한 후에, 혹은 최소한 정의를 시도한 후에, 유클리드는 다음 단계로 다섯 개의 기초 공리들을 제시했다. 모든 기하학적 사실들이 순전히 논리적인 추론을 통해서 그 공리들로부터 따라나오게 만드는 것이 유클리드의 의도였다.

〔공리 1〕 임의의 점에서 임의의 점으로 한 직선을 긋기〔가 가능하다〕.
〔공리 2〕 유한한 선분을 늘여 직선을 만들기〔가 가능하다〕.
〔공리 3〕 임의의 중심〔그리고 반지름〕을 지닌 원을 그리기〔가 가능하다〕.
〔공리 4〕 모든 직각은 서로 같다.
〔공리 5〕 직선 하나가 다른 직선 두 개를 가로지를 때, 같은 방향에 있는 교차내각의 합이 두 직각보다 작으면, 두 직선을 무한정 연장할 경우, 두 직선은 그 방향에서 만난다.

이렇게 공리들을 제시하고 이들로부터 다른 기하학적 사실들을 도출하는 유클리드의 작업은, 체스같이 임의의 규칙에 따라 이루어지는 일종의 논리적 게임을 만드는 시도가 아니었다. 유클리드와 그의 뒤를 이은 여러 세대의 수학자들에게 기하학은 세계 속에서 관찰할 수 있는 규칙적인 모양들에 관한 연구였다. 다섯 개의 공리들은 세계에 관한 자명한 참인 문장이라고 여겨졌다. 이 공리들을 제시하면서 유클리드가 의도한 것은, 자연의 근본적 패턴을 제시하는 것이었다.

우리가 삶을 영위할 수 있는 이유들 중 커다란 한 가지는, 우리가 모양을 인지하고 때로는 모양의 성질들까지 인지할 수 있다는 것이다. 모양에 관한 수학적 연구는 수학의 여러 분야들을 발생시켰다. 그 분야들 중 가장 자명하게 언급되어야 할 분야인 기하학이 이 장의 주제이다. 다음 장들에서 논의되는 대칭학과 위상학 역시 모양의 패턴을 다루지만, 기하학이 다루는 것과 다르면서 어떤 의미에서는 보다 추상적인 패턴을 다룬다.

유클리드가 원했던 것

유클리드의 공리들은 평면 기하학을 구성하기 위한 토대로 계획되었다. 보다 구체적으로 말하자면, 공리들을 제시한 목적은, 『기하학 원론』 제1권에 나오는 48개의 명제들을 증명하기 위해 필요한 모든 것을 명시하는 것이었다. 그 48개의 명제들의 정점을 이루는 것은 피타고라스 정리와 그 역이다. 이런 목적을 생각할 때, 다섯 개의 공리는 그 수가 놀랄 만큼 적으며, 한 공리만 제외하면 내용이 모두 대단히 단순하다. 불행히도 유클리드가 증명에서 사용한 전제들이 다섯 개의 공리 속에 모두 들어 있지는 않다. 뒤를 이은 많은 수학자들과 마찬가지로 유클리드도 그가 공리로 제시하지 않은 여러 사실들을 암묵적으로 전제했다. 예를 들어 다음과 같은 사실들을 전제했다.

- 원의 중심을 지나는 직선은 원과 반드시 만난다
- 삼각형의 한 변과 만나면서 어떤 꼭지점과도 만나지 않는 직선은, 삼각형의 다른 두 변 중 하나와 반드시 만난다.
- 동일한 직선 위에 임의의 점 세 개가 있으면, 한 점은 다른 두 점 사이에 있다.

유클리드가 기하학을 공리적인 방식으로 구성한 목적은, 증명 과정에서 그림에 의존하는 것을 피하기 위해서였음을 생각해볼 때, 그가 위에 나열한 것과 같은 기초적인 전제들을 간과했다는 사실은 놀라운 일일 수도 있다. 그러나 다른 한편, 유클리드의 작업은 진지하게 공리화를 추진한 최초의 시도였다. 기원전 350년경의 물리학이나 의학과 비교한다면, 유클리드의 수학은 당대를 수백 년 앞선 것으로 보이며, 실제로 그러하다.

결국 유클리드의 시대로부터 2천 년 이상 지난 20세기 초에 힐베르트가 유클리드 기하학 구성에 적합한 20개의 공리를 제시했다. 『기하학 원론』에 있는 모든 정리들은 힐베르트의 공리들로부터 오직 순수 논리학만을 이용해서 증명될 수 있다.

유클리드가 제시한 공리들 중 단순한 형태가 아닌 것은 오직 다섯번째 공리뿐이다. 다른 네 공리와 비교해보면, 제5공리는 정말 복잡하다. 얽히고설킨 말들을 걷어내고 요점만 본다면, 그 공리가 말하는 바는, 한 평면에 있는 두 직선이 서로를 향해 기울어져 있으면, 두 직선은 결국 만난다는 것이다. 이를 표현하는 다른 방식 중 하나는 다음과 같다. 주어진 한 직선과 한 점이 있을 때, 그 점을 지나면서 그 직선에 평행한 직선을 오직 한 개 그릴 수 있다. 사실상 제5공리는 공리라기보다는 정리처럼 보인다. 『기하학 원론』에서 [명제 I.29]가 논의되기까지 제5공리가 전혀 사용되지 않는다는 사실을 보면, 유클리드 자신도 제5공리를 공리로 놓는 것을 꺼렸음을 추측할 수 있다. 실제로 이후의 많은 세대의 수학자들은 제5공리를 다른 네 공리들로부터 도출하거나, 제5공리의 도출을 가능케 하는 보다 기초적인 공리를 제시하려 노력했다.

한편 그 누구도 제5공리의 타당성을 의심하지 않았다. 그 공리의 타당성은 완벽하게 자명해 보였다. 문제가 된 것은 다만 그 공리의 논리적 형태였다. 공리들은 그렇게 특수하거나 복잡해서는 안 된다고 여겨졌다 (오늘날에도 이런 생각이 받아들여질지는 확실히 말하기 힘들다. 19세기 이래 수학자들은 훨씬 더 복잡하면서도 간단한 공리와 마찬가지로 '자명한 참'을 진술한다고 여겨지는 공리들을 허용하는 것에 익숙해졌다).

자명하든 그렇지 않든, 제5공리를 다른 공리들로부터 도출하는 데 성공한 사람은 아무도 없었다. 사람들은 증명 시도의 실패가, 실재 세계의 기하학에 대한 이해의 부족 때문이라고 여겼다. 오늘날 우리가 아는 바로는, 실제로 이해에 오류가 있기는 했지만, 그 오류가 유클리드 기하학 자체의 오류였던 것은 아니다. 오히려 문제는, 유클리드가 공리화하려 노력한 기하학이 실재 세계의 기하학이라는 생각에 있었다. 위대한 철학자 칸트를 비롯한 여러 철학자들은 이 생각이 근본적인 전제라고 보았다.

하지만 이와 관련된 이야기는 나중에 논의할 것이다. 우리는 우선 유클리드가 다섯 개의 공리로부터 얻은 결론들 중 일부를 살펴볼 것이다.

유클리드의 『기하학 원론』

『기하학 원론』은 총 13권으로 이루어져 있으며, 그중 처음 6권은 여러 방식으로 평면 기하학에 할애되어 있다.

제1권에 있는 여러 명제들은 자와 컴퍼스를 이용한 작도에 관한 명제들이다. 그 명제들이 말하는 바는, 이 두 도구만을 써서 작도할 수 있는 기하학적 도형이 어떤 것들인지이다. 눈금이 없는 직선자는 오직 직선을 긋는 데만 사용되며, 컴퍼스는 원호를 그리는 데만 사용된다. 이 두 도구를 다른 목적으로 사용하는 것은 작도에서 허용되지 않는다. 특히 컴퍼스의 경우, 컴퍼스가 종이 위를 떠나는 순간 컴퍼스의 두 다리 사이의 간격이 사라진다고 가정해야 한다. 유클리드가 증명한 첫번째 명제가 바로 이런 작도에 관한 명제이다.

〔명제 I.1〕 주어진 선분 위에 정삼각형을 작도하기

〔그림 4-3〕에 표현된 작도 방법은 만족스러울 만큼 단순해 보인다. 주어진 선분이 AB라면, 컴퍼스의 중심을 A에 놓고 반지름을 AB로 하는 4분원을 선분 위쪽으로 그린다. 이어서 컴퍼스의 중심을 B에 놓고 동일

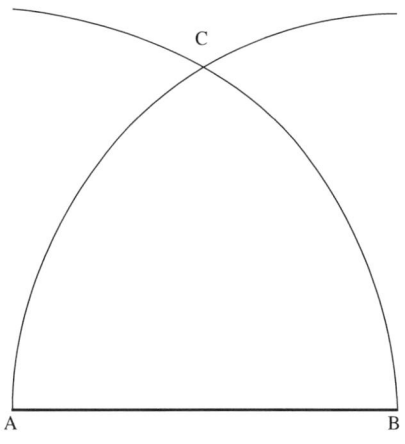

〔그림 4-3〕 직선을 기반으로 정삼각형 작도하기

한 반지름으로 두번째 4분원을 그린다. 두 4분원이 만나는 점을 C라 하자. 그러면 ABC가 원래 작도하고자 했던 정삼각형이다.

이 첫번째 증명에서조차 유클리드는 공리 목록에 포함되지 않은 암묵적 전제를 사용했다. 두 4분원이 만난다는 사실을 도대체 어떻게 아는가? 물론 그림을 보면 두 4분원이 만날 것처럼 보인다. 그러나 전적으로 그림에만 의존할 수는 없다. 어쩌면 C 자리에 구멍이 있을지도 모른다. 마치 유리수 수직선에서 $\sqrt{2}$가 '있어야 할' 자리에 구멍이 있듯이 말이다. 어쨌든 공리들을 명시한 목적 자체는 일차적으로 그림에 의존하지 않는 것이었다.

자와 컴퍼스를 이용한 다른 작도들 중에는, 각의 이등분([명제 I.9]), 선분의 이등분([명제 I.10]), 직선 위의 한 점을 통과하는 수선 긋기([명제 I.11]) 등이 있다.

『기하학 원론』은 물론 자와 컴퍼스를 이용한 작도에 많은 관심을 기울이지만, 그리스의 기하학이 자-컴퍼스-작도에 국한되어 있었던 것은 아님을 강조할 필요가 있다. 사실상 그리스 수학자들은 문제가 요구한다고 여겨지면 어떤 도구라도 사용했다. 하지만 다른 한편, 그리스 수학자들은 자-컴퍼스-작도를 특별히 아름다운 이성적 과제로 여긴 듯하다. 그리스인들에게는 가장 원시적인 그 두 도구만을 써서 작도할 수 있는 도형들이 어딘가 더 근본적이고 순수했으며, 그 두 도구만을 써서 문제를 해결하는 것이 특별한 미적인 매력을 지니고 있었다. 유클리드의 공리들은 자와 컴퍼스를 이용해서 작도할 수 있는 것들을 파악하기 위해서 고안되었음이 분명하다.

『기하학 원론』 제1권에는 작도에 관한 명제들 외에도 두 삼각형이 합동일(즉 모든 측면에서 같을) 조건을 말하는 일련의 명제들이 있다. 예를 들어 [명제 I.8]이 말하는 바는 다음과 같다. 어떤 삼각형의 세 변의 길이가

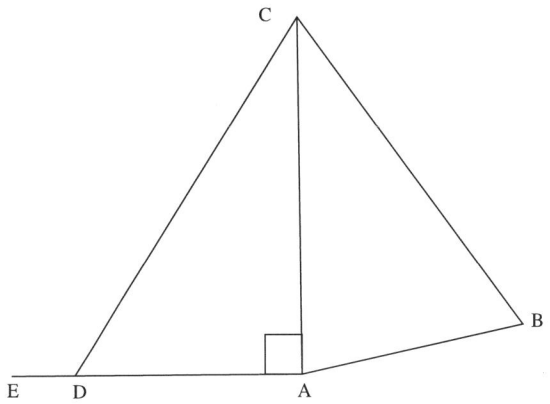

〔그림 4-4〕 피타고라스 정리의 역 증명

다른 삼각형의 세 변의 길이와 각각 같으면, 그 두 삼각형은 합동이다.

『기하학 원론』 제1권의 마지막 두 명제는 피타고라스 정리(〔명제 I.47〕)와 그 역이다. 피타고라스 정리의 역에 대한 유클리드의 증명은 매우 아름다워서, 나는 그 증명을 소개하지 않을 수 없다. 〔그림 4-4〕는 증명과 관련된 도식이다.

〔명제 I.48〕 만일 어떤 삼각형에서 한 변의 제곱이, 나머지 두 변의 제곱의 합과 같으면, 그 나머지 두 변의 사이각은 직각이다.

〔증명〕 $BC^2 = AB^2 + AC^2$이라고 가정된 삼각형 ABC가 있다고 하자. 증명되어야 할 것은, 각 BAC(흔히 기호 ∠BAC로 표기된다)가 직각이라는 것이다.

이를 증명하기 위해 우선 A에서 시작해서 AC에 수직인 직선 AE를 긋자. 〔명제 I.11〕에 의해 이 작업이 가능하다. 이어서 AD=AB가 되도록 점 D를 잡아 선분 AD를 만들자. 〔명제 I.3〕에 의해 이 작업이 가능하다.

이제 목표는 삼각형 BAC와 DAC가 합동임을 보이는 것이다. 둘이 합동임을 보일 수 있으면, ∠DAC는 직각이므로, 즉각적으로 ∠BAC도 직각이라는 결론이 따라나온다.

두 삼각형은 한 변 AC를 공유하고, 우리가 작도한 바에 따라 AD=AB이다. 직각삼각형 DAC에 피타고라스 정리를 적용하면 다음을 얻을 수 있다.

$$CD^2 = AD^2 + AC^2 = AB^2 + AC^2 = BC^2$$

그러므로 CD=BC이다. 그렇다면 삼각형 BAC와 DAC는 세 변이 각각 같으므로 명제 I.8에 의해 서로 합동이다. 그러므로 증명이 완료되었다.

『기하학 원론』 제2권은 기하학적 대수학을 다룬다. 오늘날 일반적으로 대수학의 방법으로 다루어지는 결론들이 여기에서는 기하학적인 방법으로 연구된다. 예를 들어 다음과 같은 등식이 다루어진다.

$$(a+b)^2 = a^2 + 2ab + b^2$$

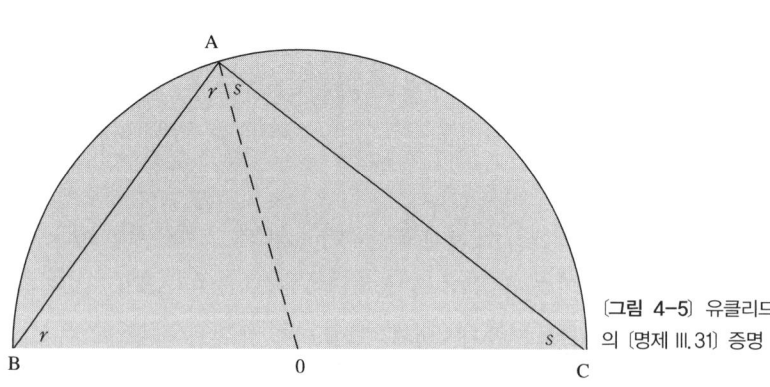

[그림 4-5] 유클리드의 [명제 III.31] 증명

제3권의 내용은 원과 관련된 37개의 명제와 증명이다. 그중에는 반원에 내접하는 각이 직각이라는 명제의 증명도 있다. 이 증명 역시 매우 아름답기 때문에 나는 〔명제 I.48〕과 마찬가지로 이 명제와 증명도 소개하지 않을 수 없다(〔그림 4-5〕의 도식을 참조하라).

〔명제 III.31〕 반원에 내접하는 각은 직각이다.

〔증명〕 중심이 O이고 지름이 BC인 반원을 그려라. 반원 위의 임의의 점을 A라 하자. 위 명제는 ∠BAC가 직각이라는 것이다.

반지름 OA를 긋고 ∠BAO=r, ∠CAO=s라 하자. AO와 BO는 반원의 반지름이므로, 삼각형 ABO는 이등변삼각형이다. 그런데 이등변삼각형의 두 밑각은 서로 같으므로, ∠ABO=∠BAO=r이다. 마찬가지로 삼각형 AOC는 이등변삼각형이고, ∠ACO=∠CAO=s이다.

그런데 삼각형의 내각의 합은 두 직각이다. 이 사실을 삼각형 ABC에 적용하면 다음의 등식이 나온다.

$$r+s+(r+s)=두\ 직각$$

다시 말해서 다음과 같다.

$$2(r+s)=두\ 직각$$

따라서 $r+s$는 한 직각과 같다. 그런데 ∠BAC=$r+s$이다. 그러므로 증명이 완료되었다.

『기하학 원론』 제4권에는 정다각형, 즉 변들이 모두 같고 각들도 모두 같은 다각형—가장 간단한 정다각형의 예로 정삼각형과 정사각형을 들 수 있다—의 작도와 관련된 명제들이 들어 있다. 제5권은 에우독수스의 비율 이론을 설명하는 것에 할애되어 있다. 그 이론은 $\sqrt{2}$가 유리수가 아니라는 사실—피타고라스주의자들이 발견한 사실이다—이 일으키는 문제를 피하기 위해 고안된 기하학 이론이다. 이 이론은 19세기에 개발된 실수 체계에 의해 대부분 폐기되었다. 제5권의 결론은 제6권에서 사용된다. 제6권에서 유클리드는 닮은 도형들을 연구한다. 두 다각형은, 서로 각들이 각각 같고 변들의 비율이 같을 때 서로 닮았다고 얘기된다.

제6권을 마지막으로 유클리드의 평면 기하학은 종결된다. 제7권에서 제9권까지는 수 이론에 할애되어 있으며, 제10권은 측정을 다룬다. 나머지 세 권에서 기하학이 다시 초점이 되는데, 이때의 기하학은 3차원 물체의 기하학이다. 제11권에는 서로 교차하는 평면들의 기하학에 관한 39개의 명제가 들어 있다. 주요 결론 중 하나인 〔명제 XI. 21〕은 다음과 같다. 다면체—예를 들어 피라미드—의 꼭지점으로 모이는 면들의 꼭지각의 합은 네 직각보다 작다.

제12권에서는 제11권에서 시작된 연구가 에우독수스의 소진법의 도움을 받아 더 심화된다. 제12권에서 증명되는 명제들 중에는 다음과 같은 명제도 있다. 원의 면적은 반지름의 제곱에 비례한다(〔명제 XII. 2〕).

『기하학 원론』의 마지막 권인 제13권은 정다면체에 관한 18개의 명제들을 담고 있다. 정다면체란, 면들이 모두 정다각형이며 모두 합동이고, 인접한 두 면 사이의 각이 모두 같은 다면체이다. 이미 오래 전부터 그리스인들은 다섯 개의 정다면체를 알고 있었다. 〔그림 4-6〕을 참조하라.

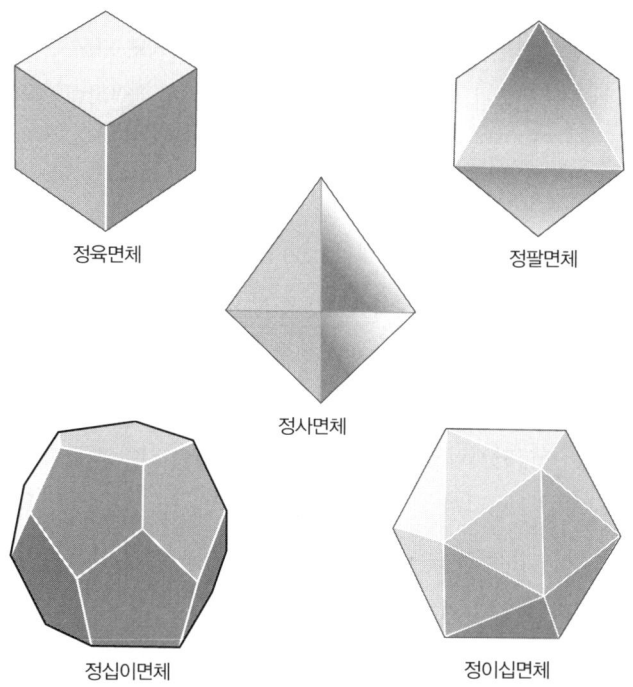

〔그림 4-6〕 다섯 가지 정다면체

- 정삼각형 4개를 면으로 가지는 정사면체
- 정사각형 6개를 면으로 가지는 정육면체
- 정삼각형 8개를 면으로 가지는 정팔면체
- 정오각형 12개를 면으로 가지는 정십이면체
- 정삼각형 20개를 면으로 가지는 정이십면체

정다면체들은 플라톤의 저술들 속에서 특별한 의미로 취급되기 때문에 때때로 플라톤 입체라는 이름으로도 불린다.

『기하학 원론』의 마지막 정리, 즉 465번째 정리는, 이 다섯 가지 정다면체 외에 다른 정다면체는 없다는 정리이다. 유클리드는 이 정리를 매우 아름답게 증명한다. 증명을 위해 필요한 것은 [명제 XI.21], 즉 임의의 꼭지점에서 꼭지각의 합이 네 직각보다 작다는 명제뿐이다. 이 명제를 기반에 놓고 유클리드는 다음과 같이 논증한다.

[명제 XIII.18] 정확히 다섯 개의 정다면체가 있다. 정사면체, 정육면체, 정팔면체, 정십이면체, 정이십면체.

[증명] 면이 정삼각형인 다면체의 경우, 면에 있는 각들은 모두 60도이다. 그리고 정다면체의 꼭지점에는 최소한 세 면이 있어야 한다. 꼭지점에서 세 삼각형이 만나면 각들의 합은 180도이다. 네 삼각형이 만나면 240도이고, 다섯 삼각형이 만나면 300도이다. 꼭지점에서 여섯 이상의 삼각형이 만난다면, 각들의 합이 360도 이상이 될 것이다. 이는 [명제 XI.21]에 의해 불가능하다. 그러므로 삼각형을 면으로 하는 정다면체는 최대의 경우 세 개가 있다.

면이 정사각형인 정다면체의 경우, 꼭지점에서 세 면이 만나면, 각의 합은 270도이다. 그러나 만일 네 개 이상의 정사각형이 꼭지점에서 만난다면 각의 합이 360도 이상이 될 것이다. 이는 역시 [명제 XI.21]에 의해 불가능하다. 그러므로 정사각형을 면으로 하는 정다면체는 최대의 경우 한 개 있다.

정오각형의 한 꼭지각은 108도이다. 그러므로 [명제 XI.21]에 의해, 정오각형을 면으로 하는 정다면체는 오직 한 개가 가능하다. 그것은 정다면체의 꼭지점에서 정오각형 세 개가 만나는 경우이며, 그때 꼭지각의 합은 324도이다.

여섯 개 이상의 변을 가지는 정다각형의 내각은 최소한 120도이다. 그런데 3×120=360도이므로, [명제 XI.21]에 의해, 여섯 개 이상의 변을 가진 정다각형을 면으로 하는 정다면체는 존재할 수 없다.

따라서 이미 나열한 다섯 개의 정다면체가 가능한 정다면체 전부라는 결론이 나온다. 그러므로 증명이 완료되었다.

만물의 이론인 기하학

기하학의 아름다움과 논리적 간결함에 매료된 수학자들과 철학자들은 기하학적 사고를 통해 우리가 살고 있는 우주를 설명하려 노력했다. 이런 시도를 한 최초의 인물 중 하나는 플라톤이었다. 그는 다섯 개의 정다면체를 특히 좋아해서, 이들을 자신의 원자론의 기반으로 삼았다.

기원전 350년경에 쓰어진 책 『티마에우스 *Timaeus*』에서 플라톤은 세계의 구성 성분이라 여겨진 4 '원소'—불, 공기, 물, 흙—가 모두 미세한 입자로—현대적 어법을 쓴다면, 원자로—이루어졌다고 주장했다. 더 나아가 그는, 세계는 완벽한 물체들로 이루어져야 하므로 원소들을 이루는 입자는 정다면체일 수밖에 없다고 주장했다.

플라톤에 의하면, 가장 가볍고 날카로운 원소인 불은 정사면체이어야 한다. 가장 안정적인 원소인 흙은 정육면체이다. 가장 유동적인 물은 가장 쉽게 구를 수 있는 정이십면체이다. 공기와 관련해서 플라톤은 "공기와 물의 관계는 물과 흙의 관계와 같으므로" 공기는 정팔면체라는, 약간 이해하기 어려운 결론을 내렸다. 마지막으로, 남아 있는 한 개의 정다면체를 무시하지 않기 위해서 플라톤은 정십이면체가 우주 전체의 모양을 나타낸다고 주장했다.

오늘날의 시각으로 보면 플라톤의 원자론이 매우 자의적이고 공상적으로 보이겠지만, 우주의 구조에서 정다면체가 근본적인 역할을 한다는

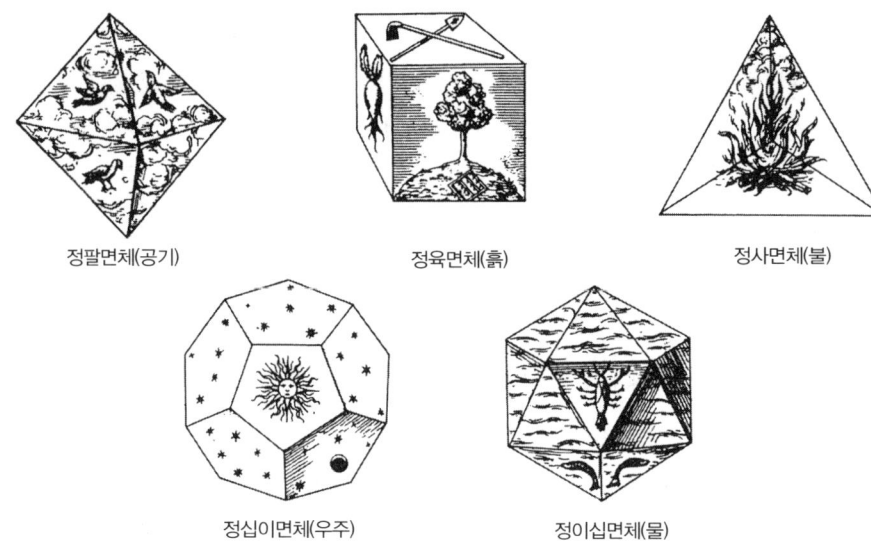

〔그림 4-7〕 케플러가 그림으로 표현한 플라톤의 원자론

생각은 16세기와 17세기에도 여전히 진지하게 받아들여졌다. 케플러는 그 생각을 바탕으로 그를 둘러싼 세계의 수학적 질서를 탐구하기 시작했다. 〔그림 4-7〕에 있는 플라톤 원자론 도안은 케플러가 그린 것이다. 우주에서 정다면체가 하는 역할에 관한 케플러 자신의 주장은 현대인들에게 플라톤 원자론보다 약간 더 과학적으로 보일지도 모른다. 그러나 케플러의 주장 역시 오류이다. 그의 주장은 다음과 같다.

　케플러의 시대에 알려져 있던 행성은 모두 여섯 개였다. 수성, 금성, 지구, 화성, 목성, 토성이 그것이다. 행성들이 태양 주위를 돈다는 코페르니쿠스의 이론에 영향을 받은 케플러는, 왜 정확히 여섯 개의 행성들이 있고, 왜 행성들이 태양으로부터 특정한 거리만큼 떨어져 있는지를 설명하는 수적인 관계를 찾으려 노력했다. 결국 그는 수가 아닌 기하학에 해결의 열쇠가 있다고 판단했다. 행성이 정확히 여섯 개인 이유는, 인접한 두 행성 사이의 거리가 특정한 정다면체 하나와 관련을 맺기 때문이라고 케플러는 추론했다. 정다면체가 다섯 개뿐이므로 행성은 여섯 개일 수밖에 없다는 것이다.

몇 차례 실험을 거쳐 케플러는, 정다면체와 구의 중첩 배열을 발견했다. 여섯 개의 행성 각각은 여섯 개의 구면 위에 궤도를 가진다. 최외곽 구면(그 위에서 토성이 움직인다)에는 정육면체가 내접하고, 그 정육면체에는 목성의 궤도가 있는 구면이 내접한다. 그 구면에는 정사면체가 내접하고, 그 정사면체에 내접하는 구면에 화성의 궤도가 있다. 화성 궤도 구면에는 정십이면체가 내접하고, 그 정십이면체에 내접하는 구면에 지구의 궤도가 있으며, 지구 궤도 구면에 내접하는 정이십면체 속에 금성 궤도 구면이 내접한다. 마지막으로 금성 궤도 구면에는 정팔면체가 내접

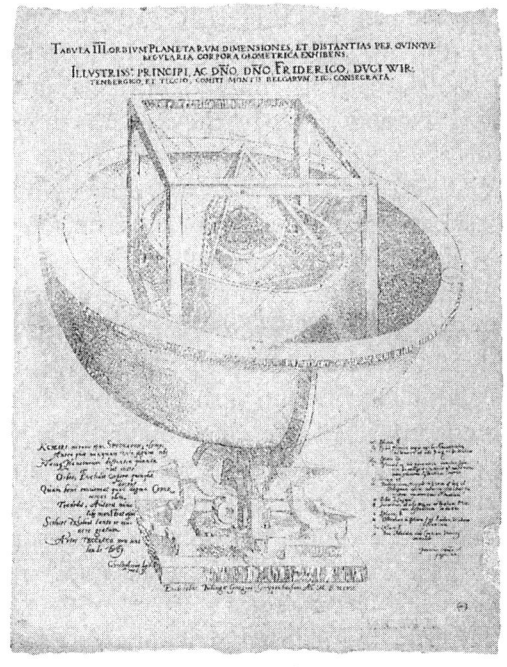

[그림 4-8] 케플러가 자신의 행성 이론을 나타내기 위해 그린 그림

하고, 그 정팔면체 속에 수성 궤도를 포함한 구면이 내접한다.

케플러는 자신의 이론을 시각적으로 보여주기 위해, 애쓴 흔적이 역력한 세밀화를 그렸다. 그의 세밀화는 [그림 4-8]에 소개되어 있다. 당연히 케플러는 자신의 이론을 매우 만족스럽게 여겼다. 그러나 한 가지 문제가 있는데, 그것은 그의 이론이 완전히 엉터리라는 것이다.

첫째, 중첩된 구면과 행성의 궤도가 실제로는 정확히 일치하지 않는다. 케플러는 행성의 궤도와 관련된 많은 정확한 자료를 얻어낸 장본인이므로, 분명 그 불일치를 알았을 것이고, 따라서 구면의 두께를 조정하면서 자신의 모형을 자료에 맞추려 노력했다. 그러나 케플러는 구면들의 두께가 왜 다른지 설명할 수 없었다.

둘째, 우리가 오늘날 아는 바와 같이, 여섯 개의 행성이 있는 것이 아니라 최소한 아홉 개의 행성이 있다. 천왕성, 해왕성, 명왕성은 케플러의 시대 이후에 발견되었다. 이 발견은, 케플러의 이론처럼 오직 다섯 개뿐인 정다면체를 기반에 놓는 이론에게는 치명적으로 작용하는 발견이다.

현대적인 관점에서 보면, 플라톤이나 케플러 같은 지적인 거장들이 그런 정신나간 이론을 제안했다는 사실 자체가 믿어지지 않을지도 모른다. 그들로 하여금 우주의 구조와 정다면체 사이의 관련성을 믿도록 만든 것은 무엇일까?

사실상 그들을 이끈 믿음은 오늘날의 과학자들을 이끌고 있는 뿌리 깊은 믿음과 동일하다. 즉 세계 속의 질서와 패턴을 수학을 통해 기술할 수 있고, 어느 정도까지는 설명할 수 있다는 믿음이 그들을 이끌었다. 플라톤이나 케플러의 시대에는 정다면체 이론이 기하학 안에서 최고의 위치를 차지하고 있었다. 정다면체는 이미 모두 발견되고 식별되고 광범위하게 연구된 상태였다. 케플러의 이론은 결국 유지될 수 없음이 판명되었지만, 발상만큼은 대단히 아름다우며, 동시대인인 갈릴레오의 다음과 같은 입장과도 훌륭하게 조화를 이룬다. "자연의 커다란 책은 오직 그 책에 쓰어 있는 언어를 아는 사람만이 읽을 수 있다. 그 언어는 수학이다." 사실상 케플러는 수학적 질서를 근본적으로 확신하고 있었기 때문에, 설명할 수 없는 '미봉책'을 써가면서까지 자신의 수학적 모형을 관찰 자료에 맞게 조정했던 것이다.

플라톤과 케플러의 원자론은 구체적인 내용에 관한 한 전혀 성공적이지 못했다. 그러나 자연의 패턴을 수학의 추상적 패턴을 통해 이해하려 노력했다는 점에서 플라톤과 케플러는 오늘날에도 여전히 생산적으로 작용하고 있는 전통 안에서 연구했던 것이다.

원뿔 자르기

그리스 기하학에 관해 한 가지 더 언급할 내용이 있다. 그러나 이 내용은 유클리드의 『기하학 원론』보다 여러 세대 이후에 이루어진 업적에 관한 것이므로, 엄밀한 의미에서는 유클리드 기하학이라 할 수 없다. 우리가 언급할 내용은 8권으로 된 아폴로니우스의 저술 『원추곡선론 Conics』이다.

원추곡선이란 [그림 4-9]에서처럼 얇은 평면으로 원뿔을 자를 때 생기는 곡선들이다. 원추곡선에는 세 가지가 있다. 타원, 포물선, 쌍곡선이 그것이다. 이 곡선들은 그리스 시대 내내 광범위하게 연구되었지만, 그 연구들이 종합되고 체계화된 것은 원추곡선론에 의해서이다. 이는 유클리드의 『기하학 원론』이 당대에 알려진 모든 기하학 지식을 종합한 것과 유사하다.

아폴로니우스의 『원추곡선론』은 17세기 케플러가 행성들이 태양 주위의 타원 궤도를 돈다는 중요한 사실을 발견했을 당시 유클리드의 『기하학 원론』과 함께 매우 높은 권위를 가졌던 책이다. 케플러의 발견은 원추곡선이 단지 미적인 관심 대상에 불과하지 않음을 보여주었다. 원추곡선 중 하나—타원—는 행성과 행성에 사는 인류가 우주 속에서 실제로 그리는 궤적인 것이다.

사실상 운동의 물리학에서 등장하는 원추곡선은 행성의 궤도인 타원뿐만이 아니다. 공을 비롯한 물체를 공중에 던지면, 물체는 포물선을 그리며 날아간다. 수학자들은 이 사실을 응용하여, 전쟁시 포병들이 원하는 목표물을 정확히 조준하는 데 도움을 주는 포격조준표를 만들었다.

흔히 얘기되는 전설로, 아르키메데스가 포물선의 성질을 이용하여 카르타고를 침공한 로마군을 물리치고 도시 시라쿠스를 구했다는 일화가

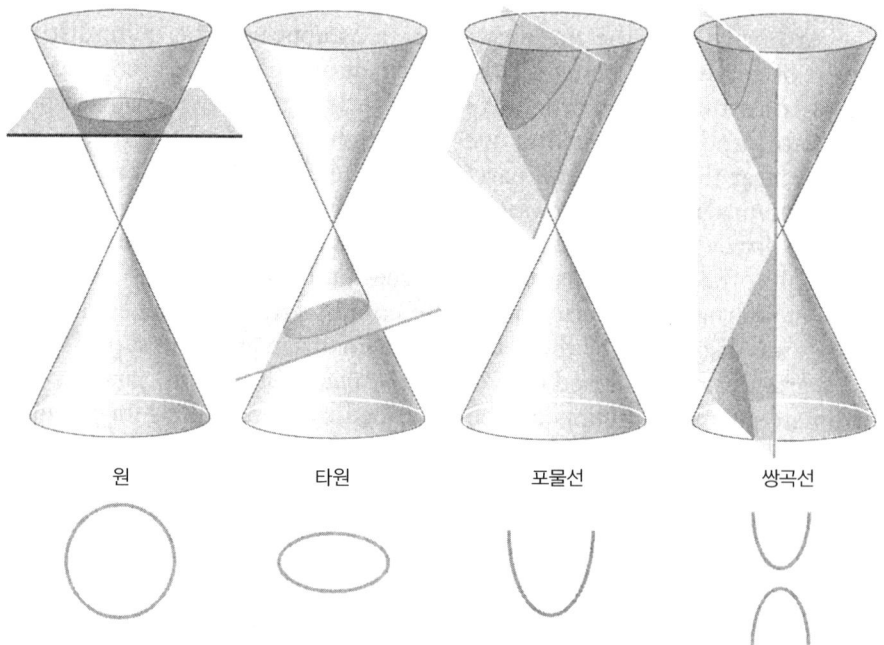

〔그림 4-9〕 원추곡선. 이 네 가지 곡선은 속이 빈 이중 원뿔을 평면으로 잘라서 얻을 수 있다.

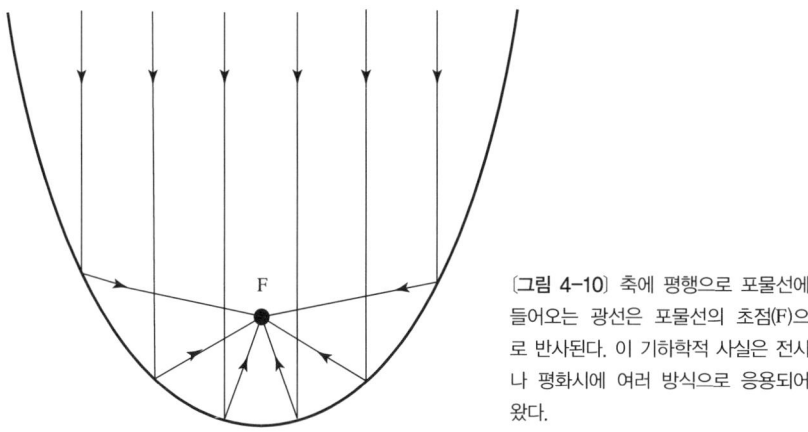

[그림 4-10] 축에 평행으로 포물선에 들어오는 광선은 포물선의 초점(F)으로 반사된다. 이 기하학적 사실은 전시나 평화시에 여러 방식으로 응용되어 왔다.

있다. 전설에 따르면, 위대한 그리스 수학자 아르키메데스가 거대한 포물면 거울을 만들어 태양 빛을 모은 다음, 적의 선박에 비춤으로써 적의 선박을 불태웠다고 한다. 이 전설과 관련된 수학적 성질은 다음과 같다. 포물선 축과 나란하게 포물선에 들어오는 광선은 포물선에서 반사되어 모두 초점이라 불리는 한 점에 모인다([그림 4-10]). 이런 도구를 만들어서 적선을 겨냥하려 할 때 해결해야 하는 여러 기술적 문제를 생각해볼 때, 아르키메데스 전설은 사실일 가능성이 희박하다. 그러나 오늘날의 자동차 전조등, 위성안테나 접시, 망원경의 반사경 등은 포물선의 성질을 성공적으로 이용한 작품들이다.

첫눈에 보면, 세 가지 원추곡선들은 전혀 다른 종류인 것처럼 보인다. 하나는 닫힌 고리이고, 또하나는 한 개의 휘어진 곡선이고, 마지막은 두 개의 분리된 곡선이다. 이 곡선들 모두가 동일한 종류에 속한다는 사실을 분명히 알려면, 이중원뿔을 평면으로 자를 때 이들이 생겨난다는 것을 확인해야 한다. 이렇게 세 곡선에는 단일한 통합적 패턴이 있다. 그러나 이 패턴을 발견하려면, 더 높은 차원으로 올라가야 한다는 사실을 주목하라. 세 곡선은 모두 이차원 평면에 있지만, 이들을 통합하는 패턴은 3차원적 패턴이다.

세 원추곡선을 연결시키는 또다른 패턴—대수학적 패턴—은 프랑스의 수학자이자 철학자 데카르트에 의해 발견되었다. 데카르트는 좌표 기하학을 도입한 인물이다. 데카르트의 좌표 기하학을 이용하면, 도형들을 대수학 방정식으로 표현할 수 있다. 예를 들어 원추곡선들은, 변수 x와 y로 이루어진 2차함수로 표현된다. 다음 절에서 우리는 데카르트가 기하학에서 이룬 업적을 살펴볼 것이다.

천장을 기어다니는 파리

1637년 데카르트는 과학적 방법에 관한 매우 독창적인 분석을 담은 저술『방법에 관한 논의 Discours de la Méthode』(『방법서설』)를 출간했

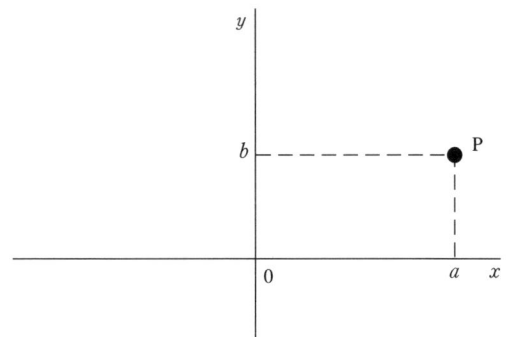

[그림 4-11] 데카르트가 도입한 좌표축들. 주어진 한 쌍의 좌표축을 기준으로 해서, 평면에 있는 모든 각각의 점은 한 쌍의 실수를 자신의 고유한 이름처럼 가진다. 그림에서 점 P는 좌표 (a, b)를 가진다. 이때 a, b는 실수이다.

다. 이 책에 덧붙인 부록 중 하나인 '기하학'에서 그는 혁명적으로 새로운 기하학 방법을 수학계에 선사했다. 데카르트가 선사한 방법은 대수학이다. 사실상 데카르트가 이 저술로 일으킨 혁명은 완벽한 혁명이었다. 수학자들은 그의 새로운 방법에 힘입어 기하학 문제를 푸는 데 대수학 기법을 사용할 수 있게 되었을 뿐만 아니라 기하학 자체를 대수학의 한 분야로 간주할 수 있는 새로운 가능성도 얻었다.

데카르트의 근본적인 착상은 (2차원의 경우를 고려한다면) 한 쌍의 좌표축을 도입하는 것이었다. 두 좌표축은 〔그림 4-11〕에서처럼 서로 직교하는 두 개의 실수 직선이다. 두 축의 교차점은 (좌표의) 원점이라 불린다. 두 축은 거의 대부분의 경우 x-축과 y-축으로 명명된다. 일반적으로 원점은 0으로 표기된다.

평면 위의 모든 점들은 좌표축에 의해서 한 쌍의 실수로 된 고유한 이름을 얻게 된다. 그 이름은 점의 x-좌표와 y-좌표이다. 이제 x와 y가 포함된 대수학적 표현을 써서 기하학적 도형들을 나타낼 수 있을 것이다. 구체적으로 직선과 곡선은 x와 y를 포함한 대수학 방정식으로 표현된다.

예를 들어 기울기가 m이고 $y=c$에서 y축과 만나는 직선의 방정식은 다음과 같다.

$$y = mx + c$$

중심이 점 (p, q)이고 반지름이 r인 원의 방정식은 다음과 같다.

$$(x-p)^2 + (y-q)^2 = r^2$$

두 괄호를 풀고 방정식을 재배열하면 다음의 방정식을 얻을 수 있다.

$$x^2 + y^2 - 2px - 2qy = k$$

이때 $k = r^2 - p^2 - q^2$이다. 일반적으로 위의 형태를 지니면서 $k + p^2 + q^2$이 양수인 모든 방정식은 중심이 (p, q)이고 반지름이 $\sqrt{k + p^2 + q^2}$인 원을 나타낸다. 특수한 경우로 반지름이 r이고 중심이 원점인 원의 방정식은 다음과 같다.

$$x^2 + y^2 = r^2$$

중심이 원점인 타원의 방정식은 다음의 형태를 가진다.

$$\frac{x^2}{a^2} + \frac{y^2}{b^2} = 1$$

포물선의 방정식은 다음의 형태이다.

$$y = ax^2 + bx + c$$

마지막으로 원점을 중심으로 하는 쌍곡선의 방정식 형태는 다음과 같다.

$$\frac{x^2}{a^2} - \frac{y^2}{b^2} = 1$$

또는 (특수한 경우에는) 다음의 형태를 가진다.

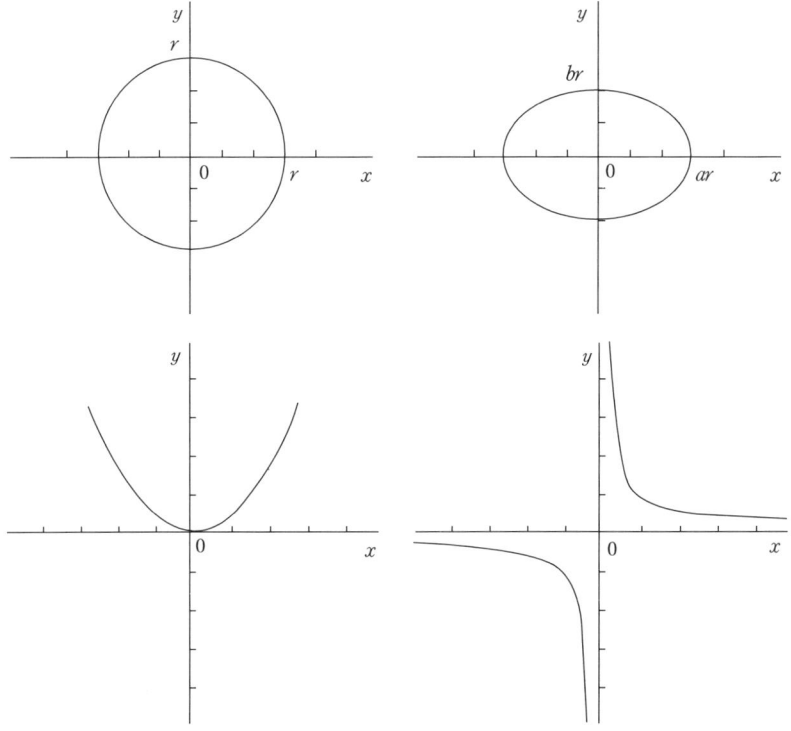

〔그림 4-12〕 원추곡선의 그래프. 왼쪽 위부터 시계 방향으로 원 $x^2+y^2=r^2$, 타원 $\dfrac{x^2}{a^2}+\dfrac{y^2}{b^2}=1$, 포물선 $y=x^2$, 쌍곡선 $xy=1$

$$xy=k$$

이 곡선들의 예는 〔그림 4-12〕에 있다.

 진실일 수도 있고 아닐 수도 있지만, 흔히 얘기되는 전설로, 데카르트가 파리를 보고 혁명적으로 새로운 기하학 방법을 개발하는 영감을 얻었다는 얘기가 있다. 그 전설에 따르면, 병약한 데카르트가 어느 날 침대에

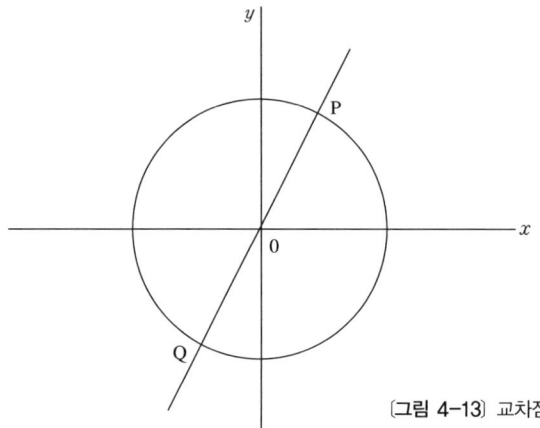

[그림 4-13] 교차점 P와 Q를 찾으려면 원의 방정식과 직선의 방정식을 연립해서 풀면 된다.

누워 있다가, 천장을 기어다니는 파리를 보게 되었다고 한다. 움직이는 파리를 보고 있다가 그는, 어느 순간에든 파리의 위치를 두 벽으로부터 떨어진 거리를 통해 기술할 수 있음을 깨달았다. 데카르트는 한 거리를 다른 거리를 통해 나타내는 방정식을 적음으로써 날아가는 파리의 경로를 대수학적으로 나타낼 수 있었다.

 직선과 곡선을 나타내기 위해 대수학 방정식을 사용한다면, 고대 그리스인들이 했던 기하학적 논변은, 방정식 풀이를 비롯한 대수학 연산으로 대체될 수 있다. 예를 들어 두 곡선의 교차점을 알아내는 작업은, 두 방정식의 공통해를 찾는 작업에 대응한다. [그림 4-13]의 점 P, Q를 찾으려면—직선 $y=2x$가 원 $x^2+y^2=1$과 만나는 상황이다—이 두 방정식을 연립해서 풀면 된다. 두번째 방정식에 $y=2x$를 대입하면, 방정식 $x^2+4x^2=1$이 나온다. 이 방정식의 해는 $x=\pm\dfrac{1}{\sqrt{5}}$ 이다. 방정식 $y=2x$를 써서 각각의 x값에 대응하는 y값을 찾을 수 있다. 따라서 교차점들의 좌표는 P = ($\dfrac{1}{\sqrt{5}}$, $\dfrac{2}{\sqrt{5}}$), Q = (-$\dfrac{1}{\sqrt{5}}$, -$\dfrac{2}{\sqrt{5}}$)이다.

 또다른 예를 들자면, 두 직선이 서로 수직일 조건은 방정식들이 가져야 하는 다음과 같은 단순한 조건에 대응한다. 두 직선 $y=mx+c$와 $y=nx+d$는 $mn=-1$일 때, 그리고 오직 그때만 서로 수직이다.

미적분학의 기법을 동원하면, 곡선의 접선과 관계된 방정식들도 대수학적으로 다루어질 수 있다. 예를 들어 곡선 $y=f(x)$의 점 $x=a$에서의 접선의 방정식은 다음과 같다.

$$y=f'(a)x+[f(a)-f'(a)a]$$

데카르트가 제안한 대수학적 기법을 쓴다고 해서 기하학 연구가 대수학이 되는 것은 아니다. 기하학은 모양의 패턴을 연구한다. 그 연구가 수학이 되기 위해서는, 연구의 초점이 그 패턴의 우연적인 표현이 아닌 패턴 그 자체에 놓여야 하며, 연구의 방법이 논리적이어야 한다. 그러나 연구에 동원하는 도구에는 제한이 없다. 도구는 물리적이든 개념적이든 어떤 도구라도 좋다. 데카르트처럼 대수학적 기법을 써서 모양의 패턴을 연구한다 할지라도, 산출되는 결론이 반드시 기하학이 아닌 대수학이 되어버리는 것은 아니다. 마치 미적분학 기법을 써서 자연수의 성질을 연구한다 하더라도(해석 수 이론의 경우), 산출되는 결론이 수 이론의 영역 밖에 있는 것이 아닌 것과 마찬가지로 말이다.

수학자들은 기하학에 대수학적 기법을(또한 미적분학에 기반을 둔 해석학 기법을) 도입함으로써 더 높은 정확도와 더 강력한 추상 능력을 얻었으며, 이를 통해 다른 방식으로는 접근이 불가능했을 영역까지 모양의 연구를 확장시켰다. 이 새로운 기법들의 위력을 보여준 초기의 사례로, 그리스 시대 이래 미해결이었던 세 개의 기하학 문제가 19세기 말에 해결된 것을 들 수 있다.

원과 면적이 같은 정사각형 만들기

폭과 길이를 아는 직사각형이나 정사각형의 면적을 계산하는 일은 다만 곱셈으로 충분한 단순한 과제이다. 원이나 타원처럼 경계선이 휘어진 도형의 면적을 계산하는 일은 훨씬 더 어렵다. 이 일을 해결하기 위해 그리스인들은 소진법을 이용했으며, 오늘날 수학자들은 적분법을 이용한다. 이 두 방법은 모두 곱셈보다 훨씬 더 복잡하다.

생각해볼 수 있는 또하나의 계산법은, 휘어진 도형과 동일한 면적을 가지는 정사각형을 찾은 다음, 그 정사각형의 면적을 쉽게 계산하는 것이다. 그런 정사각형을 찾을 수 있을까? 그리고 찾을 수 있다면, 어떻게 찾을 것인가? 이 문제는 주어진 도형을 정사각형화하는 문제로, 그리스인들은 이 문제를 풀기 위해 상당히 오랜 세월을 투자했다. 가장 간단한 문제는—적어도 문제를 내기에는 가장 간단하다—원을 정사각형화하는 것이다. 즉 원이 주어졌을 때, 그 원과 동일한 면적을 지니는 정사각형을 찾는 문제이다.

당연히 그리스인들은 유클리드의 『기하학 원론』에서 사랑받은 '순수' 도구인 자와 컴퍼스를 이용해서 문제의 정사각형을 작도하는 방법이 있는지 탐구했다. 그러나 그들은 그런 방법을 찾을 수 없었다. 뒤이은 수많은 세대의 수학자들이, 일류든 삼류든 전문가든 아마추어든 이 문제에 손을 댔지만, 아무도 성공하지 못했다(이 문제는 정확한 답을 요구한다는 사실을 주목하라. 근사값을 얻으려 한다면, 자와 컴퍼스로 작도하는 방법이 여러 가지 있다).

1882년 독일 수학자 린데만(Ferdinand Lindemann)이 자-컴퍼스-작도로는 원을 정사각형화하는 것이 불가능함을 증명함으로써 마침내 오랜 세월에 걸친 노력에 종지부를 찍었다. 그의 증명은 데카르트의 좌표

기하학을 이용한 순전히 대수학적인 증명이었다. 그 증명은 다음과 같다.

우선 자와 컴퍼스를 이용한 작도에 대응하는 대수학적 표현이 있다. 매우 기초적인 고찰만으로도 다음의 사실을 알 수 있다. 자와 컴퍼스를 이용해서 작도할 수 있는 임의의 길이는, 정수에서 시작해서 일련의 덧셈, 뺄셈, 나눗셈, 그리고 제곱근 구하기만을 써서 얻을 수 있다. 즉 고대 그리스의 도구들을 이용해서 작도 가능한 길이는 오늘날 대수적인 수라 불리는 크기일 수밖에 없다. 즉 그 길이는 다음과 같은 형태의 다항 방정식의 해로 얻어질 수 있다.

$$a_n x^n + a_{n-1} x^{n-1} + \cdots\cdots + a_2 x^2 + a_1 x + a_0 = 0$$

이때 계수 $a_n, \cdots\cdots, a_0$은 모두 정수이다.

대수적이지 않은 실수는 초월수라 불린다. 초월수는 모두 무리수이다. 하지만 그 역은 성립하지 않는다. 예를 들어 $\sqrt{2}$는 무리수이지만, 다음과 같은 방정식의 해이므로 초월수가 아니다.

$$x^2 - 2 = 0$$

린데만이 증명한 것은, 수 π가 초월수라는 것이었다. 그는 미적분학의 방법을 써서 증명에 성공했다.

π가 초월수라면, 원을 정사각형화하는 것은 불가능해진다. 이제 그 이유를 살펴보자. 단위원, 즉 반지름의 길이 $r = 1$인 원을 생각해보자. 단위원의 면적은 $\pi \times r^2 = \pi \times 1 = \pi$이다. 그러므로 만일 당신이 단위원과 면적이 같은 정사각형을 작도할 수 있다면, 그 정사각형의 면적은 π일 것이고, 따라서 한 변의 길이는 $\sqrt{\pi}$일 것이다. 당신은 그렇게 자와 컴퍼

스만을 써서 길이 $\sqrt{\pi}$를 작도했을 것이다. 그런데 그것은 $\sqrt{\pi}$가 대수적인 수임을 의미하고, 따라서 π가 대수적임을 의미한다. 이는 린데만의 결론에 모순된다.

데카르트적 기법을 통해 해결된 또하나의 고대 그리스 문제는 정육면체를 두 배로 만들기 문제이다. 즉 한 정육면체가 있을 때, 정확히 그 정육면체 체적의 두 배인 체적을 가지는 다른 정육면체의 변의 길이를 구하는 문제이다. 그리스인들이 내놓은 문제답게 이 문제 역시 자와 컴퍼스만으로 해결할 것을 요구하고 있고, 역시 이 조건을 약간 완화하면 해결될 수 있다. 소위 뉴시스 작도(neusis construction)라 불리는 방법을 쓰면 쉽게 문제를 해결할 수 있다. 이 작도는 컴퍼스와 표시가 있는 자를 이용하는데, 특정한 조건이 성립되는 지점까지 도면 위에서 자를 미끄러뜨리는 과정을 포함한다. 다른 해법은 원추곡선을 이용하는 해법이다. 또한 원기둥, 원뿔, 토러스가 사용되는 3차원 작도도 있다.

대수학을 이용한 해결을 살펴보자. 만일 당신이 단위 정육면체, 즉 부피가 1인 정육면체를 두 배로 만든다면, 새로 만든 정육면체의 부피는 2일 것이고, 변의 길이는 $\sqrt[3]{2}$일 것이다. 그러므로 대수학적으로 본다면, 단위 정육면체를 두 배로 만들기 문제는 3차방정식 $x^3=2$를 푸는 문제에 해당한다. 린데만의 증명보다 약간 간단한 논증을 동원하면, 이 방정식이 일련의 산술적 연산(덧셈, 곱셈, 뺄셈, 나눗셈)과 제곱근 구하기를 통해서는 해결될 수 없음을 증명할 수 있다. 즉 자-컴퍼스-작도로는 단위 정육면체를 두 배로 만들 수 없다.

오랜 세월 동안 미해결로 남아 있어 유명해진 세번째 그리스 문제는 각을 삼등분하는 문제이다. 주어진 임의의 각에 대해서, 정확히 그 각의 $\frac{1}{3}$의 크기를 가지는 각을 자와 컴퍼스만을 써서 작도하는 것이 문제이다.

몇 가지 특정한 각에 대해서는 쉽게 문제를 해결할 수 있다. 예를 들어 직각을 삼등분하는 것은 쉬운 일이다. 당신은 그냥 30도를 작도하면 된다. 그러나 문제가 요구하는 것은 모든 경우에 유효한 방법을 찾으라는 것이다. 이 경우에도 마찬가지로, 자와 컴퍼스만 사용하라는 제한을 완화하면 일반적인 해법을 얻을 수 있다. 구체적으로 말하자면, 각의 삼등분은 뉴시스 작도를 통해 쉽게 해결된다.

대수학적으로 보면, 임의의 각의 삼등분은 3차방정식을 푸는 것에 해당하는데, 이미 언급했듯이 기초 산술 연산과 제곱근 구하기만으로는 3차방정식을 풀 수 없다. 그러므로 자와 컴퍼스만 사용할 경우 임의의 각의 삼등분은 불가능하다.

언급한 세 개의 문제가 그 자체로 중요한 수학적 문제였던 것은 아님을 다시 한번 강조해야겠다. 자와 컴퍼스에 국한된 작도를 하는 것은 그리스인들의 지적인 놀이였다고 해도 과언이 아니다. 만일 이 제한 조건이 없다면, 그리스인들도 위의 세 문제를 풀 수 있었다. 우리가 언급한 문제들이 유명해진 이유는 다만 오랫동안 해결되지 않았기 때문이다.

세 경우에 모두 문제가 순수 기하학적 과제로부터 대수학적 과제로 번역되어, 다른 수학 기법들이 문제에 적용될 수 있게 된 이후에 해결되었다는 사실은 매우 흥미롭다. 원래 문제는 특정한 도구들을 이용한 기하학적 작도의 패턴(즉 과정)과 관련되어 있었다. 문제 해결의 핵심은 원래의 패턴과 동등한 대수학적 패턴을 통해 문제를 새롭게 표현하는 것에 있었다.

비유클리드 기하학의 발견

227쪽에서 언급했듯이, 애초에 유클리드가 제시할 때부터 제5공리,

즉 '평행선 공리'에는 문제가 있다고 여겨졌다. 그 공리가 참이라는 사실은 전혀 의문시되지 않았다. 다시 말해서 그 공리가 '자명하다'고 모두가 동의했다. 그러나 수학자들은 그 공리가 충분히 기초적이지 않아서 공리가 되기에는 부적절하다고 느꼈다. 수학자들은 그 공리가 증명되어 정리가 되어야 한다고 생각했다.

여러 가지 대안적인 명제가 제5공리와 동치라는 사실이 밝혀지면서 공리의 '자명성'이 더욱 강화되는 것처럼 보였다. 유클리드의 원래 명제—사실상 동치인 여러 명제 중 가장 자명하지 않은 명제이다—외에도 다음의 명제들 모두가 제5공리와 완벽하게 동치라는 사실이 밝혀졌다.

플레이페어 공리 한 직선이 있고, 그 직선 위에 있지 않은 한 점이 있을 때, 그 점을 지나면서 그 직선에 평행한 직선은 단 한 개 있다('평행하다'의 형식적 정의는 다음과 같다. 두 직선이 평행하다면, 두 직선은 아무리 연장한다 할지라도 서로 만나지 않는다).
프로클루스 공리 한 직선이 두 평행선 중 하나와 교차한다면, 그 직선은 다른 하나의 평행선과도 교차한다.
등거리 공리 두 평행선 사이의 거리는 어느 곳에서나 동일하다.
삼각형 공리 삼각형의 내각의 합은 두 직각이다.
삼각형 면적의 성질 삼각형의 면적은 임의로 커질 수 있다.
세 점의 성질 세 점은 한 직선 위에 있거나, 아니면 원 위에 있거나, 두 가능성 중 하나다.

대부분의 사람들은 이 명제들 중 여러 개가 '자명하다'고 여긴다. 일반적으로 사람들은 처음 언급한 세 명제, 그리고 어쩌면 삼각형 면적의 성질까지가 자명하다고 여길 것이다. 왜 그럴까? 플레이페어 공리를 예로 들어보자. 당신은 그 명제가 참임을 어떻게 아는가? 당신은 그 명제를 어떻게 검증할 수 있는가?

당신이 종이 위에 직선 하나를 긋고 그 직선 위에 있지 않은 점 하나를 찍는다고 해보자. 이제 당신이 해야 할 일은, 그 점을 지나면서 주어진 직선에 평행인 직선이 오직 하나라는 것을 보이는 일이다. 그런데 이 일은 매우 어려운 일임에 분명하다. 첫째 당신이 연필을 아무리 잘 깎는다 하더라도, 당신이 그은 직선은 유한한 굵기를 가질 것이며, 따라서 당신은 실제 직선이 정확히 어디에 있는지 알 수 없다. 둘째 당신이 그은 두 번째 직선이 첫번째 직선과 실제로 평행한지를 검사하려면, 당신은 두 직선을 무제한 늘여야 할 것이다. 그러나 이 작업은 불가능하다(주어진 직선과 종이 위에서 만나지 않는 직선은 많이 그릴 수 있다).

즉 플레이페어 공리는 실험적으로 검증할 수 있는 종류의 명제가 아니다. 삼각형 공리는 어떠한가? 물론 이 공리를 검증하는 데는 직선을 무제한 연장하는 작업이 필요치 않다. 검증은 '종이 위에서' 이루어질 수 있다. 평행선이 단 하나뿐이라는 명제가 자명한 만큼 삼각형의 내각의 합이 180도라는 명제도 자명하다고 느끼는 강력한 직관력의 소유자는 아마 없을 것이다. 그러나 평행선 명제와 삼각형 명제는 완전히 동치이므로, 삼각형 명제를 뒷받침하는 직관이 부재한다 하더라도, 그 명제의 타당성에는 지장이 없다.

이제 당신이 삼각형을, 그리고 그 삼각형의 내각들을 0.001도 이하의 오차로 측정하여 합을 계산한다고 가정해보자. 이 가정은 오늘날의 기술 수준에서 충분히 가능한 가정이다. 만일 각들의 합이 180도로 측정되었다면, 당신이 확실하게 내릴 수 있는 최선의 결론은, 각들의 합이 179.999도보다 크고 180.001도보다 작다는 것이다. 이 결론은 엄밀하지 못하다.

한편 이 방법을 이용해서 제5공리가 거짓임을 밝히는 것은 원리적으로 가능하다. 만일 당신이 어떤 삼각형의 내각의 합을 측정했는데, 그 결과가 179.9도였다고 해보자. 그렇다면 당신은 그 삼각형의 내각의 합이 179.899도보다 크고 179.901보다 작음을 확실하게 알 수 있다. 즉 합이 180도일 수 없음을 알 수 있다.

수학사의 뒷얘기에 따르면, 19세기 초반에 가우스 자신이 제5공리를 실험적으로 검증하는 시도를 했다고 한다. 무한히 가는 직선을 긋는 문제를 우회하기 위해 가우스는 빛을 직선으로 이용했고, 오차의 효과를 최소화하기 위해 매우 큰 삼각형을 측정 대상으로 삼았다. 삼각형의 세 꼭지점은 세 개의 산꼭대기에 있었다. 산꼭대기 하나에서 불을 지피고, 다른 산꼭대기에는 거울을 설치함으로써, 가우스는 광선으로 만들어진 거대한 삼각형을 얻을 수 있었다. 측정된 값에 따르면, 그 삼각형의 내각의 합은 측정 오차 한계 이내에서 180도였다. 또한 세상에 안도감을 선사하기 위해서라도 되는 듯이, 측정 오차는 30초 이상이었다. 따라서 가우스의 실험은 아무것도 증명할 수 없었다. 그 실험이 증명한 것은 다만, 변의 길이가 수킬로미터인 거대한 삼각형의 내각의 합이 180도에 매우 근접한다는 것뿐이다.

사실상 우리의 일상 경험에는 제5공리를 받쳐주는 튼튼한 기반이 없는 것 같다. 그럼에도 불구하고 우리는, 예를 들어 플레이페어 공리의 형태로 그 공리를 믿는다. 다시 말해서 사실상 우리는 플레이페어 공리가 자명하다고 여긴다. 길이만 있고 폭은 없는 추상적 직선 개념은 완벽하게 건전해 보인다. 사실상 우리는 그런 추상적 대상을 상상 속에서 그릴 수 있다. 그런 직선 두 개가 무제한 연장된다는 생각, 어느 곳에서나 서로간에 간격이 같고 서로 만나지 않는다는 생각은 유의미해 보인다. 또한 우리는 평행선이 존재하며 독특한 성질을 가진다는 것을 뿌리깊이 믿고 있다.

내가 이 장 첫머리에서 잠깐 언급했듯이, 이러한 근본적인 기하학적 개념들과 그 개념들에 동반되는 직관들은, 우리가 사는 물리적 세계의 일부가 아니다. 그 개념들은 우리 자신의 부분들이다. 우리 인간이라는 인지적 존재가 구성된 방식 중 일부이다. 유클리드 기하학은 세계가 '만들어진'—'만들어진'이 무슨 뜻이건 간에—방식일 수도 있고 그렇지 않을 수도 있다. 그러나 유클리드 기하학이, 인간이 세계를 지각하는 방식을 표현한다는 사실은 그럴듯해 보인다.

그렇다면 이 모든 것들이 기하학자를 벗어나 외부로 나가는 지점은 어디일까? 기하학자는 우리의 지각 방식으로부터 이상화를 통해 얻은 추상물들인 '점' '직선' '곡선' 등을 다루는 자신의 작업을 어떤 토대 위에 세울 수 있을까? 오직 공리들만이 토대가 된다는 것이 옳은 대답이다. 기하학자가 수학적 진리를 표현하는 정리들을 확정하고자 할 때, 작업의 토대가 되는 것은 말 그대로 오직 공리들뿐이다. 실제 경험이나 물리적 측정은 우리에게 수학적 앎이 지니는 확실성을 주지 못한다. 기하학에서 증명을 구성할 때 우리는 우리의 추론 과정을 제어하기 위해 직선, 원 등을 머릿속으로 떠올린 그림에 의지할 수도 있다. 그러나 우리의 증명은 그 대상들에 관해 말해주는 공리들에만 의지해야 한다.

이미 유클리드가 기하학을 공리화하는 시도를 했지만, 전적으로 공리에만 의지해야 한다는 지침의 중요성을 수학자들이 충분히 깨닫고 유클리드 기하학이 우리가 사는 세계의 기하학이라는 자명한 직관을 버리기까지는 2천 년의 세월이 걸렸다.

이 깨달음을 향한 첫번째 중요한 발걸음을 내디딘 사람은 사케리(Girolamo Saccheri)라는 이름의 이탈리아 수학자였다. 그는 1733년 『모든 결함을 제거한 유클리드 기하학 *Euclid Freed of Every Flaw*』이라는

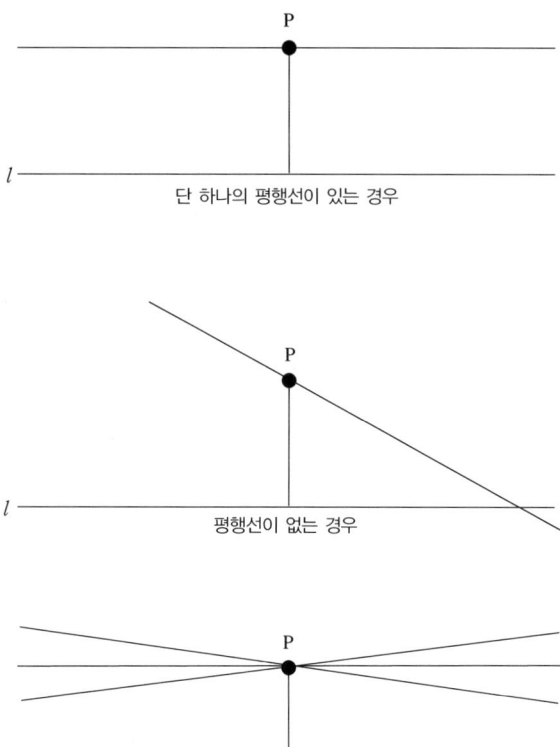

〔그림 4-14〕 평행선 공리. 직선 *l*과 직선 위에 있지 않은 점 P가 있을 때, P를 지나면서 *l*에 평행인 직선들의 존재 여부에는 세 가지 가능성이 있다. 단 하나의 평행선이 있거나, 평행선이 없거나, 둘 이상이 있을 수 있다. 평행선 공리는 이 중 첫번째 가능성이 옳다고 말한다.

제목으로 두 권짜리 저술을 발표했다. 이 저술에서 그는 제5공리의 부정으로부터 모순을 도출함으로써 제5공리가 참임을 증명하려 했다.

한 직선이 있고, 그 직선 위에 있지 않은 한 점이 있을 때, 그 점을 지나면서 주어진 직선에 평행인 직선의 수와 관련해서 다음의 세 가지 가능성이 있다.

1. 오직 한 개의 평행선이 있다.
2. 평행선이 없다.
3. 두 개 이상의 평행선이 있다.

〔그림 4-14〕는 이 세 가지 가능한 경우를 나타낸다.

첫번째 가능성은 유클리드의 제5공리가 말하는 바이다. 사케리는 나머지 두 가능성 각각으로부터 모순을 도출하려 했다. 그는 유클리드의 제2공리가 요구하는 것이 직선들이 무한히 길어야 한다는 것이라고 가정할 경우, 두번째 가능성으로부터 모순이 도출됨을 발견했다. 한편 세번째 가능성을 제거하기는 쉽지 않았다. 사케리는 세번째 가능성으로부터 도출되는 반(反)직관적인 귀결들을 여럿 발견했지만, 형식적인 모순을 발견할 수는 없었다.

백 년이 지난 후 각기 독자적으로 연구한 네 명의 수학자들이 사케리와 동일한 방식으로 제5공리에 접근했다. 그러나 그들은 사케리가 감행하지 못한 결정적인 한 걸음을 더 내디뎠다. 그들은 제5공리가 성립하는 기하학만이 가능한 유일한 기하학이라는 믿음으로부터 자유로울 수 있었다.

첫번째 수학자는 가우스였다. 그는 세번째 가능성과 동치인 명제, 즉 삼각형의 내각의 합이 두 직각보다 작다, 라는 명제를 연구함으로써 세번째 가능성으로부터 비일관성이 도출되는 것이 아니라 오히려 기이한 대안적 기하학—비유클리드 기하학—이 도출될 수 있다는 것을 깨달았다. 가우스는 이 연구를 발표하지 않았기 때문에 정확히 언제 그의 연구가 이루어졌는지는 알 수 없다. 이 연구와 관련해서 우리에게 남아 있는 최초의 언급은 1824년 가우스가 동료 타우리누스(Franz Taurinus)에게 보낸 사적인 편지 속에 들어 있다. 가우스는 이렇게 말한다.

세 각의 합이 180도보다 작다고 가정하면 기이한 기하학이 만들어진다. 그 기하학은 우리의 기하학과 무척 다르지만 완벽하게 일관적이다. 나는 그 기하학을 내가 충분히 만족할 만큼 발전시켰다.

1829년에 쓴 다른 편지에서 가우스는, 자신이 연구를 발표하지 않는 이유에 대해 다음과 같이 분명하게 밝혔다. 유클리드 기하학이 가능한 유일한 기하학이 아니라고 주장한 사람으로 기록될 경우 가우스 자신의 명성에 심각한 손상이 생길 것을 두려워하기 때문이라고 말이다.

가장 성공적인 사람에게는 가장 큰 압력이 가해지기 마련이다. 젊은 헝가리인 포병장교 야노스 보요이(János Bolyai)는 그런 압력 앞에서 주저하지 않았다. 보요이의 아버지는 가우스의 친구이며, 평행선 공리를 연구한 수학자였다. 아버지는 아들에게 평행선 문제로 시간을 낭비하지 말라고 조언했지만, 아들은 조언을 무시했고, 아버지가 감행하지 못한 과감한 발걸음을 내디딜 수 있었다. 가우스가 이미 발견했듯이, 보요이도 세번째 가능성으로부터 비일관성이 아니라 완전히 새로운 기하학이 귀결된다는 것을 발견했다. 야노스 보요이의 연구는 그의 아버지의 저술에 부록으로 첨부되어 1832년에 발표되었다. 가우스는 그제서야 자신이 이미 그 새로운 기하학을 연구했다는 사실을 두 사람에게 전했다.

보요이에게는 아쉽게도, 가우스가 이미 그를 앞질렀고, 보요이가 살아 있는 동안에는 그의 연구가 널리 인정받지 못했다. 뿐만 아니라 비유클리드 기하학을 발표한 사람도 보요이가 최초가 아니었다. 보요이의 연구가 발표되기 3년 전인 1829년에 카잔 대학 교원인 로바체프스키(Nikolay Lobachevsky)가 『가상적인 기하학 Imaginary Geometry』이라는 제목으로 보요이의 연구와 본질적으로 같은 내용을 담은 논문을 발표했다.

그러므로 이제 두 개의 기하학이 존재한다. 하나는 평행선이 단 하나인 유클리드 기하학이며, 다른 하나는 다수의 평행선이 존재하는 기하학이다. 이 두번째 기하학은 오늘날 쌍곡선 기하학이라 불린다. 얼마 지나지 않아 세번째 기하학이 추가되었다. 1854년 리만은 사케리가 두번째 가능성―주어진 외부점을 지나면서 주어진 직선에 평행인 직선이 없다는 명제―으로부터 도출한 모순을 재검토했고, 그 모순을 피할 수 있음을 발견했다. 사케리가 범한 결정적인 실수는 유클리드의 제2공리가 직선의 무한성을 함축한다고 가정한 것이었다. 이 가정은 전혀 타당하지 않다.

리만은 두번째 가능성이 유클리드의 나머지 네 개의 공리와 일관적일 수 있음을 보이고, 그렇게 일관적으로 해석된 네 공리와 두번째 가능성을 다섯 개의 공리로 채택하면 또다른 기하학이 귀결됨을 보였다. 그 기하학은 리만 기하학이다. 리만 기하학에서는 삼각형의 내각의 합이 항상 두 직각보다 크다.

이 극적인 사건들의 전개 속에서, 유클리드 기하학이 우리가 사는 우주의 기하학이 아니라고 주장한 학자는 없었다. 학자들은 다만, 유클리드의 처음 네 개의 공리에 의해서는 세 가지 가능한 평행선 공리들 중 어느 것이 옳은지 결정되지 않으며, 각각의 가능한 평행선 공리로부터 일관적인 기하학이 귀결된다는 것을 주장했다. 뿐만 아니라 가능한 두번째, 세번째 평행선 공리가 유클리드의 나머지 공리들과 일관적임을 증명한 학자도 없었다. 학자들은 다만 채택된 공리를 기반으로 한 연구에 의지해서, 두 가능성이 나머지 공리들과 일관적일 것이라는 의견을 내놓았을 뿐이다. 두 가지 비유클리드 기하학이 일관적이라는 증명은 1868년 벨트라미(Eugenio Beltrami)에 의해 이루어졌다. 벨트라미는 쌍곡선 기

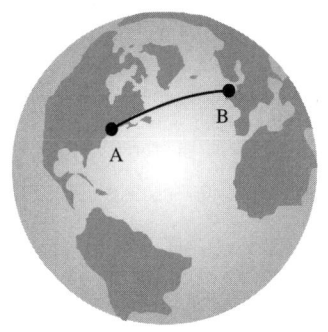

[그림 4-15] 구면 기하학에서 직선은 점 A와 점 B를 잇는 최단거리, 즉 대원경로이다.

하학과 리만 기하학을 유클리드 기하학 내에서 어떻게 해석할 수 있는지를 보임으로써 두 비유클리드 기하학의 일관성을 증명했다.

이 시점에서 우리는, 직관을 버리고 전적으로 공리적인 방법으로 연구한다는 것이 무엇을 의미하는지 얘기할 수 있을 것이다.

유클리드 기하학에서 정의되지 않은 기본 대상은 점과 직선이다(원은 정의될 수 있다. 원은 주어진 점으로부터 같은 거리만큼 떨어져 있는 점들의 집합이다). 우리는 이 대상들에 대해서 다양한 마음속의 그림이나 직관을 가질 수 있지만, 이 그림이나 직관이 공리 속에 자리잡지 않으면, 이 그림이나 직관은 기하학적으로 무의미하다.

유클리드 기하학은 평면을 다룬다. 지구의 표면에 들어맞는 기하학을 생각해보자. 우리는 지구가 완벽한 구라고 가정할 것이다. 우리가 생각하는 기하학을 '구면 기하학'이라 부르자. 지구는 3차원 물체지만, 지구의 표면은 2차원이므로 지표면의 기하학은 2차원 기하학일 것이다. 이 기하학에서 '직선'은 무엇일까? 가장 합리적인 대답은, 표면의 측지선이 직선이라는 것이다. 다시 말해서 점 A와 점 B를 잇는 직선은, A와 B 사이의 최단거리선이다. 구면의 경우, A에서 B로 가는 직선은 대원을

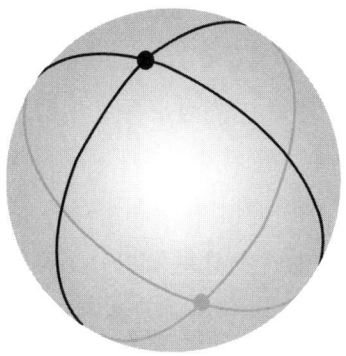

[그림 4-16] 구면 기하학에서는 평행선이 없다. 임의의 두 직선은 한 쌍의 대척점에서 만난다.

따라 A에서 B로 가는 경로이다. [그림 4-15]는 A와 B 사이의 직선을 나타낸다. 지구 밖에서 보면 그 경로가 직선으로 여겨지지 않는다. 왜냐하면 그 경로는 지표면의 곡선을 따라 나아가기 때문이다. 그러나 표면 자체의 기하학이 문제되는 한, 그 경로는 직선이 가져야 할 모든 성질을 가지는 것으로 보인다. 예를 들어 뉴욕에서([그림 4-15]에서 점 A) 런던으로(점 B) 최단시간에 날아가려는 비행기는 그 경로를 따라 날아갈 것이다.

구면 기하학은 유클리드의 처음 네 개의 공리들을 만족시킨다. 단 두 번째 공리의 경우, 끝없는 연장 가능성이 무한성을 함축하지 않는다는 사실을 염두에 두어야만 한다. 구면 기하학에서는, 선분을 연장하면 구면을 한 바퀴 돌아 자기 자신과 만나게 된다. 유클리드의 제5공리는 성립하지 않는다. 임의의 두 직선은 두 대척점에서 만난다. [그림 4-16]을 참조하라.

따라서 리만 기하학의 공리들은 구면의 기하학에서 참이다. 최소한 유클리드가 제시한 형태 그대로 이해한 공리들은 참이다. 그러나 일반적으로 학자들은, 유클리드가 제1공리를 제시함으로써 두 점이 오직 한 직선을 결정하도록 만들 의도를 가지고 있었다고 믿는다. 그렇다면 리만 기하학에서도 똑같은 사실이 성립해야 할 것이다. 구면 기하학은 이 성질을 가지지 않는다. 임의의 두 대척점은 무한히 많은 직선들 위에, 즉 두 대척점을 지나는 임의의 대원 위에 놓인다. 이 강화된 제1공리가 타당한 세계를 얻으려 한다면, 두 대척점이 같은 하나의 점이라고 선언하는 방법이 있다. 물론 이렇게 선언할 경우, 더이상 가시화가 불가능한 기하학적 괴물이 탄생하겠지만 말이다. 이 괴상한 세계는 비록 가시화할 수 없지만, 그럼에도 불구하고 리만 기하학의 수학적으로 건전한 해석이다. 리만 기하학의 모든 공리들이, 따라서 또한 모든 정리들이 이 세계 속에서 참이다. 이 세계 속에서 '점'은 '구면이었던 것' 위의 점이며, '직선'은 두 대척점을 같은 하나의 점으로 보는 한에서 구면의 대원으로부터 얻은 경로이다.

이제까지 설명한 리만의 세계는 가시화가 불가능하지만, 실제로 리만 기하학을 하는 작업은 그다지 어렵지 않다. 어려움은 다만 세계 전체를 한꺼번에 생각하려 할 때 발생한다. 두 대척점을 동일시하는 기이한 가정은 다만 '무한히 긴' 직선—즉 구면의 절반 이상을 감는 직선—에 얽힌 문제들을 피하기 위해서 필요하다. 보다 작은 규모에서는 그런 문제들이 없으므로, 리만 기하학은 구면 기하학과 같아진다. 구면 기하학은 지구라는 행성에 거주하면서 구면 위를 돌아다니는 존재자들에게 매우 친숙하다.

예를 들어 우리는 일상적인 장거리 여행을 통해서, 삼각형의 내각의 합이 두 직각보다 크다는 리만 기하학의 정리를 경험적인 사실로 확인할 수 있다. 실제로 삼각형이 크면 클수록 내각의 합도 커진다. 극단적인 경우로 북극에 꼭지점 하나가 있고, 나머지 두 꼭지점이 적도 위에, 즉 하나는 그리니치를 지나는 경도선 위에 있고 다른 하나는 서경 90도에 있

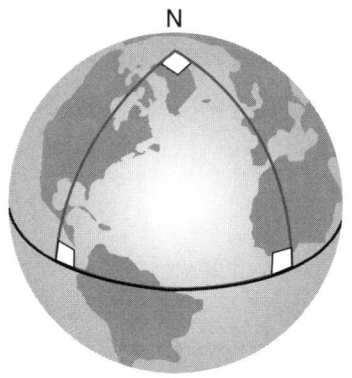

〔그림 4-17〕 구면 기하학에서 삼각형의 내각의 합은 180도보다 크다.

는 삼각형을 생각해보자(〔그림 4-17〕을 참조하라). 이 삼각형의 내각은 각각 90도이므로 내각의 합은 270도이다(이 삼각형은 구면 기하학적으로 삼각형임을 상기하라. 각각의 변은 대원의 부분이다. 따라서 이 도형은 구면 기하학의 세 직선으로 둘러싸인 도형이다).

삼각형이 작으면 작을수록 내각의 합도 작아진다. 지표면의 매우 작은 영역을 차지하는 삼각형들은 180도에 매우 근접하는 내각의 합을 가진다. 사실상 지표면에 붙어 사는 인간에게는 지표면에 그려진 삼각형의 내각의 합이, 평면에서 타당한 유클리드 기하학에서처럼 정확히 180도로 여겨질 것이다. 그러나 수학적으로 말하자면, 구면 기하학과 리만 기하학에서 삼각형의 내각의 합은 절대로 180도와 같지 않고 항상 더 크다.

이제 쌍곡선 기하학을 살펴보자. 일반적인 고찰 방식은 리만 기하학을 고찰할 때와 동일하다. 우리는 쌍곡선 기하학에 대응하는 적절한 곡면의 기하학을, 그 곡면의 측지선을 직선으로 보면서 살펴볼 것이다. 질문은 다음과 같다. 어떤 곡면이 쌍곡선 기하학을 산출하는가? 이 질문에 대한 대답은 아이를 키우는 부모들이 익히 알고 있는 패턴과 관련된다.

끈에 매달린 장난감을 끌면서 걸어가는 아이를 관찰해보라. 아이가 갑

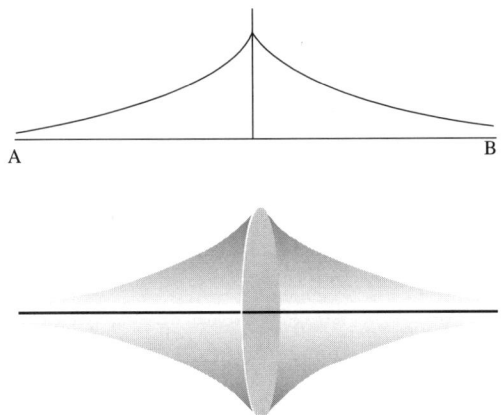

[그림 4-18] 이중 트랙트릭스(위)와 이를 직선 AB를 축으로 회전시켜 만든 곡면인 의구면(아래)

자기 왼쪽으로 방향을 틀면, 뒤에 끌려오는 장난감은 각진 모서리를 만들면서 방향을 트는 것이 아니라 부드러운 곡선을 그리며 끌려온다. 이 곡선은 **트랙트릭스**(tractrix)라 불린다.

이제 [그림 4-18]의 위 그림에서처럼 서로 반대로 놓인 트랙트릭스 둘을 연결하고, 이 곡선을 직선 AB를 축으로 회전시키자. 그 결과로 얻어지는 곡면은 **의구면**(pseudosphere)이라 불린다. [그림 4-18]의 아래 그림은 의구면을 나타낸다. 의구면은 양방향으로 무한히 뻗어 있다.

[그림 4-19]가 보여주듯이 의구면에 그려진 임의의 삼각형의 내각의 합은 180도보다 작다. 의구면의 곡률이 큰 의미를 가지지 못하는 매우 작은 삼각형에서는 내각의 합이 거의 180도이다. 그러나 당신이 한 삼각형을 선택한 다음, 그 삼각형을 점점 크게 확대하면, 내각의 합은 점점 작아진다.

이렇게 동등하게 일관적인 세 개의 기하학이 존재한다면, 그중 어떤 기하학이 옳은 기하학일까—자연에 의해 선택된 기하학은 어떤 것일

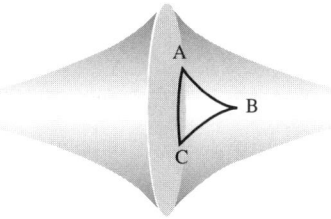

[그림 4-19] 의구면에서 삼각형의 내각의 합은 180도보다 작다.

까? 우리 우주의 기하학은 어떤 것일까? 이 질문에 대해서 최종적인 하나의 답변이 있을지는 분명치 않다. 우주는 그냥 우주로서 존재한다. 반면에 기하학은 우리가 우리의 환경과 만나는 방식 중 특정한 측면만을 반성하여 우리 인간의 정신이 산출한 수학적 창조물이다. 도대체 우주가 기하학에 따라야 할 이유가 있는가?

질문을 다르게 표현해보자. 수학은 인간에게 우주의 측면들을 기술하고 이해하기 위한 매우 강력한 수단을 제공한다. 그렇다면 우리의 우주를 이해하기 위해 가장 적합한 기하학은 어느 것일까? 관측 가능한 자료에 가장 근사하게 대응하는 기하학은 어느 것일까?

작은 규모, 즉 사람이 가늠하는 규모의 세계—지구의 표면 일부 혹은 전체를 포괄하는 규모의 세계—에서는 뉴턴 물리학이 관측 가능한(또한 측정 가능한) 증거와 완벽히 조화를 이루는 이론적 틀이다. 또한 언급한 세 가지 기하학 모두가 타당하다. 유클리드 기하학은 우리가 세계를 지각하는 방식에 대한 우리 자신의 직관과 조화를 이루는 것으로 보이므로 우리는 유클리드 기하학을 '물리적 세계의 기하학'으로 간주해도 좋다.

다른 한편, 보다 큰 규모의 세계에서는—태양계나 은하계 혹은 그 이상의 규모에서는—뉴턴의 틀보다 아인슈타인의 상대론적 물리학이 더 관측 자료에 근접하는 이론이다. 이 규모의 세계에서는 비유클리드 기하학이 더 적합한 기하학인 듯하다. 상대성 이론에 따르면, 공간-시간은 휘어져 있고, 휘어진 정도(곡률)는 우리가 중력이라 부르는 것을 통해 드러난다. 공간-시간의 곡률은, 물리적 우주에서 '직선'인 광선의 운동을 통해 관측할 수 있다. 먼 별빛이 커다란 질량을 지닌 물체에 근접해서 지나가면, 빛의 경로는 둥글게 휘어진다. 마치 지표면 위의 측지선이 표면을 따라 휘어지듯이 말이다.

어떤 비유클리드 기하학을 사용할지의 문제는 어떤 우주론을 선택하는지에 따라 결정된다. 만일 현재의 우주 팽창이 언젠가 멈추고, 이어서 우주가 수축할 것이라고 가정한다면, 가장 적합한 기하학은 리만 기하학이다. 반면에 우주가 영원히 팽창을 계속하리라고 가정한다면, 쌍곡선 기하학이 더 적합한 기하학이다.

특히 흥미로운 사실은, 아인슈타인의 상대성 이론과 그 이론의 우월성을 입증한 천문학적 관측들이, 비유클리드 기하학이 개발되고 50년 이상이 지난 후에 이루어졌다는 점이다. 여기에서 우리는 수학이 우주에 대한 우리의 지식을 얼마나 앞지를 수 있는지를 입증하는 실례를 본다. 주변 세계에서 관찰한 것으로부터 기하학적 패턴을 추상해냄으로써 그리스인들은 풍요로운 수학적 이론인 유클리드 기하학을 개발했다. 19세기를 거치는 동안 이론에 관한 순전히 수학적인 질문들로부터, 즉 공리와 증명에 관한 질문들로부터 다른 종류의 기하학 이론들이 개발되었다. 이 대안적인 기하학들은 원래 순전히 추상적이고 공리적인 이론으로서, 즉 실재 세계에 적용될 가능성이 전혀 없어 보이는 이론으로서 개발되었지만, 이후 밝혀진 진실에 따르면, 그 기하학들은 커다란 규모의 우주를 연구하는 데 유클리드 기하학보다 더 적합하다.

르네상스 화가들의 기하학

지도를 만드는 탐험가나 집을 지으려 하는 목수에게 유클리드 기하학은 유용한 모양의 패턴들을 제공한다. 지구를 일주하는 뱃사람이나 비행기 조종사에게는 구면 기하학이 적당한 틀이다. 천문학자에게는 리만 기하학이나 쌍곡선 기하학의 패턴들이 중요할 것이다. 어떤 기하학이 적당한지의 문제는, 당신이 무엇을 하려 하는지, 그리고 그것을 어떻게 하려 하는지에 달려 있다.

르네상스 시대의 화가 레오나르도 다 빈치와 뒤러(Albrecht Dürer)는 2차원 화폭 위에 깊이를 표현하기를 원했다. 레오나르도와 뒤러 이전에는 어떤 화가도 회화에 깊이를 부여하는 방법이 있으리라는 생각을 하지 못했던 것 같다. 〔화보 2〕에 있는 그림은 3차원의 느낌이 없는 전형적인 15세기 이전의 그림이다. 〔화보 3〕의 그림은 전형적인 르네상스 이후 시대의 그림이다. 이 시대의 화가들은 회화 속에 깊이의 느낌을 집어넣는 방법을 터득했다.

레오나르도와 뒤러가 채택한 핵심적인 생각은 그림의 표면을 창으로 간주하는 것이었다. 화가는 그릴 대상들을 그 창을 통해서 본다. 대상으로부터 출발해서 화가의 눈으로 모여드는 광선들은 그 창을 통과하는데, 이때 광선들과 창이 만나는 지점들은, 대상의 창으로의 사영(射影)을 형성한다. 회화는 그 사영을 표현한다(〔그림 4-20〕에 있는 뒤러의 스케치를 참조하라). 그러므로 화가에게 중요한 패턴은 눈의 위치와 관련된 원근법 패턴과 사영의 패턴이다. 이 패턴들을 연구하기 위해 생겨난 기하학은 사영 기하학이라 불린다.

원근법의 기본 발상은 15세기에 발견되어 점진적으로 회화의 세계를 주도하게 되었지만, 사영 기하학이 수학의 한 분야로 연구되기 시작한

〔그림 4-20〕 뒤러의 목판화 〈기하학적 방법〉. 이 작품은 원근화법 그림이 투사를 통해 만들어지는 모습을 보여준다. 왼쪽에 있는 남자가 든 유리판에 탁자 위에 놓인 대상의 원근화법 상이 맺힌다. 이 상을 포착하기 위해 오른쪽에 있는 화가가 들고 있는 틀에 유리판을 장치했다. 대상에서 나와 화가의 눈을 향하는 광선들(직선들)은 유리판과 만나면서 대상의 상을 형성할 것이다. 그 상은 대상의 유리판으로 투사된 사영이다.

것은 18세기 말에 이르러서였다. 1813년 퐁슬레(Jean-Victor Poncelet)는 러시아에 전쟁 포로로 수감되어 있는 상태에서 사영 기하학에 관한 최초의 책인 『도형의 사영의 성질에 관한 연구 Traité des Propriétés Projectives des Figures』를 썼다. 퐁슬레는 파리 종합기술학교 출신이었다. 19세기를 거치는 동안 사영 기하학은 수학 연구의 중심 분야 중 하나로 성장했다.

유클리드 기하학이 우리 주변 세계에 대한 우리의 정신적인 파악에 대응한다면, 사영 기하학은 우리가 그 세계를 우리의 방식으로 보는 것을 가능케 하는 패턴들을 탐구한다고 할 수 있다. 우리에게 주어지는 시각적 입력은 모두 우리의 망막에 맺히는 2차원 상으로 이루어진다. 화가가 원근법적으로 올바른 그림을 그리면, 우리는 그 그림을 3차원 광경으로 해석할 수 있다. 실례로 [화보 3]의 르네상스 시대 회화를 보라.

사영 기하학의 기본 정신은, 사영으로 옮겨져도(즉 투사되어도) 변하지 않고 유지되는 도형들과 도형들의 성질을 연구하는 것이다. 예를 들어 점은 점으로 되며, 직선은 직선으로 투사된다. 그러므로 점과 직선은 사영 기하학에서 다루는 도형이다.

하지만 실제로는 보다 조심스럽게 문제에 다가가야 한다. 왜냐하면 투사에는 두 종류가 있기 때문이다. 하나는 한 점으로부터 이루어지는 투사로 중심투사라 불린다. [그림 4-21]은 중심투사를 보여준다. 다른 하나는 평행투사로, 무한으로부터 이루어지는 투사라고도 불린다. [그림 4-22]는 평행투사를 보여준다. [그림 4-21]과 [그림 4-22]에서 점 P는 점 P′로, 직선 l은 직선 $l′$로 투사되었다. 그러나 공리화된 사영 기하학

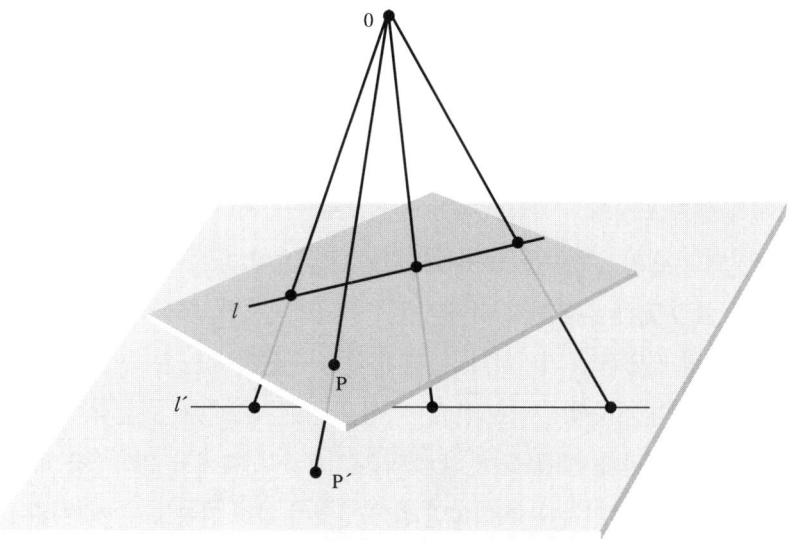

[그림 4-21] 단일점 투사

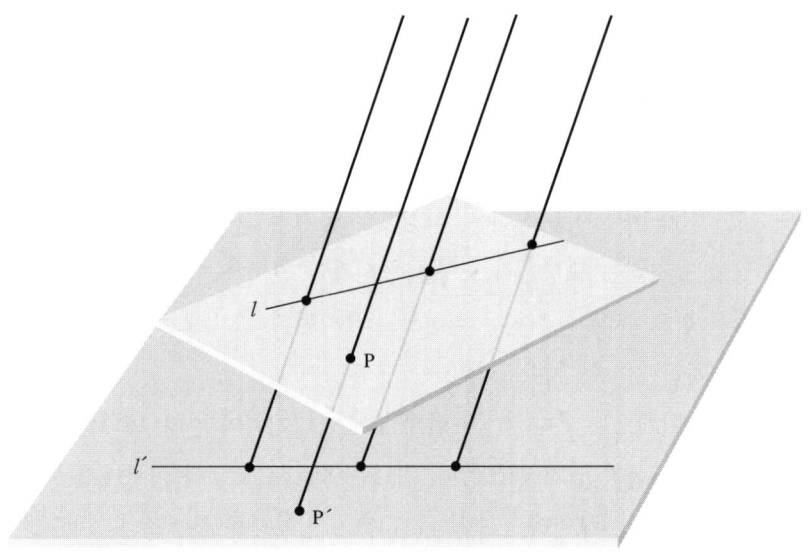

[그림 4-22] 무한으로부터의 투사

에서는 이 두 종류의 투사의 구별이 사라진다. 왜냐하면 형식화된 사영 기하학 이론에서는 평행선이 존재하지 않기 때문이다. 즉 임의의 두 직선은 서로 만난다. 평행선이라 여겨진 직선들은 '무한점'에서 서로 만나는 직선들이 된다.

투사를 통해 대상을 사영으로 옮기면 당연히 길이와 각이, 대상의 상대적 위치 관계에 의해 결정되는 방식으로 변형된다. 그러므로 사영 기하학에는 길이, 각 혹은 합동과 관련된 공리들이 등장할 수 없다. 예를 들면 삼각형 개념은 사영 기하학에서 유의미하지만, 이등변삼각형이나 정삼각형 개념은 무의미하다. 한편 임의의 곡선의 사영은 곡선이다. 이 때문에 사영 기하학에서 유의미한 곡선은 어떤 것들일까, 라는 흥미로운 질문이 제기된다. 예를 들어 원 개념은 사영 기하학에서 유의미한 개념이 아닐 것이 분명하다. 왜냐하면 원의 사영이 항상 원이 되는 것은 아니기 때문이다. 원은 흔히 타원으로 투사된다. 반면에 원추곡선 개념은 사영 기하학에서 유의미하다(유클리드 기하학에서 말하는 원추곡선은 원의 평면으로의 사영이라고 정의될 수 있다. 투사의 방식이 달라지면, 다른 종류의 원추곡선이 생겨난다).

나는 점과 직선에만 국한해서 사영 기하학을 설명할 것이다. 사영 기하학에서 유의미한 점과 직선의 성질들은 어떤 것들일까? 어떤 패턴들이 중요할까?

점과 직선의 만남은 투사를 거쳐도 변하지 않을 것이 분명하다. 그러므로 우리는 어떤 직선 위에 있는 점에 대해서, 그리고 어떤 점을 통과하는 직선에 대해서 의미 있게 얘기할 수 있다. 이 사실로부터 직접적으로 따라나오는 귀결은, 한 직선 위에 있는 세 점이나 한 점에서 만나는 세 직선을 말하는 것이 사영 기하학에서 유의미하다는 것이다.

의심 많은 독자라면, 우리가 이토록 빈약한 사영 기하학의 개념들로 무슨 흥미롭고 복잡한 정리들을 증명할 수 있을지 의문을 제기하고 싶어질지도 모른다. 우리는 분명 유클리드 기하학을 지배하는 대부분의 개념들을 버렸다. 하지만 그렇게 한 후에 남은 기하학은 우리의 눈이 원근법으로 해석할 수 있는 패턴들을 포착한다. 그러므로 사영 기하학은 당연히 공허하지 않고 내용이 있다. 이제 문제는 다음과 같다. 그 내용이 흥미로운 기하학 정리의 형태로 제시될 수 있을까?

사영 기하학에는 길이와 관련된 정리가 있을 수 없지만, 상대적 길이라는 특별한 개념이 있다. 상대적 길이는 교차-비율(cross-ratio)이라 불리며, 직선 위에 있는 임의의 네 점과 관련된다.

세 점 A, B, C가 한 직선 위에 있을 때, A, B, C를 다른 한 직선 위에 있는 세 점 A',^{E} B', C'로 보내는 투사는 일반적으로 거리 AB와 BC를 변화시킬 것이다. 투사에 의해서 비율 AB:BC의 값도 변할 수 있다. 실제로 한 직선 위에 있는 임의의 세 점 A, B, C와 다른 한 직선 위에 있는 임의의 세 점 A´, B´, C´가 주어지면, A를 A´로 B를 B´로 C를 C´로 보내는 두 개의 연쇄된 투사를 만드는 것이 가능하다. 그러므로 주어진 비율 AB:BC에 대해서 투사에 의해 임의의 비율 A´B´:B´C´를 얻는 것이 가능하다.

그러나 직선 위에 있는 네 점과 관련해서는 투사에 의해서도 변함없이 유지되는 특정한 크기가 있다. 그 크기는 네 점의 교차-비율이라 불린다. 〔그림 4-23〕에 주어진 네 점 A, B, C, D의 교차-비율은 다음과 같이 정의된다.

$$\frac{CA/CB}{DA/DB}$$

길이 자체는 사영 기하학의 개념이 아니지만, 교차-비율은 최소한 위에 설명한 방식으로 길이에 기반을 둔 개념이면서도 사영 기하학의 개념이다. 교차-비율은 많은 고급 사영 기하학의 결론에 등장한다.

사영 기하학이 전혀 무의미하지 않음을 보여주는 또하나의 놀라운 결과는 17세기 초 프랑스 수학자 드사주(Gérard Desargues)에 의해 증명된 다음과 같은 정리이다.

드사주 정리 한 평면 위에 두 삼각형 ABC와 A´B´C´가 있고, 대응하는 꼭지점들을 잇는 직선들이 모두 한 점 O에서 만난다면, 대응하는 변들을 연장시킬 경우 그 연장선들은 한 직선 위에 있는 세 점에서 서로 만난다.

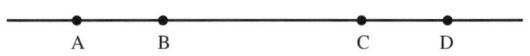

〔그림 4-23〕 한 직선 위에 있는 네 점 A, B, C, D의 교차-비율은 CA/CB를 DA/DB로 나눈 값이다.

〔그림 4-24〕는 드사주 정리를 보여준다. 만일 이 결과가 의심스럽다면, 믿음을 갖게 될 때까지 도형들을 직접 그려보라. 이 정리는 분명 사영 기하학의 결론이다. 왜냐하면 이 정리에는 점, 직선, 삼각형, 한 점에서 만나는 직선들, 한 직선 위에 있는 점들만이 등장하기 때문이다. 이 개념들은 모두 사영 기하학의 개념들이다.

데카르트(유클리드) 기하학의 기법들을 써서 드사주의 정리를 증명하는 것이 가능하지만, 그 증명은 전혀 용이하지 않다. 가장 쉬운 증명은 사영 기하학을 통한 증명이다. 이제 그 증명을 살펴보자.

사영 기하학의 모든 정리에 대해서 늘 그렇듯이, 당신이 만일 어떤 특정한 위치 관계에 있는 두 삼각형에 대해서 정리를 증명할 수 있다면, 그 위치 관계를 임의로 투사해서 얻은 사영에 대해서도 정리가 증명된다. 핵심적인 단계는—첫눈에 보기에는 문제를 훨씬 더 어렵게 만드는 듯이 보이지만—정리를 3차원 상황으로 옮겨 증명을 시도하는 것이다. 즉 주어진 두 삼각형이 서로 평행하지 않은 두 평면에 떨어져 있다고 생각하

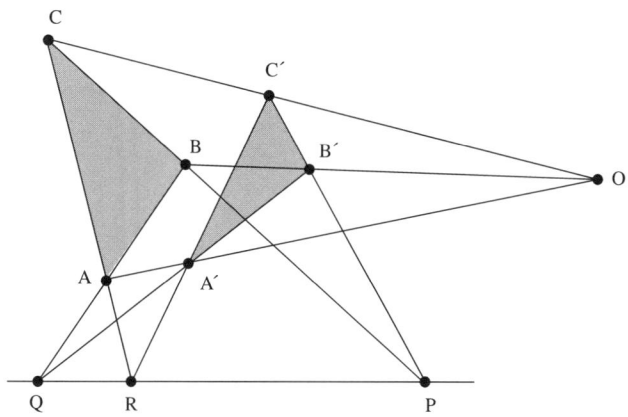

〔그림 4-24〕 평면에서의 드사주 정리

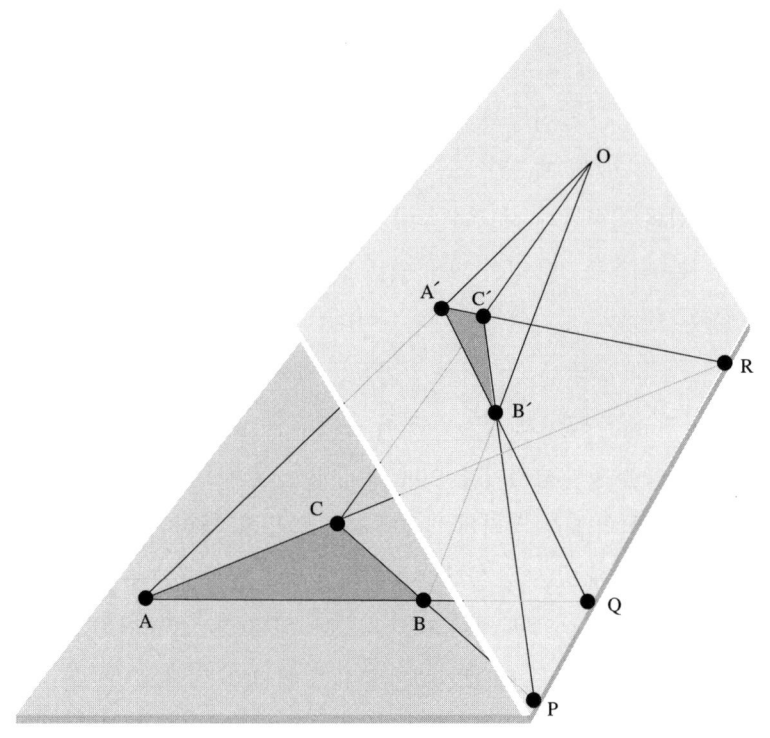

〔그림 4-25〕 공간에서의 드사르 정리

는 것이다. 〔그림 4-25〕는 이 3차원 상황을 나타낸다. 원래의 2차원 정리는 이 3차원 상황을 한 평면 위로 투사해서 얻은 결론임이 분명하다. 그러므로 3차원 상황에서 증명에 성공한다면, 곧바로 원래의 정리도 증명되는 것이다.

〔그림 4-25〕에서 AB는 A´B´와 같은 평면에 있음을 주목하라. 사영기하학에서는 같은 평면에 있는 임의의 두 직선은 서로 만나야 한다. AB와 A´B´가 만나는 점을 Q라 하자. 마찬가지 방식으로 AC와 A´C´는 점 R에서, BC와 B´C´는 점 P에서 만난다. 그런데 세 점 P, Q, R은 삼각형 ABC와 A´B´C´의 변들의 연장선 위에 있으므로, 이 세 점은 두 삼각

형 각각과 같은 평면에 있어야 하고, 따라서 두 삼각형 각각이 속한 두 평면의 교차선 위에 있어야 한다. 다시 말해서 P, Q, R은 한 직선 위에 있다. 그러므로 정리가 증명되었다.

원근법의 원리를 개발한 화가들은, 그림에 적절한 깊이의 인상을 부여하기 위해서 화가가 몇 개의 **무한점**을 상정해야 한다는 사실을 깨달았다. 그려지는 장면에서 평행선들인 직선들은, 그림 속에 등장할 때는, 그 직선들을 연장하면 무한점에서 서로 만난다. 화가들은 또한 그 무한점들이 모두 한 직선 위에 있어야 함을 깨달았다. 그 직선은 **무한선**이라 불렸다. 〔그림 4-26〕은 무한선 개념을 보여준다.

이와 유사하게, 사영 기하학을 개발한 수학자들도 무한점을 도입하는 것이 편리하다는 것을 깨달았다. 한 평면 위에 있는 직선 각각은 하나의 '가상적인' 점, 즉 '무한점'을 가진다고 상정된다. 임의의 두 평행선은 무한점에서 교차한다고 상정된다. 모든 무한점들은 하나의 직선 위에, 즉 '가상적인 선' 혹은 '무한선' 위에 있다고 상정된다. 이 직선은 무한점들만으로 이루어진다.

각각의 직선에 오직 한 개의 가상적인 점이 부여되었음에 주목하라. 한 직선이 양쪽 방향으로 무한히 뻗어 있음을 생각하면 두 개의 가상적인 점이 있어야 할 것처럼 여겨지지만 말이다. 유클리드 기하학에서는 한 직선이 두 방향으로 두 개의 '무한점'을 향해 뻗어간다(그러나 영원히 무한점에 이르지 못한다). 그러나 사영 기하학에서는 사정이 다르다. 각각의 직선에 대해서 오직 한 개의 무한점이 있으며, 그 무한점은 직선 위에 있다.

가상점과 가상선은 평행과 관련된 문제를 해결하기 위해 도입되었다. 평행 자체는 물론 사영 기하학의 개념이 아니다. 왜냐하면 평행하다는 성질은 투사를 거치는 동안 없어질 수 있기 때문이다. 인간의 정신은 유

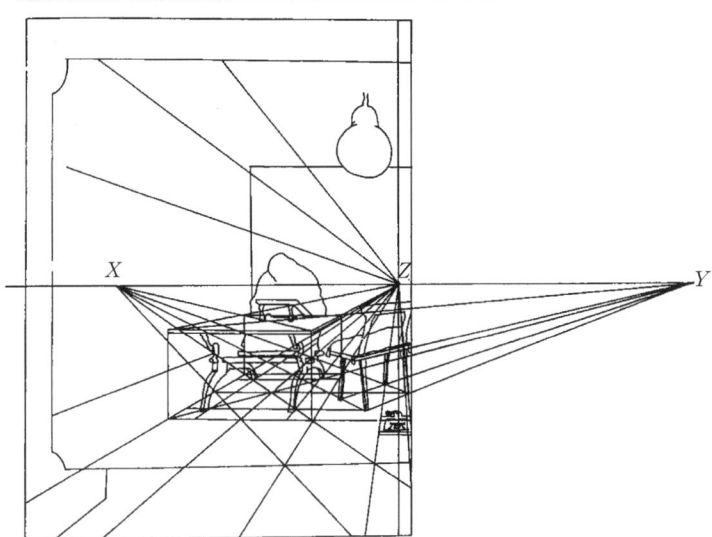

〔그림 4-26〕 뒤러의 목판화 〈성 제롬〉(위)은 다중 시점 원근법을 보여준다. 원근법을 분석해보면 (아래), '무한에 있는 점'을 세 개 찾을 수 있다. 그 점들은 모두 한 직선—'무한에 있는 직선'— 에 있다.

클리드적인 성향을 가지고 있기 때문에 우리는 서로 만나는 평행선을 쉽게 떠올릴 수 없다. 따라서 가상점들과 가상선들을 도입하는 과정을 완벽하게 가시화하는 것은 불가능하다. 사영 기하학의 발전은 공리적인 방식으로 이루어질 수밖에 없다. 가상점과 가상선을 추가로 도입함으로써 사영 기하학은 다음과 같은 간단한 공리들을 가지게 된다.

1. 최소한 하나의 점과 하나의 직선이 존재한다.
2. 만일 X와 Y가 서로 다른 점이라면, 이 두 점을 지나는 직선이 단 하나 있다.
3. 만일 l과 m이 서로 다른 직선이라면, 이 두 직선의 교차점이 단 하나 있다.
4. 임의의 직선에는 최소한 세 점이 있다.
5. 모든 점들이 동일한 직선 위에 있는 것은 아니다.

이 공리 체계는, 직선이나 점이 무엇인지, 혹은 점이 직선 위에 있다는 것이 무슨 뜻인지, 혹은 직선이 점을 지난다는 것이 무슨 뜻인지 얘기하지 않는다. 위의 공리들은 사영 기하학의 본질적인 패턴들을 얘기할 뿐, 그 패턴들을 드러내는 대상들은 규정하지 않는다. 바로 이 점이 추상적 수학의 본질이다.

이토록 고도화된 추상을 통해서 얻은 이 공리 체계는 다음과 같은 엄청난 성과를 가능케 한다. 증명되는 정리의 개수가 사실상 두 배로 늘어난다. 사영 기하학에서 한 정리를 증명하면, 소위 **켤레 정리**라 불리는 두 번째 정리가, 소위 **켤레 원리**에 의해 자동적으로 증명된다. 켤레 원리에 의하면, 당신이 임의의 정리에서 '점'과 '직선'을 맞바꾸고, '한 직선 위에 있는 점들'과 '한 점에서 만나는 직선들'을 맞바꾸어 새로운 문장을 만들면, 그 문장 역시 정리이다. 이 새 정리는 원래 정리의 켤레이다.

켤레 원리는 공리들의 대칭성에서 귀결된다. 먼저 [공리 1]이 점과 직선에 대해서 완전히 대칭적이며, [공리 2]와 [공리 3]이 대칭적인 쌍을 이룸을 주목하라. [공리 4]와 [공리 5]는 그 자체로는 대칭적이지 않다. 하지만 이 두 공리는 다음과 같은 새로운 켤레 공리로 대체할 수 있다.

4´. 임의의 점을 지나는 직선이 최소한 세 개 있다.
5´. 모든 직선들이 한 점을 지나는 것은 아니다.

그러므로 이 공리들로부터 증명된 임의의 정리는, 점과 직선을 맞바꾸고, 또 이들과 관련된 개념들을 모두 맞바꿀 경우, 여전히 참일 것이다.

예를 들어 17세기에 파스칼은 다음과 같은 정리를 증명했다.

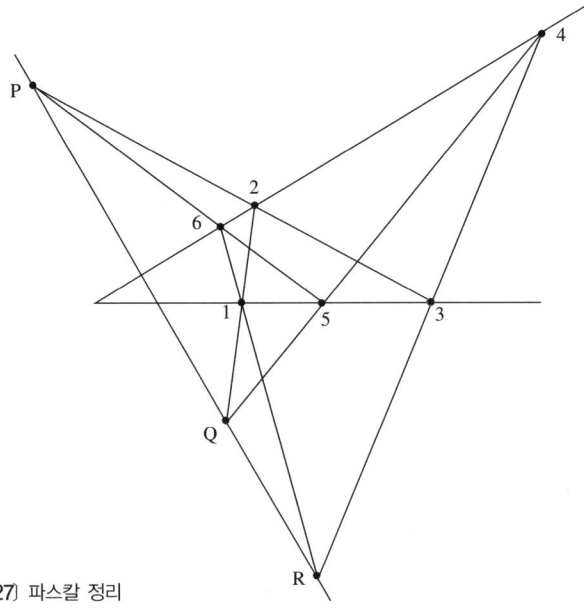

[그림 4-27] 파스칼 정리

만일 육각형의 꼭지점들이 두 직선에 교대로 놓인다면, 두 대변이 만나는 점들은 한 직선 위에 있다.

〔그림 4-27〕은 이 정리를 보여준다. 한 세기 후에 브리앙콘(Charles Julien Brianchon)은 다음의 정리를 증명했다.

만일 육각형의 변들이 교대로 두 점을 지난다면, 서로 마주보는 두 꼭지점을 잇는 직선들은 한 점에서 만난다.

〔그림 4-28〕은 브리앙콘 정리를 보여준다. 물론 브리앙콘은 독자적인 논증을 통해 이 결론을 얻었다. 그러나 오늘날의 기하학자들은 이 결론을 파스칼 정리에서 즉각적으로 도출할 것이다. 브리앙콘 정리는 파스칼 정리의 켤레이다.

드사주 정리의 켤레는 다음과 같은 드사주 정리의 역이다.

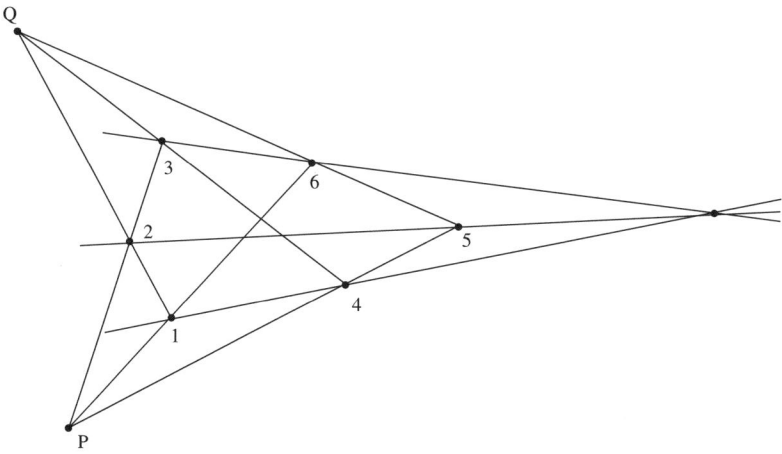

〔그림 4-28〕 브리앙콘 정리

4장 모양 속으로 들어간 수학 281

만일 한 평면에 두 삼각형이 있고, 대응하는 변들을 연장할 경우 한 직선 위에 있는 세 점에서 서로 만난다면, 대응하는 꼭지점들을 연결한 직선들은 한 점에서 만난다.

쌍대 원리에 의해 우리는 드사주 정리의 역도 참임을 즉각적으로 알 수 있다. 부가적인 증명이 불필요하다.

쌍대 원리가 타당할 수 있는 이유는, 공리들이 '점'이나 '직선' 같은 단어가 실제로 무엇을 의미하는지에 대한 앎에 의존하지 않기 때문이다. 사영 기하학을 하는 수학자는 일반적인 점과 직선을 동원한 그림을 머릿속에 떠올리고, 일반적으로 익숙한 도면을 그리면서 문제를 풀 수도 있다. 그러나 그런 그림들은 수학자의 논증을 돕는 수단일 뿐이다. 수학 그 자체는 그런 부가적인 정보를 요구하지 않는다. 힐베르트가 말했듯이, '점'과 '직선' 같은 단어가 '맥주잔'과 '탁자'로, '한 직선 위에 있다'와 '한 점에서 만난다' 같은 말이 '한 탁자 위에 있다'와 '한 맥주잔을 받치고 있다'로 대체되어도, 수학 자체는 똑같이 타당하다. 이 특정한 단어 교체를 통해 얻는 체계에서 단어와 문구를 일상적인 의미로 이해한다면, 이 체계는 사영 기하학의 공리들을 만족시키지 못할 것이다. 예를 들어 맥주잔은 오직 한 탁자 위에만 있을 수 있다. 그러나 이 단어들과 문구들의 의미를 오직 사영 기하학의 다섯 개의 공리에 의해 주어진 의미로 국한시킨다면, 사영 기하학의 모든 정리들은 '맥주잔'과 '탁자'에 대해서 참일 것이다.

3차원을 넘어서

여러 종류의 기하학들은 모양의 패턴을 포착하고 연구하는 다양한 방식들을 대변한다. 하지만 모양에는 다른 측면들도 있다. 그 측면들에 관한 연구는 대개 기하학과 밀접하게 관련되지만, 일반적으로 기하학의 한 부분으로 간주되지 않는다. 그런 측면들 중 하나가 차원이다.

차원의 개념은 인간이라는 존재에게 근본적인 개념이다. 우리가 매일 접하는 대상들은 대부분 세 개의 차원을 가진다. 높이, 너비, 깊이가 그것이다. 우리의 두 눈은 서로 협동하는 한 쌍으로 작용하여, 주변 세계를 3차원의 광경으로 포착한다. 앞절에서 설명한 원근법 이론은 두 눈이 포착하는 3차원의 실재를 표현하는 2차원의 가상을 창조하기 위해 개발되었다. 첨단의 물리학 이론들이 우주의 차원에 관해 어떤 주장을 하든지 간에—어떤 이론들에는 열 개 이상의 차원이 등장한다—우리의 세계, 즉 우리의 일상적인 경험 세계는 3차원 세계이다.

그런데 도대체 차원이 무엇일까? 차원에 관해서 얘기할 때 우리가 생각하는 패턴은 무엇일까? 방향이나 직선을 동원해서 차원을 설명하는 소박한 대답이 가능하다. 〔그림 4-29〕를 참조하라. 한 개의 직선은 한 개의 차원을 나타낸다. 첫번째 직선에 수직인 두번째 직선을 추가하면, 이 두번째 직선은 두번째 차원을 나타낸다. 처음 두 개의 직선에 수직이 되도록 세번째 직선을 추가하면, 이 직선은 세번째 차원을 나타낸다. 더 이상은 직선을 추가할 수 없다. 왜냐하면 이미 있는 세 직선에 수직인 네번째 직선을 찾을 수 없기 때문이다.

차원을 설명하는 두번째 방식은 데카르트가 도입한 좌표계를 이용하는 것이다. 〔그림 4-30〕을 참조하라. 한 개의 직선은 좌표축으로서 1차원의 세계를 규정한다. 첫번째 축에 수직으로 두번째 축을 놓으면, 2차

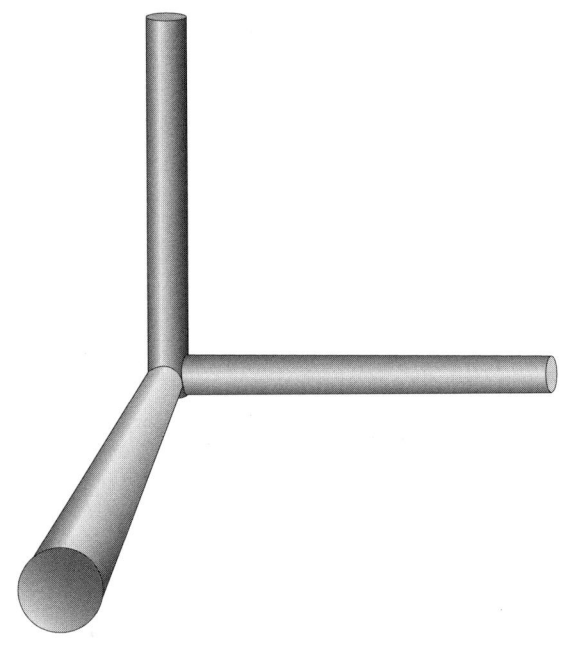

〔그림 4-29〕 임의의 한 쌍의 막대가 한쪽 끝에서 직각으로 만나도록 세 개의 막대를 배치하면, 세 막대는 상이한 세 차원에 놓인다.

원의 세계, 즉 평면을 얻는다. 처음 두 축에 수직으로 세번째 축을 놓으면, 3차원 공간을 얻는다. 이번에도 더이상은 축을 추가할 수 없다. 왜냐하면 처음 세 축에 수직인 네번째 축을 찾을 수 없기 때문이다.

차원에 대한 이 두 설명은 유클리드적 직선 개념에 너무 깊게 얽매여 있어서 지나치게 제한적이다. 차원의 개념을 얻는 보다 나은 방법은 자유도 개념을 동원하는 방법이다.

철로 위를 달리는 기차는 1차원에서 움직인다. 물론 철로에는 구비길이 있고, 내리막과 오르막도 있을 수 있지만, 기차는 오직 하나의 운동 방향만을 가진다(후진은 전진에 음의 기호를 붙인 것으로 간주된다). 철로는 3차원 세계 속에 놓여 있지만, 기차의 세계는 1차원이다. 출발점을

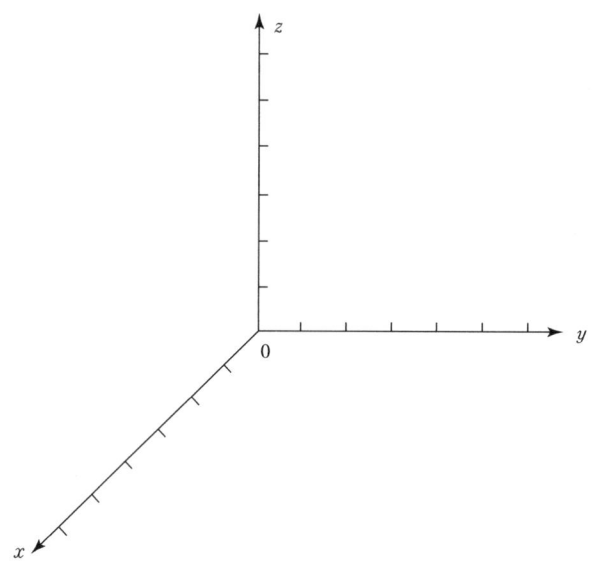

〔그림 4-30〕 서로 직각인 세 축은 3차원 공간에서 데카르트 기하학의 기반을 이룬다.

기준점으로 했을 때, 기차의 위치는 매순간 단 하나의 변수에 의해 완벽하게 규정될 수 있다. 그 변수는 출발점으로부터 철로를 따라가며 측정해서 기차에 도달하기까지의 거리이다. 변수가 하나라는 것은 차원이 하나라는 것을 의미한다.

바다에 있는 배는 자유도가 2이다. 다시 말해서 배에게는 앞뒤와 좌우가 있다. 그러므로 배는 두 개의 차원을 움직인다. 대양의 수면은 물론 지구를 따라 휘어져 대략적으로 구면을 이루므로 공간 속에서 세 개의 차원을 점유한다. 그러나 배가 움직이는 세계는 2차원이다. 매순간 배의 정확한 위치를 단 두 개의 변수, 즉 위도와 경도를 써서 규정할 수 있다. 변수가 둘이라는 것은 차원이 둘이라는 것을 의미한다.

날아가는 비행기는 3차원 세계 안에서 움직인다. 비행기는 앞이나 (방향을 180도 회전해서) 뒤로 움직일 수 있고, 좌우로 움직일 수 있고, 위와

4장 모양 속으로 들어간 수학 285

아래로도 움직일 수 있다. 비행기가 가지는 자유도는 3이며, 비행기의 정확한 위치는 세 개의 변수, 즉 위도, 경도, 고도를 써서 규정할 수 있다. 변수가 셋이라는 것은 차원이 셋이라는 것을 의미한다.

자유도가 우리가 이제껏 살펴본 예에서처럼 공간적이어야만 하는 것은 아니다. 어떤 계가 두 개 이상의 변수에 의해 규정되면서 변화한다면, 또한 각각의 변수를 다른 변수를 그대로 유지하면서 바꾸는 것이 가능하다면, 각각의 변수는 한 개의 자유도를 나타낸다.

차원을 기하학적인 의미로 간주하지 않고 자유도로 간주한다면, 3차원에서 멈춰야 할 이유가 없다. 예를 들어 수평으로 비행중인 비행기의 위치 및 운동 상태는 다섯 개의 변수로 규정될 수도 있다. 이를테면 위도, 경도, 고도, 속력, 그리고 비행 방향으로 말이다. 이 변수들 각각은 다른 변수들 전체와 무관하게 바뀔 수 있다. 우리가 비행기의 비행을 시간의 함수로 보고 그래프를 그리려 한다고 가정해보자. 우리가 만드는 그래프는 6차원 그래프가 될 것이다. 그 그래프는 시간 축에 있는 각각의 점을 5차원 공간에 있는—그 공간의 차원들은 각각 위도, 경도, 고도, 속력, 방향을 나타낸다—각각의 '점'과 연결시킬 것이다. 결과적으로 우리가 얻는 그림은 5차원 공간 속을 움직이는 '점'이 시간에 따라 그리는 '경로' 혹은 '곡선'일 것이다.

가능한 축의 개수에 대해서는 수학적으로 제한이 없다. 임의의 양의 정수 n에 대해서 n차원 유클리드 공간이 존재한다. n차원 유클리드 공간은 흔히 E^n으로 표기된다. E^n을 이루는 n개의 좌표축들은 $x_1, x_2, x_3,$ ......, x_n으로 표기될 수 있다. E^n 속에 있는 한 점은 $(a_1, a_2, ..., a_n)$의 형태로—이때 $a_1, a_2, ..., a_n$은 고정된 실수이다—나타날 것이다. 이제 E^n의 기하학을, 데카르트의 평면 좌표 기하학을 확장함으로써 대수학적으로 연구할 수 있다.

예를 들어 E^2는 우리에게 익숙한 유클리드 평면이다. 이 기하학에서 직선은 다음과 같은 형태의 방정식을 가진다.

$$x_2 = mx_1 + c$$

이때 m과 c는 상수이다. E^3에서는 아래와 같은 형태의 방정식이 평면을 나타낸다.

$$x_3 = m_1 x_1 + m_2 x_2 + c$$

확장은 계속 가능하다. 수학적 패턴은 매우 명료하다. E^3에서 E^4로 (그리고 그 이상의 차원으로) 넘어감으로써 달라지는 것은 상황을 시각화할 수 있는지의 여부뿐이다. 우리는 E^2와 E^3를 그릴 수 있다. 그러나 우리는 4차원 혹은 그 이상의 차원을 가지는 공간은 가시화할 수 없다.

혹시 가시화할 수도 있을까? 4차원 공간에 있는 대상들의 시각적 인상을 얻는 방법들이 어쩌면 있을지도 모른다. 원근법을 통해 우리는 2차원적인 그림으로부터 3차원 대상의 시각 인상을 매우 성공적으로 창조해냈다. 어쩌면 우리는 3차원적인 '원근법' 모형을 이용해서 4차원 대상을, 예를 들어 '초정육면체'(4차원 정육면체)를 시각적으로 포착할 수 있을지도 모른다. 그런 종류의 모형들이 철선이나 금속판으로 제작된 바 있다. 그런 모형들을 제작한 이유는 전체 구조를 더 잘 '보기' 위해서, 즉 4차원 물체가 드리운 3차원 '그림자'를 더 잘 보여주기 위해서이다. [화보 4]에는 그런 모형들 중 하나의 사진이 있다. 그 모형은 초정육면체를 정면에서 보았을 때, 즉 정육면체 하나가 눈앞에 오도록 놓고 보았을 때 보이는 장면이다. 바로 아래에 있는 사진은 정육면체를 정면에서 보았을 때, 즉 정사각형 하나가 눈앞에 오도록 놓고 보았을 때 보이는 장면이다. 이렇게 3차원 물체가 2차원의 장면으로 보이는 것에 유비하여, 3차원 '장면'을 만든 것이 바로 위의 모형, 즉 초정육면체의 '정면-장면'이다.

정육면체의 경우, 정면-장면은 2차원이므로, 당신이 〔화보 4〕에서 보는 사진은 실제 장면과 같다. 가장 가깝게 놓인 면은 정사각형이다. 가장 멀리 있는 면은 원근법으로 인해서 보다 작은 정사각형이 되며, 이 정사각형은 가장 가까운 정사각형 속에 놓인다. 나머지 면들은 모두 사다리꼴로 변형되었다.

정육면체의 면들이 모두 정사각형인 것과 마찬가지로, 4차원 초정육면체의 '면'들은 모두 정육면체이다. 4차원 초정육면체는 8개의 '정육면체-면'으로 둘러싸여 있다. 〔화보 4〕의 사진 속에 있는 3차원 모형이 실제로 당신 앞에 놓여 있다고 상상해보라. 커다란 외곽 정육면체는 당신에게 가장 '가까이 놓인' 정육면체-면이다. 이 정육면체 내부에 있는 작은 정육면체는 당신으로부터 가장 '멀리 떨어져 있는' 정육면체-면이다. 나머지 정육면체-면들은 모두 꼭대기를 잘라낸 피라미드 모양으로 변형되었다.

3차원 모형을 토대로 해서 (혹은 그 모형의 2차원 사진을 토대로 해서) 4차원 대상의 모습을 정신적으로 떠올리는 일은 결코 쉬운 일이 아니다. 2차원 그림을 토대로 3차원 대상을 재구성하는 일만 해도, 배경, 조명, 명암, 그림자, 질감 등을 파악하는 일, 보이지 않는 면들을 예측하는 일 등의 수많은 요소를 포함하는 고도로 복잡한 작업이다.

플라톤이 『국가 The Republic』 제7권에서 동굴의 비유를 통해 말하고자 했던 바가 바로 이런 사정이다. 어떤 종족의 사람들은 날 때부터 동굴 속에 갇혀 산다. 외부 세계에 관해서 그들이 아는 것은, 동굴 벽에 비친

회색 그림자가 전부이다. 비록 그들은 (예를 들어 항아리 같은) 입체들의 참된 모양을, 그 입체가 회전할 때 생기는 그림자의 변화를 짚어봄으로써 어느 정도 감지할 수 있겠지만, 그들이 가지는 정신적인 상은 운명적으로 영원히 불확실하고 미성숙한 상태에 머물러 있을 수밖에 없다.

1978년 브라운 대학의 스트로스(Charles Strauss)와 밴초프(Thomas Banchoff)는 영화 〈초정육면체 : 사영들과 단면들〉을 만들어 플라톤의 동굴을 재현했다. 영화는 컴퓨터로 제작되었으며, 색과 움직임을 이용해서 사람들이 4차원 초정육면체의 '참모습'을 감지할 수 있게 만들려 노력한다. 〔화보 5〕에는 그 영화의 한 장면이 소개되어 있다.

3차원 모형을 토대로 해서 4차원 도형을 정신적으로 재구성하는 일은 매우 어려우므로, 초정육면체 같은 대상에 관한 정보를 얻는 신뢰할 만한 방법은, 상황을 그려보려는 노력을 거두고, 대안적인 표현 방식에만 의존하는 것이다. 즉 좌표 대수학에 의존하는 것이다. 사실상 영화 〈초정육면체〉가 바로 이 대안적인 방법을 통해 만들어졌다. 제작자들은 컴퓨터를 프로그램하여 필요한 대수연산을 수행하고, 연산 결과를 화면에 그림으로 나타내도록 했다. 그들은 네 개의 서로 다른 차원에 있는 직선들을 나타내기 위해 네 가지 색깔을 사용했다.

대수학을 사용하면, n차원 초정육면체, n차원 초구 등의 n차원 기하학 도형들을 연구할 수 있다. 또한 미적분학의 방법들을 이용해서 n차원 공간 안에서의 운동을 연구하고, 다양한 n차원 대상들의 초부피를 계산할 수 있다. 예를 들어 적분법을 이용하면, 반지름이 r인 4차원 초구의 초부피를 계산할 수 있다. 4차원 초구의 초부피는

$$\frac{1}{2}\pi^2 r^4$$

이다. 4차원 이상의 도형들에 대한 수학적 탐구는, 실재 세계에 전혀 적용되지 않는 지적인 훈련에 불과한 것이 아니다. 공업 생산 과정에서 가장 널리 사용되는 컴퓨터 프로그램이 바로 그런 연구의 직접적 산물이다. 심플렉스 방법(simplex method)이라 불리는 이 프로그램은, 복잡한 상황에서 이윤— 또는 그밖에 관심사가 되는 양— 을 극대화하는 방법을 일러준다. 전형적인 공업적 과정에는 수백 가지 변수들이 포함된다. 원료와 합성물, 가격 결정 구조, 다양한 시장, 작업 인원의 규모 등의 변수들이 포함된다. 이 변수들을 조절하여 이윤을 극대화하는 시도는 만만치 않은 과제이다. 1947년 미국 수학자 단치히(George Danzig)에 의해 발명된 심플렉스 방법은 고차원 기하학에 토대를 둔 해법을 내놓았다. 공업 과정 전체는 n차원 공간에 놓인 기하학적 도형으로 표현된다. 이때 n은 포함된 독립변수의 개수이다. 일반적으로 그 도형은 n차원 다각형의 모양을 가질 것이다. 이런 도형은 **폴리토프**(polytope)라 불린다. 심플렉스 방법은 기하학의 기법들을 이용해서 폴리토프를 탐구하고, 이를 통해 최대 이윤을 산출하는 변수 값들을 찾아낸다.

고차원 공간의 기하학에 기반을 둔 기법들을 이용한 또다른 예는 전화 연결에서 찾을 수 있다. 이 경우에는 한 지역에서 다른 지역으로 전화를 연결하는 다양한 방식들이 기하학적으로 번역되어 n차원 공간에 있는 폴리토프로 형상화된다.

물론 이 계산들을 수행하는 컴퓨터는 관련된 기하학 도형들을 '볼' 수 없다. 컴퓨터는 다만 프로그램된 대로 대수학적 계산들을 수행할 뿐이다. n차원 기하학이 사용되는 것은 프로그램을 개발하는 단계에서이다. 수학자들은 대수학의 언어를 사용해서 생각을 표현할 수도 있겠지만, 대부분의 경우 그렇게 하지 않는다. 고도로 숙련된 수학자조차도 긴 대수학 계산 과정을 수월하게 이해하지는 못할 것이다. 그러나 우리는 누구나 쉽게 마음속의 그림과 모양을 다룰 줄 안다. 수학자들은 복잡한 문제를 기하학으로 번역함으로써 인간이 지닌 근본적인 기하학적 능력을 이용할 수 있게 된다.

이 장 첫머리에서 언급했듯이, 어떤 의미에서 우리들 모두는 기하학자이다. 우리가 살펴본 바와 같이, 엄격한 대수학 기법과 기하학적 발상을 결합함으로써 수학자들은 우리가 지닌 근본적인 기하학적 능력을 실용적으로 이용해온 것이다.

5장 아름다움의 수학

군을 동원하여 얻는 이점

기하학은 주변 세계에서 우리가 보는 특정한 시각적 패턴들, 즉 모양의 패턴들을 기술하는 것에서 출발한다. 그러나 우리의 눈은 다른 패턴들도 지각한다. 우리의 눈은 모양 그 자체의 패턴뿐만 아니라 형태(form)의 패턴도 지각한다. 그런 패턴의 분명한 예로 대칭성을 들 수 있다. 눈송이나 꽃의 대칭성은 명백한 기하학적 규칙성과 관련됨이 분명하다. 대칭성에 관한 연구는 모양이 지니는 보다 깊고 추상적인 측면을 보여준다. 우리는 이런 종류의 보다 깊고 추상적인 패턴들을 흔히 아름다움으로 지각한다. 그러므로 이런 패턴들에 관한 수학적 연구는 아름다움의 수학이라 불릴 수 있을 것이다.

대칭성에 관한 수학적 연구는 대상의 변환을 고찰함으로써 이루어진다. 수학에서 말하는 **변환**은 특별한 종류의 함수이다. 변환의 예로, 대상을 회전하기, 옮기기, 반사시키기, 늘이기, 줄이기 등을 들 수 있다. 어떤 대상이 지니는 대칭성은, 대상을 변함없이 유지시키는 변환이다. 대상을 변함없이 유지시킨다는 것은, 도형이 변환 이후에도 전체적으로 변환 이전과 같아 보인다는 것을 뜻한다. 도형을 이루는 개별적인 점들이 변환에 의해 옮겨지는 것은 문제시되지 않는다.

대칭성을 지니는 도형의 분명한 예로 원을 들 수 있다. 원에 변화를 일으키지 않는 변환들은, 중심을 축으로 회전하기(임의의 방향으로 임의의 각도만큼), 임의의 지름을 기준선으로 반사시키기, 또는 회전과 반사를 임의로 조합하여 변환시키기 등이다. 물론 원주 위에 표시된 한 점은 변환에 의해 다른 위치로 옮겨질 수 있다. 표시가 새겨진 원은 회전이나 반사에 대하여 대칭성을 가지지 않을 수도 있다. 시계의 앞면을 시계 반대 방향으로 90도 회전시키면, 숫자 12가 원래 9가 있던 자리로 옮겨질 것이다. 따라서 시계 앞면은 다른 모습이 된다. 한편 시계 앞면을 숫자 12에서 6으로 이어진 수직선을 기준으로 반사시키면, 숫자 9와 3이 자리를 바꾸게 되므로 역시 얻어지는 시계 앞면의 모습이 달라진다. 표시가 새겨진 원들은 이렇게 매우 적은 대칭성만을 가지기도 한다. 그러나 표시를 고려하지 않고 고찰한 원 자체는 대칭성을 가진다.

주어진 도형에 대해서, 그 도형에 변화를 일으키지 않는 모든 변환들로 이루어진 집합은 그 도형의 **대칭군**이라 불린다. 대칭군에 속하는 변환은 도형의 모양과 위치와 방향에 변화를 주지 않는다.

원의 대칭군은, 중심을 축으로 하는 회전변환들(임의의 방향으로 임의의 각도만큼)과 반사변환들(임의의 지름을 기준선으로)로 만들어진 모든 가능한 조합들을 원소로 한다. 회전변환에 대해서 원이 가지는 불변성은 회전대칭성이라 불린다. 지름을 기준으로 하는 반사변환에 대한 불변성은 반사대칭성이라 불린다. 이 두 대칭성은 모두 시각적으로 인지된다.

S와 T가 원의 대칭군에 속하는 두 변환이라면, S에 이어서 T를 적용

하는 합성변환도 대칭군의 원소이다. S도 T도 원에 변화를 일으키지 않으므로, 이 둘을 연이어 적용해도 원에는 변화가 일어나지 않을 것이다. 이 합성변환은 일반적으로 $T \circ S$로 표기된다(T를 앞에 쓰고 S를 뒤에 쓰는 이유는, 군과 함수를 연관짓는 어떤 추상적인 패턴 때문이다. 그 패턴에 관한 설명은 여기에서 하지 않을 것이다).

이렇게 두 개의 변환을 조합해서 제3의 변환을 만드는 일은, 덧셈과 곱셈을 연상하게 한다. 덧셈과 곱셈은 임의의 정수쌍으로부터 제3의 정수를 산출한다. 항상 패턴과 구조를 찾아다니는 수학자들은, 원의 대칭군에 속하는 두 변환을 조합하여 제3의 변환을 산출하는 이 연산이 어떤 성질들을 지니는지를 당연히 물을 수밖에 없다.

첫째, 조합 연산은 결합법칙을 만족시킨다. 만일 S, T, W가 대칭군에 속하는 변환이라면,

$$(S \circ T) \circ W = S \circ (T \circ W)$$

이다. 이 점에서 이 새로운 연산은 정수의 덧셈 및 곱셈과 매우 유사하다.

둘째, 조합 연산은 항등원을 가진다. 항등원은 임의의 변환과 조합될 경우, 그 변환 자신을 결과로 산출한다. 0회전, 즉 0도만큼 회전하기가 바로 항등원이다. 0회전—이를 I로 표기하자—은 임의의 변환 T와 조합되어 다음의 결과를 산출한다.

$$T \circ I = I \circ T = T$$

쉽게 알 수 있듯이, 회전 I는 덧셈에서 0이나 곱셈에서 1이 하는 것과 같은 역할을 한다.

셋째, 각각의 변환은 역변환을 가진다. 임의의 변환 T에 대해서, 다음을 만족시키는 변환 S가 존재한다.

$$T \circ S = S \circ T = I$$

회전변환의 역변환은 반대 방향으로 같은 각도만큼 회전하는 변환이다. 반사변환의 역변환은 그 반사변환 자신이다. 회전과 반사로 이루어진 유한한 크기의 합성변환의 역변환을 얻으려면, 반대 방향으로의 회전과 역반사를 조합하면 된다. 이때 조합 순서는, 원래 합성변환의 효과를 상쇄하기 위해서, 원래 조합 순서의 반대가 되어야 한다.

정수의 덧셈에도 역원이 존재한다. 임의의 정수 m에 대하여 다음을 만족시키는 정수 n이 존재한다.

$$m + n = n + m = 0$$

(이때 0은 덧셈의 항등원이다). 즉 $n = -m$인 n이 존재한다. 정수의 곱셈에서는 물론 사정이 다르다. 임의의 정수 m에 대해서 다음을 만족시키는 정수 n이 존재하는 것은 아니다.

$$m \times n = n \times m = 1$$

(이때 1은 곱셈의 항등원이다.) 사실상 정수 $m = 1$과 $m = -1$에 대해서만 위의 등식을 만족시키는 정수 n이 존재한다.

요약하자면 다음과 같다. 원의 대칭군에 속하는 임의의 두 변환은 조합 연산에 의해 제3의 대칭변환을 산출할 수 있는데, 이 연산은 세 가지

'산술적' 성질들, 즉 결합법칙의 성립, 항등원의 존재, 역원의 존재라는 성질들을 가진다.

다른 대칭적인 도형에 대해서도 비슷한 분석을 할 수 있다. 사실상 원의 대칭변환과 관련해서 우리가 살펴본 성질들은 수학 전반에서 충분히 일반적으로 등장하기 때문에 군이라는 고유 명칭까지 만들어졌다. 사실 나는 '대칭군'이라는 말에서 이미 그 명칭을 사용했다. 일반적으로 대상들의 집합 G와 한 개의 연산 *(스타)로 이루어진 어떤 모임―연산 *는 G에 속하는 임의의 두 원소 x, y를 조합하여 G에 속하는 다른 원소 $x*y$를 산출한다―에 대해서 그 모임이 다음의 세 조건을 만족시키면 그 모임은 군(群)이라 불린다.

G1. G에 속하는 모든 x, y, z에 대해서 $(x*y)*z = x*(y*z)$이다.

G2. 다음을 만족시키는 e가 G의 원소로 존재한다. G에 속하는 모든 x에 대하여 $x*e = e*x = x$이다.

G3. G에 속하는 각각의 원소 x에 대하여 다음을 만족시키는 y가 G의 원소로 존재한다. $x*y = y*x = e$, 이때 e는 G2를 만족시키는 원소이다.

그러므로 원의 모든 대칭변환들로 이루어진 집합은 군이다. 사실상 G가 어떤 임의의 도형의 모든 대칭변환들의 집합이고, *가 두 대칭변환을 조합하는 연산이라면, G와 *는 군을 이룬다.

앞서 언급한 바와 같이, G가 정수의 집합이고 연산 *가 덧셈이라면, 이 둘로 이루어진 구조 역시 군이라는 사실이 명백하다. 정수 집합과 곱셈의 경우에는 군이 형성되지 않는다. 그러나 G가 0을 제외한 모든 유리수들의 집합이고 *가 곱셈이라면, 이 둘은 군을 형성한다.

군의 또다른 예는 1장에서 논의한 유한 산술에서 찾아볼 수 있다. 임의의 정수 n에 대해서, 정수 0, 1, ……, $n-1$이 n을 법으로 하는 덧셈과 함께 있으면, 전체는 군이다. 또한 n이 소수일 경우, 자연수 1, 2, ……, $n-1$은 n을 법으로 하는 곱셈에 대해서 군을 이룬다.

사실상 지금까지 언급된 세 가지 군의 예는 군 개념의 표면만을 간신히 건드릴 뿐이다. 군 개념은 현대의 순수 수학 및 응용 수학 도처에서 등장한다. 군 개념이 처음 만들어진 것은 19세기 초였다. 처음 형성될 당시 그 개념은 산술이나 대칭변환과 관련된 것이 아니라 대수학의 다항방정식 연구와 관련되어 있었다. 군 개념 형성에 핵심적으로 작용한 것은 갈로아(Evariste Galois)의 연구였다. 우리는 곧 갈로아를 다룰 것이다.

한 도형의 대칭군은 그 도형의 시각적 대칭성의 정도를 포착하는 수학적 구조라고 할 수 있다. 원의 경우 대칭 회전변환의 각도가 무한히 많고, 대칭 반사변환의 기준선이 될 지름이 무한히 많으므로, 대칭군은 무한집합을 이룬다. 원은 이렇게 풍부한 대칭변환군을 가지므로 시각적으로도 대칭성의 정도가 높다. 원은 '완벽한 대칭성'을 지닌 도형이다. 우리는 원의 완벽한 대칭성을 눈으로 확인할 수 있다.

대칭성의 정도와 관련해서 반대쪽 극단도 있다. 완벽하게 비대칭적인 도형은 단 하나의 변환만으로, 즉 항등변환(그대로 두기)만으로 이루어진 대칭군을 가질 것이다. 이런 극단적인 경우에도 대칭군은 군의 조건들을 만족시킨다. 단 하나의 정수 0만으로 이루어진 집합도 덧셈에 대해서 군의 조건들을 만족시킨다.

군의 예들을 더 알아보기에 앞서, 주어진 집합과 연산이 군을 형성하는지 여부를 결정해주는 세 조건 G1, G2, G3을 좀더 고찰할 필요가 있다.

첫번째 조건인 G1, 즉 결합법칙 성립 조건은 산술연산인 덧셈과 곱셈의 경우를 통해서 (뺄셈과 나눗셈의 경우는 물론 다르지만) 우리에게 이미 매우 익숙하다.

조건 G2는 항등원의 존재를 요구한다. 항등원은 단 하나만 있어야 한다. 왜냐하면 만일 G2가 말하는 성질을 가지는 원소가 e와 i 둘이라면, 그 성질을 연속해서 두 번 적용할 경우 다음의 등식이 얻어지기 때문이다.

$$e = e * i = i$$

즉 e와 i는 같은 하나의 원소일 수밖에 없다.

다시 말해서 조건 G3에 등장하는 원소 e는 단 하나 존재한다. 더 나아가 G에 속하는 임의의 원소 x에 대하여 G3이 말하는 조건을 만족시키는 G의 원소 y는 단 하나 있다. 이 사실 역시 쉽게 증명할 수 있다. G3이 요구하는 조건을 만족시키는 원소가 x에 대해서 두 개 있다고, 즉 y와 z가 있다고 가정하자. 그 가정하에서는 다음이 성립한다.

(1) $x * y = y * x = e$
(2) $x * z = z * x = e$

그렇다면 다음과 같다.

$y = y * e$ (e의 성질에 의해서)
$ = y * (x * z)$ (등식 (2)에 의해서)
$ = (y * x) * z$ (G1에 의해서)
$ = e * z$ (등식 (1)에 의해서)
$ = z$ (e의 성질에 의해서)

그러므로 y와 z는 사실상 같은 하나다. G3에 의해 x와 관련을 맺는 y가 G 안에 정확히 한 개가 있으므로, y에 고유한 명칭을 붙여도 될 것이다. y는 x의 (군)역원이라 불리며, 흔히 x^{-1}으로 표기된다. 지금까지의 설명을 통해 나는 수학에서 **군 이론**이라 불리는 분야에 속하는 정리 하나를 증명했다. 그 정리는 다음과 같다. '임의의 군에서 각각의 원소는 단 한 개의 역원을 가진다.' 나는 역원의 유일성을 군의 공리들, 즉 세 조건 G1, G2, G3으로부터 논리적으로 도출했다.

이 정리는 말하기도 증명하기도 매우 간단하지만, 수학에서 이루어지는 추상의 엄청난 힘을 보여주는 정리이다. 수학에는 대단히 많은 군의 예들이 있다. 군의 공리들을 확정함으로써 수학자들은 많은 사례들에서 나타나는 고도로 추상적인 패턴을 포착하는 것이다. 오직 군 공리만을 써서, 군역원의 유일성을 증명했으므로, 우리는 그 유일성이 군의 모든 사례들에서 타당함을 안다. 사례들을 들여다볼 필요가 없다. 당신이 내일 전혀 새로운 종류의 수학적 구조를 만나게 된다면, 그리고 그 구조가 군임을 알게 된다면, 당신은 즉각적으로 그 군의 원소 각각이 단 한 개의 역원을 가짐을 알 것이다. 사실상 당신은 새로 발견된 그 구조가, 오직 군 공리만을 토대로 해서 확립될 수 있는 모든 성질들을 가짐을 알 것이다.

군의 경우에서 그러하듯이, 주어진 추상적 구조의 사례들이 많을수록 그 구조에 관해서 증명된 정리들의 적용 범위는 더 넓어진다. 이렇게 향상된 효율성을 얻는 대가로 수학자는 고도로 추상적인 구조—추상적인 대상들의 추상적인 패턴들과 관련된 구조—를 다루는 방법을 익혀야만 한다. 군 이론에서는 군의 원소들이 무엇인지, 또는 군 연산이 무엇인지가 대부분의 경우 문제시되지 않는다. 원소나 연산의 본질은 중요치 않다. 원소는 수이어도 좋고, 변환, 혹은 다른 종류의 항목이어도 좋으며, 연산은 덧셈, 곱셈, 변환들의 조합, 혹은 그밖에 어떤 것이라도 될 수 있다. 중요한 것은 다만 그 대상들이 그 연산에 대해서 군 공리 G1, G2, G3을 만족시킨다는 것뿐이다.

이제 군 공리와 관련된 마지막 언급을 할 차례이다. G2와 G3에서 조합은 두 개의 순서로 적혀 있다. 산술의 교환법칙에 익숙한 독자는, 공리를 왜 그렇게 길게 적어야 하는지 묻고 싶을 것이다. 수학자들은 왜 간단히 G2를 다음과 같이 적지 않는가?

$$x * e = x$$

또한 G3을 왜 다음과 같이 간단히 적지 않는가?

$$x * y = e$$

이렇게 적고 나서 공리 하나를 더 추가하면 되지 않겠는가? 즉 다음과 같은 교환법칙을 추가할 수 있을 것이다.

G4. G에 속하는 모든 x, y에 대하여, $x*y = y*x$이다.

이 질문에 대해서 이렇게 답할 수 있다. 교환법칙을 군의 조건으로 추가하면, 수학자들이 탐구하고자 하는 많은 사례들이 군에서 제외될 것이다.

비록 많은 대칭군들은 교환법칙 성립 조건 G4를 만족시키지 않지만, 대단히 많은 다른 종류의 군들은 그 조건을 만족시킨다. 이 때문에 추가 조건 G4를 만족시키는 군들에게는 특별한 명칭이 부여되었다. 그 군들은 노르웨이의 수학자 아벨(Niels Henrik Abel)의 이름을 따서 아벨 군이

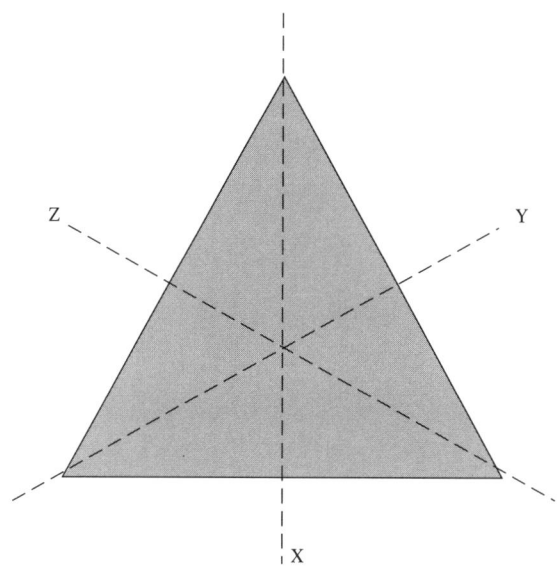

[그림 5-1] 정삼각형의 대칭성들

라 불린다. 아벨 군에 대한 연구는 군 이론의 중요한 하위 분야이다.

대칭군의 예를 좀더 알아보기 위해 [그림 5-1]에 있는 정삼각형을 고찰해보자. 이 삼각형은 정확히 6개의 대칭성을 가진다. 먼저 항등변환 I가 있고, 시계 반대 방향으로 각각 120도, 240도를 돌리는 회전변환 v, w가 있고, 각각 X, Y, Z를 기준선으로 해서 반사시키는 반사변환 x, y, z가 있다(직선 X, Y, Z는 삼각형의 움직임과 상관없이 고정되어 있다). 시계 방향 회전을 따로 열거할 필요는 없다. 왜냐하면 시계 방향으로 120도 회전은 시계 반대 방향으로 240도 회전과 동치이고, 시계 방향으로 240도 회전은 시계 반대 방향으로 120도 회전과 같은 결과를 일으키기 때문이다.

또한 이 여섯 개의 변환들로 만들어진 조합들을 포함시킬 필요도 없다. 왜냐하면 임의의 조합들은 이 여섯 개의 변환들 중 어느 하나와 동치

∘	I	v	w	x	y	z
I	I	v	w	x	y	z
v	v	w	I	z	x	y
w	w	I	v	y	z	x
x	x	y	z	I	v	w
y	y	z	x	w	I	v
z	z	x	y	v	w	I

[그림 5-2] 삼각형 대칭군

이기 때문이다. [그림 5-2]에 있는 표는, 기본 대칭변환 둘을 적용했을 때 어떤 기본 대칭변환이 결과로 산출되는지를 보여준다. 예를 들어 표에서 조합 $x \circ v$의 값을 찾으려면, 먼저 x로 표시된 가로줄을 찾고, 이어서 v로 표시된 세로줄을 찾아 만나는 점을 보면 된다. y를 찾을 수 있을 것이다. 즉 이 군에서는

$$x \circ v = y$$

이다. 마찬가지로 먼저 w를 적용하고 이어서 x를 적용하는 합성변환, 즉 $x \circ w$는 z이고, v를 연속해서 두 번 적용하는 합성변환, 즉 $v \circ v$는 w이다. 또한 우리는 표에서 다음의 사실도 알 수 있다. v와 w는 서로의 역원이며, x, y, z는 각각 자기 자신의 역원이다.

주어진 여섯 개의 대칭변환 중 임의의 둘을 조합했을 때 그 결과로 여섯 개의 대칭변환 중 하나가 나오므로, 유한한 크기의 임의 조합의 결과역시 여섯 개의 대칭변환 중 하나다. 둘을 조합할 때 성립하는 규칙을 계속해서 적용해보면 그 사실을 쉽게 알 수 있다. 예를 들어 조합 $(w \circ x) \circ$

y는 $y \circ y$와 동치이고, 따라서 I와 동치이다.

갈로아

군 개념의 발명과 관련해서 세계는 갈로아라는 이름의 천재적인 프랑스 청년에게 감사해야 한다. 1832년 5월 30일 결투중에 20세의 나이로 숨을 거둔 갈로아 자신은 그의 업적이 일으킨 수학의 혁명을 목격할 수 없었다. 사실상 그의 연구가 지닌 참된 의미가 인지되기까지는 꼬박 십년의 세월이 더 필요했다.

갈로아는 특정한 문제를 푸는 시도를 하는 과정에서 군 개념에 도달하게 되었다. 그 문제는 다항방정식의 해를 구하는 간단한 대수학적 공식을 찾는 것이었다. 고등학교 학생이라면 누구나 이차방정식의 해(근)의 공식을 알고 있을 것이다. 이차방정식

$$ax^2 + bx + c = 0$$

의 해는 다음의 공식으로 주어진다.

$$x = \frac{-b \pm \sqrt{b^2 - 4ac}}{2a}$$

3차방정식과 4차방정식에 대해서도, 물론 보다 복잡한 형태이지만, 이와 유사한 공식이 존재한다. 3차방정식은 다음과 같은 형태의 방정식이다.

$$ax^3 + bx^2 + cx + d = 0$$

또한 4차방정식은 위의 방정식에 덧붙여 x^4이 들어 있는 항이 추가된 형태를 지닌다. 이 방정식들의 해를 구하는 공식은, n제곱근을 구하는 것 이상으로 복잡한 연산을 포함하지 않는다는 의미에서 이차방정식의 해법과 유사하다.

1824년 아벨은 5차방정식 이상에 대해서는 이런 형태의 해의 공식이 없음을 증명했다. 보다 정확히 말하자면, 모든 5차방정식에 적용되는 공식이 없음을 증명했다. 5차방정식 혹은 보다 높은 차수의 방정식 중 일부는 n제곱근 구하기를 통해서 해를 구할 수 있지만, 나머지 방정식들은 그렇지 않다.

갈로아는 주어진 다항방정식이 제곱근 구하기 방법으로 풀리는 방정식인지 여부를 결정하는 방법을 찾으려 했다. 그가 설정한 과제는 매우 야심적인 것이었으며, 그가 얻은 해답 역시 매우 독창적이었다.

갈로아는 방정식이 제곱근 구하기로 풀릴 수 있는지 여부는, 방정식의 대칭성에 의해서, 또한 특히 그 대칭성들의 군에 의해서 결정됨을 발견했다. 당신이 환생한 갈로아가 아닌 이상, 또한 당신이 이미 갈로아의 이론을 알고 있지 않는 이상, 당신은 아마도 방정식이 대칭성을 가질 수 있다는 생각을 해본 적이 없을 것이다. 아마도 당신은 방정식이 일종의 '모양'을 가진다는 것조차 생각해본 적이 없을 것이다. 하지만 방정식은 대칭성을 가지고 있다. 방정식의 대칭성은 물론 대단히 추상적이다. 하지만 그런 추상적 대칭성 역시 대칭성이다. 갈로아는 기존의 대칭성 개념을 채택했고, 그 개념을 기술하는 추상적인 방법(즉 대칭군)을 개발했으며, 이어서 그 추상적인 대칭성 개념을 대수학적 방정식에 적용했다. 그의 작업은 '기술 이전(移轉)'의 가장 빛나는 사례였다.

갈로아의 생각을 조금이나마 이해하기 위해 다음의 방정식을 살펴보자.

$$x^4 - 5x^2 + 6 = 0$$

이 방정식은 네 개의 해 $\sqrt{2}$, $-\sqrt{2}$, $\sqrt{3}$, $-\sqrt{3}$을 가진다. x에 이 넷 중 어떤 수를 대입해도 식의 계산값은 0이 된다.

특정한 수들을 잊어버리고 대수학적 패턴에 집중하기 위해서 이 해들을 각각 a, b, c, d라고 부르자. 쉽게 알 수 있듯이, a와 b가 짝을 이루고, c와 d가 짝을 이룬다. 사실상 짝을 이루는 두 해 사이의 유사성은 b가 $-a$와 같고 d가 $-c$와 같다는 정도에 머무는 것이 아니라 훨씬 더 심오하다. a와 b 사이에는, 그리고 c와 d 사이에는 '대수학적 대칭성'이 있다. (유리수 계수를 가지는) 임의의 다항방정식이 있을 때, 그 방정식이 a, b, c, d 중 하나 이상의 수에 대해서 성립한다면, 그 방정식은, 우리가 a와 b를 맞바꾸거나 c와 d를 맞바꾸거나 두 쌍을 모두 맞바꾼다 할지라도 역시 성립한다. 그 방정식이 단 하나의 미지수 x를 가질 경우에는, 예를 들어 a와 b를 맞바꾼다는 것은, a를 b로 대체한다는 것을 의미한다. 예를 들어 a가 $x^2 - 2 = 0$을 만족시킨다면 b도 그 방정식을 만족시킨다. 방정식 $x + y = 0$의 경우에는, 만일 $x = a$, $y = b$가 해라면, a와 b를 맞바꾸어 얻는 $x = b$, $y = a$도 해가 된다. 네 개의 미지수 w, x, y, z가 있는 방정식에서 a, b, c, d가 해라면, 두 가지 맞바꾸기가 가능하다. 즉 a와 b를 맞바꿀 수 있고, c와 d를 맞바꿀 수 있다. 한편 a와 c는 맞바꿀 수 없다. 예를 들어 $a^2 - 2 = 0$은 참이 되지만, $c^2 - 2 = 0$은 거짓이다.

네 개의 해를 순서 있게 늘어놓을 수 있는 가능성들(네 개의 해로 이루어진 가능한 순열들) — a와 b를 맞바꾸거나 c와 d를 맞바꾸거나 두 쌍 모두를 맞바꾸어 놓을 가능성 — 은 군을 이루는데, 그 군은 원래 방정식의 갈로아 군이라 불린다. 그 갈로아 군은 위의 네 개의 해를 가지는(유리수 계수를 가지고 하나 이상의 미지수를 가지는) 임의의 다항방정식들에 대해서 얘기되는 대칭군이다. 한편 갈로아 군과 같이 순열들로 이루어진 군은 순열군이라 불린다.

갈로아는 원래 방정식이 제곱근 구하기로 풀리기 위한 필요충분조건이 되는 갈로아 군의 성질을 발견했다. 그 성질은 갈로아 군이 만족시켜야 하는 어떤 구조적인 조건이다. 갈로아가 발견한 구조적인 조건은 군의 산술적인 성질에만 의존한다. 그러므로 주어진 방정식이 제곱근 구하기로 풀 수 있는지 여부는 원리적으로 갈로아 군의 군표(group table)를 검사하는 것만으로 결정될 수 있다.

정확한 역사적 서술이 되기 위해 부언하자면, 갈로아가 추상적인 군 개념을 우리가 한 것처럼 단순한 공리 G1, G2, G3을 써서 명료하고 간결하게 제시했던 것은 아니다. 우리가 한 설명은 19세기와 20세기 전환기에 케일리(Arthur Cayley)와 헌팅턴(Edward Huntington)이 이룩한 업적의 산물이다. 그러나 핵심적인 생각들은 의심의 여지 없이 갈로아의 연구 속에 들어 있다.

갈로아의 연구가 알려진 이후 여러 수학자들이 그 연구를 더욱 발전시키고 다양한 응용 방법을 발견했다. 코시와 라그랑주(Joseph Louis Lagrange)는 순열군을 연구했으며, 브라베(Auguste Bravais)는 1849년 3차원 공간의 대칭군을 이용해서 결정체의 구조를 분류했다. 그의 연구 이래로 오늘날에 이르기까지 군 이론과 결정학(crystallography) 사이에는 긴밀한 협조가 이루어지고 있다(330쪽 참조).

군 이론의 발전을 유도한 또하나의 중요한 자극은 1872년에 주어졌다. 독일 에어랑엔 대학의 교수였던 클라인(Felix Klein)은 1872년 소위 '에어랑엔 프로그램(Erlangen program)'을 확립했다. 에어랑엔 프로그램은 기하학을 단일한 학문으로 통합하는 시도였으며, 거의 완벽하게 성공에 이르렀다. 왜 수학자들이 그런 통합 작업을 해야 했는지는 앞장의 논의를 통해 알 수 있을 것이다. 19세기는 2천 년 동안 지속된 유클리드 기하학의 지배가 끝나고 순식간에 수많은 기하학들이 등장해 할거하던 시대였다. 유클리드 기하학, 보요이-로바체프스키 기하학, 리만 기하학, 사영 기하학, 그밖에 가장 나중에 등장한 것으로는 위상학—위상학은 '기하학'으로 보기가 가장 어려운 분야인데, 이에 관해서는 다음 장에서 논의할 것이다—등 여러 종류의 기하학들이 있었다.

클라인은, 기하학이란 특정한 군을 이루는 변환들(평면의 변환, 공간의 변환, 혹은 그밖에 어떤 변환도 좋다)을 거칠 때 변함없이 유지되는 도형의 성질들을 연구하는 학문이라고 주장했다. 예를 들어 유클리드의 평면 기하학은, 회전변환, 이동(옮기기)변환, 반사변환, 닮음변환에 대해서 변함없이 유지되는 도형의 성질들에 관한 연구이다. 즉 두 삼각형이 합동이라는 말은, 한 삼각형을 '유클리드 대칭성'을 이용해서 다른 삼각형으로 변환시킬 수 있다는 뜻이다. '유클리드 대칭성'은 이동변환과 회전변환, 그리고 경우에 따라 반사변환으로 이루어진 조합이다(두 삼각형의 합동에 대한 유클리드의 정의는 대응하는 변들의 길이가 같다는 것이었다). 마찬가지로 평면 사영 기하학은 평면 사영 변환군에 속하는 변환하에서 변함없이 유지되는 도형의 성질을 연구한다. 또한 위상학은 위상변환하에서 변함없이 유지되는 도형의 성질을 연구한다.

에어랑엔 프로그램의 성공에 의해 사람들은 더 고차원적인 추상적 패턴을 알게 되었다. 그 패턴은 다양한 기하학들이 가지는 패턴이다. 이 고도로 추상적인 패턴은 기하학을 특징짓는 군들이 만족시키는 군 이론적 구조를 통해 기술되었다.

오렌지 쌓기

수학적 패턴은 어디에나 있다. 눈송이나 꽃을 볼 때마다 당신은 대칭성을 본다. 집 근처에 있는 슈퍼마켓에 가면 또다른 종류의 패턴을 보게 될 것이다. 오렌지 더미를 관찰해보라([그림 5-3] 참조). 오렌지가 어떻게 배열되어 있는가? 운반용 상자 속에서는 오렌지가 어떻게 배열되어 있었는가? 과일을 진열할 때 염두에 두어야 할 것은 안정적인 배열을 만들어야 한다는 것이다. 운반 과정에서는 주어진 상자에 가장 많은 오렌지를 담을 필요가 있다. 진열된 오렌지 더미에는 벽이 없어서, 더미가 일종의 피라미드 모양이 된다는 것은 누구나 쉽게 아는 사실이다. 그런데 이 차이를 제외할 경우, 상자 속의 오렌지 배열과 진열된 더미 속의 오렌

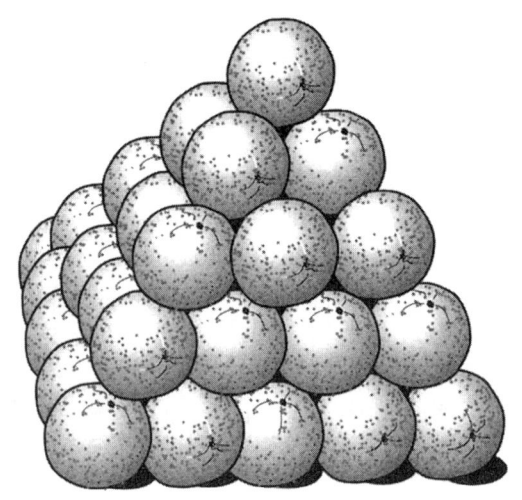

[그림 5-3] 슈퍼마켓에서 흔히 보는 오렌지 더미의 패턴

지 배열은 똑같을까? 안정성을 위한 배열과 포장의 효율성을 위한 배열이 동일할까? 만일 동일하다면, 당신은 그 이유를 설명할 수 있는가?

다른 말로 바꾸어보자. 슈퍼마켓에서 흔히 보는 오렌지 배열이 가장 효율적인 배열일까? 즉 그 배열이 가용한 공간에 가장 많은 오렌지를 진열하는 방법일까?

대칭성을 수학적으로 탐구할 수 있는 것과 마찬가지로 오렌지 쌓기와 관련된 패턴도 수학적으로 탐구할 수 있다. 슈퍼마켓 관리인이 오렌지를 쌓을 때 고민해야 하는 문제를 수학자들은 구 채우기 문제라고 부른다. 같은 크기의 구들을 통에 채울 때, 가장 효과적인 방법은 무엇일까? 이 문제에 대한 탐구는 최소한 17세기 케플러까지 거슬러 올라가지만, 이 문제와 관련된 가장 기초적인 질문 몇 가지는 오늘날까지도 미해결로 남아 있다.

이렇게 미리 경고를 받았으므로, 구 채우기라는 난해한 문제는 일단 제쳐놓고, 보다 쉬운 문제를 다루는 것이 지혜로울 것이다. 구 채우기를 2차원으로 옮긴 것이라고 할 수 있는 원 채우기를 살펴보자. 같은 크기의 원들(즉 원반들)을 주어진 면적 안에 가장 효율적으로 채우는 방법은 무엇인가?

물론 채울 면적의 모양과 크기에 따라 해답이 달라질 수 있다. 그러므로 수학적으로 명료한 문제를 만들기 위해서 우리는 수학자들이 이런 상황에서 흔히 하는 작업을 해야 한다. 우리는 문제의 핵심에 도달하기 위해 선택한 특수한 경우로 논의를 고정시켜야 한다. 문제의 핵심은 채우기의 패턴이지 통의 모양이나 크기가 아니므로, 우리는 공간 전체 ─ 원반 채우기의 경우에는 2차원 공간, 구 채우기의 경우에는 3차원 공간 전체 ─ 를 채우는 문제에 집중해야 한다. 이런 수학적 이상화를 거쳐서 얻는 해답들은 실재 세계에서도 통의 크기가 충분히 크면 근사적으로 타당

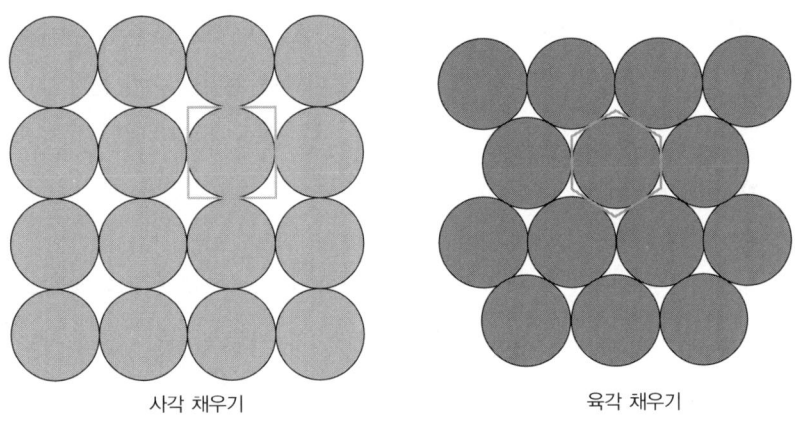

사각 채우기   육각 채우기

[그림 5-4] 같은 크기의 원반들을 평면에 채우는 두 방법. '사각' 배열과 '육각' 배열

할 것이다. 통의 크기가 크면 클수록 실제 해답은 더욱더 수학적 해답에 근접할 것이다.

  [그림 5-4]는 가장 쉽게 생각할 수 있는 두 가지 원반 채우기 방법을 보여준다. 이 두 방법은 사각 배열과 육각 배열이라 불린다(이 명칭들은 인접한 두 원반이 공유하는 접선들로 이루어진 도형의 모양에서 유래한다). 최대한 많은 원반을 담으려 할 때, 이 두 방법은 얼마나 효율적일까? 우리는 평면 전체를 채우는 상황에 집중하기로 했으므로 정확한 용어들을 사용해서 조심스럽게 질문을 던져야 한다. 채우기의 효율성을 측정하게 해주는 기준은 당연히 밀도이다. 채워진 대상들이 차지하는 전체 면적이나 체적을 통 전체의 면적이나 체적으로 나누면 밀도를 얻을 수 있다. 그런데 통이 전체 평면이나 공간이라면, 이 방법으로 계산한 밀도는 항상 $\frac{\infty}{\infty}$ 라는 무의미한 값이 될 것이다.

  이 난점을 벗어나는 방법은 3장에서 설명된 기법들로부터 찾을 수 있다. 채우기 밀도는, 뉴턴과 라이프니츠에게 미적분학으로 가는 열쇠가 되었던 패턴과 동일한 종류의 패턴을 이용함으로써 계산될 수 있다. 바로 극한을 생각하는 것이다. 당신은 먼저 유한한 크기의 통에 대해서, 채워진 대상들의 전체 체적이나 면적 대 통의 면적이나 체적의 비율을 계산한 다음, 통의 크기를 점점 크게 늘릴 수 있을 것이다. 이어서 당신은 통의 둘레가 무한대로 갈 때(즉 통이 한계 없이 커질 때), 그 비율이 어떤 극한값을 가지는지 계산할 수 있다. 즉 예를 들어 원반 채우기의 경우, 당신은 한계 없이 점점 더 커지는 정사각형을 채우는 (유한한) 채우기 밀도를 계산할 수 있다. 물론 미적분학에서와 마찬가지로 유한한 밀도들의 끝없는 계열을 실제로 다 계산할 필요는 없다. 대신에 당신은 공식의 형태에서 적절한 패턴을 찾아낸 다음, 그 패턴을 고찰함으로써 극한을 계산하면 된다.

평면을 채우는 원반의 경우와 관련해서 케플러가 바로 위의 전략을 채택했다. 그는 사각 배열의 밀도가 $\frac{\pi}{4}$(약 0.785)이고 육각 배열의 밀도가 $\frac{\pi}{2\sqrt{3}}$(약 0.907)임을 발견했다. 즉 육각 배열이 더 큰 밀도를 산출한다.

물론 이 마지막 결론은 그다지 대단한 것이 아니다. 〔그림 5-4〕를 한 번 보기만 해도, 육각 배열에서 인접한 원반 사이의 공간이 더 적고, 따라서 육각 배열이 더 효율적임을 알 수 있다. 그러나 육각 배열이 가장 효율적인 방법이라는 — 즉 모든 다른 배열보다 더 효율적이라는 — 사실은 전혀 자명하지 않다. 최고의 효율성과 관련된 보다 일반적인 질문이 제기하는 어려움은, 그 질문이 모든 가능한 배열을 언급한다는 사실에 있다. 그 가능한 배열은 얼마든지 복잡할 수 있고 규칙적일 수도 있지만 불규칙적일 수도 있다. 사실상 원반 채우기에서 어떤 배열이 가장 효율적인지를 대답하는 일은 너무 어려워 보이므로, 일단은 일반적인 경우에 등장하는 것보다 훨씬 더 많은 패턴들을 드러내는 특수한 경우를 하나 더 고찰하는 것이 좋을 것 같다. 실제로 수학자들 역시 이런 방법으로 최

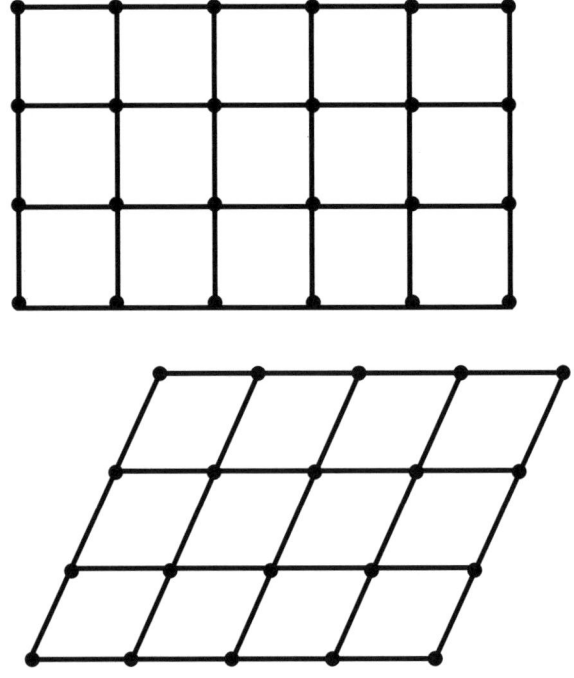

[그림 5-5] 두 개의 평면격자. 한 격자의 칸은 정사각형이고(위), 다른 격자의 칸은 평행사변형이다(아래).

종적인 해답에 도달했다.

1831년 가우스는 소위 격자 채우기들 중에서 육각 배열이 가장 효율적임을 증명했다. 가우스는 격자(lattice) 개념을 창안함으로써 결정적으로 필요했던 구조를 추가했고, 이를 통해 문제 해결을 향한 진보를 가능케 했다. 평면에서 격자란 2차원 바둑판 무늬의 꼭지점에 놓인 점들로 이루어진 집합이다. 바둑판 무늬의 한 칸은, [그림 5-5]에서처럼 정사각형일 수도 있고, 직사각형이나 평행사변형일 수도 있다. 수학적으로 표현한다면, (평면)격자가 가져야 하는 가장 중요한 성질은 이동에 대해서 변함이 없다는 것, 즉 이동대칭성이다. 다시 말해서 어떤 특정한 이동이 회전 없이 있을 경우, 격자 전체가 원래의 위치와 겹쳐져서 격자에 변화가 없는 것처럼 보여야 한다.

원반 채우기 격자는 원반의 중심들로 이루어진 격자이다. 이런 채우기는 당연히 고도로 규칙적이다. 육각 원반 채우기와 사각 원반 채우기는 분명한 격자 채우기이다. 가우스는, 원반 격자 채우기와 수 이론을 연결하고, 라그랑주가 이룩한 어떤 수 이론 연구를 이용해서 육각 원반 채우기가 격자 채우기 중에서 가장 효율적임을 증명했다.

물론 가우스의 증명도 육각 배열이 규칙 배열과 불규칙 배열을 통틀어 가장 효율적인 원반 채우기인지는 미해결로 남겨놓았다. 1892년 투에(Axel Thue)는 그 문제의 해답이 '그렇다' 임을 증명할 수 있다고 선언했다. 그러나 그는 1910년이 되어서야 납득할 만한 완결된 증명을 내놓을 수 있었다.

이제 2차원의 경우에 대해서는 충분히 논의했다. 그렇다면 원래의 3차원 구 채우기 문제는 어떨까? 이 경우에도 가우스처럼 일단 격자 채우기에 집중하는 것이 합리적일 것이다. 이번에는 구의 중심들이 3차원 격자—규칙적인 3차원 바둑판 무늬—를 이룬다.

정확히 14가지 서로 다른 종류의 3차원 격자가 존재한다. 이 결론은 프랑스의 식물학자이자 물리학자인 브라베에 의해 1848년에 내려졌다. 그는 여러 수학자들의 연구를 이용했다. 종종 브라베 격자라고도 불리는 그 14가지 격자들은 〔화보 6〕에 있다.

구들을 규칙적인 격자 배열로 쌓는 쉬운 방법 중 하나는, 슈퍼마켓 종업원이 오렌지를 쌓듯이 한 층씩 한 층씩 배열하는 것이다. 효율적으로 쌓기 위해서는, 각 층을 이루는 구들의 중심이 평면적으로 위에서 살펴본 사각 배열이나 육각 배열이 되도록 쌓는 것이 합리적일 것이다. 당신이 작업을 어떻게 하는가에 따라서, 〔그림 5-6〕에서 보는 세 가지 서로

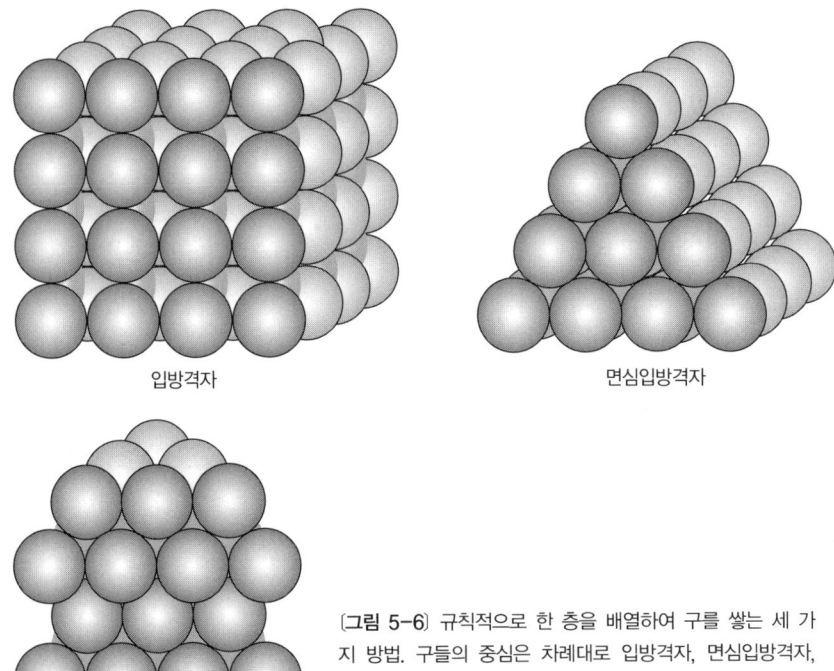

[그림 5-6] 규칙적으로 한 층을 배열하여 구를 쌓는 세 가지 방법. 구들의 중심은 차례대로 입방격자, 면심입방격자, 육각격자를 이룬다.

다른 3차원 배열이 얻어진다. 이 세 배열을 살펴보자.

만일 한 층을 사각 배열로 만든다면, 층들을 쌓아올리는 데 두 가지 방법이 있다. 위층의 구가 정확히 아래층 구 위에 오도록 쌓는 방법이 있고, 위층의 구가 아래층에 있는 구 네 개 사이에 자리잡도록 쌓는 방법이 있다(오렌지를 쌓을 때는 안정성을 위해서 이 두번째 방법이 사용된다). 첫 번째 방법을 써서 배열하면 구들의 중심이 입방격자를 이룬다. 두번째 방법으로 배열된 구들의 중심은 소위 면심입방격자를 이룬다. 이 격자에서 각각의 정육면체는 '다른 정육면체의 모서리 위에 있다'.

한편 한 층을 육각 배열로 놓을 경우에도, 층들을 쌓는 방법이 역시 두 가지 있다. 앞에서와 마찬가지로 나란히 쌓는 방법과 엇갈리게 쌓는 방법이 가능하다. 그러므로 전체적으로 네 개의 서로 다른 3차원 격자 채우기가 있는 듯이 보이지만, 사실은 세 개가 전부이다. 육각 배열로 각 층을 만들어 층들을 엇갈리게 쌓는 배열과, 각 층을 사각 배열로 만들어 층들을 엇갈리게 쌓는 배열은 동일하다. 한 배열을 다른 각도에서 보면 다른 배열이 된다. 두 배열이 동일하다는 사실은, 주변에 흔히 있는 엇갈린 사각 배열 피라미드 형태의 오렌지 더미를 보면 쉽게 알 수 있다. 경사진 면을 정면으로 두고 오렌지 더미를 보면, 나란히 있는 경사면 각각이 육각 배열을 이룸을 확인할 수 있다.

　육각 배열의 층을 나란히 쌓는 방법은 세번째 종류의 배열을 산출한다. 이 배열에서 구들의 중심은 소위 3차원 육각격자를 형성한다.

　케플러는 이 세 격자 채우기의 밀도를 계산하여, 입방격자의 밀도는 $\frac{\pi}{6}$ (약 0.5236), 육각격자의 밀도는 $\frac{\pi}{3\sqrt{3}}$ (약 0.6046), 면심입방격자의 밀도는 $\frac{\pi}{3\sqrt{2}}$ (약 0.7404)임을 알아냈다. 즉 면심입방격자―오렌지 더미 배열―가 세 배열 중 가장 효율적이다. 하지만 그 배열이 모든 격자 배열 중 가장 효율적일까? 질문을 더 일반화해보자. 규칙 불규칙에 상관없이 모든 채우기 중에서 면심입방격자가 가장 효율적일까?

　첫번째 질문에 대한 답은 가우스에 의해 주어졌다. 그는 관련된 2차원 문제를 해결한 직후에 이 문제를 해결했다. 이번에도 그는 수 이론을 이용해서 해답에 도달했다. 그러나 두번째 질문은 오늘날까지도 미해결로 남아 있다. 흔히 보는 오렌지 더미 배열이 가장 효율적인 배열인지 아닌지 우리는 확실히 모른다.

　오렌지 더미가 유일한 최선의 채우기가 아니라는 사실은 이미 밝혀졌다. 오렌지 더미 밀도와 정확히 같은 밀도를 가지는 비(非)격자 채우기들이 발견되었다. 육각 배열의 층들을 다음과 같은 방식으로 쌓으면 쉽게 그런 비격자 채우기를 할 수 있다. 먼저 육각 배열로 한 층을 만든다.

두번째 층을 그 위에 엇갈리게 쌓는 방식으로 올린다. 이어서 세번째 층을 그 위에 엇갈리게 쌓는 방식으로 올린다. 이렇게 쌓는 데는 두 가지 방법이 있다. 첫번째 방법은, 세번째 층이 첫번째 층과 나란하도록 만드는 방법이다. 다른 방법은 그렇게 나란해지지 않도록 만드는 방법이다. 이 두번째 방법을 반복해서 계속하면, 면심입방격자가 만들어진다. 반면에 첫번째 방법을 쓰면, 두번째 방법의 결과와 밀도가 동일한 비격자 채우기가 만들어진다.

사실상 각 층을 육각 배열로 만들면서 층을 올릴 때마다 위의 두 방법 중 임의로 하나를 선택해서 쓰면, 수직 방향으로는 불규칙적이면서 면심입방격자와 밀도가 정확히 같은 구 채우기를 할 수 있다.

구 채우기에 관한 논의를 마치기 전에 한마디 덧붙인다면, 수학자들은 오렌지 쌓기 방식이 가장 효율적인지를 아직 확실히 모르지만, 그 방식이 최선에 가깝다는 것은 알고 있다. 어떤 구 채우기도 0.77836 이상의 밀도를 가질 수 없다는 것이 증명되어 있다.

눈송이와 벌집

케플러가 구 채우기에 관심을 가진 이유는, 과일 더미에 지대한 관심이 있었기 때문이 아니었다. 하지만 그의 관심 역시 매우 실재적인 현상에 의해 촉발되었다. 그의 관심은 눈송이에 있었다. 또한 그의 연구 역시 열매와 관련이 있다. 오렌지보다 (수학적으로) 훨씬 더 흥미로운 열매인 석류가 그의 관심사였다. 케플러의 연구에는 벌집도 등장한다.

케플러가 관찰했듯이, 눈송이는 많은 세부 형태에서는 각각 다르지만, 모두 여섯 겹의, 즉 육각의 대칭성을 가진다. 쉽게 말해서 눈송이를 60

〔그림 5-7〕 눈송이의 육각 대칭성. 만일 당신이 눈송이를 60도—한 회전의 $\frac{1}{6}$—의 배수만큼 회전시킨다면, 회전된 눈송이는 항상 원래와 같아 보일 것이다.

도(한 회전의 $\frac{1}{6}$)만큼 돌리면, 정육각형과 마찬가지로 전체 모습에 변화가 없다(〔그림 5-7〕 참조). 케플러는 궁금했다. 왜 모든 눈송이들은 그렇게 근본적으로 육각의 모양을 가지는 것일까?

늘 해왔던 대로 케플러는 기하학에서 해답을 찾았다(케플러의 가장 유명한 업적이 행성들의 타원 궤도 발견임을 상기하라. 또한 그가 다섯 개의 정다면체에 기초한 플라톤의 원자론에 매료되어 정다면체를 통해 태양계를 설명했음을 상기하라. 239쪽 참조). 어떤 자연적인 힘들이 작용해서 서로 관련이 없어 보이는 대상인 눈송이와 석류와 벌집의 성장에 규칙적인 기하학적 구조를 부여한다고 케플러는 생각했다.

케플러가 생각한 핵심적인 구조적 개념은, 서로 맞물리면서 공간을 완전히 채우는 기하학적 입체 개념이다. 그런 입체들을 얻는 자연스런 방법은, 구들의 배열을 생각한 다음, 각각의 구가 찌그러지면서 팽창해서 사이공간을 완전히 채우는 과정을 생각하는 것이라고 케플러는 주장했

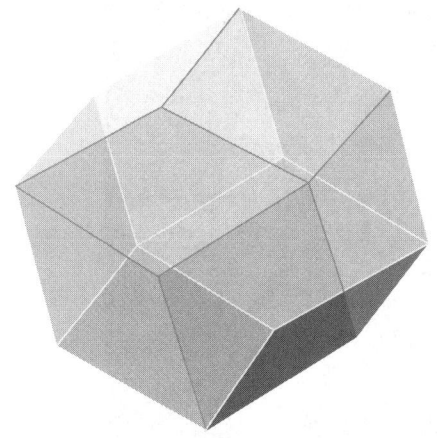

[그림 5-8] 마름모십이면체. 12개의 동일한 마름모를 면으로 하는 입체이다.

다. 그는 자연이 항상 가장 효율적인 방법으로 목표에 도달한다는 가정 하에 가장 효율적인 구 채우기를 연구하여, 그 구 채우기와 관련된 기하학적 입체가 무엇인지 밝힘으로써 벌집과 석류의 규칙적인 육각형 패턴과 눈송이의 육각형 모양을 설명할 수 있었다.

구체적으로 말해보자. 입방격자를 이루는 구들은 팽창할 경우 입방체가 되고, 육각격자로 배열된 구들은 팽창할 경우 육각 프리즘 모양이 되고, 면심입방격자로 배열된 구들은 팽창할 경우 케플러가 소위 '마름모십이면체'라 명명한 모양이 될 것이다([그림 5-8 참조]). 석류의 경우 이 이론적 결론들이 실제로 나타나는 듯이 보인다. 석류의 씨들은 처음에는 구형이며 면심입방격자로 배열되어 있다. 석류가 점차 자라나면 씨들은 팽창하여 열매 내부 공간을 가득 채우는 마름모십이면체가 된다.

케플러의 발상은 구 채우기에 관한 수학적 연구의 계기가 되었을 뿐만 아니라 여러 가지 채우기에 관한 실험적 연구의 단초가 되었다. 예를 들어 1727년 영국인 헤일스(Stephen Hales)가 쓴 재미있는 제목의 책 『식물 정역학 Vegetable Staticks』에는, 단지에 완두콩을 가득 넣고 가능한

한 압축했을 때 콩들이 정십이면체 모양이 된다는 이야기가 실려 있다. 하지만 헤일스의 주장에는 과장이 섞여 있는 것이 분명하다. 왜냐하면 정십이면체로는 공간을 채울 수 없기 때문이다. 구들의 처음 배열을 임의로 해서는 물론 정십이면체를 얻을 수 없다. 그러나 그렇게 할 경우에도 다양한 종류의 마름모 입체들이 얻어지는 것이 사실이다.

1939년 식물학자 마빈(J. W. Marvin)과 마츠케(E. B. Matzke)는 납구슬을 철제 실린더에 일반적인 오렌지 더미 배열로 넣고, 피스톤으로 압축하여 이론적으로 예측되었던 케플러의 마름모십이면체를 얻었다. 납구슬을 무작위로 채우고 실험을 반복하니 규칙이 없고 면의 개수가 12개인 입체들을 얻었다.

이외에도 여러 차례 있었던 같은 종류의 실험에 의해 밝혀진 바에 따르면, 무작위 채우기는 일반적으로 면심입방격자 배열보다 비효율적이다. 무작위 배열로 얻는 최대 밀도는 대략 0.637이며, 반면에 일반적인

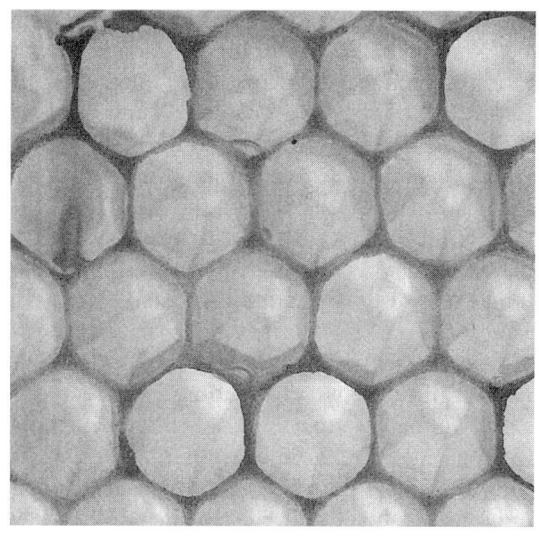

[그림 5-9] 벌집의 세부 형태

오렌지 더미의 밀도는 0.740이다.

　이제 벌집을 살펴보자([그림 5-9 참조]). 벌집은 왜 육각형 모양을 가질까? 벌은 액체 상태의 밀랍을 분비하고, 그 밀랍이 표면장력의 영향하에서 굳어지면서 최종적으로 육각형이 된다고 생각하는 것이 합리적일 것 같다. 표면장력을 최소화하려면 육각격자 모양이 되어야 하는 것 같다. 이것이 바로 유명한 책 『모양의 법칙들 Laws of Form』을 쓴 톰프슨(D'Arcy Thompson)의 이론이다. 또하나의 가능성은, 벌들이 우선 원통형으로 방을 만든 후, 그 방들을 확장시킨다는 것이다. 이때 방들이 서로 닿으면서 사이공간이 채워지고, 방들은 최종적으로 육각형 모양이 된다. 다윈은 이런 방식으로 벌집의 모양이 형성된다고 생각했다.

　사실상 위의 두 설명은 모두 오류이다. 벌집이 아름다운 대칭형을 이루는 것은 무생물적인 자연법칙에 의한 결과가 아니다. 벌집의 모양을 결정하는 것은 오히려 벌들 자신이다. 벌들은 얇은 고체 조각의 형태로 밀랍을 분비하여, 벌집의 방을 순차적으로, 벽 하나를 짓고 다음 벽을 짓는 방식으로 만든다. 하찮은 벌들이지만 어떤 의미에서 보면 고도의 기술을 갖춘 기하학자라고 할 수 있다. 벌들은 진화를 통해 자신의 집을 수학적으로 가장 효율적으로 짓는 기술을 터득한 것이다.

　마지막으로 케플러를 구 채우기 연구로 이끈 계기 중 하나인 눈송이를 알아보자. 케플러 이후 과학자들은 케플러의 생각이 옳았으며 결정체의 규칙적이고 대칭적인 모양은 고도로 질서정연한 내적인 구조를 반영한다고 점차적으로 믿게 되었다. 1915년 브랙(Lawrence Bragg)은 당시 최신 기술인 X-선 회절(diffraction)을 이용하여 과학자들의 믿음을 입증할 수 있었다. 실제로 결정체들은 규칙적인 격자 배열을 이루는 동일한 입자들(원자들)로 구성되어 있다([그림 5-10] 참조).

　눈송이는 대기권 상층에 있는 미세한 육각형 얼음 결정 씨앗으로부터

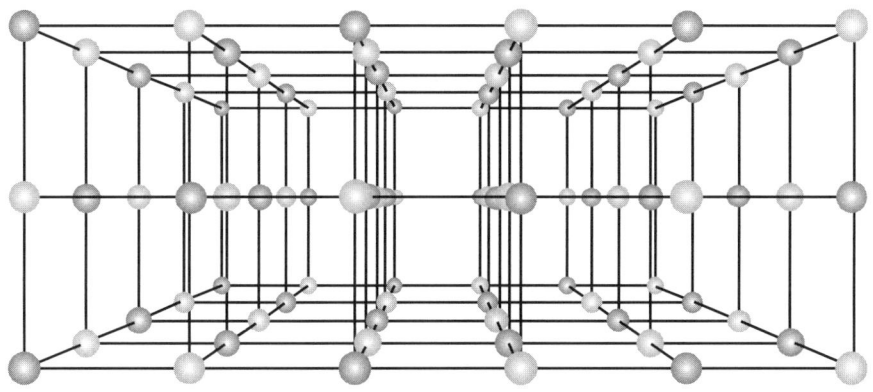

〔그림 5-10〕 일반적인 소금(염화나트륨) 결정은 완벽한 정육면체를 이룬다. 소금의 외적인 형태는 소금 분자의 내부 구조를 반영한다. 소금 분자는 나트륨 이온(어두운 구)과 염소 이온(밝은 구)이 모든 방향으로 교대로 배열된 입방격자 구조를 가진다.

만들어진다. 대기의 흐름에 의해 얼음 결정이 위아래로 움직이면서 다양한 고도와 온도를 지닌 지역을 거치는 동안, 얼음 결정은 성장한다. 최종적으로 산출되는 실제 패턴은 자라나는 눈송이가 대기 속에서 겪는 특수한 움직임에 의해 결정되지만, 눈송이는 매우 작기 때문에 성장의 패턴이 모든 방향에서 같고, 따라서 원래 결정 씨앗이 가졌던 육각형 모양은 그대로 보존된다. 이런 과정을 통해서 우리가 익히 아는 육각 대칭성이 생겨난다(참고로 말한다면, '결정crystal' 이라는 영어 단어는 '얼음' 을 뜻하는 그리스어에서 나왔다).

이제 이쯤이면 구 채우기에 관한 수학적 연구가 우리 주변 세계의 현상들에 관한 우리의 앎에 기여할 수 있다는 사실이 분명해졌을 것이다. 애초에 케플러가 구 채우기를 연구한 이유가 바로 주변 현상들을 이해하기 위해서였다. 한편 케플러는 구 채우기 연구가 21세기 디지털 통신기술에 응용되리라는 것은 전혀 예상하지 못했을 것이다. 구 채우기 문제는 4차원 이상의 공간으로 확장되어 통신기술에 응용되고 있다. 비교적

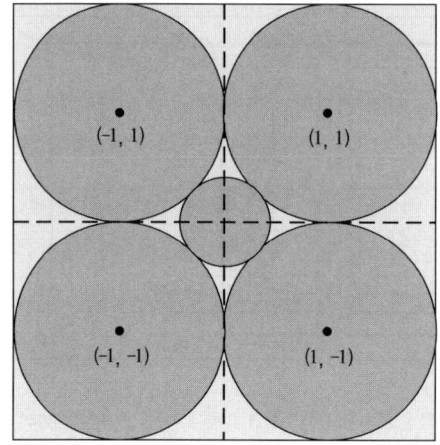

[그림 5-11] 정사각형 안에 있는 네 개의 원들 사이에 작은 원 하나를 추가로 넣기. 큰 원들의 중심이 점 (1, 1), (1, −1), (−1, 1), (−1, −1)이라면 추가된 원의 중심은 그림과 같이 원점에 놓인다.

최근에 이루어진 이 놀라운 발전은, 오직 인간의 정신 속에만 존재하는 추상적 패턴들에 관한 순수한 수학적 탐구가 실용적으로 응용됨을 보여 준 또하나의 실례이다.

4차원과 5차원에서 가장 밀도가 높은 격자 채우기는 면심입방격자 채우기와 같은 꼴이다. 그러나 6차원 이상의 공간에서는 사정이 다르다. 차원의 수가 늘어나면, 여러 초구들 사이의 공간이 점점 더 커진다는 사실을 중요하게 고려해야 한다. 8차원 공간에서는 면심입방격자로 배열된 초구들 사이의 공간이 충분히 넓어서, 그 공간에 또하나의 면심입방격자 배열을 집어넣을 수 있다. 이렇게 면심입방격자를 두 겹으로 채우는 배열이 8차원에서 가장 밀도가 높은 배열이다. 뿐만 아니라 이 채우기의 특정 단면들은 6차원과 7차원에서 가장 밀도가 높은 채우기이다. 이 사실은 1934년 블리히펠트(H. F. Blichfeldt)에 의해 발견되었다.

고차원 공간에서의 구 채우기를 이해하기 위해 몇 가지 간단한 경우들을 살펴보자.

[그림 5-11]은 크기가 4×4인 정사각형 안에 꽉 채운 4개의 원을 보

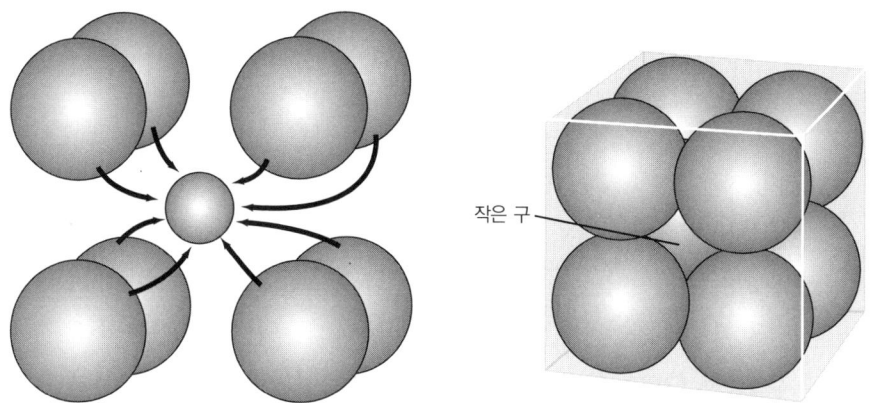

〔그림 5-12〕 정육면체 속에 있는 8개의 구들 사이에 작은 구를 추가로 넣기

여준다. 원 각각의 반지름은 1이다. 인접한 원들은 서로 닿아 있다. 쉽게 알 수 있듯이, 좀더 작은 크기의 다섯번째 원을 원점에 놓아 원래의 원들과 닿도록 하는 것이 가능하다.

〔그림 5-12〕는 이와 유사한 3차원 상황을 나타낸다. 반지름이 1인 구 8개를 크기가 $4 \times 4 \times 4$인 정육면체 속에 넣을 수 있다. 이 8개의 구에 인접하도록 중심에 보다 작은 크기의 아홉번째 구를 넣을 수 있다.

물론 더이상은 시각적으로 표현할 수 없지만, 4차원이나 5차원, 혹은 임의의 차원 수를 가지는 공간에서도 같은 상황이 벌어진다. 예를 들어 크기가 $4 \times 4 \times 4 \times 4$인 4차원 초정육면체 속에는 반지름이 1인 초구 16개를 채울 수 있다. 차원 수와 관련해서 어떤 패턴이 있는지 당신도 쉽게 알 수 있을 것이다. 공간의 차원이 n이면, 각 변의 길이가 4인 초정육면체 속에 반지름이 1인 초구가 2^n개 들어갈 수 있고, 초정육면체 중심에 초구 하나를 더 집어넣어 다른 초구들 모두와 인접하도록 만들 수 있다.

또다른 패턴을 발견할 수 있는지 살펴보자. 원래 2차원의 경우에서는 추가되는 다섯번째 원이 외곽 정사각형 내부에 들어갔다. 3차원의 경우에서도 추가되는 아홉번째 구가 외곽 정육면체 내부에 들어갔다.

마찬가지로 4차원, 5차원, 6차원에서도 추가되는 초구가 원래 초구들이 채워진 초정육면체 내부에 들어간다. 이 패턴은 매우 자명해 보여서, 임의의 차원에서도 같은 패턴이 성립한다고 생각하지 않을 사람은 극히 드물 것이다. 그러나 놀라운 일이 당신을 기다리고 있다. 9차원에 이르면 이상한 일이 일어난다. 9차원에서 추가되는 초구는 외곽 초정육면체의 면들 각각에 인접한다. 또한 10차원 이상에서는 추가되는 초구가 외곽 정육면체 밖으로 튀어나온다. 차원의 수가 증가할수록 튀어나오는 크기가 커진다.

이 놀라운 결론은 대수학적으로 쉽게 도출된다. 2차원의 경우 원래의 원 네 개에 인접하려면, 추가되는 원의 반지름은 얼마가 되어야 할까? 원점으로부터 각 원의 중심까지의 거리는 피타고라스 정리에 의해 다음과 같이 주어진다.

$$\sqrt{1^2+1^2}=\sqrt{2}$$

각 원의 반지름이 1이므로 추가되는 원의 반지름은 $\sqrt{2}-1$, 즉 대략적으로 0.41이어야 한다. 반지름이 0.41인 추가 원은 당연히 원래의 4×4 정사각형 내부에 들어갈 것이다.

n차원의 경우에는 원점(추가되는 작은 초구의 중심이 있는 자리)으로부터 각 초구의 중심 사이의 거리는 (n차원으로 확장된 피타고라스 정리에 의해서) 다음과 같이 주어진다.

$$\sqrt{1^2+1^2\cdots\cdots+1^2}=\sqrt{n}$$

그러므로 추가되는 n차원 초구는 $\sqrt{n}-1$의 반지름을 가져야 한다. 예를 들어 3차원의 경우 추가되는 구의 반지름은 약 0.73이고, 따라서 이 구 역시 외곽을 이루는 $4\times4\times4$ 정육면체 속에 들어간다. 그러나 $n=9$인 경우에는 추가되는 초구의 반지름이 $\sqrt{9}-1=2$가 될 것이며, 따라서 그 초구는 외곽 초정육면체의 각 면에 닿을 것이다. 또한 $n>9$인 경우에는 반지름 $\sqrt{n}-1$이 2보다 커지므로, 추가되는 초구는 외곽 초정육면체 외부로 튀어나올 것이다.

핵심은 다음과 같다. 차원의 수가 커질수록 원래의 초구들 사이의 공간이 넓어진다. 사실상 2차원에서 3차원으로 바뀔 때에도 추가되는 '초구'는 외곽 '초정육면체'에 접근한다. 반지름이 0.41에서 0.73으로 커진다. 추가되는 초구가 밖으로 튀어나오는 것이 놀라워 보이는 이유는, 그 일이 9차원까지는 일어나지 않기 때문이다. 9차원도 이미 우리의 일상 경험을 벗어난 영역인데도 말이다.

앞서 내가 언급한 구 채우기의 통신기술 응용은 24차원에서의 구 채우기와 관련된다. 1965년 리치(John Leech)는 오늘날 '리치 격자'라 불리는 격자를 기반으로 하여 놀랄 만한 격자 채우기를 구성했다. 군 이론과 깊이 관련된 이 격자는 24차원에서 가장 밀도가 높은 것이 거의 확실한 구 채우기를 가능케 한다. 이 격자로 배열된 각각의 초구들은 196,560개의 다른 초구들과 인접해 있다. 리치 격자의 발견은 데이터 전송에서 소위 오류 탐지 코드와 오류 수정 코드를 고안하는 작업에 획기적인 발전을 가져왔다.

언뜻 보기에는 대단해 보이지만, 구 채우기와 데이터 코드 개발 사이의 연관성은 비교적 간단하다(물론 나는 일반적인 수준의 내용만 전달하기 위해 문제를 대폭 단순화할 것이다). 당신이 메시지를 통신망을 통해 전송하기 위해 단어를 디지털 형태로 코드화하는 방법을 개발하려 한다고 가정해보자. 당신이 8비트 디지털 문자열을 코드로 사용하기로 결정했다고 하자. 즉 각각의 단어는 (1,1,0,0,0,1,0,1) 또는 (0,1,0,1,1,1,0,0) 등의 문자열로 코드화된다. 전송 과정에서 경로에 간섭이 일어나 한두 개의 비트가 잘못 전달될 수 있다. 이를테면 원래 문자열 (1,1,1,1,1,1,1,1)이 (1,1,1,1,0,1,1,1)로 전달될 수 있다. 이런 통신 오류를 식별하기 위해서는, 코드화 기법을 적절히 고안하여, 위의 두번째 문자열이 어떤 단어의 코드도 아니도록 만들 필요가 있다. 그렇게 함으로써 당신은 그 문자열이 통신 오류의 결과라는 것을 알 수 있을 것이다. 만일 당신이, 그런 오류 문자열이 발생하려면 원래 문자열이 무엇이었을 개연성이 가장 높은지 알 수 있다면, 즉 오류를 수정할 수 있다면 더욱 좋을 것이다. 이 두 목표를 이루기 위해 당신은 코드로 사용되는 임의의 두 문자열이 최소한 세 자리에서 서로 다르도록 만들 수 있을 것이다. 다른 한편, 전송할 메시지 전체를 코드화하기 위해서는, 코드로 사용할 문자열이 최대한 많이 준비되어야 한다. 이제 이 상황을 기하학적으로 고찰해보면, 당신이 직면한 문제는 다름아니라 8차원 공간에서의 구 채우기 문제임을 알 수 있다.

이 사실을 이해하기 위해서는 모든 가능한 코드가 8차원 공간상의 점들이라고 생각해야 한다. 이 점들은 분명 (초)입방격자를 이룬다. 즉 모든 좌표가 0이나 1인 점들로 이루어진 격자를 이룬다. 코드로 선택된 각각의 문자열 s에 대해서 당신은 다른 모든 코드가 세 자리 이상 s와 다르도록 만들고자 한다. 당신이 원하는 것을 기하학적으로 표현한다면, 당신은 s를 중심으로 하는 반지름 $r=\sqrt{3}$인 구 속에 들어가는 다른 모든 격자점들을 코드로 사용하지 않으려 하는 것이다. 따라서 서로 거리 r 이하로 근접하지 않는 코드들을 최대한 많이 확보하는 일은, 반지름 $\frac{r}{2}$인 구들을 주어진 격자에 가장 효율적으로 배치하는 일과 동치이다.

그러므로 해답은 구 채우기 속에 있다. 눈송이와 석류에서 시작된 연구를 고차원 공간으로 확장함으로써 우리는 현대 통신기술에 도달했다.

벽지의 패턴은 몇 가지나 있을까?

디지털 통신기술과 비교하면, 벽지의 무늬를 고안하는 일은 하찮게 여겨질지도 모른다. 그러나 눈송이와 석류에 관한 연구가 오류 수정 코드 개발로 이어졌음을 생각한다면, 벽지 무늬의 연구로부터 어떤 산물이 나올지 속단할 수 없을 것이다. 벽지의 무늬를 연구하는 수학은 사실상 고유한 흥미를 유발하는 분야이다.

수학자들이 흥미롭게 여기는 벽지 패턴의 특징은, 그 패턴이 규칙적으로 반복되면서 평면 전체를 채운다는 점이다([화보 7] 참조). 그러므로 수학자가 탐구하는 '벽지 패턴'은, 건물 바닥, 무늬 있는 옷, 카펫 등에 들어 있을 수도 있다. 이런 실제 예에서는 패턴들이 벽이나 바닥이나 옷감이 끝나는 곳까지만 반복되고 멈춘다. 그러나 수학자들이 탐구하는 패턴은 모든 방향으로 무한히 펼쳐지는 패턴들이다.

모든 벽지 패턴 배후에 있는 수학적 개념은 디리힐레트 영역이라는 개념이다. 평면격자 속에 임의의 한 격자점이 있을 때, 그 점의 (주어진 격자에 대한) 디리힐레트 영역은, 다른 어느 격자점보다 그 격자점에 가깝게 위치한 영역 전체로 이루어진다. 한 격자의 디리힐레트 영역을 생각하면, 격자의 대칭성을 '벽돌 모형'으로 파악하는 것이 가능하다.

새로운 벽지 패턴을 만들고자 할 때 당신이 해야 하는 일은, 벽지의 한 구역을 채우는 패턴을 만든 다음, 그 패턴을 다른 구역들 전체로 반복해서 찍는 것이다. 보다 정확히 말한다면, 당신은 우선 격자를 생각하고, 특정한 한 디리힐레트 영역을 당신의 패턴으로 채운 다음, 모든 다른 디

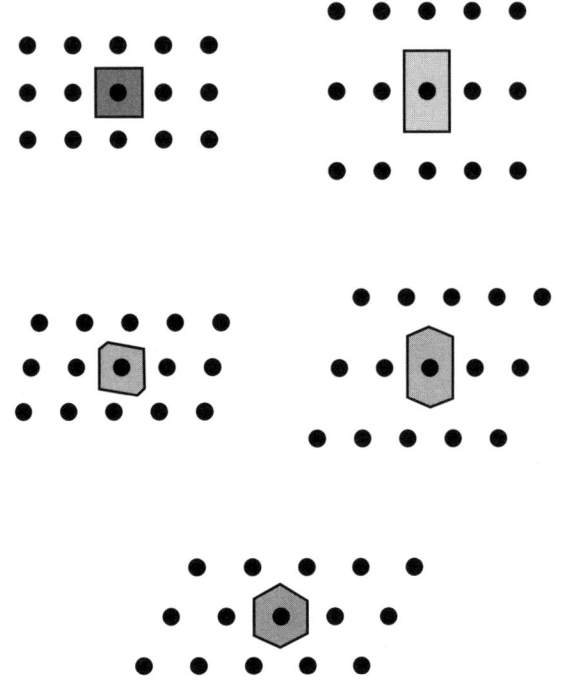

[그림 5-13] 2차원 격자에 대한 다섯 가지 상이한 디리힐레트 영역

리힐레트 영역에 당신의 패턴을 반복해서 찍는다. 벽지 디자이너가 의식적으로 이런 방식을 따라 작업하지는 않는다 할지라도, 모든 벽지가 이런 방식으로 만들어졌다고 생각해도 무방하다.

평면에서 가능한 디리힐레트 영역은 다섯 가지 종류뿐이다. 그 영역들은 사각형이거나 육각형이다. [그림 5-13]은 그 다섯 가지 디리힐레트 영역을 보여준다.

고안될 수 있는 벽지의 패턴에는 물론 개수의 한계가 없다. 그러나 그 패턴들 중 수학적으로 구별되는, 즉 대칭군이 다르다는 의미에서 구별되는 패턴들은 몇 종류나 될까? 대답을 들으면 당신은 아마 놀랄 것이다.

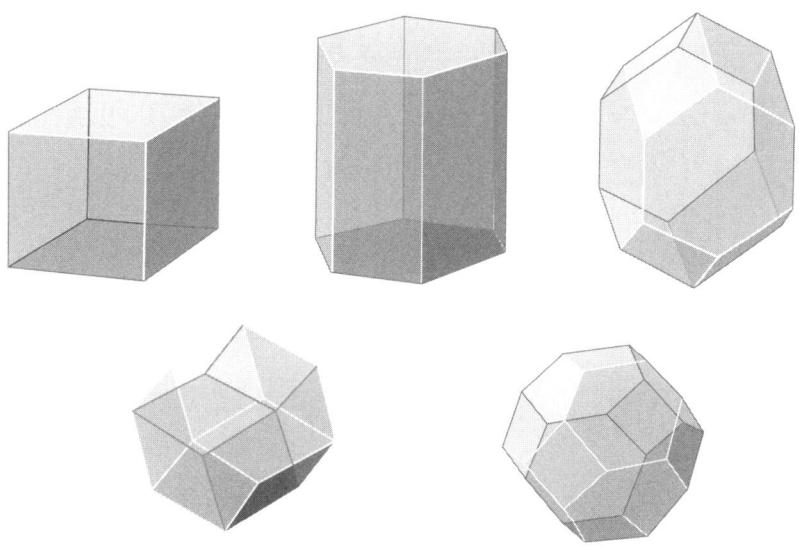

[그림 5-14] 3차원 격자에 대한 다섯 가지 상이한 디리힐레트 영역

디자이너가 그릴 수 있는 패턴의 개수에는 한계가 없지만, 그 패턴들은 모두 대칭군에 따라 구별되는 17가지 상이한 종류들 중 하나다. 왜냐하면 벽지 패턴의 대칭성에 상응하는 군이 정확히 17개 존재하기 때문이다. 이 사실을 증명하기는 상당히 어렵다. [화보 8]에 있는 패턴들은 17개의 상이한 대칭성 유형들을 보여준다. 오랜 역사에 걸쳐 화가들과 디자이너들이 만든 다양한 반복 무늬 속에는 17가지 가능한 예들이 전부 들어 있다.

디리힐레트 영역과 벽지 패턴 개념은 당연히 3차원으로 확장될 수 있다. [화보 6]에 있는 14가지 종류의 3차원 격자로부터 나오는 디리힐레트 영역은 정확히 다섯 가지이다. 그 다섯 가지 디리힐레트 영역은 [그림 5-14]에 있다. 이 다섯 개의 입체는 어느 모로 보나 플라톤의 정다면체들 못지 않은 근본적인 입체임에도 불구하고 일반인들에게는 훨씬 덜 알려져 있다.

다섯 개의 3차원 디리힐레트 영역으로부터 정확히 230개의 서로 다른 대칭군을 가지는 3차원 벽지 패턴의 유형이 생겨난다. 이 3차원 패턴들 중 다수가 자연적인 결정체의 구조에서 발견된다. 그러므로 대칭군의 수학은 결정학에서 중요한 역할을 한다. 실제로 230개의 상이한 대칭군을 분류하는 작업의 대부분은 19세기 후반 결정학자들에 의해 이루어졌다.

바닥에 타일을 붙이는 방법은 얼마나 될까?

구 채우기 문제가 특정한 모양—즉 구—을 가장 효율적으로 배열하여 가장 높은 밀도를 얻는 방법을 찾는 문제라면, 수학적인 '타일 붙이기'(tiling, 평면 덮기) 연구는 다음과 같은 약간 다른 문제에 대한 연구이다. 여럿을 모아 붙여서 공간을 완전히 채울 수 있는 모양들은 어떤 것들인가? 이 근본적인 질문은, 물질을 원자로 분해하거나 자연수를 소인수의 곱으로 분해하는 방법을 묻는 것과 유사하다.

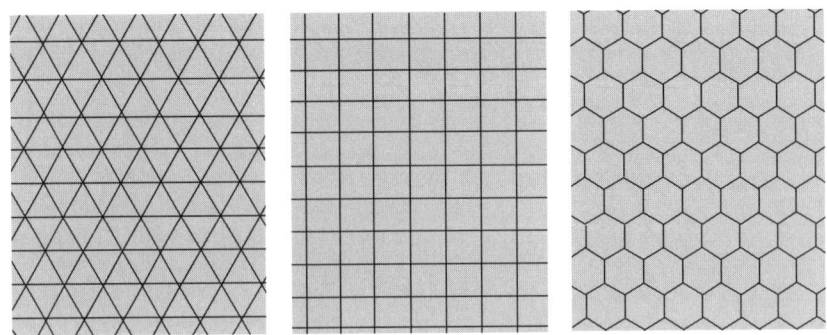

[그림 5-15] 평면을 완전히 덮는 방식으로 배열될 수 있는 정다각형은 세 가지이다. 정삼각형, 정사각형, 정육각형이 그것이다.

먼저 2차원의 경우를 보자. 예를 들어 정사각형, 정삼각형, 정육각형 등은 적당히 배열해서 평면 전체를 채우도록 만들 수 있다. 〔그림 5-15〕를 참조하라. 정다각형 중에서는 오직 이 셋만이 평면을 덮을 수 있을까?(정다각형이란 모든 변의 길이가 같고 모든 내각의 크기가 같은 다각형이다). 밝혀진 사실에 의하면, 대답은 '그렇다' 이다.

만일 당신이 두 종류 이상의 타일을 허용하면서, 각 타일의 꼭지점 주변에 다른 다각형들이 동일한 방식으로 배열되어야 한다는 조건을 추가한다면, 정확히 8가지 타일 붙이기가 더 가능하다. 그 경우들은 정삼각형, 정사각형, 정팔각형, 정십이각형의 조합들이며, 〔화보 9〕에서 볼 수 있다. 이 11가지 타일 붙이기가 보여주는 규칙성은 앞에서 살펴본 17가지 벽지 패턴과는 달리 시각적으로 만족스러워서, 어느 방식을 택하든 바닥에 타일을 붙이는 데 사용하면 멋진 패턴을 연출할 수 있을 것이다.

만일 정다각형이 아닌 다각형도 타일로 허용하면, 가능한 타일 붙이기의 개수에는 한계가 없다. 예를 들어 임의의 삼각형이나 임의의 사각형으로 타일 붙이기를 할 수 있다. 그러나 임의의 오각형으로는 평면 전체를 덮지 못한다. 심지어 정오각형을 쓴다 할지라도 평면을 완전히 덮지 못하고 틈이 남게 된다. 반면에 서로 평행인 변이 한 쌍 있는 임의의 오각형을 쓰면 평면을 덮을 수 있다. 현재까지 수학자들은 평면을 덮을 수 있는 오각형의 종류를 14개 발견했다. 마지막 종류는 1985년에야 발견되었으며, 평면을 덮을 수 있는 오각형이 더 있는지는 아직 밝혀지지 않았다(설명을 약간 더 보충할 필요가 있다. 지금 우리는 볼록 오각형, 즉 모든 꼭지점이 밖으로 튀어나온 오각형에만 국한해서 얘기하고 있다).

육각형의 경우에는, 평면을 덮는 볼록 육각형이 정확히 세 종류 있다는 것이 1918년에 이미 증명되었다(〔화보 10〕을 참조하라). 한 종류의 볼록 비(非)정다각형(정다각형이 아닌 다각형)만을 써서 평면을 덮는 가능성은 육각형까지가 전부이다. 칠각형 이상의 볼록 다각형을 배열해서 평면을 완전히 덮는 방법은 없다.

구 채우기를 설명할 때 우리가 우선 격자 채우기와 불규칙 채우기를 구분했듯이, 타일 붙이기 역시 두 유형으로 구분할 수 있다. 첫번째 유형은, 이동대칭성을 가지는 반복(즉 주기periodic) 패턴으로 평면을 덮는 타일 붙이기이다. (그림 5-15)에 있는 예들이 반복 패턴 타일 붙이기이다. 두 번째 유형은 이동대칭성이 없는 타일 붙이기, 즉 비주기 타일 붙이기이다. 주기 타일 붙이기와 비주기 타일 붙이기 구분은 유리수와 무리수 구분과 유사한 면이 있다. 무리수는, 십진법으로 표기할 경우, 반복되지 않으면서 영원히 이어지는 소수점 이하의 숫자들을 산출하니까 말이다.

주기 타일 붙이기에 관해서는 많은 것들이 알려져 있다. 예를 들어 임의의 주기 타일 붙이기는 앞절에서 논의한 17가지 벽지 패턴 유형 중 하나를 자신의 대칭군으로 가져야 한다. 반면에 비주기적인 패턴의 경우는 어떨까? 도대체 비주기 타일 붙이기가 존재하기나 할까? 같은 모양들로 평면을 덮으면서 주기적이지 않게 덮는 것이 가능할까? 1974년 영국 수학자 펜로즈(Roger Penrose)가—어쩌면 약간 예상외인—대답을 내놓았다. 대답은 가능하다는 것이다. 펜로즈는, 서로 맞물리면서 오직 비주

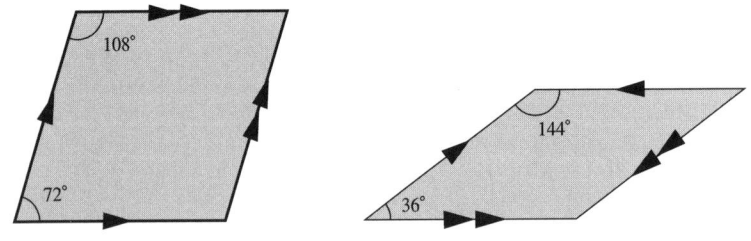

[그림 5-16] 펜로즈 평면 덮기. 맞닿는 모서리의 화살표 방향이 일치하도록 위의 두 도형을 연결하면서 배열하면 평면 전체를 덮을 수 있는데, 오직 비주기적인 방식으로만 그렇게 할 수 있다.

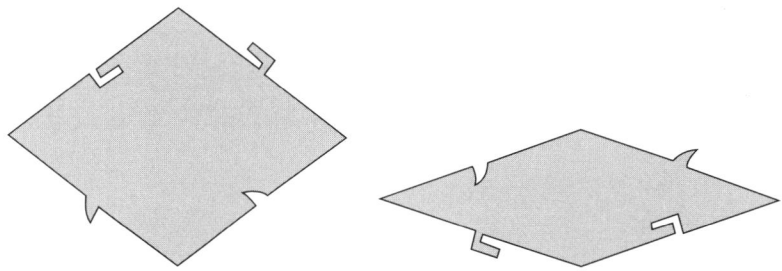

[그림 5-17] 펜로즈 평면 덮기. 조각에 고리와 홈을 만들면, 평면을—오직 비주기적인 방식으로—덮는 다각형을 특별한 배열 방식을 지정함 없이 제시할 수 있다.

기적으로만—즉 이동대칭성 없이—평면을 완전히 덮을 수 있는 한 쌍의 다각형을 발견했다. 원래 펜로즈가 발견한 한 쌍의 다각형 중에서는 하나만이 볼록 다각형이었다. 그러나 곧이어 평면을 비주기적으로 덮는 한 쌍의 볼록 다각형이 발견되었다. [그림 5-16]은 그 한 쌍의 볼록 다각형을 보여준다(새로 발견된 두 다각형은 펜로즈가 원래 발견한 다각형과 밀접하게 관련되어 있다). 펜로즈가 처음 발견한 타일 붙이기의 경우에서처럼 타일 붙이기가 비주기적이 되도록 만들려면, 다각형의—두 마름모꼴 모두의—꼭지점들이 특정한 방향으로 놓이도록 지정해야 하며, 모든 접합 지점에서 도형들이 그 방향을 유지하면서 맞물리도록 만들어야 한다.

이렇게 타일 붙이기 작업 자체에 부가적인 조건을 부과하지 않으면서도 비주기 타일 붙이기를 얻는 방법은, [그림 5-17]에서처럼 마름모꼴에 홈과 고리를 만드는 것이다.

지금까지 독자들은 겉보기에 전혀 다른 상황에서 다양한 수 패턴이 반복해서 등장하는 경우를 많이 보아왔으므로, 지금 우리의 논의에서 황금비율 ϕ(대략 1.618)가 등장한다 하더라도 그다지 놀라지 않으리라 믿는다. 만일 [그림 5-16]에 있는 두 마름모꼴의 변들이 길이가 모두 1이라면, 왼쪽에 있는 마름모꼴의 긴 대각선의 길이는 ϕ이며, 오른쪽에 있는 마름모꼴의 짧은 대각선의 길이는 $\frac{1}{\phi}$이다. 평면 전체를 덮는 데 필요한 두툼한 마름모꼴의 개수를 얇은 마름모꼴의 개수로 나눈 비율의 극한값이 또한 ϕ이다.

[화보 11]은 펜로즈 타일 붙이기의 일부를 보여준다. 자세히 살펴보면, 작은 구역들이 오각 대칭성을 가짐을 알 수 있을 것이다—당신이 그 구역을 정오각형의 대칭성에 맞게 돌리면, 그 구역은 변화가 없는 듯이 보인다. 그러나 이 오각 대칭성은 국지적인 영역에만 한정된다. 여러 유한한 구역들이 오각 대칭성을 가짐에도 불구하고, 무한한 전체 타일 붙이기는 오각 대칭성을 가지지 않는다. 그러므로 정오각형으로는 평면을 덮을 수 없지만, 국지적으로 오각 대칭성을 나타내는 도형들로 평면을 덮는 것은 가능하다. 순전히 흥미로 했던 연구를 통해 펜로즈가 밝힌 이 수학적 사실은 1984년 결정학자들이 소위 준결정체(quasicrystal)를 발견하면서 더욱 중요해졌다.

결정학자들은 알루미늄과 망간으로 이루어진 특정한 합금이 국지적 오각 대칭성을 나타내는 분자 구조를 가짐을 발견했다. 결정체의 격자는 이각, 삼각, 사각, 육각 대칭성만을 가질 수 있으므로, 그 합금은 일상적인 의미에서 결정체라고는 불릴 수 없었고, 따라서 '준결정체'라는 새로운 이름이 생겨났다. 일반적으로 준결정체란, 일반적인 결정체가 가지는 규칙적 격자 구조를 가지지 않지만 국지적 대칭성을 나타내는 고도로 질서 있는 원자 배열을 가지는 물질을 말한다.

지금까지 알려진 준결정체들 중에 펜로즈 타일 붙이기 구조를 가진 것이 있는지는 아직 확실치 않다. 사실상 준결정체 연구는 현재 걸음마 수준이며, 논란도 많다. 그럼에도 불구하고 평면을 격자 채우기가 아닌 방식으로, 하지만 오각 대칭성을 보이는 고도로 규칙적인 방식으로 덮을 수 있다는 사실은, 새롭게 발견된 준결정체를 이해하기 위한 기초적인 수학적 틀을 개발할 가능성을 보여준다. 이 사례 역시 수학자가 새로운 패턴을 찾는 과정에서 독자적으로 발견된 순수 수학적 성취가 뒤이어 실재에 응용된 경우이다.

이제 3차원 공간에 '타일을 붙이는' 문제를 생각해보자. 정육면체를 모아 연결하면 당연히 공간 전체를 채울 수 있을 것이다. 사실상 정다면체 중 유일하게 정육면체만이 공간을 완전히 채울 수 있다. 〔그림 5-14〕에서 우리는 이미 공간을 격자 채우기 방식으로 완전히 채울 수 있는 비정다면체 다섯 개를 보았다.

비주기 펜로즈 타일 붙이기를 3차원으로 확장한 공간 채우기 방법들은 불과 수년 전에 발견되었다. 펜로즈 자신도, (2차원에서 펜로즈 타일 붙이기가 그랬듯이) 여러 규정에 맞게 배열할 경우 비주기적으로 3차원

〔그림 5-18〕 이 사진은 1993년 콘웨이가 발견한 바이프리즘을 이용한 비주기적 공간 채우기 일부를 보여준다. 사진 속의 바이프리즘은 종이로 만든 모형이다.

공간을 채울 수 있는 한 쌍의 마름모육면체(찌그러뜨린 정육면체)를 발견했다.

1993년 대부분의 수학자들을 놀라게 한 발견이 이루어졌다. 오직 비주기적인 방식으로만 공간을 완전히 채울 수 있는 단일한 볼록 다면체가 발견된 것이다. 이 놀라운 입체를 발견하는 영광은 영국 수학자 콘웨이(John Horton Conway)에게 돌아갔다. [그림 5-18]에 있는 콘웨이의 새로운 입체는 소위 바이프리즘(biprism)이라 불린다. 즉 그 입체는 두 개의 삼각 프리즘을 비스듬히 붙인 모양이다. 바이프리즘의 표면은 4개의 합동인 삼각형과 4개의 합동인 평행사변형으로 이루어져 있다. 이 다면체로 공간을 채우려면, 한 층씩 한 층씩 쌓아가면 된다. 이때 각 층은 주기적이지만, 두번째 층을 첫번째 층 위에 얹으려면, 두번째 층을 고정된 무리수 각도만큼 회전시켜야 한다. 이 회전 때문에 전체 공간 채우기는 수직 방향으로 비주기적이다[비볼록 다면체를 이용한 비주기 공간 채우기는 유사한 방식으로 오스트리아 수학자 슈미트(Peter Schmitt)에 의해 콘웨이에 앞서 발견되었다].

25년여 전까지만 해도 타일 붙이기 연구는 디자이너들의 관심을 받고 수학자들에게 흥밋거리가 되었을 뿐 수학 내에서는 비교적 특이한 분야로 남아 있었다. 그러나 오늘날 타일 붙이기 연구는 주도적인 연구 분야가 되었으며, 예기치 못한 방식으로 여러 차례 타 수학 분야에 응용될 뿐만 아니라 공급물의 분배나 전기회로 고안 같은 과제에도 응용되었다. 이렇게 관심이 고조됨과 동시에 수학자들은 우리가 타일 붙이기에 관해 모르는 것들이 아직 많음을 발견해가고 있다. 이 사실 역시 우리 삶의 모든 측면에서 심오하고 어려운 수학적 문제가 등장한다는 것을 입증하는 사례이다.

6장 자리를 잡은 수학

옳고 그른 지도

〔화보 12〕에 있는 런던 지하철 지도는 1931년에 처음 그려졌다. 그 지도를 처음 그린 사람은 런던 지하철 회사에서 일하던 임시직 제도공 벡(Henry C. Beck)이었다. 자신이 그린 특이한 지도를 대량 인쇄하도록 상사들을 설득하기까지 벡은 꼬박 2년을 애써야 했다. 2년이 지난 후에도 지하철 회사 인쇄부는 소량의 지도만을 인쇄했다. 지하철 관계자들은 지리적인 정확성을 완전히 무시한 그 지도가 지하철 이용객 대부분에게 무용지물일 것이라고 생각했다. 그러나 그들의 생각은 빗나갔다. 대중은 그 지도를 사랑했고, 지도가 사용되기 시작하고 1년이 지나자 지하철 전역의 안내판에 확대된 지도가 게시되었다. 사람들은 설명이나 훈련 없이도 지하철 연결망을 나타내는 위상학적 표현을 보자마자 이해했을 뿐만 아니라 그런 위상학적 표현이 보다 익숙한 기하학적 지도보다 유용함을 알아차렸다.

지하철이 증설되면서 여러 차례 보완되기는 했지만, 오늘날 런던 지하철 지도는 대부분 원래의 모습 그대로이다. 그 지도의 오랜 수명은 그 지도가 가진 유용성과 아름다움을 증언한다. 그러나 기하학의 기준으로 보면, 그 지도는 개선의 가능성이 없을 정도로 엉망이다. 그 지도는 척도에 맞게 그려지지 않았으며, 그 지도를 런던 시내 표준 지도와 맞추어보면, 역의 위치들이 전혀 올바르지 않음을 금방 확인할 수 있다. 지하철 지도에서 올바른 것은 연결망뿐이다. 지도가 당신에게 일러주는 것은, A지점에서 B지점으로 가려면 몇 번 노선을 타야 하는지, 필요할 경우 어디에서 갈아타야 하는지, 이다. 그리고 사실상 바로 이것이 지하철 승객이 알아야 하는 것 전부이다. 이동중에 시내를 구경하려고 지하철을 탈 사람은 없지 않은가! 이 한 가지 측면에서 지하철 지도는 정확하고 완벽하다. 그러므로 지하철 지도는 런던 지하철망이 가진 지리적 특성 중에서 어떤 중요한 패턴을 포착했음에 틀림없다. 수학자들은 그 패턴을 위상학적 패턴이라 부른다.

소위 위상학이라 불리는 수학 분야는—2차원과 관련해서—때로 '고무판 기하학'이라고도 불린다. 왜냐하면 2차원 위상학은 도형들이 그려진 표면을 잡아늘이거나 비틀어도 변하지 않는 도형의 성질들을 연구하기 때문이다. 지하철 지도가 위상학적인 성격을 가진다는 사실은 오늘날 런던에서 매우 흔하게 증명되고 있다. 관광 기념품으로 팔리는 티셔츠에 그 지도가 그려져 있기 때문이다. 티셔츠 위에 그려진 지도 역시, 그 셔츠를 걸친 몸의 모양이 어떻든 상관없이 전적으로 신뢰할 수 있는 지하철 안내자 역할을 한다. 물론 이 특정한 위상학적 특징을 깊이 연구하겠다는 명목으로 지하철을 너무 자주 이용한다면 위상학 공부에 해가 되겠지만 말이다!

위상학은 오늘날 수학에서 가장 근본적인 분야들 중 하나이며, 수학의 여러 다른 영역들 및 물리학을 비롯한 과학 분야와도 관련을 맺고 있다. 위상학이라는 이름은 '위치에 관한 연구'를 뜻하는 그리스어에서 유래했다.

쾨니히스베르크에 있는 7개의 다리

수학에서 흔히 있는 일이지만, 오늘날 위상학이라 불리는 광범위한 분야는 언뜻 보기에 단순히 재미를 위해 만든 듯이 보이는 수수께끼에서 시작되었다. 그 수수께끼는 쾨니히스베르크 다리 문제이다.

동프로이센 프레골랴(Pregolya) 강가에 위치한 도시 쾨니히스베르크에는 한 개의 다리로 연결된 섬 두 개가 있다. [그림 6-1]에서 보는 바와 같이, 한 섬은 양쪽 강안과 각각 한 개의 다리로 연결되어 있고, 다른 섬은 각각 두 개의 다리로 양쪽 강안과 연결되어 있다. 운동을 좋아하는 시민들은 매주 일요일 가족과 함께 장시간 시내 산책을 하곤 하는데, 산책 중에 당연히 다리를 건너기도 한다. 이제 쉽게 떠오르는 질문은 이것이다. 각각의 다리를 꼭 한 번씩만 모두 건너는 산책 경로가 있는가?

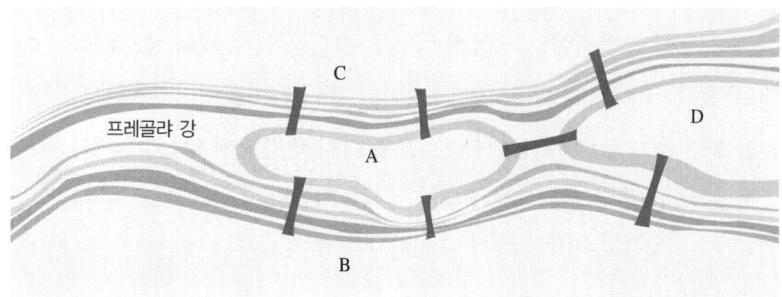

[그림 6-1] 쾨니히스베르크 다리 문제. 7개의 다리를 꼭 한 번씩 거치는 산책 경로가 있을까? 1735년 오일러는 그런 경로가 없음을 증명했다.

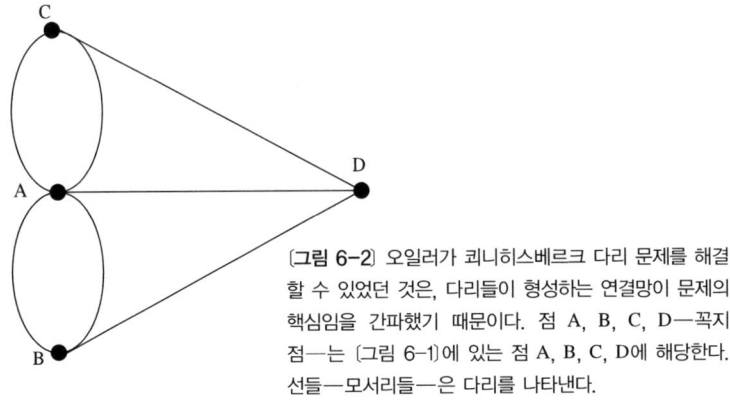

〔그림 6-2〕 오일러가 쾨니히스베르크 다리 문제를 해결할 수 있었던 것은, 다리들이 형성하는 연결망이 문제의 핵심임을 간파했기 때문이다. 점 A, B, C, D—꼭지점—는 〔그림 6-1〕에 있는 점 A, B, C, D에 해당한다. 선들—모서리들—은 다리를 나타낸다.

 1735년 오일러가 이 문제를 풀었다. 그는 섬들과 다리들의 정확한 위치는 문제와 상관이 없음을 간파했다. 중요한 것은 다리들이 연결된 방식, 즉 다리들에 의해 형성된 **연결망**이다. 〔그림 6-2〕는 그 연결망을 보여준다. 강과 섬과 다리의 실제 배치—즉 문제와 관련된 기하학—는 무의미하다. 우리가 곧 정확하게 정의할 용어들을 미리 써서 말한다면, 오일러가 그린 연결망에서 다리는 **모서리**로 표현되고, 두 강안과 두 섬은 **꼭지점**으로 표현된다. 연결망에서 생각해보면, 문제가 묻는 바는 다음과 같다. 각각의 모서리를 한 번씩 전부 거치는 경로가 있는가?
 오일러는 다음과 같이 논증했다. 연결망에서 꼭지점들을 보라. 문제가 묻는 경로의 출발점이나 끝점이 아닌 꼭지점은 짝수 개의 모서리들이 만나는 점이어야 한다. 왜냐하면 그래야만 들어오는 모서리와 나가는 모서리를 짝지을 수 있기 때문이다. 그런데 다리 연결망에 있는 네 개의 꼭지점들은 모두 홀수 개의 모서리가 만나는 점들이다. 그러므로 문제가 묻는 경로는 있을 수 없다. 다시 말해서 쾨니히스베르크 다리 각각을 한 번씩 건너는 산책로는 있을 수 없다.
 오일러는 쾨니히스베르크 다리 문제가 기하학과 거의 관계가 없음을 간파함으로써 문제를 해결할 수 있었다. 섬과 강안은 단일한 점으로 간주할 수 있으며, 중요한 것은 그 점들이 연결된 방식이다. 모서리의 길이나 모양이 중요한 것이 아니라 어느 점이 어느 점과 연결되어 있는지가 중요하다.

이렇게 기하학에 의존하지 않는 독자적인 분야라는 것이 위상학의 본질이다. 쾨니히스베르크 다리 문제를 해결한 오일러의 착상으로부터 위상학의 주요 주제 중 하나인 **연결망 이론**이 생겨났다. 연결망 이론은 오늘날 여러 방면에서 응용된다. 통신망 분석과 컴퓨터 회로 디자인은 매우 두드러지게 연결망 이론을 이용한 두 사례이다.

수학자들의 연결망

수학자들은 연결망을 매우 폭넓게 정의한다. 임의의 점들(이 점들은 연결망의 꼭지점이라 불린다)의 집합을 두고, 점들을 적당히 선(선들은 연결망의 모서리라 불린다)으로 연결하라. 모서리의 모양은 중요하지 않지만, 모서리들이 서로 교차하지는 말아야 하며(모서리들의 끝에서는 서로 교차할 수 있다), 어떤 모서리도 자기 자신과 만나지 말아야 한다. 즉 어떤 모서리도 닫힌 올가미를 만들지 않아야 한다(그러나 둘 이상의 서로 다른 모서리들을 끝점에서 이어 닫힌 회로를 만드는 것은 허용된다). 평면이나 그 외에 구면 같은 2차원 표면에 있는 연결망의 경우에는, 모서리가 서로 교차하지 않아야 한다는 조건이 엄격히 지켜져야 한다. 내가 이 장에서 다루려 하는 연결망은 바로 그런 2차원 연결망이다. 3차원 공간에 있는 연결망의 경우에는 모서리들이 서로를 통과해도 문제가 없다.

하나 더 추가해야 하는 조건은, 연결망이 연결되어 있어야 한다는 것

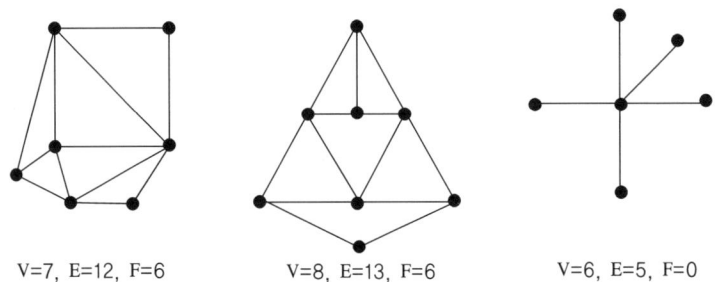

V=7, E=12, F=6   V=8, E=13, F=6   V=6, E=5, F=0

〔그림 6-3〕 연결망에 대한 오일러 공식. 오일러는 평면에 그려진 임의의 연결망에서 계산값 V-E+F가 항상 1임을 증명했다. 이때 V는 꼭지점의 수, E는 모서리의 수, F는 연결망의 모서리로 둘러싸인 면의 수이다.

이다. 다시 말해서 임의의 꼭지점에서 임의의 꼭지점으로 모서리를 따라 이동할 수 있어야 한다. 〔그림 6-3〕은 몇 가지 연결망을 보여준다.

평면 위의 연결망을 연구해보면 몇 가지 놀라운 결론을 얻을 수 있다. 그중 하나는 1751년 오일러가 발견한 오일러 공식이다. 평면 혹은 그 외에 임의의 2차원 표면에 있는 연결망에 대해서, 연결망의 모서리들이 표면을 분리된 영역들로 분할할 경우, 그 분할된 영역은 연결망의 면이라 일컬어진다. 임의의 연결망을 택하여 꼭지점의 개수(이를 V라 하자)와 모서리의 개수(이를 E라 하자)와 면의 개수(이를 F라 하자)를 세어보라. 이제 다음 계산값

$$V-E+F$$

는 그 값이 항상 1임을 확인할 수 있다.

이 결론은 대단히 놀라운 것임에 틀림없다. 당신이 그리는 연결망이 제아무리 복잡하거나 단순하다 할지라도, 또한 당신의 연결망에 아무리 많은 모서리가 있다 할지라도 위 계산값은 항상 1이다. 이 사실은 쉽게

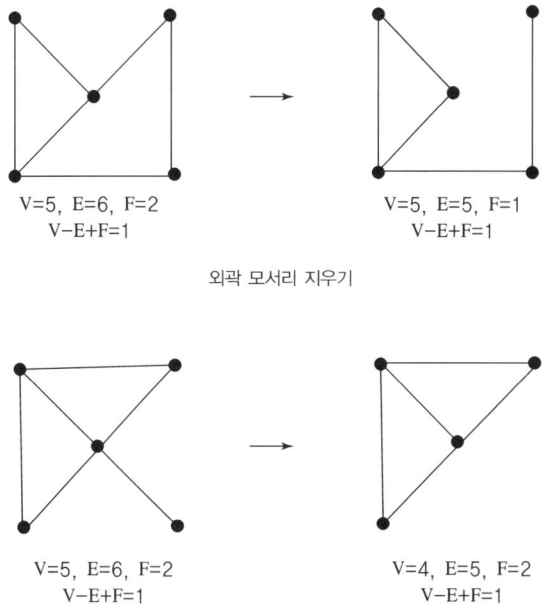

[그림 6-4] 평면에 있는 연결망에 대한 오일러 공식 증명 중 핵심적인 두 단계

증명된다. 이제 증명을 알아보자.

　임의의 연결망이 있을 때, [그림 6-4]에서처럼 바깥으로부터 안쪽으로 나아가면서 모서리와 꼭지점을 차례로 지워보자. 외곽 모서리 하나를 지우면(모서리 양끝에 있는 두 꼭지점은 그대로 둔다), E는 1만큼 작아지고, V는 변하지 않으며, F는 1만큼 작아진다. 그러므로 계산값 V-E+F에는 전체적으로 변화가 없다. E의 감소와 F의 감소가 서로를 상쇄하는 것이다.

　당신이 '늘어진 모서리' — 한쪽 끝에 다른 모서리가 이어져 있지 않은 모서리 — 를 만나게 되면, 그 모서리를 지우고, 그 모서리의 끝점이었다가 이제 고립된 꼭지점도 지워라(만일 양 끝점이 모두 고립된 점이 될 경우에는, 하나를 지우고 다른 하나는 고립된 점으로 남겨두어라. 어떤 점을 남길지는 당신이 임의로 선택해도 좋다). 그렇게 하면 V와 E가 모두 1만큼 작아지고 F에는 변화가 없으므로, 이 경우에도 역시 계산값 V-E+F는 변하지 않는다.

이런 방식으로 지우기를 계속하면, 결국 단 하나의 고립된 꼭지점만 남게 된다. 가장 간단한 연결망으로 볼 수 있는 고립된 꼭지점 하나의 경우에는 계산값 V-E+F가 당연히 1이다. 그런데 이 계산값은 지우기 과정에서 불변이므로, 지우기 과정의 시작에서의 계산값과 끝에서의 계산값이 같을 것이다. 그러므로 지우기 과정 시작에서의 V-E+F 값은 1이어야 한다. 그러므로 증명이 완료되었다!

모든 연결망의 V-E+F 값이 1이라는 사실은, 말하자면 평면 위에 있는 모든 삼각형의 내각의 합이 180도라는 사실과 유사하다. 삼각형들은 다양한 크기의 각과 다양한 길이의 변을 가질 수 있지만, 내각의 합은 항상 180도이다. 이와 유사하게 연결망들은 다양한 수의 꼭지점과 모서리를 가질 수 있지만, 계산값 V-E+F는 항상 1이다. 하지만 삼각형 내각의 합은 모양에 따라 결정되므로 내각의 합이 180도라는 사실은 기하학적 사실이다. 반면에 오일러 계산값 V-E+F는 모양에 전혀 의존하지 않는다. 연결선들은 직선이어도 좋고 곡선이어도 좋으며, 연결망이 그려진 표면은 평평해도 좋고 울퉁불퉁해도 좋고 심지어 접혀도 좋다. 또한 잡아늘이거나 줄일 수 있는 재료로 된 표면에 연결망이 그려져 있는 경우에는 잡아늘이거나 줄여도 V-E+F 값에 변화가 없다. 이 사실들은 모두 직관적으로 자명하다. 우리가 열거한 모든 경우들은 기하학적 사실들에 변화를 일으키는데, V-E+F 값은 기하학적 사실이 아니다. 도형에 관해 얘기할 수 있는 사실로서, 도형을 구부리거나 비틀거나 잡아늘이는 조작에 상관없이 유지되는 사실을 위상학적 사실이라 부른다.

연결망을 평면이 아닌 구의 표면에 그린다면 어떻게 될까? 시험삼아 오렌지 위에 굵은 펜으로 연결망을 그려보라. 당신이 그린 연결망이 구면 전체를 덮을 만큼 크다면(즉 당신이 다만 휘어진 평면 조각에 불과한 구면의 일부만을 사용하는 경우가 아니라면), 당신은 계산값 V-E+F가 1이 아니라 2임을 발견하게 될 것이다. 그러므로 평평한 종이를 구부리고 비틀고 늘이고 줄이는 조작으로는 V-E+F 값에 변화가 일어나지 않지만, 종이 대신 구를 사용하면 사정이 달라진다. 한편 구면을 구부리고 비틀고 잡아늘이고 줄이는 경우에는, V-E+F 값이 변함없이 2로 유지된다(원한다면 연결망을 풍선 위에 그려서 실험해보라).

구면에서 연결망의 V-E+F 값이 2라는 사실은 평면에서 같은 계산값이 1이라는 사실처럼 쉽게 증명된다. 두 증명에 동일한 종류의 논증을 사용할 수 있다. 그러나 그 사실을 다른 방법으로 증명할 수도 있다. 그 사실은 평면에 있는 연결망에 대한 오일러 공식의 귀결이며, 따라서 그 공식으로부터 위상학적 논증을 통해 도출될 수 있다(위상학적 논증은 유클리드가 『기하학 원론』에서 정리들을 증명하기 위해 사용한 기하학적 논증과는 다르다).

증명을 위해 당신의 연결망이 완벽한 연장성을 지닌 구면에 그려져 있다고 생각하자(완벽한 연장성을 가지고 있어서 얼마든지 잡아늘일 수 있는 소재는 발견된 바 없다. 그러나 그것은 문제가 되지 않는다. 수학적 패턴은 언제나 정신 속에 있기 때문이다). 이제 연결망에 속한 면 하나를 잘라내라. 이어서 잘라낸 면 주위의 경계선을 잡아늘여 구면 전체가 〔그림 6-5〕에서처럼 평면이 되도록 만들어라. 이렇게 잡아늘이는 조작으로는 연결망의 V-E+F 값에 변화가 없을 것이 분명하다. 왜냐하면 그 조작하에서는 V도 E도 F도 변하지 않기 때문이다.

잡아늘이기가 끝나면 당신의 연결망은 평면 위의 연결망이 된다. 그런

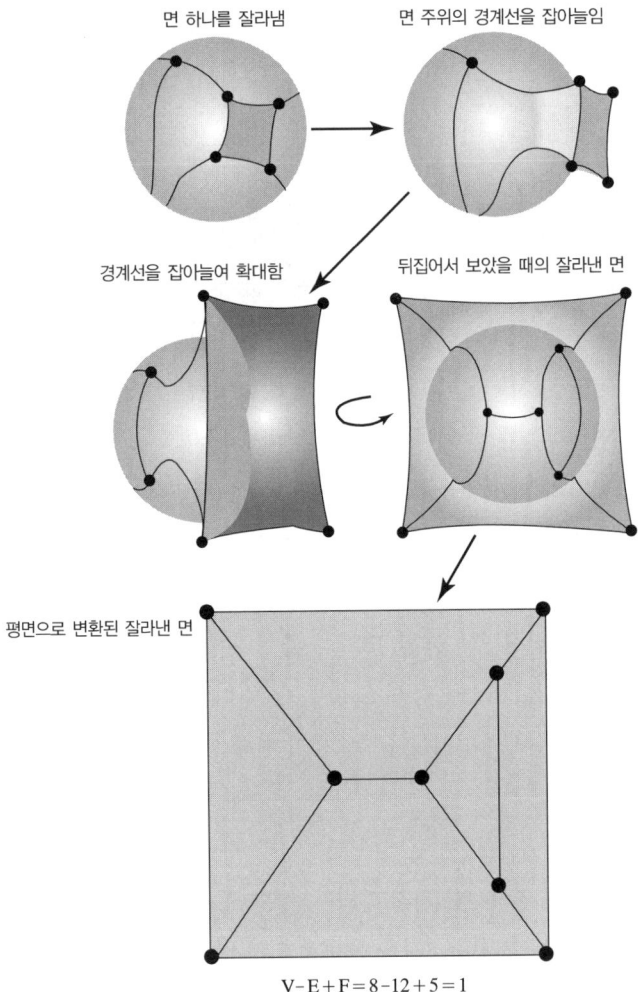

[그림 6-5] 면 하나를 떼어내고 나머지 표면을 잡아늘여 평평하게 만들면, 구면에 있던 연결망을 평면에 있는 연결망으로 변환시킬 수 있다. 이 변환 과정에서 꼭지점과 모서리의 수는 불변이지만, 면은 하나 줄어든다.

데 우리가 이미 알듯이 평면 위 연결망의 $V-E+F$ 값은 1이다. 그러므로 구면에 있던 원래 연결망의 $V-E+F$ 값은 1보다 하나 더 커야 한다. 다시 말해서 원래 구면에 있던 연결망의 $V-E+F$ 값은 2이다.

구면 위 연결망과 관련된 이 결론은 다면체와 관련된 다음과 같은 사실과 밀접하게 연관되어 있다. 다면체의 꼭지점 개수를 V, 모서리 개수를 E, 면 개수를 F라 하면 항상 다음의 등식이 성립한다.

$$V - E + F = 2$$

이 사실은 위상학적 논증을 이용해서 거의 자명하게 증명할 수 있다. 다면체 속에 공기를 불어넣어 공 모양이 되도록 만들고, 원래 다면체의 모서리가 있던 자리에 선들을 그렸다고 상상해보자. 우리가 얻은 것은 구면 위 연결망이며, 그 연결망의 V, E, F 값은 원래 다면체의 V, E, F 값과 같다.

실제로 등식 $V - E + F = 2$가 최초로 발견된 것이 이렇게 다면체를 연구하는 과정에서였다. 그 발견은 1639년 데카르트에 의해 이루어졌다. 그러나 데카르트는 발견된 사실을 증명할 수 없었다. 다면체에 적용된 오일러 공식은 '오일러 다면체 공식'이라 불린다.

뫼비우스 띠

18세기 수학자들 중에는 오일러 외에도 위상학적 현상을 연구한 사람들이 있었다. 코시와 가우스는 모두 도형에 기하학적 패턴보다 더 추상적인 형태적 속성이 있음을 간파했다. 그러나 위상학적 변환 개념을 명료하게 정의함으로써 오늘날 위상학이라 불리는 수학 분야의 형성에 결정적인 계기를 마련한 인물은 가우스의 제자 뫼비우스(Augustus Möbius)였다. 뫼비우스의 정의에 따르면, 위상학이란 위상학적 변환하에서 불변인 도형의 성질을 연구하는 학문이다.

위상학적 변환이란, 한 도형을 다른 도형으로 옮길 때 원래 도형에서 서로 근처에 있던 두 점이 변환된 도형에서도 서로 근처에 있게 되도록 옮기는 변환이다. 이 정의에 등장하는 문구 '근처에 있는'이 정확히 무슨 의미인지 이해하려면 약간의 노력이 필요하다. 예를 들어 잡아늘이기는 위상학적 변환인데, 이 변환을 거치면 점들 사이의 거리가 늘어날 것이 분명하다. 하지만 근처에 있던 점들이 근처에 있는 점들로 옮겨지리라는 것이 직관적으로 명백하다. 위의 정의에 의해 위상학적 변환에서 제외되는 조작 중에서 가장 중요한 것으로 찢기 혹은 자르기가 있다. 물론 한 도형을 자른 다음 특정한 조작을 하고, 이어서 자르기 전에 근처에 있던 점들이 다시 근처에 있게 되도록 조각들을 이어 붙이는 조작을 하는 경우에는 예외적으로 자르기가 허용된다.

초기의 위상학 연구는 대부분 2차원 평면에 집중되었다. 대단히 흥미로운 발견 하나는 뫼비우스와 역시 가우스의 제자인 리스팅(Johann Listing)에 의해 일찌감치 이루어졌다. 이 두 사람은 앞면만 있는 곡면을 만드는 것이 가능함을 발견했다. 기다란 종이띠—폭이 2센티미터 정도

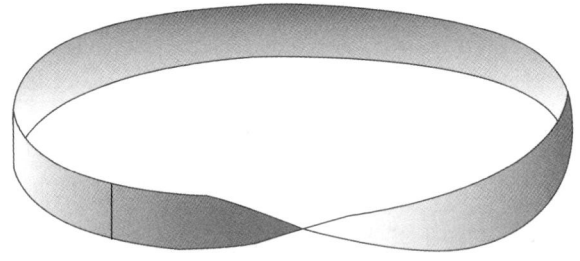

[그림 6-6] 종이끈을 한 번 꼰 다음 양끝을 붙여 닫힌 고리를 만들면 뫼비우스 띠가 된다. 뫼비우스 띠는 흔히 면이 하나이고 모서리가 하나인 곡면이라고 설명된다.

이고 길이가 20센티미터 정도라면 좋다—를 한 번 꼬아서 양끝을 이어 붙이면, 앞면만 있는 곡면이 만들어진다. 그 곡면은 오늘날 뫼비우스 띠라 일컬어진다([그림 6-6] 참조). 만일 당신이 뫼비우스 띠의 한쪽 면에만 색을 칠하기로 마음먹고 앞면을 칠하기 시작하면, 당신은 결국 처음에 '앞면과 뒷면'이라고 생각했던 양쪽 면 전체를 칠하게 될 것이다.

어린이들이나 위상학을 처음 접하는 학생들에게 수학자들은 뫼비우스 띠를 흔히 위와 같은 방식으로 소개한다. 그러나 수학을 가르칠 때 흔히 그러하듯이, 정말로 옳은 설명을 제공하는 것이 보다 적절할 것이다.

가장 먼저 지적할 점은, 수학적 곡면에는 '측면'(앞면 혹은 뒷면)이 없다는 사실이다. 측면 개념은 곡면을 주위의 3차원 공간에서 관찰할 때만 있을 수 있다. 곡면 '속'에서만 살아야 하는 2차원 존재자에게는 측면 개념이 전혀 무의미하다. 이는 마치 우리의 3차원 세계에 측면들이 있다는 말이 우리에게 무의미한 것과 같다(4차원 시공간에서 보면, 우리의 세계에도 측면들이 있다. 즉 과거와 미래가 있다. 그러나 이 두 측면은 시간 차원을 추가로 고려할 때만 유의미하다. 과거와 미래는 세계의 시간상에서의 위치를 가리킨다).

수학적 곡면에는 측면이 없으므로, 도형을 곡면의 '한 측면'에만 그릴 수 없다는 것 역시 당연하다. 수학적 곡면은 두께가 없다. 연결망이 곡면 속에 있다고 하는 편이 곡면 위에 있다고 하는 것보다 더 나은 표현이다(수학자들은 흔히 '곡면 위에 연결망을 그려라' 등의 표현을 사용한다. 그러나 엄밀히 말해서 이 표현은 우리가 일상생활에서 만나는 비수학적 곡면에 대해서만 적절하다. 다른 한편 수학적 분석을 하는 경우라면, 수학자들은 세심한 주의를 기울여 연결망이나 도형이 곡면 '위'가 아닌 곡면 속에 있는 것으로 간주할 것이다).

그러므로 뫼비우스 띠가 '한 측면'만을 가진다고 말하는 것은 수학적

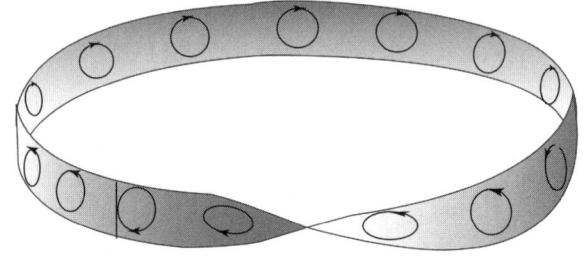

[그림 6-7] '면이 하나이다'라는 설명에 대응하는 뫼비우스 띠의 참된 위상학적 성질은 비가향성이다. 뫼비우스 띠에서는 띠를 한 바퀴 도는 것만으로 시계 방향을 시계 반대 방향으로 바꿀 수 있다.

으로 옳지 않다. 그렇다면 뫼비우스 띠는, 한 번 꼬지 않고 그대로 양끝을 붙여 만드는 정상적인 원통형 띠와 어떻게 다른 것일까? 대답은 이렇다. 정상적인 띠는 방향을 정할 수 있지만(가향, orientable), 뫼비우스 띠는 그럴수 없다(비가향). 가향성이라는 수학적 개념은 수학적 곡면이 가지거나 가지지 않을 수 있는 독특한 특성이다. 직관적으로 설명한다면, '가향'이라는 말은 시계 방향과 시계 반대 방향이 분명히 구분된다는 것, 혹은 오른손과 왼손이 분명히 구분된다는 것을 의미한다.

가향성이라는 추상 개념을 파악하기 위해서 먼저 다음과 같은 두 띠를 생각해보자. 투명하고 얇은 종이로 정상적인 띠와 뫼비우스 띠를 만들자 (더 쉬운 이해를 원한다면, 정상적인 띠와 뫼비우스 띠를 각각 두 개 만들어 직접 실험하면서 아래의 논의를 읽어보라). 각각의 띠에 작은 원을 그리고, 시계 방향을 나타내는 화살표를 원 위에 덧붙여라. 물론 당신이 표시한 화살표가 시계 방향인지 아닌지는 당신이 3차원 공간에서 어떤 각도로 띠를 바라보는가에 달려 있다. 투명한 종이로 띠를 만들었으므로 당신은 당신이 그린 원을 양쪽 측면에서 모두 볼 수 있다. 이렇게 투명한 소재를 사용해서 만든 모형은 불투명한 종이로 만든 띠보다 더 훌륭하게 수학적 곡면을 표현한다.

먼저 뫼비우스 띠를 살펴보자. 당신이 그린 원을 조금씩 밀어서 띠를 한 바퀴 돌아 원래 위치에 오도록 한다고 상상해보자. 이 작업을 당신이 만든 모형 위에서 재현하려면 다음과 같이 할 수 있을 것이다. 당신이 그린 원을 출발점으로 삼아 한 방향으로 띠를 따라 나아가면서 원래 원과 똑같은 원들을 반복해서 그려라. [그림 6-7]에서처럼 일정한 간격으로 원들을 그리되 화살표도 원래 원과 똑같이 첨부한다. 띠를 한 바퀴 돌고 나면, 당신이 그린 마지막 원이 물리적으로 원래의 원이 있는 측면이 아니라 반대쪽 측면에 있음을 발견하게 될 것이다. 심지어 당신은 마지막 원과 원래 원을 겹치게 만들 수도 있다. 그러나 방향을 나타내는 화살표는 마지막 원과 원래 원에서 서로 반대로 놓여 있을 것이다. 띠를 따라 움직이는 동안 원의 정향이 바뀐 것이다. 그런데 원은 계속해서 곡면 '속'에 있으면서 단지 이동하기만 했으므로, 우리는 이렇게 결론지을 수밖에 없다. 이 특별한 곡면에서는 시계 방향이나 시계 반대 방향 따위가 존재하지 않는다. 쉽게 말해서 이 두 개념은 전혀 무의미하다.

다른 한편 똑같은 과정을 원통형 띠에서 해보면, 전혀 다른 결론에 도달하게 된다. 원을 움직여 띠를 일주하고 원이 원래의 위치에 오도록 만들면, 방향을 나타내는 화살표가 원래와 똑같이 놓여 있게 된다. 원통형 띠 '속'에 그린 도형에 대해서는 도형을 이리저리 움직임으로써 정향을 바꾸는 것이 불가능하다.

추상 개념인 가향성은 또한 왼손–오른손을 통해서도 이해될 수 있다. 만일 당신이 인간의 손의 윤곽을 (투명한) 뫼비우스 띠에 그리고, 그 그림을 띠를 따라 이동시킨다면, 당신은 그 그림의 좌우가 바뀌는 것을 보게 될 것이다. 당신이 (띠 주변의 3차원 공간에서 띠를 바라보면서) 오른손 그림이라고 생각했던 것이 왼손 그림이 될 것이다. 뫼비우스 띠에서는 오른손과 왼손의 구분이 없다.

가향성은 곡면이 지니는 전형적인 위상학적 특성이다. 원통형 띠는 가향이고 뫼비우스 띠는 비가향이므로, 이 두 곡면은 위상학적으로 서로 다를 것이 분명하다. 그러므로 위상학적 변환을 통해서 원통형 띠를 뫼비우스 띠로 변환하는 것이 불가능해야 한다. 당신도 직관적으로 이 사실을 수긍할 것이다. 뫼비우스 띠를 원통형 띠로 변환시키는 유일한 물리적 방법은, 띠를 잘라서 꼬임을 풀고 다시 붙이는 것이다. 그러나 꼬임을 풀고 다시 붙이는 변환은, 원래 근처에 있던 점들을 더이상 근처에 있지 않도록 만들고, 따라서 위상학적 변환이 아니다.

곡면이 지니는 특성들과 주변 공간이 지니는 특성들은 서로 구분되어야만 한다. 이 둘을 서로 구분해야 할 필요성은 뫼비우스 띠와도 다른 또 하나의 띠를 고찰하면 분명해진다. 그 띠는 두 번 꼬아서(뫼비우스 띠처럼 한 번 꼬는 것이 아니라) 양끝을 붙인 띠이다. 이 새로운 띠는 원통형 띠와 위상학적으로 같다. 왜냐하면 새로운 띠를 잘라서 꼬임을 푼 다음 다시 붙임으로써 원통형 띠를 만들 수 있기 때문이다. 자르기 전에 근처에 있던 점들은 이 작업을 거친 후에도 그대로 근처에 있을 것이다. 그러므로 이 작업은 전적으로 위상학적인 변환이다.

이제 원통형 띠, 뫼비우스 띠, 그리고 두 번 꼬아 만든 띠를 가지고 다음의 조작을 해보자. 가위를 가지고 띠의 중앙선을 따라 잘라서 띠 전체를 둘로 갈라라. 얻어지는 결과는 세 띠에서 매우 다를 것이다. 만일 당신이 그 결과를 처음 접한다면, 매우 신기하게 여길 것이다. 원통형 띠의 경우에는 원래의 띠와 길이가 같으면서 서로 분리된 띠 두 개가 만들어질 것이다. 뫼비우스 띠를 가르면, 길이가 원래 띠의 두 배이면서 두 번 꼬인 띠 하나가 만들어진다. 두 번 꼬인 띠를 가르면 서로 엇걸린 띠 두 개가 만들어지는데, 이 두 띠는 길이가 원래 띠와 같으면서 두 번 꼬인 띠이다. 원통형 띠와 뫼비우스 띠를 갈랐을 때 다른 결과가 나오는 것은 두 띠의 위상학적 차이 때문이라고 설명할 수 있지만, 원통형 띠와 두 번 꼬인 띠 사이에서도 결과가 다른 것은 위상학적 차이로 설명할 수 없다. 왜냐하면 이 두 띠는 위상학적으로 같기 때문이다. 이 경우 결과가 다른 이유는, 두 띠가 주변의 3차원 공간에 자리잡은 방식이 다르기 때문에 생겨난다.

실험을 계속해볼 수도 있다. 세 가지 띠를 만들어서 앞에서와 마찬가지로 가르되, 중앙선을 따라 가르지 말고 폭의 $\frac{1}{3}$ 지점을 따라 가르자. 얻어지는 결과가 앞에서와 어떻게 달라지는가?

곡면들을 서로 구분할 수 있도록 만드는 위상학적 특성에는 가향성 외에도 여러 가지가 있다. 예를 들어 모서리(경계선)의 개수는 곡면이 가지는 위상학적 특성이다. 구면은 모서리가 없으며, 뫼비우스 띠는 한 개의 모서리를 가지며, 원통형 띠는 두 개의 모서리를 가진다(모서리를 따라 가면서 색연필로 모서리를 칠해보면, 뫼비우스 띠에 모서리가 하나임을 확인할 수 있다). 그러므로 모서리의 개수 역시 뫼비우스 띠와 원통형 띠를 구별해주는 위상학적 특성이다. 다른 한편 모서리를 기준으로 고찰하면 뫼비우스 띠는 2차원 원판과 동일하다. 원반 역시 모서리 한 개를 가진다. 이 경우에 원판과 뫼비우스 띠를 구별해주는 위상학적 특성은 가향성이다. 원판은 가향인 반면에 뫼비우스 띠는 비가향이다.

구멍이 한 개 뚫려 있는 원반의 경우는 어떨까? 이 곡면은 가향이고 두 개의 모서리를 가지므로, 원통형 띠와 구별되지 않는다. 실제로 구멍이 하나 있는 원반과 원통형 띠는 위상학적으로 동치이다. (수학적으로) 잡아늘이고 납작하게 눌러서 원통형 띠를 구멍 뚫린 원반으로 만들 수 있음을 당신도 쉽게 이해할 수 있을 것이다.

이 모든 사실들은 설령 오락적이지는 않을지라도 흥미로움에 틀림없다. 그러나 곡면의 위상학적 특성은 고유한 흥미 이상의 커다란 의미를 가진다. 일반적으로 수학자들이 참으로 근본적인 수학적 패턴을 발견하면, 그 발견은 폭넓게 응용된다. 이런 사정은 특히 위상학적 패턴의 경우에 탁월하게 실현되었다.

역사적으로 살펴보면, 위상학이라는 분야가 현대 수학의 주요 기둥으로 우뚝 서도록 만든 것은 다름아닌 복소해석학—우리가 3장 마지막에서 살펴본 실수 미적분학의 기법들을 복소수로 확장해서 개척한 분야— 연구였다.

실수는 1차원 직선 위에 있으므로, 실수에서 실수로 가는 함수는 평면 상의 선으로 표현될 수 있다. 즉 함수의 그래프로 표현될 수 있다. 한편 복소수는 2차원적이므로, 복소수에서 복소수로 가는 함수는 선이 아닌 곡면으로 표현된다. 가장 쉽게 떠올릴 수 있는 경우는 복소수에서 실수로 가는 연속함수이다. 이런 함수의 그래프는 3차원 공간 속에 있는 곡면이 된다. 이때 임의의 복소점에서의 실수 함수값은 복소평면을 기준으로 한 '높이'로 간주할 수 있다. 곡면의 위상학적 특성을 연구하는 일이 수학의 첨단으로 자리잡게 된 것은 19세기와 20세기 전환기에 리만이 복소해석학에 곡면을 이용하면서이다. 그때 이후 곡면의 위상학적 연구는 여전히 수학의 첨단을 이루고 있다.

당신은 커피잔과 도넛을 어떻게 구분하는가?

곡면 연구의 중요성을 깨달은 이후 수학자들은 곡면들을 위상학적으로 분류하는 신뢰할 만한 방법을 추구했다. 위상학적으로 동치인 두 곡면이 완전히 공유하고, 위상학적으로 동치가 아닌 두 곡면이 서로 완전히 공유하지는 않는 성질들, 즉 위상학적으로 곡면들을 분류하는 충분한 기준이 되는 성질들은 어떤 것들일까? 예를 들어 유클리드 기하학에서 다각형들은 모서리의 개수에 따라서, 모서리의 길이에 따라서, 모서리 사이의 각에 따라서 등으로 분류될 수 있다. 위상학에서도 이와 유사한 분류법이 필요했다.

위상학적으로 동치인 모든 곡면이 공유하는 성질은 **위상학적 불변항**(topological invariant)이라 불린다. 예를 들어 모서리의 개수는 곡면들의 분류에 사용될 수 있는 위상학적 불변항이다. 가향성 역시 위상학적 불변항이다. 이 두 불변항을 기준으로 하면 예를 들어 구면과 원통과 뫼비우스 띠를 구별해낼 수 있다. 그러나 이 두 불변항으로는 구면과 토러스([화보 13] 참조)를 구별할 수 없다. 구면과 토러스는 둘 다 모서리가 없고 가향이다. 토러스는 중간에 구멍이 있고 구면은 그렇지 않다고, 당신은 지적하려 할지도 모른다. 하지만 문제는, 토러스에 있는 구멍이 토러스의 부분이 아니라는 사실에 있다. 마치 측면이 곡면 자체에 속하는 성질이 아닌 것처럼 말이다. 토러스의 구멍은 곡면이 3차원 공간 안에 자리잡는 방식과 관련된 특징이다. 토러스 곡면 속에서만 사는 미세한 2차원 존재자는 전혀 구멍을 만나지 않을 것이다. 그러므로 분류 기준이 될 수 있는 성질을 찾으려면, 그렇게 곡면에 국한되어 살아가는 존재자가 인지할 수 있으면서 토러스와 구면에서 상이한 성질을 찾아야 한다.

모서리의 개수와 가향성 외에 또 어떤 위상학적 불변항이 있을까? 곡면에 있는 연결망과 관련된 오일러의 계산값 $V-E+F$에서 한 가지 가능성을 엿볼 수 있다. 주어진 연결망의 V, E, F 값은 연결망이 그려진 곡면이 위상학적 변환을 겪을 때 변함없이 유지된다. 더 나아가 $V-E+F$ 값은 (최소한 평면이나 구면에 그려진 연결망의 경우에는) 실제로 그려진 연결망의 모습에 의존하지 않는다. 그렇다면 $V-E+F$ 값이 곡면의 위상학적 불변항일지도 모른다.

실제로 V-E+F 값은 위상학적 불변항이다. 평면이나 구면에 있는 연결망의 V-E+F 값이 불변함을 보이기 위해 오일러가 사용한 지우기 논증은 임의의 곡면에 있는 연결망에도 적용될 수 있다. 주어진 곡면에 있는 임의의 연결망에 대하여 V-E+F 값은 변하지 않으며, 그 변하지 않는 값은 해당 곡면의 오일러 **특성값**이라 불린다(단 연결망이 곡면의 작은 구역에 국한되지 않고 곡면 전체에 걸쳐 있어야 한다는 조건은 충족되어야 한다). 토러스의 경우 오일러 특성값이 0이다. 반면에 구면의 오일러 특성값은 2이다. 그러므로 오일러 특성값이라는 위상학적 불변항을 기준으로 삼으면 구면과 토러스를 구별할 수 있다.

지금까지 우리는 곡면들을 구별해주는 특성 셋을 살펴보았다. 그 셋은 모서리의 수, 가향성, 오일러 특성값이다. 이외에도 다른 특성들이 더 있을까? 보다 중요한 질문을 던지자. 위상학적으로 동치가 아닌 임의의 두 곡면을 구별하려면 다른 특성들이 더 있어야 할까, 아니면 이 세 특성으로 충분할까?

예상밖일지도 모르지만, 위의 세 불변항이면 충분하다는 것이 정답이다. 이 사실을 증명한 것은 19세기 수학이 이룬 가장 위대한 성취 중 하나다.

그 증명의 열쇠는 소위 **표준곡면**의 발견이었다. 표준곡면이란 모든 곡면의 특징을 대변하기에 충분한 특정 종류의 곡면들이다. 임의의 곡면은, 구멍이 없거나 구멍이 여럿인 구면과 동치이거나, '손잡이'가 없거나 여럿인 구면과 동치이거나, '크로스캡(crosscap)'이 없거나 여럿인 구면과 동치라는 사실이 증명되었다. 그러므로 곡면의 위상학 연구는 이 세 종류의 변형된 구면의 연구로 환원된다.

당신이 주어진 곡면과 위상학적으로 동치인 표준곡면을 알고 있다고

〔그림 6-8〕 곡면에 손잡이를 붙이려면, 곡면에 구멍 두 개를 뚫고 두 구멍을 연결하도록 속이 빈 원통형 관을 꿰매 붙이면 된다.

가정해보자. 표준곡면에 있는 구멍들은 원래 주어진 곡면의 모서리에 대응한다. 이 대응을 보여주는 간단한 예를 우리는 구면의 오일러 공식을 증명하는 과정에서 이미 살펴본 바 있다. 그때 우리는 면 하나를 제거하여 구멍을 만들고, 구멍의 모서리를 잡아늘여 최종 산물인 평면의 외곽 모서리를 만들었다. 이렇게 구면의 구멍과 곡면의 모서리가 대응하는 것은 보편적으로 타당하다. 그러므로 아래의 논의에서 나는 구면이나 토러스처럼 모서리가 없는 곡면에 논의를 국한할 것이다. 모서리가 없는 곡

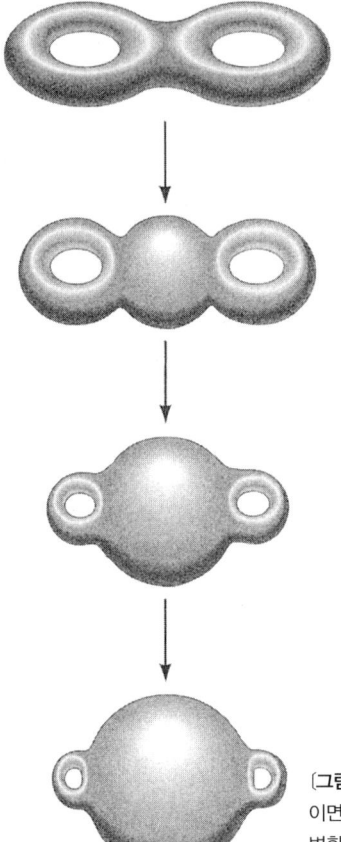

[그림 6-9] 중간 부분을 부풀리고 두 고리 부분을 줄이면, 구멍이 둘인 토러스를 손잡이가 둘인 구면으로 변환시킬 수 있다.

면은 닫힌 곡면이라 일컬어진다.

곡면에 손잡이를 붙이려면, 먼저 곡면에 구멍 두 개를 뚫고 원통형 관을 구멍에 맞추어 꿰매면 된다. [그림 6-8]을 참조하라. 임의의 닫혀 있고 가향 곡면은, 특정한 개수의 손잡이가 달린 구면과 위상학적으로 동치이다. 손잡이의 개수는 그 곡면의 위상학적 불변항이며 그 곡면의 종수(genus)라 불린다. 임의의 자연수 $n \geq 0$에 대해서, 종수가 n인 (닫혀 있고) 가향 표준곡면은 n개의 손잡이가 달린 구면이다. 예를 들어 구면

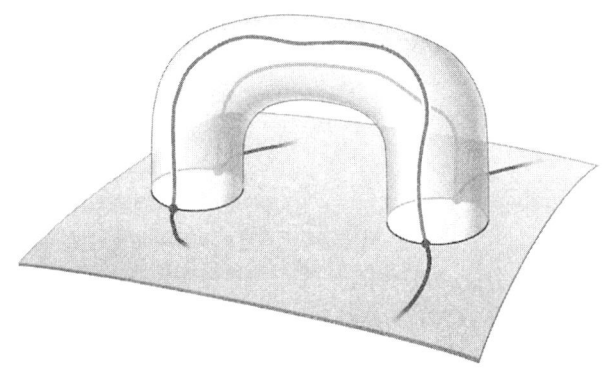

[그림 6-10] 구면에 손잡이들을 붙여 만든 곡면의 오일러 특성값 계산

은 종수가 0인 가향 표준곡면이다. 토러스는 위상학적으로 손잡이가 하나 달린 구면, 즉 종수가 1인 가향한 표준곡면과 동치이다. 또한 구멍이 두 개 있는 토러스는 위상학적으로 손잡이가 두 개 달린 구면, 즉 종수가 2인 가향한 표준곡면과 동치이다. [그림 6-9]에는 구멍이 두 개 있는 토러스가 있다. 일련의 그림들은 그 토러스를 적당히 잡아늘여 손잡이가 두 개 달린 구면으로 변형시키는 과정을 보여준다.

손잡이가 n개 달린 구면의 오일러 특성값은 $2-2n$이다. 이를 증명해 보자. 우선 구면에 있는 (충분히 큰) 연결망에서 시작하자(그 연결망의 V-E+F 값은 2이다). 이제 n개의 손잡이를 하나씩 덧붙이자. 이때 연결망의 면들 중 두 개를 떼어내고 그 자리에 손잡이의 양끝을 붙이는 방식으로 작업하자. 이어서 연결망이 변형된 곡면 전체를 덮어야 한다는 조건이 확실히 충족되도록 [그림 6-10]에서처럼 손잡이를 따라 모서리 두 개를 추가로 그리자. 이제 전체 과정 중에 V-E+F 값이 어떻게 변하는지 살펴보자. 일단 연결망에서 면 두 개를 떼어내면 F값이 2만큼 감소한다. 이어서 손잡이 하나를 붙이면(새로운 모서리도 추가로 그리면) E와 F

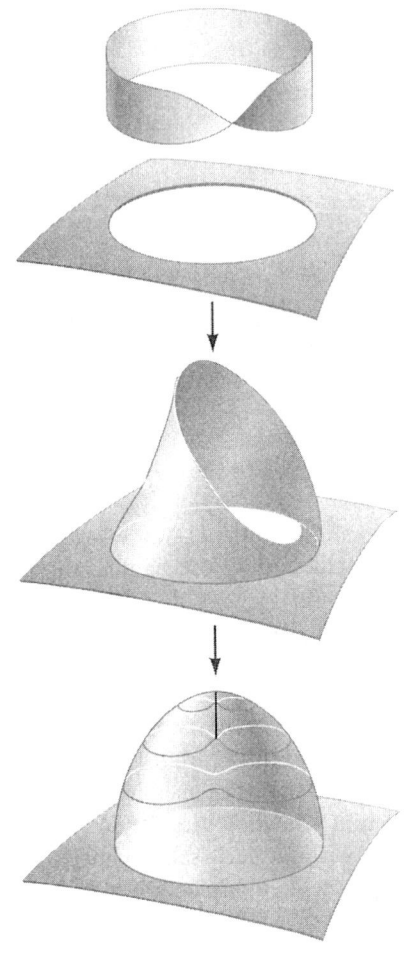

[그림 6-11] 구면에 크로스캡을 붙이려면, 구면에 구멍 하나를 뚫고 그 자리에 뫼비우스 띠를 꿰매 붙이면 된다. 3차원 공간에서는 오직 이론적으로만, 즉 뫼비우스 띠가 자기 자신을 관통하는 것을 허용할 때만, 뫼비우스 띠 붙이기 작업이 가능하다. 4차원에서 작업한다면 그런 자기 관통이 일어나지 않을 수 있다. 크로스캡은, 제대로 구성하려면 4차원이 요구되는 곡면이다.

값이 각각 2만큼 증가한다. 그러므로 손잡이 하나를 붙일 때 V−E+F 값은 전체적으로 2만큼 감소한다. 이 감소는 손잡이 하나를 붙일 때마다 일어나므로, n개의 손잡이를 붙인다면 곡면의 오일러 특성값은 $2n$만큼 감소한다. 따라서 변형된 최종 곡면의 오일러 특성값은 $2-2n$이다.

종수가 n이면서 (닫혀 있고) 비가향 표준곡면은 n개의 '크로스캡'이 달린 구면이다. 구면에 크로스캡을 붙이려면, 〔그림 6-11〕에서처럼 구면에 구멍을 뚫고 그 자리에 뫼비우스 띠를 꿰매 붙이면 된다. 이때 뫼비우스 띠의 모서리 전체가 구멍의 원형 모서리에 맞추어 꿰매져야 한다. 3차원 공간에서는 뫼비우스 띠가 자기 자신을 관통하는 것을 허용해야만 그렇게 꿰매기가 가능하다. 이런 자기 관통 없이 꿰매기를 완수하려면 4차원 공간에서 작업해야 한다(임의의 곡면은 2차원임을 상기하라. 곡면 주변의 공간은 곡면 자신이 아니다. 평면을 제외한 모든 곡면은 최소한 3차원 공간이 있어야만 구성 가능하다. 크로스캡은 4차원 공간을 필요로 하는 곡면이다. 아마도 당신은 이런 곡면을 처음 접할 것이다).

크로스캡이 달린 구면의 오일러 특성값을 계산해보자. 우선 구면에 있는 충분히 큰 연결망에서 시작해서, 적당한 개수의 크로스캡을 하나씩 붙여가자. 우리는 연결망의 면 하나를 떼어내고 그 자리에 크로스캡 하나를 붙일 것이다. 면을 떼어내고 그 면의 모서리에 뫼비우스 띠 하나를 꿰매 붙이는 방식으로 말이다. 뫼비우스 띠를 붙이고 나면, 뫼비우스 띠에 모서리 하나를 그리고, 〔그림 6-12〕에서처럼 그 모서리가 자기 자신을 관통하도록 만든다. 이제 오일러 특성값의 변화를 살펴보자. 면 하나를 떼어내면 F값이 1만큼 감소한다. 이어서 뫼비우스 띠를 붙이면 면 하나와 모서리 하나가 증가한다. 그러므로 크로스캡 하나를 붙일 때마다 V-E+F 값이 전체적으로 1만큼 감소한다. 따라서 n개의 크로스캡이 달린 구면의 오일러 특성값은 $2-n$이다.

예를 들어 한 개의 크로스캡이 달린 구면의 오일러 특성값은 1이며, 두 개의 크로스캡이 달린 구면의 오일러 특성값은 0이다. 이 두번째 곡면은 두 개의 뫼비우스 띠를 각각의 단일한 모서리를 맞닿게 놓고 꿰매 붙이는 방식으로도 만들 수 있으며, 클라인 병(Klein bottle)이라는 이름

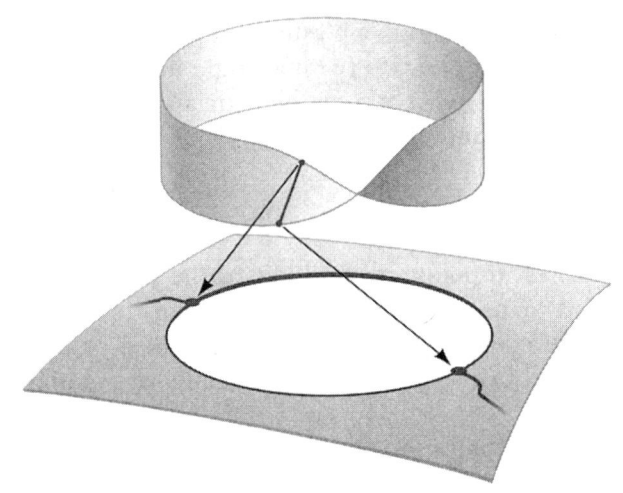

[그림 6-12] 구면에 크로스캡들을 붙여 만든 곡면의 오일러 특성값 계산

으로 대중적으로 잘 알려져 있다. 클라인 병은 흔히 [화보 14]에 있는 모습으로 묘사된다. 이 곡면을 일종의 그릇으로 생각한다면, 그 그릇에는 내부도 외부도 없다. 이 곡면 역시 3차원 공간에서 구현하려면 자기 자신을 관통할 수밖에 없다. 그러나 4차원 공간에서는 그렇게 자기 자신을 관통하지 않고도 구현할 수 있다.

모든 곡면의 분류를 완결하기 위해 이제 필요한 것은, 임의의 닫힌(즉 모서리가 없는) 곡면이 표준곡면들 중 하나와 위상학적으로 동치라는 사실을 보이는 일뿐이다. 주어진 임의의 곡면에서 위상학적으로 원통이나 뫼비우스 띠와 동치인 부분들을 순차적으로 원반으로 대체하면 결국 구면을 얻을 수 있다. 이때 원통 하나는 원반 두 개로 대체되고, 뫼비우스 띠는 원반 하나로 대체된다. 이 대체 과정은 소위 수술(surgery)이라 일컬어진다. 수술의 세부 사항을 이해하려면 전문적인 지식이 필요하므로 더이상의 설명은 생략한다.

마지막으로 이 절의 제목을 돌이켜보자. 당신은 커피잔과 도넛을 어떻게 구분하는가?([그림 6-13] 참조) 만일 당신이 위상학자라면, 그 둘을 구분할 수 없다고 대답할 것이다. 만일 당신이 고무찰흙으로 된 도넛을 가지고 있다면, 당신은 그 도넛을 주물러 (손잡이가 한 개 있는) 커피잔 모양으로 변형시킬 수 있다. 다시 말해서 위상학자란, 커피잔과 도넛도 구분 못 하는 수학자이다.

네 가지 색 정리

최초로 제기된 위상학적 문제들 중 하나는 지도에 색을 칠하는 작업과 관련되어 있었다. 1852년에 등장한 네 가지 색 문제는, 지도에 색깔을 칠하려면 최소한 몇 가지 색이 필요한가를 묻는 문제이다. 단 경계선을 공유하는 구역들이 서로 다른 색깔로 칠해져야 한다는 단서가 붙어 있다.

단순한 지도들도 많은 경우에 세 가지 색으로는 문제가 원하는 방식대

[그림 6-13] 커피잔과 도넛. 위상학자에게는 이 둘이 같다.

로 칠해질 수 없다. 반면에 네 가지 색을 쓰면 거의 대부분의 지도를 충분히 색칠할 수 있다. 예를 들어 〔화보 15〕에 있는 영국의 군(county) 지도를 보라. 네 가지 색이면 임의의 지도를 색칠하기에 충분하다는 추측이, 즉 네 가지 색 추측이 가능할 것이다. 여러 해 동안 많은 전문 수학자들과 아마추어들이 이 추측의 증명을 시도했다. 문제는 몇 가지 특정한 지도에만 국한된 것이 아니라 모든 가능한 지도와 관련되어 있으므로, 특정한 지도를 고찰하는 방식으로 네 가지 색 추측을 증명하는 것은 불가능했다.

이 문제는 확실히 위상학적 문제이다. 중요한 것은 지도에 있는 구역들의 모양이 아니라 구역들의 배치이다. 즉 어떤 구역이 어떤 구역과 경계선을 공유하는지가 중요하다. 더 나아가 필요한 색의 개수는 지도가 그려져 있는 표면을 변형시킨다 해도 변하지 않을 것이다. 물론 표면의 유형에 따라 필요한 색의 개수가 다를 수 있다. 예를 들어 구면에 그린 지도와 토러스에 그린 지도를 색칠한다면 필요한 색의 개수가 서로 다를 것이다. 그러나 임의의 지도를 색칠하기 위해 필요한 최소한의 색깔 수는 구면에 그린 지도에서나 평면에 그린 지도에서나 동일하다. 즉 구면에 그린 지도에 대해서도 네 가지 색 추측을 내놓을 수 있다.

1976년 아펠(Kenneth Appel)과 하켄(Wolfgang Haken)이 문제를 해결했고, 네 가지 색 추측은 네 가지 색 정리가 되었다. 그들의 증명이 지닌 혁명적인 측면은, 증명에 컴퓨터가 필수적으로 이용된다는 사실이다. 네 가지 색 정리는 그 증명을 어느 누구도 전부 다 읽을 수 없는 최초의 정리이다. 그 증명은 어떤 인간도 다 읽어낼 수 없는 수많은 경우들에 대한 분석을 담은 부분들을 포함한다. 수학자들은 증명 전체를 검토하기를 포기하고, 대신에 그 모든 경우들을 조사한 컴퓨터 프로그램을 검토하는 것으로 만족해야 했다.

지도 색칠하기 문제는 당연히 평면이 아닌 곡면에 그려진 지도에까지 확장 가능하다. 19~20세기 전환기에 히우드(Percy Heawood)는 임의의 닫힌 곡면에 있는 임의의 지도를 색칠하기 위해 필요한 최소한의 색깔 수를, 단 하나의 예외만 빼고 계산할 수 있는 듯이 보이는 공식을 발견했다. 히우드의 공식에 따르면, 오일러 특성값이 n인 닫힌 곡면에 대해서 최소한의 색깔 수는 다음과 같다.

$$\frac{7+\sqrt{49-24n}}{2}$$

예를 들어 $n=0$인 토러스에 있는 임의의 지도를 색칠하는 데 필요한 최소한의 색깔 수는 7이다. 위 공식에 따라 계산해보면 $n=2$인 구면에 대해서는 계산값이 4가 나온다(히우드에게는 실망스럽게도 그는 자신의 공식이 구면의 경우에 대해서 옳은 답을 산출한다는 것을 증명할 수 없었다. 그러므로 그의 공식은 네 가지 색 추측의 증명에 도움이 되지 않았다).

오늘날 확실히 알려진 바에 따르면, 히우드 공식은 클라인 병을 제외한 모든 경우에 대해서 최소한의 색깔 수를 정확히 산출한다. 클라인 병은 토러스와 마찬가지로 오일러 특성값이 0이므로, 히우드 공식에 따르면 일곱 색으로 임의의 지도를 색칠할 수 있어야 한다. 그러나 클라인 병에 있는 임의의 지도는 여섯 색만으로 충분히 색칠할 수 있다.

가능한 다양체들

한 표면은 여러 개의—경우에 따라서는 매우 많은—작은 평면 조각들을 이어 붙여 만들었다고 간주할 수 있다. 각각의 부분 조각 내에서 곡면은 유클리드 평면의 조각과 거의 동일하다. 곡면의 광역적인 성질들은 부분 조각들이 연결되는 방식에 의해 결정된다. 예를 들어 연결 방식이 다름으로 인해 구면이 될 수도 있고 토러스가 될 수도 있다. 구면에서나 토러스에서나 작은 부분 구역은 유클리드 평면처럼 보이지만, 전체적인 성질에서 구면과 토러스는 전혀 다르다. 우리는 일상생활에서도 이와 같은 현상을 익히 경험한다. 국지적 환경에서 이루어지는 우리의 일상 경험에만 근거해서 판단한다면, 우리의 행성이 평평한지 구면인지 혹은 토러스 모양인지 판정할 길이 없다. 바로 이 때문에 유클리드 평면 기하학의 개념들과 귀결들이 우리의 일상생활에서 그토록 강한 힘을 발휘하는 것이다.

부분들이 부드럽게 연결된 곡면, 즉 각진 모서리나 각지게 접힌 주름 없이 연결된 곡면과 다면체처럼 부분들이 각진 모서리를 이루면서 연결된 곡면을 구분할 수 있다. 첫번째 종류의 곡면은 **부드러운 곡면**이라 불린다(이 경우에 수학자들은 '부드러운'이라는 말에 전문적인 의미를 부여하는 것이다. 다행스럽게도 그 전문적 의미는 '부드러운'이라는 말의 일상적 의미와 본질적으로 같다). 부분들이 각진 모서리를 이루면서 연결된 곡면의 경우에는, 그 연결 부위를 포함한 부분이 유클리드 평면과 유사하지 않게 된다.

앞서 논의한 생각을 기반으로 하여 리만은 곡면을 더 높은 차원에까지 확장해서 얻은 중요한 개념인 다양체 개념을 도입했다. 곡면은 2차원 다양체, 혹은 간략하게 줄여서 2-다양체이다. 구면과 토러스는 부드러운

2-다양체이다. n차원 다양체, 즉 n-다양체는 여러 개의 작은 조각들로 이루어지는데, 이 작은 조각들 각각은 모든 면에서 n차원 유클리드 공간의 조각으로 간주될 수 있다. 다양체를 이루는 조각들이 맞닿는 연결 부분에 각진 모서리나 주름이 없다면 그 다양체는 부드러운 다양체이다.

우리가 살고 있는 물리적 우주는 어떤 종류의 3-다양체인가? 이 물음은 물리학의 근본 문제 중 하나다. 국지적으로 고찰하면, 모든 3-다양체가 그러하듯 우리의 우주도 3차원 유클리드 공간처럼 보인다. 하지만 우주의 광역적인 모습은 어떨까? 우주는 어디에서나 유클리드 공간과 유사할까? 어쩌면 우주는 3차원 구면이거나 3차원 토러스이거나 혹은 다른 종류의 3-다양체가 아닐까? 이 물음에 대한 답을 아는 사람은 아무도 없다.

다양체를 논하기 위해 우주의 참모습에 대한 문제는 일단 제쳐두자. 다양체 이론의 근본 문제는 모든 가능한 다양체들을 어떻게 분류할지의 문제이다. 다시 말해서 위상학적으로 동치가 아닌 다양체들을 구별해주는 위상학적 불변항을 찾는 것이 급선무이다. 그런 불변항들은, 닫힌 2-다양체 분류에 사용된 가향성이나 오일러 특성값 개념을 고차원으로 확장해서 얻는 개념들일 것이다. 다양체 분류 문제는 지금도 전혀 해결에 이르지 못했다. 사실상 수학자들은 다양체 연구 초창기에 부딪힌 장벽 앞에서 여전히 골머리를 앓고 있다.

푸앙카레(Henri Poincaré, 1854~1912)는 고차원 다양체에 적용할 수 있는 위상학적 불변항을 탐구한 최초의 수학자들 가운데 하나다. 이 과정에서 그는 오늘날 대수 위상학이라 불리는 위상학의 한 분야를 정초하는 데 기여했다. 대수 위상학은 다양체를 분류하고 연구하는 데 대수학적 개념들을 이용하는 시도이다.

푸앙카레가 창안한 개념들 중 하나는 소위 다양체의 **기본 군** 개념이다.

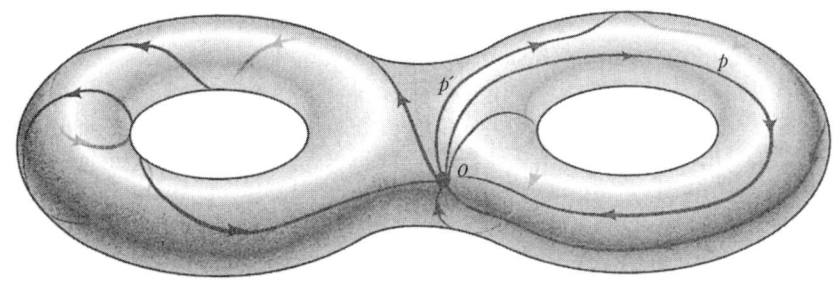

[그림 6-14] 다양체의 기본 군

그 개념의 근간을 이루는 발상은 다음과 같다([그림 6-14] 참조). 다양체 속의 한 점 O를 정한 다음, 그 점 O에서 출발해서 다양체 속을 지나 그 점 O로 돌아오는 모든 순환 경로를 고려하라. 이제 이 경로들의 집합을 군으로 만들어보자. 다시 말해서 경로 둘을 조합하여 세번째 경로를 산출하는 연산을 고안하되, 이 연산이 군의 세 공리를 만족시키도록 만들어보자. 푸앙카레가 생각해낸 연산은 군합(group sum)이다. 만일 s와 t가 순환 경로라면, 군합 $t+s$는 순환 경로 s에 이어 순환 경로 t를 연결한 경로이다. 이 연산은 결합법칙을 허용한다. 그러니까 우리는 이미 군 만들기를 향한 올바른 길에 접어든 셈이다. 뿐만 아니라 이 연산에는 자명한 항등원이 있다. 공 순환 경로, 즉 점 O를 전혀 떠나지조차 않는 경로가 항등원이다. 그러므로 이제 임의의 순환 경로가 역원을 가진다면, 우리는 군 만들기를 완성한 것이다. 군 만들기가 완성되었다면, 다음 단계는 기본 군의 대수학적 특성들이 다양체의 성질을 어떻게 결정하는지 살펴보는 일이 될 것이다.

주어진 순환 경로 l의 역원이 될 만한 것은 역순환 경로, 즉 l과 동일한 경로이면서 순환 방향이 반대인 경로일 것이다. 역순환 경로를 $-l$로 표기하는 것이 적당할 것이다. 그런데 문제가 있다. $-l$은 물론 l의 효과를 상쇄시킨다. 하지만 $-\ell+\ell$이 공 순환 경로와 동일한 것은 아니다. 당신이 뉴욕에서 샌프란시스코까지 갔다가 다시 돌아오는 것과, 뉴욕에 계속 머무는 것이 동일하지 않은 것과 마찬가지로 말이다. 두 경우에 모두 당신은 뉴욕에서 출발하고 뉴욕에 도달하지만, 그 사이에 일어나는 일은 전혀 다르다.

이 난점을 벗어나는 방법은, 한 순환 경로를 다양체 속에서 연속적으로 변환시켜 다른 순환 경로로 만들 수 있다면, 그 두 순환 경로가 동일하다고 선언하는 것이다. 예를 들어 〔그림 6-14〕에서 경로 p는 다양체 속에서 연속적으로(즉 위상학적으로) 경로 p'로 변환될 수 있다. 이렇게 경로들의 같음을 정의하면 $-\ell+\ell$과 공 순환 경로는 동일하다. 왜냐하면 $-\ell+\ell$은 당연히 공 순환 경로로 연속적으로 변환될 수 있기 때문이다.

한 경로에서 다른 경로로의 연속 변환은 **호모토피**(homotopy)라 불리며, 위에 설명한 방식으로 얻어지는 푸앙카레 기본 군은 다양체의 **호모토피 군**이라 불린다. 다양체가 원(원은 1-다양체이다)인 아주 단순한 경우를 살펴보자. 이 경우에 두 순환 경로 사이에 가능한 차이는, 경로가 원을 어느 방향으로 몇 바퀴 도는가의 차이뿐이다. 이 경우의 기본 군은 덧셈하에서 정수들이 이루는 군과 같다.

푸앙카레의 기본 군 자체만으로는 다양체들을 분류하기에 충분치 못하다. 그러나 기본 군의 발상만큼은 훌륭했다. 푸앙카레를 비롯한 여러 수학자들은 기본 군 개념을 보다 발전시켰다. 수학자들은 1차원 순환 경로 대신에 n차원 구면을 이용하여 n차원에서의 소위 **(고차원) 호모토피 군**을 구성했다. 위상학적으로 동치인 임의의 두 다양체는 동일한 호모토피 군을 가져야 한다. 이제 이어지는 질문은 이것이다. 모든 호모토피 군을 식별하여 알고 있다면, 위상학적으로 동치가 아닌 임의의 두 다양체를 충분히 구별할 수 있을까?

2-다양체 분류 문제는 이미 해결되었으므로, 첫번째로 고찰해야 할 것은 3-다양체이다. 3차원과 관련해서 구체적으로 제기된 질문은 다음과 같다. 어떤 3-다양체 $\mathscr{M}$이 3-구면(3차원 구면) $\mathscr{S}^3$과 동일한 호모토피 군을 가진다면, $\mathscr{M}$과 $\mathscr{S}^3$은 위상학적으로 동치인가? 1904년 이 질문을 처음으로 제기한 사람은 푸앙카레 자신이었다. 이 질문에 대한 대답이 그렇다라는 추측은 푸앙카레 추측이라 불린다.

푸앙카레 추측은 n-다양체로 쉽게 확장된다. 어떤 n-다양체 $\mathscr{M}$이 n-구면 $\mathscr{S}^n$과 동일한 호모토피 군을 가진다면, $\mathscr{M}$은 $\mathscr{S}^n$과 위상학적으로 동치인가?

2-다양체 분류 기법을 이용하면, $n=2$인 경우에는 $\mathscr{M}$과 $\mathscr{S}^n$이 동치라는 것을 보일 수 있다(표준곡면의 호모토피 군들을 조사하는 것만으로 문제를 쉽게 해결할 수 있다). 그러나 여러 해 동안 그 누구도 고차원의 경우와 관련해서 문제 해결에 다가가지 못했고, 푸앙카레 추측은 수 이론에서 페르마의 마지막 정리가 누린 특별한 지위를 위상학에서 획득하기 시작했다. 물론 푸앙카레 추측을 페르마의 마지막 정리에 비유하는 것이 전적으로 정당하지는 않다. 페르마의 마지막 정리는 오랫동안 증명되지 않았기 때문에 점점 유명해졌을 뿐, 어떤 중요한 귀결도 없는 정리이다. 반면에 푸앙카레 추측은 완전히 새로운 수학의 한 분야를 여는 열쇠이다. 푸앙카레 추측은 다양체에 대한 우리의 이해를 발전시키기 위해 넘어야 할 근본적인 문턱이다.

푸앙카레 추측이 2차원에 대해서 비교적 쉽게 증명되었음을 생각하면, 이어서 증명될 것은 3차원의 경우이고, 계속해서 4차원, 5차원의 순서로 증명이 이루어지리라고 예상하게 될지도 모른다. 그러나 차원과 관련된 문제는 항상 그렇게 순차적으로 해결되는 것이 아니다. 일반적으로 차원이 올라갈수록 문제의 복잡함과 난해함이 증가하지만, 특정한 차원에서 문제가 대단히 쉬워지는 일이 발생할 수 있다. 추가된 차원 덕분에 여유 공간이 생기고, 그 공간 덕분에 문제 해결을 위한 도구를 마련할 틈을 얻기라도 하듯이 말이다.

푸앙카레 추측을 증명하는 시도 속에서 실제로 그런 일이 일어났다. 1961년 스메일(Stephen Smale)이 $n=7$ 이상의 모든 n에 대하여 증명에 성공했다. 곧이어 스톨링스(John Stallings)가 $n=6$인 경우에 대한 증명을 추가했고, 체만(Christopher Zeeman)이 증명을 $n=5$인 경우로까지 끌어내렸다. 이제 증명해야 할 것은 단 두 경우만 남게 되었다.

한 해가 지나고 두 해가 지나고, 5년이 지났다. 곧 10년의 세월이 흘렀다. 그리고 어느새 덧없이 20년이 흘러갔다. 더이상 발전을 기대하는 것은 어리석어 보였다.

마침내 1982년 프리드먼(Michael Freedman)이 4차원에서 푸앙카레 추측을 증명하는 길을 발견함으로써 답보 상태를 깨뜨렸다. 이제 남은 것은 $n=3$인 경우 단 하나뿐이었다. 그런데 이 나머지 문제는 오늘날까지도 미해결로 남아 있어 많은 사람들을 실망시키고 있다. 3차원만을 제외하고 모든 차원에서 푸앙카레 추측이 입증되었으므로, 당신은 그 추측이 모든 차원에서 참이라고 여기고 싶어할 것이다. 대부분의 위상학자들 역시 그러하리라 예상한다. 그러나 예상은 증명이 아니다. 푸앙카레 추측은 위상학에서 가장 중요한 미해결 문제 중 하나로 남아 있다.

푸앙카레 추측의 증명을 시도하는―또한 3-다양체의 일반적인 분류를 시도하는―한 방법은 기하학의 기법을 이용하는 것이다. 이 방법은 1970년대에 수학자 서스튼(William Thurston)에 의해 제안되었다. 서스튼의 방법은, 기하학 연구를 위해 군 이론을 이용했던 클라인의 에어랑엔 프로그램을 연상케 한다(306쪽 참조). 비록 위상학적 특성들은 기하학적 특성들과 전혀 다르지만, 그럼에도 불구하고 기하학적 패턴들이 3-

다양체 연구에 유용할 것이라고 서스튼은 생각했다.

서스튼의 기획은 쉽게 실현될 만한 것이 아니었다. 첫째, 서스튼 자신이 1983년에 증명했듯이 3차원에서는 8가지 서로 다른 기하학들을 고려해야만 한다. 이들 중 셋은 세 가지 평면 기하학에 대응한다. 즉 3차원 유클리드 기하학, 3차원 타원 기하학(2차원 리만 기하학에 대응한다), 그리고 3차원 쌍곡선 기하학(2차원 쌍곡선 기하학에 대응한다)이 있다. 나머지 다섯 가지 기하학은 서스튼 자신의 연구 결과로 얻어진 새로운 기하학들이다.

서스튼의 기획은 비록 완결되지 않았지만, 그의 연구 속에서 중요한 진보들이 이루어짐으로써 한 분야의 패턴을 다른 분야에 적용하는 일종의 접목이 수학에서 발휘하는 엄청난 위력이 또 한번 증명되었다. 서스튼은 가능한 기하학들의 군 이론적 패턴을 분석하여(임의의 기하학은 본질적으로 특정한 변환군에 의해 특징지워짐을 상기하라) 그 기하학적 패턴들을 3-다양체의 위상학적 연구에 적용했다.

푸앙카레 추측이 남은 한 경우인 $n = 3$에 대해서도 참이라는 예상은 그 추측이 다른 모든 경우에 대해 참이라는 사실에 근거를 둔 것이 아님을 밝혀둘 필요가 있다. 과거 위상학자들은 모든 차원들이 대략적으로 같은 행태를 보일 것이라고 생각했다. 그러나 영국의 젊은 수학자 도널드슨(Simon Donaldson)이 1983년에 이룬 예상외의 극적인 발견에 의해 위상학자들은 생각을 근본적으로 바꿔야 했다.

물리학자와 공학자는 3차원 이상의 유클리드 공간을 연구하기 위해 흔히 미분을 사용한다. 이 책 3장에서 논한 2차원 미분 개념을 확장하여 고차원에 적용하는 일은 비교적 간단하다. 그러나 특히 물리학자들은 미분 기법을 유클리드 n-공간 이외의 부드러운 다양체에 적용할 필요성에 직면한다. n-다양체는 유클리드 n-공간처럼 보이는 작은 조각들로 분할될 수 있으므로, 또한 유클리드 n-공간에 대해서는 이미 미분법이 확립되어 있으므로, 다양체에 국지적으로 미분을 적용하는 것은 이미 가능하다. 그러나 문제는 이것이다. 다양체에 미분을 광역적으로 적용할 수 있는가? 다양체를 광역적으로 미분하기 위해 필요한 틀(scheme)을 수학자들은 미분 구조라 부른다.

1950년대 중반 수학자들은 이미 임의의 부드러운 2-다양체 혹은 3-다양체에 단일한 미분 구조를 부여할 수 있음을 알고 있었고, 이 사실이 보다 높은 차원에도 타당하리라 기대했다. 그러나 놀랍게도 밀노어(John Milnor)는 1956년 7차원 구면에 28개의 상이한 미분 구조를 줄 수 있음을 발견했고, 곧이어 다른 차원의 구면에 대해서도 이와 유사한 발견들이 이루어졌다.

이 새로운 결론들은 유클리드 n-공간 자체에 해당하는 것이 아니므로 위상학자들은 아직 안도의 숨을 쉴 수 있었다. 애초에 라이프니츠와 뉴턴이 미분법을 적용했던 익숙한 공간들에 대해서는, 즉 유클리드 공간들에 대해서는 단 하나의 미분 구조만이 있다고 위상학자들은 생각했다.

정말 그럴까? 실제로 유클리드 평면과 유클리드 3-공간에 대해서는 미분 구조가 유일하다는 것, 즉 표준 미분 구조만이 존재한다는 것이 알려져 있었다. 또한 n이 4가 아닌 모든 유클리드 n-공간에 대해서 표준 미분 구조가 유일한 미분 구조라는 것도 밝혀져 있었다. 그러나 기이하게도 4차원 유클리드 공간의 미분 구조가 유일하게 표준 미분 구조뿐이라는 사실은 그 누구도 증명해내지 못했다. 우연히 아무도 증명을 발견하지 못했을 뿐 시간이 흐르면 당연히 해결될 사소한 문제였을까? 수학자들의 실망감이 더욱 컸던 이유는, 바로 유클리드 4-공간이 4차원 시공간을 다루는 물리학자들에게 가장 큰 관심사였기 때문이다. 물리학자들은 그들의 동료인 수학자들이 문제를 해결하기를 기다리고 있었다.

그러나 결국 이 문제는 일반적인 과학 연구의 순서에 반대되는 순서로 해결되었다. 물리학자들이 수학으로부터 새로운 착상을 얻은 것이 아니라 물리학의 기법들이 수학자들을 구제했다. 1983년 도널드슨은 유클리드 4-공간에 대해서 일반적인 미분 구조 외에도 비표준 미분 구조를 부여할 수 있음을 증명했다. 그는 기본 입자의 양자역학적 행태를 연구하기 위해 물리학자들이 도입한 소위 양-밀스 게이지 장(Yang-Mills gauge Fields) 개념과 4차원에서 푸앙카레 추측을 증명하기 위해 프리드먼이 개발한 기법들을 이용해 증명에 성공했다.

이후의 발전은 더욱더 예상밖이었다. 도널드슨의 증명 직후 타우브스(Clifford Taubes)는 일반적인 미분 구조가 유클리드 4-공간에서 가능한 서로 다르면서 무한히 많은 미분 구조들 중 하나에 불과함을 증명했다! 도널드슨과 타우브스의 결론은 전혀 예상밖이었으며, 모든 사람의 직관과 반대였다. 유클리드 4-공간은 (시간도 차원으로 포함시킨다면) 우리가 사는 공간이기 때문에 특별한 관심사일 뿐만 아니라 수학자들에게도 가장 흥미로운—또한 가장 어려운—관심사인 듯하다.

우리는 잠시 후 4차원 공간을 다시 다룰 것이다. 그전에 잠시 위상학의 또다른 분야인 매듭 연구를 살펴보려 한다.

매듭의 수학

최초의 위상학 교과서는 가우스의 제자 리스팅이 1847년 출간한 『위상학을 위한 예비 연구 *Vorstudien zur Topologie*』이다. 이 책의 상당 부분은 매듭 연구에 할애되어 있다. 그때 이래 지금까지 매듭은 위상학자들에게 까다로운 주제이다.

〔그림 6-15〕는 두 가지 전형적인 매듭을 보여준다. 위에 있는 것은 누구나 하는 한 겹 매듭이고, 아래에 있는 것은 역시 흔히 보는 8자 매듭이다. 대부분의 사람들은 이 둘이 서로 다르다는 것에 동의할 것이다. 그러나 두 매듭이 서로 다르다는 것이 정확히 무엇을 의미하는가? 서로 다른 끈으로 만들었음을 뜻하지는 않을 것이다. 또한 매듭지어진 끈의 실제 모습이 서로 다름을 뜻하지도 않을 것이다. 만일 당신이 매듭을 팽팽히 조인다면, 혹은 매듭을 이루는 고리들의 크기와 모양을 바꾼다면, 매듭의 전체적 외관은 바뀔 것이며, 경우에 따라서는 판이하게 달라지겠지만, 그럼에도 불구하고 매듭은 원래와 동일한 매듭일 것이다. 아무리 조이거나 느슨하게 해도, 또한 고리들을 달리 놓는다 해도, 한 겹 매듭이 8자 매듭으로 바뀔 수는 없어 보인다. 매듭을 결정짓는 특징은 당연히 끈이 매듭지어지는 방식이다. 매듭 이론을 하는 수학자는 바로 이 추상적 매듭 패턴을 연구한다.

당신이 매듭을 조이거나 느슨하게 하거나 개별 고리들의 모양을 바꾸

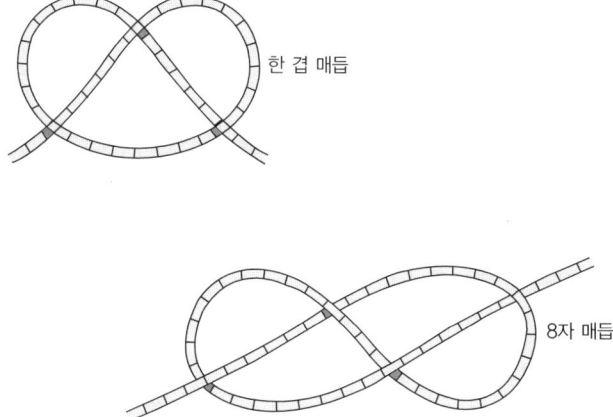

〔그림 6-15〕 두 개의 익숙한 매듭. 한 겹 매듭과 8자 매듭

어도 끈이 매듭지어진 방식은 변하지 않으므로, 매듭 패턴은 위상학적 패턴이다. 그러므로 당신은 매듭 연구에 위상학의 기법들을 사용할 수 있으리라 기대할 수 있다. 그러나 주의할 점이 있다. 첫째 위상학적 변환을 통해서 한 겹 매듭을 8자 매듭으로 변환하는 아주 쉬운 방법이 있다. 매듭을 푼 다음 다시 새롭게 매듭지으면 그만이다. 이 변환 과정에는 자르기도 찢기도 들어 있지 않다. 위상학적으로 말해서 이 변환 과정은 전적으로 합법적이다. 그러나 당신이 매듭을 수학적으로 연구하려 한다면, 당신은 당연히 이런 식으로 매듭을 풀어서 다시 다른 형태로 묶는 변환을 배제해야 할 것이다.

그러므로 수학자들은 [그림 6-16]에서처럼 매듭에 열린 끝이 없을 것을 요구한다. 특정한 매듭을 연구하기에 앞서 수학자들은 끈의 양끝을 연결하여 끈이 전체적으로 닫힌 고리가 되도록 만든다. [그림 6-16]에 있는 두 매듭은 한 겹 매듭과 8자 매듭의 양끝을 연결한 결과이다. 이 두 고리는 각각 트레포일(trefoil)과 4-매듭(four-knot)이라 불린다. 물리적인 끈으로 만든 매듭의 경우에는, 양끝을 연결한다는 것은 양끝을 접착제로 붙인다는 것을 의미한다고 볼 수 있다.

이렇게 닫힌 고리로 논의를 한정하면, 매듭을 풀고 다시 맺는 것이 허용됨으로써 매듭 연구가 무의미해지는 것을 막으면서도 매듭의 본질적인 측면을 그대로 유지할 수 있다. [그림 6-16]에 있는 트레포일을 4-매듭으로 변환시키는 것은 분명 불가능하다(직접 실험해보라. 한 겹 매듭을 짓고 끈의 양끝을 연결한 다음, 양끝을 떼지 않으면서 트레포일을 4-매듭으로 바꾸어보라).

매듭을 이루는 끈의 물질적 측면을 무시하고, 끈의 양끝이 연결될 것을 요구하면, 수학자들이 말하는 매듭의 정의에 도달할 수 있다. 수학자들이 말하는 매듭은 3차원 공간 속에 있는 닫힌 고리이다(이 관점에서 보

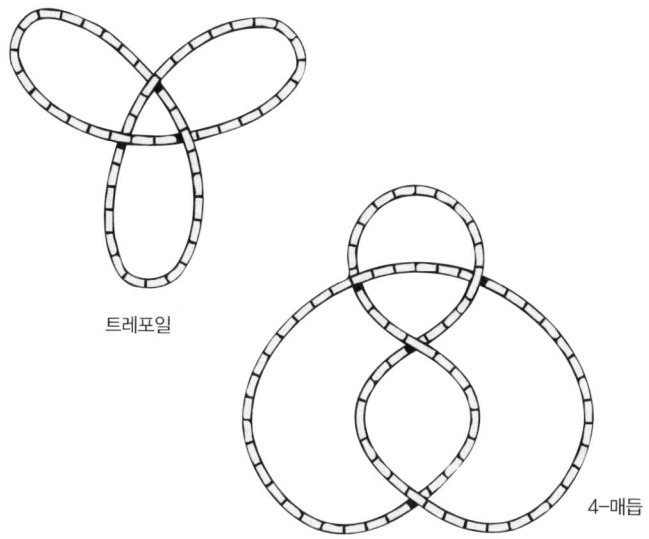

[그림 6-16] 두 개의 수학적 매듭인 트레포일과 4-매듭. 수학적 매듭은 공간 속에 있는 닫힌 고리이다.

면 [그림 6-15]에 있는 두 '매듭'은 사실상 매듭이 아니다). 공간 속에 있는 고리인 수학적 매듭은 당연히 굵기가 없다. 수학적 매듭은 1차원적 대상이다. 보다 정확히 말한다면 1-다양체이다.

이제 우리의 과제는 매듭의 패턴을 연구하는 것이다. 다시 말해서 우리는 조여진 정도, 크기, 개별 고리의 모양, 공간 속에서 매듭이 놓인 위치와 방향 등을 무시할 것이다. 수학자로서 우리는 위상학적으로 동치인 두 매듭을 서로 구별하지 않을 것이다.

하지만 방금 말한 '위상학적 동치'가 무슨 뜻인가? 여전히 위상학적으로 허용되는 방식으로 쉽게 트레포일을 4-매듭으로 변환시키는 것이 가능하다. 끈을 자르고, 매듭을 풀고, 4-매듭으로 다시 묶고, 열린 양끝을 다시 이으면 된다. 이 과정 이전에 서로 근처에 있던 점들은 이후에도 근처에 있다. 그러므로 이 과정은 위상학적으로 허용되는 변환이다. 그

6장 자리를 잡은 수학 377

러나 이 과정은 분명 우리가 추구하는 매듭 연구의 정신에 반한다. 매듭 연구에서 우리는 자르기를 배제해야 할 것 같다.

수학적 매듭과 관련해서 핵심적으로 고려할 점은, 매듭이 주변의 3-공간에 자리잡는 방식에 의해서 매듭 패턴이 결정된다는 사실이다. 매듭의 패턴은 위상학적 패턴이다. 그러나 매듭과 관련된 위상학적 변환은 매듭 자체만의 변환이 아니라 주변에 있는 3차원 공간 전체의 변환이다. 두 매듭이 위상학적으로 동치라는(따라서 사실상 '같은' 매듭이라는) 말은, 3-공간에 적용되는 어떤 위상학적 변환이 있어서 그 변환을 통해 한 매듭을 다른 매듭으로 바꾸는 것이 가능하다는 뜻이다.

매듭의 동치에 관한 이 공식적 정의는 세부적인 매듭 연구에서 중요하지만, 직관적으로 그다지 명료하지 않다. 그러나 이 정의의 핵심은 간단한데, 그것은 다름아니라 여타의 위상학적 조작들은 허용하지만 자르기만은 배제한다는 것이다. 실제로 위상학자들도 상당히 전문적인 매듭 연구에서만 공간 전체를 고려한다. 그 경우 위상학자들은 매듭을 치워버린 후에도 남아 있는 복잡한 3-다양체를 검토한다.

매듭 연구는 수학자들이 새로운 분야를 어떻게 개척하는지를 보여주는 고전적인 실례이다. 첫째, 특정한 현상이 관측된다. 매듭 이론의 경우에는 매듭이 관측된다. 다음으로 수학자들은 연구와 관련이 없다고 여겨지는 모든 사안들을 사상해버리고, 핵심 개념들을 정확하게 정의한다. 매듭 이론에서는 매듭 개념과 매듭의 동치 개념이 정의된다. 다음 단계는 다양한 매듭들을 기술하고 분석하는 방법들을 찾는 것이다. 다시 말해서 다양한 매듭 패턴들을 탐구하는 것이다.

예를 들어 트레포일과 공 매듭—매듭 없는 고리—은 어떻게 다른가? 물론 외관이 다르다. 그러나 앞서 언급했듯이 매듭의 겉모습—즉 특정한 매듭이 놓인 모양, 혹은 제시된 모양— 은 중요하지 않다. 문제는 이것이다. 고리를 자르지 않으면서 트레포일을 매듭 없는 고리로 만들 수 있는가? 분명 그럴 수 없을 것이다. 실제로 당신이 트레포일을 만들어 이리저리 움직여보면, 도무지 매듭을 풀 길이 없음을 발견할 것이다. 그러나 이로써 증명이 이루어진 것은 아니다. 어쩌면 당신이 올바른 방법을 발견하지 못한 것인지도 모른다.

(사실상 트레포일처럼 매우 간단한 경우와 관련해서는 정신적인 혹은 물리적인 조작으로 증명이 충분히 이루어진다고 주장할 수 있다. 물론 이때 증명은 엄밀한 형식 논리학적 증명을 뜻하지 않는다. 사실상 수학의 거의 모든 증명들은 형식 논리학적 기준에 집착하지 않는다. 그러나 보다 복잡한 매듭과 관련해서는 정신적 물리적 조작으로 증명을 대신할 수 없을 것이다. 더 나아가 매듭 이론이 추구하는 것은 매우 단순한 한 사례를 다루는 기술이 아니라 아무도 보지 못한 매듭까지 포함해서 모든 매듭에 타당한 보편적인 기법이다. 실례를 드는 방법을 쓸 때는 항상 조심해야 한다. 실례로 사용하기 위해서 우리는 단순한 경우를 채택하지만, 그렇게 단순한 경우를 실례로 드는 목적은 보다 복잡한 경우들에도 적용되는 심층적인 사안을 이해하는 것이다.)

두 매듭을 구별하는 보다 신뢰할 만한 방법은 그 둘을 다르게 만드는 **매듭 불변항**을 찾는 방법일 것이다. 매듭 불변항은 매듭에 임의의 합법적인 조작을 가해도 변하지 않는 성질이다. 매듭 불변항을 찾기 위해서는 먼저 매듭을 표현하는 방법이 있어야 한다. 최종적으로는 대수학적 개념들의 도움을 받아야 하지만, 연구의 시작 단계에서 가장 쉽게 매듭을 표현하는 방법은 도안을 이용하는 방법이다. 사실 나는 〔그림 6-16〕에서 이미 두 매듭을 도안으로 표현했다. 수학자들이 그리는 도안이 일반적인 도안과 다른 점은, 그들이 끈이나 줄로 된 물리적 매듭을 묘사하지 않고, 매듭 패턴만을 보여주는 단순한 선을 쓴다는 점이다. 〔그림 6-17〕은 수

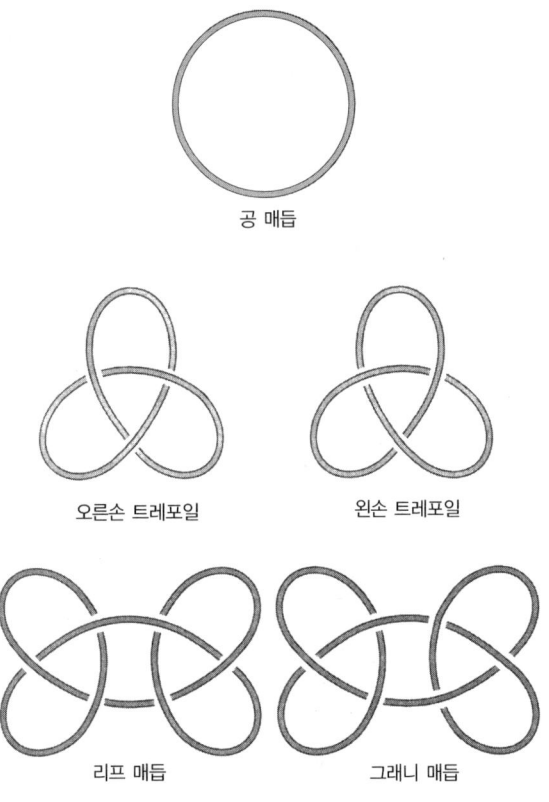

〔그림 6-17〕 다섯 개의 간단한 매듭을 매듭 이론가들이 그리는 방식으로 나타낸 도안. 잠깐만 생각해보면—물론 증명은 쉽지 않지만—각각의 매듭이 다른 것들과는 분명 달라 보인다. 다시 말해서 어떤 조작으로도 이들 중 하나를 다른 하나로 변환시킬 수 없어 보인다.

학자들이 그리는 도안의 예들이다. 그중에는 앞서 〔그림 6-16〕에서 소개한 트레포일도 들어 있다. 선이 끊긴 자리는 선들이 위아래로 교차하는 자리이다. 이렇게 매듭을 도안으로 표현하는 일은 흔히 매듭의 제시(presentation)라 일컬어진다.

복잡한 매듭의 구조를 이해하는 한 가지 방법은, 그 매듭을 여러 개의 보다 작고 단순한 매듭들로 분할하는 것이다. 예를 들어 리프(reef) 매듭과 그래니(granny) 매듭은 둘 다 두 개의 트레포일로 분할될 수 있다. 이를 달리 표현하자면, 끈에 두 개의 트레포일 매듭을 지은 다음 끈의 양끝을 연결하면 (수학적인) 리프 매듭이나 그래니 매듭을 만들 수 있다. 이렇게 동일한 끈에 두 개의 매듭을 짓는 작업을 두 매듭을 '덧셈' 하는 작업이라고 표현하는 것은 자연스러운 일일 것이다.

이 덧셈 연산은 결합법칙을 허용하며, 공 매듭은 자명하게 이 연산의 항등원이다. 이렇게 되면, 항상 새로운 패턴을 물색하는 수학자들은, 혹시 새로운 군이 출현한 것이 아닌지 주의를 기울이기 시작할 것이다. 군이 만들어지기 위해 필요한 것은 이제 모든 매듭이 역원을 가져야 한다는 것뿐이다. 어떤 매듭이 있을 때, 그 동일한 수학적 끈에 다른 매듭을 지어서 전체 결과를 공 매듭으로 만드는 것이 가능한가? 만일 가능하다면, 끈을 적당히 조작함으로써 매듭지어진 고리를 매듭 없는 고리로 변환시킬 수 있을 것이다. 물론 무대에 서는 마술사들은 이런 식으로 쉽게 변환되는 종류의 '매듭'을 만들 줄 알지만, 모든 매듭이 이런 식으로 역원을 가지는 것은 아니다. 사실상 마술사들이 짓는 매듭은 전혀 매듭이 아니다. 다만 매듭처럼 보일 뿐이다. 덧셈 연산하에서 매듭은 군을 형성하지 않는다.

길 하나가 막혔다고 해서 패턴을 찾는 일을 포기해야 하는 것은 아니다. 매듭 덧셈은 군 패턴을 산출하지 못했다 할지라도, 다른 대수학적 패턴들이 발견될 수도 있다. 리프 매듭과 그래니 매듭이 보다 단순한 매듭들로 분할될 수 있음을 본 당신은 '소(prime)' 매듭 개념을 생각해냈을지도 모른다. '소' 매듭이란 보다 단순한 두 매듭의 합으로 표현할 수 없는 매듭이다.

이 생각을 발전시키기에 앞서 당신은 먼저 이 맥락에서 '보다 단순한'이 무슨 의미인지 분명히 해야 한다. 매듭 없는 고리를 적당히 조작해서 엄청나게 복잡한 매듭처럼 보이도록 만들 수 있지 않은가! 목걸이를 마구 처박아두면 그런 일이 곧잘 저절로 생긴다. 그렇게 엉킨 뭉치는 복잡한 매듭처럼 보이지만, 실제로는 가능한 가장 단순한 매듭, 즉 공 매듭이다.

매듭의 복잡함을 정의하기 위해 수학자들은 한 매듭에 한 개의 양의 정수를 부여한다. 그 양의 정수는 매듭의 교차수(crossing number)라 불린다. 매듭 도안을 자세히 보면, 그 도안에서 교차가 일어나는 횟수—선이 겹치는 점의 개수—를 셀 수 있다(그림에서 선이 끊기는 횟수를 세어도 좋다. 그러나 교차수를 세기 전에 먼저 세 선이 한 점에서 교차하는 일은 없도록 매듭 도안을 적절히 그려야 한다). 교차수는 도안의 복잡함을 측정하는 척도가 된다. 그런데 불행하게도 도안에서 센 교차수는 실제 매듭과 거의 관련이 없다. 문제는 이것이다. 이런 방식으로 교차수를 정의한다면, 동일한 매듭에 무한히 많은 교차수가 부여될 수 있다. 매듭은 건드리지 않고 다만 고리를 한 번 꼬아놓으면 교차수가 1만큼 증가하게 된다. 이 조작을 반복한다면 동일한 매듭의 교차수를 얼마든지 높일 수 있다.

하지만 어떤 매듭에서든 이런 방식으로 정의된 교차수의 **최소값**은 하나로 정해져 있을 것이다. 매듭의 복잡함을 측정하는 확실한 척도는 최소 교차수이다. 최소 교차수는, 고리에 불필요한 꼬임이 없는 상태로 가장 단순하게 표현한 매듭 도안에서 선들의 교차가 일어나는 횟수이다. 일반적으로 교차수라 일컬어지는 것은 바로 이 최소 교차수이다. 최소 교차수는 고리가 몇 번이나 인위적으로 교차되어 매듭을 만들었는지를 말해준다. 특정한 매듭 도안에서 몇 번 교차가 있는지는 중요치 않다. 예를 들어 트레포일의 교차수는 3이며, 리프 매듭과 그래니 매듭의 교차수는 6이다.

이제 당신은 두 매듭을 비교할 수 있게 되었다. 만일 A 매듭의 교차수가 B 매듭의 교차수보다 작으면, A는 B보다 단순하다. 이제 다음 단계

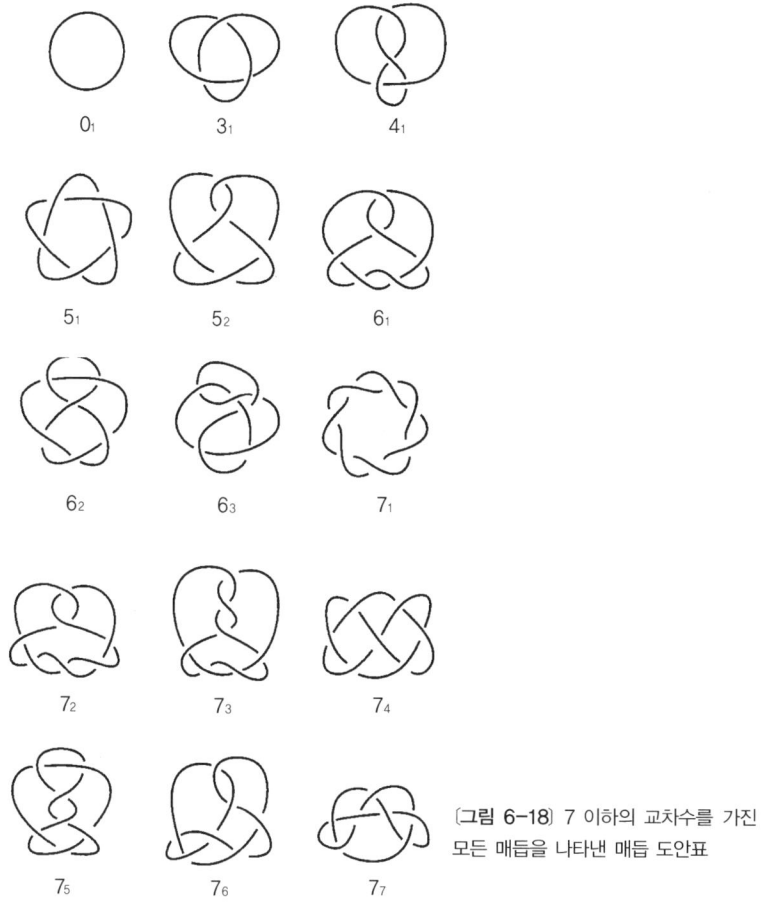

[그림 6-18] 7 이하의 교차수를 가진 모든 매듭을 나타낸 매듭 도안표

로 보다 단순한 두 매듭의 합으로 표현될 수 없는 소 매듭을 살펴보자.

초기의 매듭 연구 대부분은 주어진 교차수에서 가능한 모든 소 매듭을 찾는 일에 할애되었다. 19~20세기 전환기에 이르기까지 교차수 10 이하의 많은 소 매듭들이 발견되었다. 소 매듭들은 소 매듭 도안표로 정리되었다([그림 6-18] 참조).

소 매듭을 찾는 작업은 대단히 어려웠다. 우선 가장 단순한 경우를 제외한 모든 매듭과 관련해서, 겉보기에 다른 두 도안이 동일한 매듭을 표현하는지 아닌지를 알아내기가 대단히 어렵다. 때문에 최종적으로 갱신된 소 매듭 도안표에 중복이 없다는 것을 누구도 단언할 수 없었다. 그러나 1927년 알렉산더(J. W. Alexander)와 브릭스(G. B. Briggs)의 연구 덕분에 수학자들은 최종적인 소 매듭 도안표에 교차수 8 이하로는 중복이 없음을 알게 되었고, 곧이어 라이데마이스터(H. Reidemeister)가 교차수 9의 경우에도 중복이 없음을 밝혔다. 교차수 10의 경우는 1974년 페르코(K. A. Perko)에 의해 마침내 해결되었다. 이 모든 발전은 서로 다른 매듭을 구별해주는 여러 매듭 불변항들을 이용함으로써 이루어졌다.

교차수는 매우 분별력이 약한 매듭 불변항이다. 두 매듭의 교차수가 서로 다름을 알면, 두 매듭이 동치가 아님을 확실히 알 수 있고, 더 나아가 두 매듭의 복잡함도 비교할 수 있는 것이 사실이지만, 동일한 교차수를 가지는 매듭들이 너무 많기 때문에 교차수를 통해 매듭을 구별하는 것은 거의 무의미하다. 예를 들어 교차수가 10인 소 매듭은 165개나 있다.

교차수가 이렇게 미미한 분별력만을 발휘하는 불변항인 이유 중 하나는, 교차수가 단지 교차하는 횟수만으로 정의되기 때문이다. 교차수를 셀 때 우리는 교차 패턴을 무시한다. 이 결함을 극복하는 한 방법은 1928년 알렉산더에 의해 발견되었다. 그는 매듭 도안을 기반으로 해서 매듭에 수가 아니라 대수학적 다항식 하나를 부여할 수 있음을 보였다. 그 다항식은 오늘날 알렉산더 다항식이라 불린다. 어떻게 알렉산더 다항식을 얻는지에 관한 세부 사항은 우리의 논의에서 중요치 않다. 결과만 제시한다면, 트레포일의 알렉산더 다항식은 x^2-x+1이며 4-매듭의 알렉산더 다항식은 x^2-3x+1이다. 이 두 매듭을 덧셈하여 얻는 새로운 매듭의 알렉산더 다항식은, 두 매듭의 알렉산더 다항식의 곱이 된다. 예를 들어 두 트레포일의 합인 리프 매듭과 그래니 매듭의 알렉산더 다항식은 다음과 같다.

$$(x^2 - x + 1)^2 = x^4 - x^3 + 3x^2 - 2x + 1$$

알렉산더 다항식은 매듭이 지어지는 방식과 관련된 어떤 특징을 대수학적인 방식으로 포착하므로 유용한 매듭 불변항일 것이 분명하다. 또한 부분적으로나마 매듭 패턴을 대수학적 패턴으로 포착할 수 있다는 사실만으로도 감탄을 일으키기에 충분하다. 그러나 알렉산더 다항식 역시 여전히 불충분한 불변항이다. 이 불변항 역시 구별해야 할 매듭 패턴을 충분히 포착하지 못한다. 예를 들어 야영에 익숙한 아이들도 쉽게 구별해 내는 리프 매듭과 그래니 매듭을 알렉산더 다항식으로는 구별할 수 없다.

다른 종류의 간단한 매듭 불변항들을 발견하여 리프 매듭과 그래니 매듭을 구별하려는 시도들 역시 대개 실패로 돌아갔다. 그러나 그 다양한 시도들은, 수학자들이 짜는 패턴이 여러 다른 분야에 응용됨을 보여준 또하나의 증거가 되었다.

알렉산더 다항식은 꽤 분별력이 강한 매듭 불변항인 소위 **매듭 군**으로부터 도출되었다. 매듭 군은, 매듭을 치워도 남아 있는 3-다양체인 **매듭 보체**(knot complement)의 기본 군(호모토피 군)이다. 이 군의 원소들은 매듭 위에 있지 않은 한 고정점에서 출발해서 다시 그 점으로 돌아오는 닫힌 순환 경로들이다. 매듭 군에 속하는 두 순환 경로는, 자르기 혹은 매듭을 관통하기를 포함하지 않는 조작을 통해 한 경로를 다른 경로로 변환할 수 있다면, 같은 하나의 순환 경로로 취급된다. [그림 6-19]는 트레포일의 매듭 군을 보여준다.

수학자들은 매듭 군을 통해서 군의 성질에 따라 매듭을 분류한다. 매듭 군을 대수학적으로 나타내는 일은 매듭 도안을 기반으로 해서 이루어진다.

매듭을 분류하는 또하나의 기발한 방법은, 주어진 매듭에 대해서 그 매듭을 유일한 모서리로 가지는 가향(즉 '측면이 둘인') 곡면을 만들고, 그 곡면의 종수를 매듭 불변항으로 취하는 것이다. 이 방법을 통해 한 매듭과 연관될 수 있는 곡면은 여럿일 수 있기 때문에 수학자들은 가능한 최소 종수를 불변항으로 취한다. 이렇게 정한 수, 즉 매듭의 종수는 매듭 불변항이다.

그러나 지금까지 언급한 매듭 불변항들은 리프 매듭과 그래니 매듭을

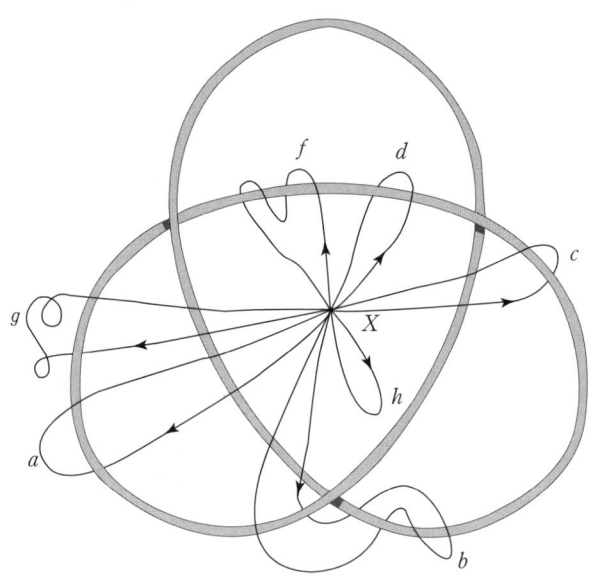

[그림 6-19] 트레포일에 대한 매듭 군. 군을 이루는 원소는 점 X에서 시작해서 제자리로 돌아오는 닫힌 순환 경로이다. 경로 a, b와 g는 같은 경로로 간주된다. 왜냐하면 이 셋은 매듭을 자르거나 관통하지 않고서도 한 경로를 다른 경로로 변환할 수 있기 때문이다. 반면 경로 c와 d는 다른 경로로 간주된다. 왜냐하면 이 둘은 서로 반대 방향으로 매듭을 감기 때문이다. 경로 h는 군의 항등원인 공 순환 경로, 즉 길이가 0인 경로와 동일시된다. 군 연산은 경로들의 조합이다. 경로 x와 y의 '합' $x+y$는 경로 y에 뒤이어 x를 연결한 경로이다(결합된 경로는 출발과 끝에서뿐만 아니라 중간에도 점 X를 지나게 되는데, 이 사실은 무시된다). 예를 들어 $d+d=f$이며 $c+d=h$이다.

구별해주지 못한다. 여러 해 동안 그 두 매듭을 구별하는 간단한 방법이 발견될 희망은 없어 보였다(물론 매듭 이론가들은 보다 복잡한 개념들을 동원하여 그 두 매듭을 구별할 수 있었다). 그러나 1984년 뉴질랜드 수학자 존스(Vaughan Jones)가 매듭에 대해 정의되는 전혀 새로운 종류의 다항식을 발견함으로써 상황은 반전되었다.

존스의 발견은 거의 우연의 산물이었다. 그는 물리학에 응용되는 해석학 문제를 연구하고 있었다. 그 문제는 소위 폰 노이만 대수학이라고 불리는 수학적 구조와 관련되어 있었다. 이 폰 노이만 대수학이 보다 단순한 구조들로부터 구성되는 방식을 고찰하는 과정에서 존스는 특정한 패턴들을 발견했고, 그의 동료들은 그 패턴들이 1920년대 아틴(Emil Artin)이 매듭과 관련해서 발견한 패턴들과 유사함을 기억해냈다. 자신이 예상치 못한 미지의 연관성을 우연히 발견했음을 깨닫기 시작한 존스는 매듭 이론가 버만(Joan Birman)에게 자문을 구했다. 이후의 일은 존스와 버만 자신의 표현 그대로 하나의 역사였다. 알렉산더 다항식과 마찬가지로 존스 다항식도 매듭 도안으로부터 얻을 수 있다. 처음에 존스는 자신의 다항식이 알렉산더 다항식의 단순한 변형에 불과하다고 생각했다. 그러나 그의 생각과 정반대로 그의 다항식은 전혀 새로운 발견이었다.

구체적으로 하나만 지적하자면, 존스 다항식은 리프 매듭과 그래니 매듭을 구별해준다. 이 두 매듭의 차이는 매듭을 이루는 두 트레포일이 서로에 대해 어떤 방향으로 있는지에 의해 만들어진다. 조금만 생각해보면 당신도 트레포일이 두 가지 방식으로 있을 수 있음을 알게 될 것이다. 결국 두 가지 트레포일이 생기는데, 이때 그 둘은 거울에 비친 서로의 모습을 가진다. 알렉산더 다항식은 트레포일이 가지는 이 두 가지 다른 모습을 구별하지 않기 때문에 리프 매듭과 그래니 매듭을 구별하지 못한다.

반면에 존스 다항식은 그 두 트레포일을 구별한다. 두 트레포일에 대한 존스 다항식은 다음과 같다.

$$x + x^3 - x^4$$
$$x^{-1} + x^{-3} - x^{-4}$$

엄밀히 말하자면 위의 두번째 식은 변수 x의 음수 제곱을 포함하므로 다항식이 아니다. 그러나 어쨌든 수학자들은 이 경우에 예외적으로 다항식이라는 명칭을 사용한다.

존스의 획기적인 발견은 그 자체의 의미 이상의 의미를 가진다. 존스 다항식은 이후 수많은 새로운 다항식 불변항들이 발견되는 데 열쇠 역할을 했고, 매듭 이론 연구가 극적으로 발전하도록 만들었다. 일부 연구는 매듭 이론이 생물학과 물리학에 매우 흥미로운 방식으로 새롭게 응용됨이 알려지면서 더욱 힘을 얻었다. 매듭 이론이 생물학과 물리학에 어떻게 응용되는지 간단히 살펴보자.

먼저 생물학에 어떻게 응용되는가? 인간의 DNA 한 가닥은 1미터 정도의 길이에 달할 수 있다. 그렇게 긴 DNA는 지름이 약 20만 분의 1미터인 세포핵 속에 엉킨 상태로 들어 있다. DNA 분자는 당연히 엄청나게 복잡하게 엉켜 있을 것이다. 그럼에도 불구하고 DNA가 분열하여 원래와 동일한 복제 분자 두 개가 될 때, 이 두 복제 분자는 전혀 문제없이 미끄러지면서 분리된다. DNA가 도대체 어떤 매듭을 이루고 있기에 이렇게 매끄러운 분리가 가능한 것일까? 이 문제는 생명의 비밀을 탐구하는 생물학자들이 직면하고 있는 여러 문제들 중 하나다.

이 문제는 수학의 도움을 받아 해결할 수 있을 듯이 보인다. 1980년대 중반 이후 생물학자들은 매듭 이론가들과 협력하여, 유전자 속에 정보를

 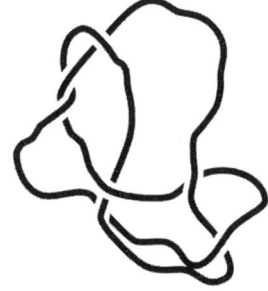

[그림 6-20] DNA 한 가닥의 전자현미경 사진(왼쪽). DNA 분자가 형성한 매듭 구조를 보여주는 선형 도안(오른쪽).

저장하기 위해 자연이 선택한 매듭 패턴을 이해하기 위해 노력해왔다. 생물학자들은 DNA 한 가닥을 분리해내고, 양끝을 붙여서 수학적 매듭을 만든 다음 현미경으로 관찰하면서 DNA 연구에 수학의 기법들을 이용할 수 있었다. 그들은 존스 다항식을 비롯한 여러 기법들을 이용하여 DNA의 근본적인 매듭 패턴들을 분류하고 분석했다([그림 6-20] 참조).

이 연구가 현실에 응용된 중요한 한 사례는 바이러스 감염을 퇴치하는 것과 관련되어 있다. 바이러스는 세포를 공격할 때 흔히 세포의 DNA 매듭 구조를 변화시킨다. 바이러스 연구자들은 감염된 세포의 DNA 매듭 구조를 연구함으로써 바이러스가 작용하는 방식을 이해하고 이를 통해 감염에 저항하고 치유하는 방법을 찾을 수 있으리라 기대한다.

이제 물리학에 응용된 매듭을 살펴보자. 이미 1867년에 켈빈 경(Lord Kelvin)은 원자가 에테르 속에 있는 매듭이라는 원자 이론을 제안했다. 소용돌이(vortex) 원자론이라 불리는 이 이론은 납득할 만한 근거들을 가지고 있었다. 이 이론은 물질의 안정성을 설명했고, 당시 매듭 이론가들에 의해 분류되는 중이었던 수많은 매듭들을 동원하여 여러 다양한 원자들을 설명했다. 소용돌이 원자론은 또한 여러 다른 원자 현상들도 설명했다. 이렇게 소용돌이 원자론은 신중한 고려의 대상이 되었고, 수학적 매듭 분류의 초기 연구에 적잖은 자극을 제공했다. 특히 켈빈의 동료인 테이트(P. G. Tait)는 방대한 매듭 표를 작성했다. 그러나 소용돌이 원자론은 수학적인 아름다움을 가졌음에도 불구하고 4장에서 살펴본 플라톤 원자론과 비슷한 운명을 맞아야 했다. 소용돌이 원자론은 결국 보어(Niels Bohr)가 주장한 원자론에게 자리를 내주고 말았다. 보어의 원자론은 원자를 태양계의 축소판으로 생각한다.

보어의 이론이 너무 유치하고 단순하다는 이유로 거부되는 오늘날에는 매듭 이론이 다시 전면에 나서게 되었다. 오늘날 물리학자들은 물질이 소위 초끈(superstring)으로 이루어졌다고 제안한다. 초끈은 시공간 속에 있는 미세하고, 매듭지어지고, 닫혀 있는 고리이며, 초끈의 성질은 초끈이 매듭지어진 정도와 밀접하게 연관된다.

이제 다시 우리의 주제로 돌아가자. 존스 다항식이 발견된 이후인 1987년 액체 및 기체 분자의 움직임을 연구하는 응용 수학 분야인 통계역학에 기반을 둔 매듭 다항식 불변항들이 추가로 발견되었다. 얼마 지나지 않아 존스 다항식이 포착한 매듭 패턴 역시 통계역학을 기반으로 한다는 사실이 밝혀졌다. 매듭은 어디에나 있는 듯하다. 더 정확히 말하자면, 매듭이 드러내는 패턴들은 어디에나 있는 듯하다.

매듭의 폭넓은 응용 가능성은, 위상 양자장 이론(topological quantum field theory)이 급속도로 성장하면서 특히 극적으로 또한 의미심장하게 입증되었다. 위상 양자장 이론은 1980년대 후반 위튼(Edward Witten)에 의해 개발된 새로운 물리학 이론이다. 존스 다항식이 포착한 수학적 패턴이 물리적 우주의 구조를 이해하는 데 유용할지도 모른다는 제안을 최초로 내놓은 사람은 수학자 아티야 경(Sir Michael Atiyah)이다. 아티야의 제안에 답하기라도 하듯이 위튼은, 양자 이론에서 포착한 패턴들과, 존스 다항식과, 앞절에서 언급한 도널드슨의 근본적인 연구를 더욱 발전시키고 통일하여 매우 심오한 통합 이론을 내놓았다. 이 종합된 이론은 물리학자들에게 우주를 고찰하는 완전히 새로운 시각을 제공했을 뿐만 아니라 수학자들에게도 매듭 이론과 관련된 새로운 통찰들을 선사했다. 통합된 이론으로부터 귀결된 것은, 위상학과 기하학과 물리학의 생산적 결합이다. 사람들은 이 결합을 통해 위의 세 분야 모두에서 더 많은 발견들이 이루어지리라 기대하고 있다. 우리는 8장에서 이 주제를 다시 논하게 될 것이다. 일단은 다음과 같이 매듭에 관한 논의를 정리하자. 매듭에 관한 수학적 이론을 연구하는 과정에서 수학자들은, 세계의 특정한 측면들—생명 세계의 DNA와 우리가 사는 물리적 우주—을 이해하는 새로운 방법들을 창조했다. 결국 이해한다는 것 자체가 다름아니라 이런저런 패턴들을 인지한다는 것이 아니겠는가!

다시 페르마의 마지막 정리

이제 마침내 1장에서 시작된 페르마의 마지막 정리에 대한 우리의 논의를 매듭지을 수 있게 되었다.

당신도 기억하겠지만, 페르마가 남긴 과제는, n이 2보다 클 때 다음과 같은 방정식에

$$x^n + y^n = z^n$$

(자명하지 않은) 정수해가 없다는 것을 증명하라는 것이었다. 우리는 일상생활에서 친숙하게 정수를 접하므로, 페르마가 내놓은 문제의 단순성

에 비추어볼 때, 그가 요구한 증명을 발견하는 것이 그다지 어렵지 않다고 예상할지도 모른다. 그러나 그것은 착각이다. 페르마의 과제처럼 우연적으로 함께 묶인 여러 문제들을 포함한 문제에 답하려면, 깊이 숨어 있는 패턴들을 발굴해야만 한다. 페르마의 마지막 정리도 결국 여러 다양한 패턴들과 관련되어 있음이 밝혀졌다. 또한 그 패턴들은 정말로 심오하다. 사실상 페르마의 마지막 정리와 관련된 최근의 연구들 대부분을 완전히 이해할 수 있는 수학자는 전세계를 통틀어 아마도 2, 30명에 불과할 것이다. 하지만 이토록 난해한 연구를 이 책에서 간략히 소개할 가치가 있다. 왜냐하면 그 연구가 외관상 서로 다른 수학 분야들이 깊게 숨어 있는 연관성을 가짐을 보여준 훌륭한 사례이기 때문이다.

지난 50년 동안 이루어진 연구 대부분의 출발점은, 페르마의 주장을 방정식의 유리수 해에 관한 주장으로 재표현하는 것이었다. 우선 다음의 사실을 확인하라. 다음과 같은 형태의 방정식의 정수해를 찾는 일은

$$x^n + y^n = z^n$$

($n=2$인 경우도 포함해서) 아래 방정식의 유리수 해를 찾는 일과 동치이다.

$$x^n + y^n = 1$$

이유는 다음과 같다. 만일 당신이 첫번째 방정식의 정수해를 안다고 해보자. 예를 들어 그 해가 $x=a, y=b, z=c$라면(이때 a, b, c는 정수), 두번째 방정식의 유리수 해는 $x=\dfrac{a}{c}, y=\dfrac{b}{c}$가 된다. 예를 들어

$$3^2 + 4^2 = 5^2$$

이므로 $x=3$, $y=4$, $z=5$는 첫번째 방정식의 정수해이다. z값, 즉 5로 양변을 나누어보라. 당신은 두번째 방정식의 유리수 해, 즉 $x=\dfrac{3}{5}$, $y=\dfrac{4}{5}$를 얻게 된다.

$$\left(\dfrac{3}{5}\right)^2 + \left(\dfrac{4}{5}\right)^2 = 1$$

또한 만일 당신이 두번째 방정식의 해를 알고 있다면—그 해를 $x=\dfrac{a}{c}$, $y=\dfrac{b}{d}$라 하자—, 다시 말해서

$$\left(\dfrac{a}{c}\right)^n + \left(\dfrac{b}{d}\right)^n = 1$$

이라면, x와 y의 공통분모 cd를(사실은 cd보다 작은 최소 공통분모를 택하면 충분하다) 양변에 곱하라. 그러면 첫번째 방정식의 정수해, 즉 $x=ad$, $y=bc$, $z=cd$를 얻을 수 있다. 다시 말해서 다음 등식이 성립한다.

$$(ad)^n + (bc)^n = (cd)^n$$

페르마 문제를 이렇게 유리수 해에 관한 문제로 표현하면 기하학과 위상학의 패턴들을 문제 해결에 사용할 수 있을지도 모른다. 예를 들어 방정식

$$x^2 + y^2 = 1$$

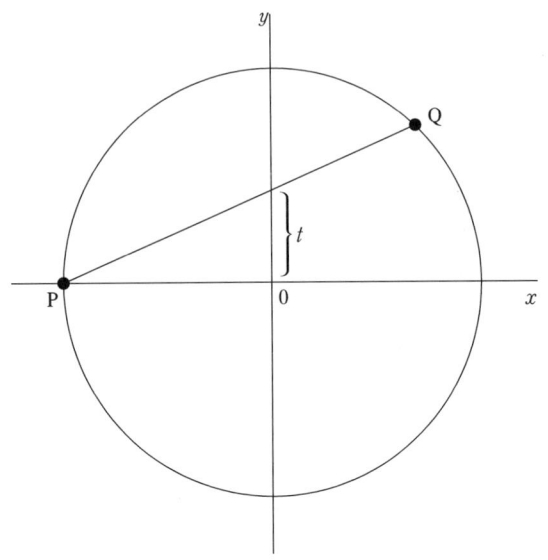

〔그림 6-21〕 피타고라스 삼중수를 찾는 기하학적 방법

은 반지름이 1이고 중심이 원점인 원의 방정식이다. 이 방정식의 유리수 해를 묻는 것은 원 위에 있으면서 좌표가 모두 유리수인 점을 묻는 것과 동치이다. 원은 매우 특별한 수학적 대상—많은 사람들은 원이 가장 완벽한 기하학적 대상이라고 생각한다—이므로, 다음과 같은 간단한 기하학적 패턴을 이용하여 쉽게 유리수 점들을 찾아낼 수 있다.

〔그림 6-21〕에서처럼 먼저 원 위에 있는 임의의 점 P를 정하자. 그림에서 P는 점 $(-1, 0)$으로 정해졌다. 특히 이 점을 잡은 이유는 문제를 약간 더 쉽게 만들고자 했기 때문이다. 우리의 목표는 두 좌표가 모두 유리수인 원 위의 점들을 찾는 것이다. 원 위에 있는 임의의 점 Q에 대해서 P와 Q를 잇는 직선을 그리자. 이 직선은 특정한 점에서 y축과 만날 것이다. 그 교차점으로부터 원점까지의 거리를 t라 하자. 약간의 대수학과 기하학을 동원하면, t가 유리수일 때 그리고 오직 그때만 Q가 유리수 좌

표를 가진다는 것을 증명할 수 있다. 그러므로 원래 방정식의 유리수 해를 찾기 위해 당신이 해야 하는 일은, 원점으로부터 유리수 거리만큼 떨어진 지점에서 y축과 교차하는 직선을 P로부터 그은 다음, 그 직선과 원의 교차점 Q를 확인하는 일뿐이다. 점 Q는 유리수 좌표를 가질 것이므로, 그 좌표가 당신이 원하는 유리수 해가 된다.

예를 들어 $t = \frac{1}{2}$이라면, 약간의 계산을 통해서 Q의 좌표가 ($\frac{3}{5}$, $\frac{4}{5}$)임을 확인할 수 있다. 마찬가지로 $t = \frac{2}{3}$라면 점 ($\frac{5}{13}$, $\frac{12}{13}$)을 얻을 수 있고, $t = \frac{1}{6}$이라면 ($\frac{35}{37}$, $\frac{12}{37}$)를 얻을 수 있다. 이 세 좌표는 각각 피타고라스 삼중수 (3, 4, 5), (5, 12, 13), (35, 12, 37)에 대응한다. 더 나아가 이 기하학적 해법을 분석하면, 이 해법으로부터 우리가 75쪽에서 다룬 피타고라스 삼중수 산출 공식을 도출할 수 있음을 알게 될 것이다.

이렇게 $n = 2$인 특수한 경우에는 원이 지닌 멋진 성질 덕분에 기하학적 방법으로 방정식

$$x^n + y^n = z^n$$

의 유리수 해를 찾는 일이 가능하다. 그러나 다른 n값에 대해서는 이런 쉬운 해법이 존재하지 않는다. 2 이외의 n값에 대해서 만들어지는 곡선은 말끔한 원과는 전혀 다르다(〔그림 6-22〕 참조). 페르마 문제를 기하학적인 방식으로 변형하여, 다음 형태의 곡선 위에 있는

$$x^n + y^n = 1$$

유리수 점을 찾는 문제로 보는 것은 여전히 옳은 해결 방향이다. 하지만 n이 2보다 큰 경우에는 이 변형은 길고 어려운 전체 풀이 과정의 출발에

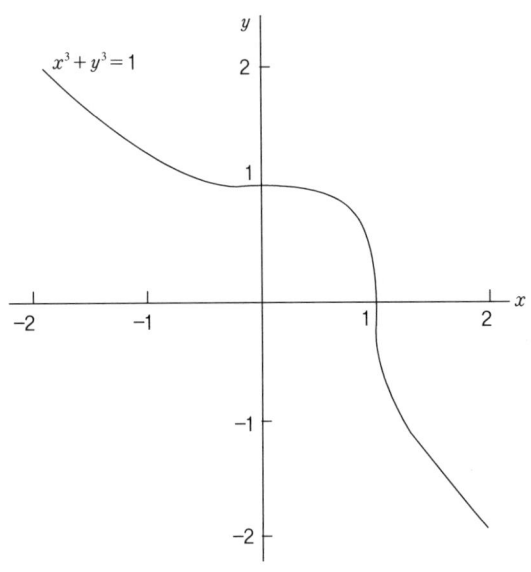

[그림 6-22] 페르마 곡선. 곡선 $x^3+y^3=1$

불과하다.

　문제는, 당신이 얻는 곡선이 원과 같이 멋진 기하학적 구조를 가지고 있지 않기 때문에 원래 방정식보다 더 쉽게 분석될 것처럼 보이지 않는다는 데 있다. 이 커다란 장벽 앞에 서면 대개의 사람들은 연구를 포기하고 다른 일을 모색할 것이다. 그러나 페르마의 마지막 정리에 대해 우리가 오늘날 도달한 지식에 기여한 학자들은 포기하지 않았다. 그들은 곡선이 가지는 기하학 이외의 구조들을 탐색하며 힘들게 앞으로 나아갔다. 그들은 그 추가 구조가 점점 복잡해지면 언젠가 문제의 전반적 이해에 도움을 주는 유용한 패턴들이 발견되고 마침내 증명에 도달하게 되리라고 믿었다.

　당신이 그 수학자들 중 한 사람이라고 해보자. 당신이 할 수 있는 일은 우선 두 개의 미지수를 가지는 임의의 다항식을 허용함으로써 문제를 일반화하는 것이다. 당신은 그런 임의의 방정식에 대해서 해가 존재하는지 물을 수 있고, 더 나아가 모든 방정식들의 집합을 고찰하여 원래 페르마 문제를 해결할 수 있도록 해주는 패턴들을 식별해낼 수 있을지도 모른다. 하지만 이 정도의 일반화로는 불충분하다. 유용한 패턴들이 등장하기 시작하려면 훨씬 더 많은 구조들이 필요하다. 곡선만으로는 유용한 패턴들이 드러날 것 같지 않다.

그렇다면 보다 넓은 일반화를 시도하자. 방정식 속의 미지수 x와 y가 실수 범위에서만 변하는 것이 아니라 복소수 영역에서 변한다고 상정하자. 이제 방정식은 하나의 곡선이 아니라 하나의 곡면을 결정한다. 즉 닫혀 있고 가향 곡면 하나를 결정한다([화보 16]의 두 예를 참조하라). 물론 모든 방정식들로부터 말끔하고 부드러운 곡면이 만들어지는 것은 아니지만, 약간의 작업을 가하면 연구가 순조롭게 진행될 수 있도록 곡면을 다듬는 것이 가능하다. 이 단계를 거치는 핵심적인 이유는 이것이다. 곡면은 많은 유용한 패턴들을 드러내는 직관적 대상이며, 그 패턴들에 대해서는 가용한 수학 이론들이 충분히 많이 있다.

예를 들어 잘 완결되어 있는 곡면 분류 이론이 있다. 모든 닫혀 있고 가향이고 부드러운 곡면은, 특정한 개수의 손잡이가 달린 구면과 위상학적으로 동치이며, 이때 그 손잡이의 개수는 곡면의 종수라 불린다. 한 방정식으로부터 산출된 곡면과 관련해서는, 그 곡면의 종수를 방정식의 종수라 칭해도 무방할 것이다. 지수가 n인 페르마 방정식의 종수는 아래와 같다.

$$\frac{(n-1)(n-2)}{2}$$

그 방정식의 유리수 해를 찾는(즉 방정식이 결정하는 곡선 위의 유리수 점들을 찾는) 문제는, 방정식의 종수(방정식이 산출하는 곡면의 종수)와 밀접한 관련이 있음이 밝혀졌다. 종수가 클수록 곡면의 기하학은 더욱 복잡하고, 곡선 위의 유리수 점을 찾는 일도 더 어렵다.

가장 간단한 경우는 종수가 0인 경우, 즉 다음과 같은 피타고라스 정리 형태의 방정식의 경우이다.

$$x^2 + y^2 = k \, (k는 \, 정수)$$

이 경우에는 두 가지 가능성이 있다. 첫째 이 방정식에 유리수 해가 없을 가능성이다. 예를 들어 다음과 같은 방정식에서처럼 말이다.

$$x^2 + y^2 = -1$$

한편 만일 유리수 해가 있다면, 앞에서 우리가 원과 관련해서 보았듯이, 모든 유리수 t와 곡선 위에 있는 모든 유리수 점들을 일대일 대응시키는 것이 가능하다. 이 경우에는 무수히 많은 유리수 해들이 존재하고, 그 해들을 t-대응을 이용해서 계산하는 방법을 얻을 수 있다.

종수가 1인 방정식의 경우는 훨씬 더 복잡하다. 종수가 1인 방정식에 의해 결정되는 곡선은 타원 곡선이라 불린다. 왜냐하면 타원 일부의 길이를 계산하는 과정에서 그 곡선이 등장하기 때문이다. [그림 6-23]은 타원 곡선의 몇 가지 예이다. 타원 곡선은 몇 가지 성질을 가지고 있기 때문에 수 이론에서 대단히 유용하다. 예를 들어 (컴퓨터를 이용해서) 큰 정수를 소인수분해하는 가장 효과적인 방법 몇 가지가 타원 곡선 이론에 기반을 두고 있다.

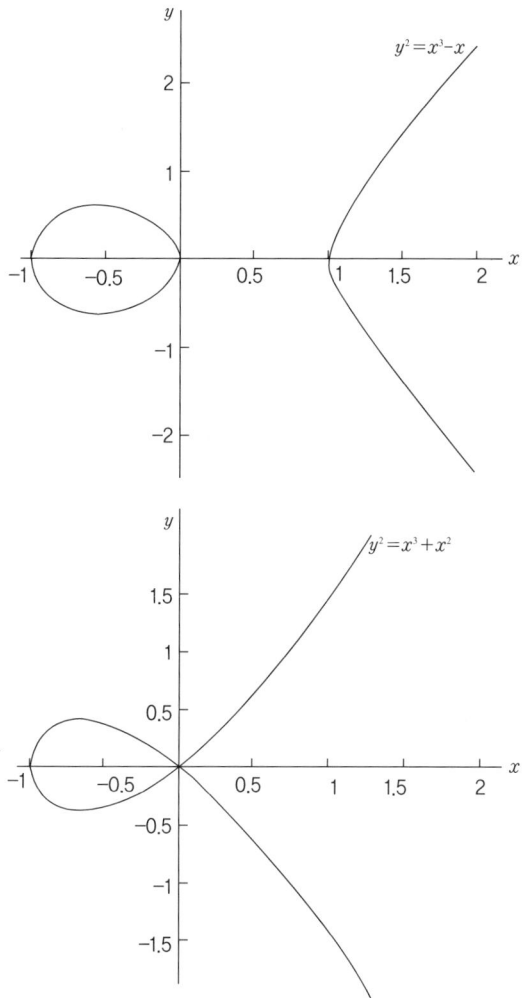

〔그림 6-23〕 두 가지 타원 곡선. 위에 있는 곡선은 단일한 함수의 곡선이다. 그 곡선은 둘로 나뉘어 있지만 단일한 하나의 곡선으로 간주된다. 아래에 있는 곡선은 원점에서 자기 자신과 만난다.

종수가 0인 곡선에서와 마찬가지로 타원 곡선도 유리수 점을 전혀 가지지 않을 수 있다. 반면에 만일 유리수 점을 가진다면, 흥미로운 일이 발생한다. 20세기 초반에 영국 수학자 모르델(Lewis Mordell)이 그 사실을 발견했다. 그는, 유리수 점의 수는 유한할 수도 무한할 수도 있지만, 항상 유한한 수의 유리수 점들이 있어서—이 점들은 생산자라 불린다—다른 모든 유리수 점들을 이들로부터 간단하게 명시적인 절차를 통해 산출할 수 있음을 보였다. 다른 점들을 산출하기 위해 할 일은 단지 몇 개의 단순한 대수학 계산, 그리고 곡선에 접하거나 곡선과 세 점에서 만나는 직선을 그리는 일뿐이다. 그러므로 무한히 많은 유리수 점들이 있는 경우라 할지라도 그 점들을 제어할 수 있게 해주는 구조—혹은 패턴—가 존재한다.

페르마의 마지막 정리를 증명하는 것이 목표라면, 종수가 1인 경우가 특별한 관심사가 되어야 할 이유는 없을 것이다. 페르마 정리는 종수가 2 이상인 방정식들과도 관련이 있기 때문이다. 그러나 연구를 통해 모르델은 1922년 페르마의 마지막 정리와 밀접하게 관련된 괄목할 만한 발견을 했다. 종수가 1보다 큰 방정식들 중에는 무한히 많은 유리수 해를 가지는 방정식을 단 하나도 발견할 수 없었다! 예를 들어 디오판투스가 연구한 여러 방정식들은 모두 종수가 0이거나 1임이 밝혀졌다. 이 사실이 우연이 아니라고 모르델을 믿었다. 그는 종수가 1보다 큰 방정식은 무한히 많은 유리수 해를 가질 수 없다고 제안했다.

모르델 추측이 함축하는 것 중 하나는, n값이 2보다 큰 경우, 페르마 방정식

$$x^n + y^n = 1$$

은 기껏해야 유한한 개수의 유리수 해를 가진다는 것이다. 그러므로 모르델 추측을 증명한다면, 비록 페르마의 마지막 정리를 증명하는 것은 아니지만, 이 최종 목표를 향해 중요한 한 걸음을 내딛는 것이 된다.

모르델 추측은 젊은 독일 수학자 팔팅스(Gerd Faltings)에 의해 1983년 마침내 증명되었다. 증명에 도달하기 위해 팔팅스는 여러 심오한 생각들을 조합해야 했다. 그가 조합한 생각들 중 하나는 1947년 웨이유(André Weil)에 의해 발표된 생각이다. 웨이유는 유한 산술과 관련해서 방정식들의 정수해를 연구하고 있었다. 그가 연구한 기본적인 질문은 다음과 같다. 주어진 한 방정식과 소수 p에 대해서, p를 법으로 할 때, 방정식은 몇 개의 정수해를 가지는가? 이 질문은 명백하게 페르마의 마지막 정리와 관련된다. 만일 p를 법으로 할 때 정수해가 없다면, 일반 산술에서도 정수해가 없기 때문이다. 위상학에서 얻은 몇 가지 결론들에 유비하여 웨이유는 자신의 문제와 관련해서 몇 가지 전문적인 추측을 내놓았다. 그 추측들은 소위 대수다양체(algebraic variety)와 관련된다. 대략적으로 말해서 대수다양체들이란, 한 방정식의 해가 아니라 방정식들 전체에 대한 해들의 집합들이다. 웨이유의 추측은 결국 1975년 델리느(Pierre Deligne)에 의해 증명되었다.

모르델 추측의 증명에 기여한 두번째 중요한 성취는, 계수가 수인 일반적인 방정식과 계수가 유리함수—다항식 $p(x)$, $q(x)$에 대해서 $\frac{p(x)}{q(x)}$ 형태로 이루어진 함수—인 방정식 사이의 유사성을 통해 이루어졌다. 이 두 함수 사이의 유사성은 매우 강해서, 수 이론에서 얻은 많은 개념과 결론이 두번째 형태의 함수와 관련된 소위 함수 장에서도 유사하게 적용된다. 1963년 소련의 수학자 마닌(Yuri Manin)이 둘 사이의 유사성을 증명함으로써 모르델 추측이 참일 수 있다는 증거를 추가했다.

팔팅스가 증명에 사용한 세번째 요소는 '샤파레비치 추측'이다. 마닌이 연구 결론에 도달하기 직전, 그와 같은 소련 사람인 샤파레비치(Igor Shafarevich)는 한 가지 추측을 내놓았다. 그 추측은, 한 방정식의 정수해에 관한 정보를 어떤 다른 방정식들의 해로부터 조합하는 방법에 관한 것이었다. 이때 어떤 다른 방정식들이란, 원래 방정식을 다양한 소수 p를 법으로 하는 유한 산술로 해석했을 때 얻어지는 방정식들이다. 1968년 파신(A. N. Parshin)은 샤파레비치 추측이 모르델 추측을 함축함을 증명했다.

한편 1966년 미국의 테이트에 의해 네번째 중요한 기여가 이루어졌다. 그는 대수다양체와 관련된 또하나의 추측을 내놓았다. 이렇게 많은 추측들이 단기간에 등장했다는 것은, 점차 문제의 구조가 드러나면서 이해에 진보가 일어났음을 반영한다. 일반적으로 수학자들은 직관이 뒷받침될 때만 자신의 추측을 공개적으로 발표한다. 우리가 살펴본 발전 과정에서는 다양한 추측들 모두가 한 방향을 향하고 있었다. 1983년에 이루어진 모르델 추측의 증명을 위해 팔팅스는 먼저 테이트 추측을 증명했다. 이어서 그 증명과, 웨이유 추측에 대한 델리느의 연구를 결합함으로써 팔팅스는 샤파레비치 추측을 증명할 수 있었다. 1968년 파신이 이룬 성과가 있으므로 샤파레비치 추측의 증명은 곧바로 모르델 추측의 증명이며, 따라서 종수가 2 이상인 페르마 방정식은 무한히 많은 정수해를 가질 수 없다는 사실의 증명이다. 이 발전 과정은 점차 고도화되는 추상과 점차 심오해지는 패턴 탐구를 통해 결국 대단히 구체적인 사실의 증명이 이루어지는 것을 보여준 멋진 사례가 아닐 수 없다. 이 모든 고도의 추상화 과정의 산물로 나온 것은, 간단한 방정식들의 정수해에 관한 결론이었다.

3년 후 페르마의 마지막 정리에 관한 우리의 지식은 또 한번 커다란 진보를 이루었다. 이 과정에서도 서로 얽힌 일련의 추측들이 등장했으며, 역시 타원 곡선이 중요한 역할을 했다.

1955년 일본 수학자 타니야마(Yutaka Taniyama)는 타원 곡선과 다른 종류의 잘 알려진—그러나 설명하기는 어려운—곡선, 즉 소위 모듈 곡선(modular curves) 사이에 연관성이 있다고 주장했다. 타니야마에 따르면, 주어진 임의의 타원 곡선은 한 개의 모듈 곡선과 연관을 맺는데, 이 연관성에 의해 그 타원 곡선의 많은 성질들이 결정된다.

타니야마 추측은 1968년 웨이유에 의해 보다 명료해진다. 웨이유는 주어진 타원 곡선과 관련된 모듈 곡선을 정확히 찾아내는 방법을 제시했다. 1971년 시무라(Goro Shimura)는 웨이유의 방법이 매우 특별한 종류의 방정식들에만 적용됨을 보였다. 타니야마 추측은 이후 시무라-타니야마(또는 때때로 시무라-타니야마-웨이유) 추측이라 일컬어지게 되었다.

이제까지의 설명만으로는, 이 매우 추상적인 추측과 페르마의 마지막 정리가 무슨 관련이 있는지 불분명할 것이다. 대부분의 수학자들 역시 둘 사이에 어떤 연관이 있으리라고는 생각지 않았던 것 같다. 그러나 1986년 독일 자르브뤼켄 출신의 수학자 프라이(Gerhard Frey)가 둘 사이에 대단히 새로운 연관이 있음을 발견하여 모든 사람들을 놀라게 했다.

프라이는 등식 $c^n = a^n + b^n$을 만족시키는 정수 a, b, c, n이 있을 때, 다음과 같은 방정식을 통해 주어지는

$$y^2 = x(x - a^n)(x + b^n)$$

타원 곡선은 타니야마가 주장한 방식으로 이해하는 것이 불가능하다는 사실을 깨달았다. 프라이의 결론은 세레(Jean-Pierre Serre)에 의해 보다 적절한 형태로 재표현되었고, 이에 기반하여 미국 수학자 리벳(Kenneth Ribet)은, 만일 페르마의 마지막 정리의 반증 사례인 방정식이 존재한다면, 모듈 곡선과 연관을 맺지 못하는 타원 곡선이 존재하게 되고, 따라서 시무라-타니야마 추측이 반증된다는 사실을 최종적으로 증명했다. 다

시 말해서 시무라-타니야마 추측의 증명은 곧 페르마의 마지막 정리의 증명을 함축한다.

이것은 엄청난 발전이었다. 이제 연구할 구조가 분명하게 주어졌다. 대단히 많은 것이 알려져 있는 기하학적 대상과 관련된 시무라-타니야마 추측을 연구하면 된다. 목표에 곧 도달하리라는 희망을 품을 이유가 충분히 있었다. 또한 증명을 위해 어떻게 작업에 착수해야 하는지 일러주는 지침도 있었다. 최소한 영국 수학자 와일스(Andrew Wiles)는 나아갈 길을 알고 있었다.

와일스는 유년 시절부터 페르마의 마지막 정리에 매력을 느껴 고등학교 수준의 수학을 이용해서 증명을 시도하기도 했다. 훗날 케임브리지 대학에 진학한 와일스는 쿰머*의 연구를 배웠고, 보다 고차원적인 쿰머의 기법들을 이용해서 또 한번 페르마의 마지막 정리의 증명을 시도했다. 그러나 수많은 수학자들이 그 문제의 해결을 시도했고 실패했음을 알게 되면서 와일스는 결국 시도를 포기하고, 당대 수 이론의 주류 연구에, 특히 타원 곡선 이론에 관심을 기울였다.

그것은 운명적인 선택이었다. 라이베트에 의해 전혀 예기치 못한 증명이 이루어졌을 때, 와일스는 우연히도 페르마의 마지막 정리의 증명으로 가는 미지의 열쇠를 제공해줄지도 모르는 바로 그 분야에서 세계적인 권위자가 되어 있었다. 이후 7년 동안 와일스는 시무라-타니야마 추측의 증명에 모든 노력을 기울였다. 1991년 그는 마주르(Barry Mazur), 플라흐(Mattias Flach), 콜리바긴(Victor Kolyvagin) 등이 개발한 새롭고 효과적인 방법들을 이용해서 목표에 도달할 수 있음을 확신하게 되었다.

---

* '이상수(ideale Zahl)' 개념을 도입하여 페르마의 마지막 정리의 증명에 부분적으로 기여한 독일 수학자. 이 책 78쪽 참조.

2년 후 와일스는 자신이 증명에 도달했음을 확신했고, 1993년 6월 영국 케임브리지에서 있었던 소규모 수학자 회의에서 성공을 선언했다. 자신이 시무라-타니야마 추측을 증명했고, 따라서 마침내 페르마의 마지막 정리를 증명했다고 와일스는 발표했다(정확히 말하면 다음과 같다. 와일스는 자신이 모든 타원 곡선이 아니라 특별한 종류의 타원 곡선에만 적용되는 추측의 일부만을 증명했다고 주장했다. 그러나 그의 증명이 적용되는 타원 곡선들만으로도 페르마의 마지막 정리를 증명하는 데 충분하다).

와일스의 착각이었다. 그해 12월 그는 그의 논증 가운데 중요한 한 단계가 타당하지 않을 수 있음을 인정해야 했다. 그의 성취가 20세기 수 이론에서 이루어진 가장 중요한 성과 중 하나라는 것에 모든 사람이 동의한 것은 사실이다. 그러나 그 역시 과거 수많은 빛나는 수학자들이 간 것과 같은 운명의 길을 가는 듯이 보였다. 책의 여백에 감질나게 문제를 적은 페르마 자신을 포함해서 그 문제에 도전한 수많은 과학자들과 마찬가지로 와일스 역시 실패한 듯이 보였다.

와일스는 수개월간 침묵하면서 고향 프린스턴으로 내려가 논증을 다듬었다. 1994년 10월 그는 과거 그의 학생이었던 케임브리지 대학의 테일러(Richard Taylor)의 도움으로 증명에 성공했다고 발표했다. 그의 증명은—이번에는 모든 사람이 그 증명이 옳다고 동의했다—두 편의 논문으로 발표되었다. 그중 긴 논문은 '모듈 타원 곡선과 페르마의 마지막 정리' 라는 제목이었고, 그의 논증 전체를 담고 있다. 테일러와 공저로 발표된 짧은 논문은, 제목이 '특정한 헤케 대수의 환 이론적 특성들' 이며, 그가 증명에 사용한 주요 단계들을 담고 있다. 권위 있는 학술지『수학연감 Annals of Mathematics』1995년 5월호는 그 두 논문으로 이루어져 있다.

이리하여 페르마의 마지막 정리는 마침내 정리가 되었다.

페르마의 마지막 정리에 얽힌 이야기는 지식과 이해를 향한 인류의 끊임없는 노력을 보여주는 멋진 실화이다. 또한 그 이상이다. 17세기에 명확하게 제기된 전문적인 문제가, 또한 고대 그리스에 연원을 두고 있는 문제가, 오늘날에도 여전히 살아 있는 분야는 과학 분야들 중에서 수학이 유일하다. 새로운 발전이 과거 이론을 반박하는 것이 아니라 이전에 이미 지나간 것들 위에서 이루어진다는 점에서도 수학은 다른 과학 분야들과 구분되는 유일한 분야이다. 길고 긴 여정은, 피타고라스 정리와 디오판투스의 『산술학』에서 출발하여 페르마의 여백 노트를 지나 오늘날 우리가 가지고 있는 풍부하고 효율적인 이론에까지 이르고, 와일스의 최종적인 증명에서 정점을 이루며 마감된다. 무수히 많은 수학자들이 그 여정에 기여했다. 그들은 세계 전역에 살고 있었다(또한 살고 있다). 그들은 여러 다양한 언어를 사용했다(또한 사용한다). 그들 대부분은 서로를 만나지 못했다. 그들을 묶은 힘은 수학에 대한 사랑이었다. 여러 해 동안 서로가 서로를 도왔고, 다음 세대 수학자들은 전 세대의 생각을 수용하고 응용했다. 시간적으로 공간적으로 문화적으로 분리되어 있었지만 그들은 모두 단일한 기획에 참여했다. 이런 면에서 수학은 어쩌면 인류 전체에게 모범이 될 수 있을지도 모른다.

7장 수학자들은 가능성을 어떻게 계산하는가?

매년 3천만 명의 사람이 네바다 사막 한가운데 있는 작은 마을에 구름처럼 몰려든다. 그들이 하는 여행의 목적은—또한 라스베가스라는 도시가 작고 음울하고 지저분한 촌동네가 아닌 유일한 이유는—도박이다. 오늘날 미국에서 도박은 400억 달러 규모의 산업이며, 거의 모든 다른 산업보다 빠른 속도로 성장하고 있다. 우연의 패턴을 알고 있는 카지노 사업자들은 1달러가 걸릴 때마다 평균적으로 3센트의 이득이 생기도록 게임을 만들어놓았다. 그 결과 사업자들은 해마다 160억 달러의 이득을 챙긴다.

오늘날의 현란한—또한 때로는 눈에 거슬리는—카지노 세계를 바라보고 있으면, 도박 산업 전체가 17세기 중반 두 명의 프랑스 수학자가 교환한 편지에 기반을 두고 있다는 사실을 상상하기 힘들어진다.

도박과 사촌 관계에 있지만 보다 품위 있는 산업으로 보험 산업이 있다. 보험 산업 역시 17세기 수학에 의존한다(사실상 보험이 항상 존경받는 산업이었던 것은 아니다. 18세기까지도 영국을 제외한 모든 유럽 국가들에서 생명보험은 불법이었다).

수학적인 용어로 말하자면, 내가 언급한 두 수학자는 **확률론**의 기틀을 잡았다. 확률론은 우연의 패턴을 연구하는 수학 분야이다.

누가 하늘을 차지할 것인가?

사람들은 항상 우연에 매력을 느껴왔다. 고대 그리스 신화에 따르면, 세계는 형제지간인 제우스, 포세이돈, 하데스가 우주를 걸고 주사위를 던진 것에서 시작되었다. 그때 제우스가 일등을 하여 상으로 하늘을 얻었고, 포세이돈이 이등으로 바다를, 그리고 하데스는 지하 세계를 얻게 되었다고 한다.

고대의 주사위는 작고 대체로 사각 모양인 관절 부위의 뼈로 되어 있었다. 그 주사위는 아스트랄라기(astralagi)라는 이름으로 불렸으며, 양이나 사슴의 발목뼈를 재료로 해서 만들어졌다. 아스트랄라기를 가지고 주사위 놀이를 하는 장면이 이집트 무덤 벽화와 그리스 도자기 회화에서 발견되었으며, 고대 세계 여러 지역에서 잘 다듬은 아스트랄라기가 발굴되었다.

우리가 그토록 일찍부터 주사위를 비롯한 여러 우연의 놀이에 매력을 느껴왔음에도 불구하고, 이런 놀이의 수학이 만들어진 것은 17세기에 이르러서였다. 어쩌면 놀라운 일로 여겨지겠지만, 그리스인들은 그런 수학을 개발하는 시도조차 하지 않았다. 그리스인들이 수학적 지식을 매우 중시했음을 생각할 때, 그들이 우연의 수학을 개발하지 않은 것은, 우연적 사건들에는 어떤 질서도 없다고 믿었기 때문임이 거의 확실하다. 그리스인들에게 우연은 질서의 완전한 결여를 의미했다. 아리스토텔레스는 이렇게 썼다. "수학자의 확률적 논증을 받아들이는 것은, 웅변가에게 명증한 증명을 요구하는 것만큼이나 어리석은 일임에 분명하다."

어떤 의미에서는 그리스인들이 옳다. 고립된 하나의 순수 우연적 사건에는 전혀 질서가 없다. 우연에서 질서를 발견하려면—수학적 패턴을 발견하려면—같은 종류의 우연적 사건들이 여러 번 반복될 때 어떤 일이 생기는지 알아보아야 한다. 확률론이 탐구하는 질서는 우연적 사건이 반복될 때 생겨난다.

가능성 계산

우연 이론을 향한 첫걸음을 내디딘 사람은 16세기 이탈리아 내과의사—또한 동시에 영리한 도박사—카르다노(Girolamo Cardano)이다. 그는 주사위를 던져 나올 수 있는 결과의 가능성들에 수치를 부여하는 방법을 적은 글을 남겼다. 그의 글은 『운수 놀이에 관한 책 Book on Games of Chance』이라는 제목으로 1525년 출간된 저술에 남아 있다.

카르다노는 말한다. 당신이 주사위 하나를 던진다고 하자. 만일 그 주사위가 '정직하다면', 1에서 6까지 수들 중 각각이 윗면에 오도록 주사위가 놓일 운이 모두 같다. 그러므로 1에서 6까지 수 각각이 나올 운은 6 중에 1, 즉 $\frac{1}{6}$이다. 오늘날 우리는 이 수치를 나타내기 위해 **확률**이라는 용어를 사용한다. 예를 들어 5가 나올 확률은 $\frac{1}{6}$이다, 라고 우리는 말한다.

한 걸음 더 나아가 카르다노는, 1이나 2가 나올 확률은 $\frac{2}{6}$, 즉 $\frac{1}{3}$이어야 한다고 주장했다. 왜냐하면 원하는 결과가 전체 6개의 가능성 중 두 개이기 때문이다.

뿐만 아니라 그는—물론 참된 과학적 혁신과는 전혀 거리가 멀지만—주사위를 반복해서 던지거나 두 개의 주사위를 동시에 던졌을 때 특정한 결과가 나올 확률도 계산했다.

예를 들어 주사위를 연속해서 두 번 던졌을 때, 6이 두 번 나올 확률은 얼마일까? 카르다노는 그 확률이 $\frac{1}{6}$ 곱하기 $\frac{1}{6}$, 즉 $\frac{1}{36}$ 이라고 추론했다. 두 확률을 곱해야 한다. 왜냐하면 첫번째 던져 가능한 6개의 결과 각각에 대하여 두번째 던져 가능한 6개의 결과가 있으므로, 전체적으로 36개의 조합된 결과가 가능하기 때문이다. 마찬가지로 두 번 던질 때 두 번 1이나 2가 나올 확률은 $\frac{1}{3}$ 곱하기 $\frac{1}{3}$, 즉 $\frac{1}{9}$ 이다.

주사위 두 개를 던졌을 때, 나온 눈의 합이 예를 들어 5일 확률은 얼마일까? 카르다노는 이 문제를 다음과 같이 분석했다. 각각의 주사위가 6개의 가능한 결과를 산출할 수 있다. 그러므로 두 개의 주사위를 던지면 36개(6×6)의 결과가 가능하다. 한 주사위에서 나온 6개의 가능성 각각에 대해서 다른 주사위에서 나오는 가능성 6개가 있다. 이 가능한 결과들 중 몇 개가 합이 5인 결과인가? 전부 나열해보자. 1과 4, 2와 3, 3과 2, 4와 1이 있다. 다시 말해서 전부 4개의 가능성이 있다. 그러므로 36개의 가능성 중 4개가 합이 5인 가능성이다. 따라서 합이 5인 결과를 얻을 확률은 $\frac{4}{36}$, 즉 $\frac{1}{9}$ 이다.

카르다노의 분석은 정직한 도박사로 하여금 지혜롭게 주사위 놀이를 할 수 있도록 충분한 지혜를 제공했다(혹은 주사위 놀이를 아예 하지 않을 지혜를 제공했다). 그러나 카르다노는 현대적 확률론으로 가는 결정적인 한 걸음 앞에서 멈추고 말았다. 아탈리아의 위대한 물리학자 갈릴레오도 마찬가지였다. 갈릴레오는 후원자인 투스카니 대공의 요구로 17세기 초에 확률을 연구하여 카르다노가 얻은 결론 대부분을 재발견했다. 투스카니 대공은 도박판에서 좀더 유능해지기 위해 갈릴레오에게 연구를 의뢰했던 것이다. 카르다노와 갈릴레오는 그들이 얻은 수치—확률—를 미래 예측에 사용할 수 있을지를 검토하지 않았다. 바로 이 점 때문에 그들은 현대적 확률론에 도달하지 못했다.

현대 확률론을 향한 결정적 한 걸음은 이 장 첫머리에서 언급한 두 명의 프랑스 수학자, 파스칼과 페르마에게 남겨졌다. 1654년 두 사람은 일련의 편지를 교환했다. 그 편지들은 오늘날 대부분의 수학자들로부터 현대 확률론의 시작으로 인정받는다. 그들의 분석은 물론 특정한 도박 놀이와 관련해서 표현되어 있지만, 그들이 개발한 이론은 다양한 사건들의 진행에서 귀결될 만한 결과를 여러 다양한 환경과 관련해서 예측하는 데 이용될 수 있는 일반적인 이론이다.

파스칼과 페르마가 편지에서 탐구한 문제는 최소한 2백 년 전에 등장한 문제였다. 판이 중도에 깨졌을 때 도박을 하던 두 사람은 어떻게 판돈을 나눠 가져야 할까? 예를 들어 두 사람이 5판 3승제 주사위 놀이를 한다고 가정하자. 2대 1로 한 사람이 앞서고 있는 상황에서 게임을 중단할 수밖에 없게 되었다. 이때 두 사람은 판돈을 어떻게 나눠 가져야 하는가?

만일 중단 시점에서 두 사람의 점수가 같다면 아무 문제가 없을 것이다. 간단히 판돈을 반씩 나눠 가지면 될 것이다. 그러나 지금 검토하는 경우는 두 사람이 무승부인 경우가 아니다. 정당하게 판돈을 나누려면, 한 사람이 2대 1로 앞선 것을 감안하여 그 사람에게 그만큼 돈을 더 줄 필요가 있다. 어떻게 해서든, 게임이 끝까지 진행되었더라면 어떤 결과가 나올 가능성이 가장 높은지 계산해야만 한다. 다시 말해서 두 사람은 어떻게 해서든 미래를 내다보아야 한다. 또는 이 경우에는, 발생하지 않은 가상의 미래를 내다보아야 한다.

중도에 깨진 판의 판돈 나누기 문제는 15세기에 처음 등장한 것으로 보인다. 그 문제를 내놓은 사람은 레오나르도 다 빈치에게 수학을 가르친 수도사 파치올리(Luca Pacioli)였다. 파스칼은, 수학과 도박 모두를 즐긴 프랑스 귀족 드 메레(Chevalier de Méré)를 통해서 그 문제를 접하게 되었다. 혼자 힘으로는 문제를 풀 수 없었던 파스칼은—파스칼은 당시 최고의 수학자로 널리 인정받고 있었다—페르마에게 도움을 청했다.

파치올리의 수수께끼를 풀기 위해 파스칼과 페르마는, 게임이 진행되었을 때 생길 수 있는 모든 가능성들을 조사하고, 각각의 경우에 누가 이기는지 살펴보았다. 예를 들어 파스칼과 페르마가 주사위 놀이를 한다고 치고, 세번째 판까지 던진 현재 페르마가 2대 1로 앞서 있다고 해보자. 이후 게임이 종결되는 방식에는 가능한 경우가 네 개 있다. 파스칼이 넷째 판과 다섯째 판을 이기는 경우가 있다. 또는 파스칼이 넷째 판을 이기고 페르마가 다섯째 판을 이기는 수가 있다. 또는 페르마가 넷째 판과 다섯째 판을 이기는 수가 있다. 또는 페르마가 넷째 판을 이기고 파스칼이 다섯째 판을 이기는 수가 있다. 물론 실제 게임에서는 페르마가 넷째 판을 이기는 두 경우에는 승부가 판가름되므로 곧바로 게임이 종결될 것이다. 그러나 수학적으로는 두 사람이 처음 정한 대로 다섯 판을 던져 가능한 결과를 모두 고려해야 한다(이것이 페르마와 파스칼이 문제 해결을 위해 도입한 핵심적인 지혜 중 하나다).

다섯 판이 종결되는 네 가지 가능한 경우들 중에서 세 경우는 페르마가 이기는 경우이다(페르마가 지게 되는 유일한 경우는 파스칼이 넷째 판과 다섯째 판을 연달아 이기는 경우뿐이다). 그러므로 게임을 계속했을 때 페르마가 이길 확률은 $\frac{3}{4}$이다. 따라서 페르마가 판돈의 $\frac{3}{4}$을, 파스칼이 $\frac{1}{4}$을 가지는 것이 합당하다.

이렇게 두 프랑스 수학자는, 모든 가능한 게임 경우들을 나열하고(또한 세고), 그들 중 어떤 것들이 특정한 사건을 일으키는(예를 들어 페르마가 이기도록 만드는) 결과인지 살펴보는(또한 세는) 일반적인 방법을 사용했다. 파스칼과 페르마 자신이 간파했듯이, 이 방법은 다른 많은 게임들과 우연적 사건의 연쇄에도 적용될 수 있다. 파치올리 문제에 대한 그들의 해결 방법은 카르다노의 연구와 더불어 현대 확률론의 출발점을 이룬다.

우연의 기하학적 패턴

파스칼과 페르마는 공동 연구를 통해 확률론을 세웠지만, 편지를 교환하는 기간 내내―두 사람은 평생 서로 만나지 않았다―서로 다른 방식으로 문제에 접근했다. 페르마는 자신이 수 이론에서 막강한 효과를 발휘하면서 사용했던 대수학적 기법들을 선호했다. 반면에 파스칼은 우연의 기반에 있는 기하학적 질서를 탐구했다. 우연적 사건들이 정말로 기하학적 패턴을 드러낸다는 사실은, 오늘날 소위 **파스칼 삼각형**이라 불리는 [그림 7-1]의 수 배열에서 극적으로 보여진다.

[그림 7-1]의 대칭적인 수 배열은 다음과 같은 단순한 절차를 통해 만들어진다.

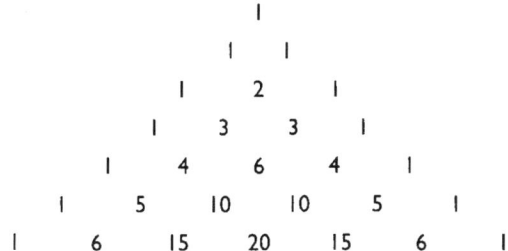

[그림 7-1] 파스칼 삼각형

- 맨 처음에는 1을 놓는다.
- 다음 줄에 두 개의 1을 놓는다.
- 그 다음 줄에는, 양끝에 1을 두고 중간에는 윗줄에 있는 인접한 두 수의 합, 즉 $1+1=2$를 놓는다.
- 네번째 줄에는, 양끝에 1을 두고, 중간 자리들에는 세번째 줄에 있는 인접한 두 수의 합을 둔다. 즉 두번째 자리에는 $1+2=3$, 세번째 자리에는 $2+1=3$을 둔다.
- 다섯번째 줄에는, 양끝에 두 개의 1을 두고, 중간 자리들에는 네번째 줄에 있는 인접한 두 수의 합을 둔다. 즉 두번째 자리에는 $1+3=4$, 세번째 자리에는 $3+3=6$, 네번째 자리에는 $3+1=4$를 둔다.

이런 방식으로 계속하면, 파스칼 삼각형을 얻을 수 있다. 각 행에 있는 수들의 패턴은 확률 계산에서 흔히 등장하는 패턴이다. 파스칼 삼각형은 우연 세계에 있는 기하학적 패턴을 보여준다.

예를 들어 어떤 부부가 아이 하나를 낳는다면, 그 아이가 남자일 확률과 여자일 확률은 같다(물론 정확히 그런 것이 아니라 근사적으로 그렇다). 아이가 둘 있을 때, 둘이 모두 남자일 확률은 얼마인가? 남자 하나와 여자 하나일 확률은? 여자 둘일 확률은? 정답은 각각 $\frac{1}{4}$, $\frac{1}{2}$, $\frac{1}{4}$이다. 왜 그런지 살펴보자. 첫째 아이는 남자이거나 여자일 수 있고, 둘째 아이도 그러하다. 그러므로 네 가지 가능성이 있다. (첫째-둘째 순서로 쓰면) 남자-남자, 남자-여자, 여자-남자, 여자-여자. 이 네 가능성은 동등하게 일어날 수 있으므로, 부부가 남자 아이 둘을 가질 확률은 넷 중에 하나, 남녀 각각 하나를 가질 확률은 넷 중에 둘, 여자 하나를 가질 확률은 넷 중에 하나다.

이제 파스칼 삼각형이 등장할 차례다. 삼각형의 세번째 줄은 1, 2, 1이다. 이 세 수의 합은 4이다. 줄에 있는 각각의 수를 4로 나누면, (순서대로) $\frac{1}{4}$, $\frac{2}{4}$ ($=\frac{1}{2}$), $\frac{1}{4}$이 나온다. 이 세 값은 우리가 계산한 세 확률과 같다.

부부가 아이를 셋 낳는다고 해보자. 세 아이가 모두 남자일 확률은 얼마인가? 남자 둘에 여자 하나일 확률은? 여자만 셋일 확률은? 파스칼 삼각형의 네번째 줄에서 답을 얻을 수 있다. 네번째 줄은 1, 3, 3, 1이다. 이 수들의 합은 8이다. 우리가 구하고자 하는 확률은 각각 $\frac{1}{8}$, $\frac{3}{8}$, $\frac{3}{8}$, $\frac{1}{8}$이다.

마찬가지로 부부가 아이 넷을 가질 때, 아이들의 남녀 조합에 가능한 각각의 경우가 가지는 확률은 $\frac{1}{16}$, $\frac{4}{16}$, $\frac{6}{16}$, $\frac{4}{16}$, $\frac{1}{16}$이다. 이 분수들을 간단히 표기하면 $\frac{1}{16}$, $\frac{1}{4}$, $\frac{3}{8}$, $\frac{1}{4}$, $\frac{1}{16}$이 된다.

일반적으로 개별 결과가 일어날 확률이 모두 같은 임의의 사건에 대해서, 파스칼 삼각형은, 그 사건이 유한 회수 반복되었을 때 가능한 결과 조합들의 확률을 계산할 수 있게 해준다. 만일 그 사건이 N번 반복되었다면, 파스칼 삼각형의 $N+1$번째 줄에서 확률을 알 수 있다. 그 줄의 수들은 결과 조합들이 형성되는 상이한 방식들의 수를 일러준다. 그 수들을 그 줄의 수들 전체의 합으로 나누면 확률들이 나온다.

파스칼 삼각형은 단순한 기하학적 절차를 통해 만들어지므로, 이로부터 확률 문제의 기반에 기하학적 구조가 있음을 알 수 있다. 파스칼 삼각형의 발견은 엄청난 성취였다. 파스칼 삼각형은 상이한 개별 결과가 일어날 가능성이 동일할 때 미래를 예측하기 위해 사용될 수 있다. 하지만 쉽게 다음과 같은 질문이 떠오른다. 개별 결과가 일어날 가능성이 동일하지 않을 때에도 이와 유사한 방식으로 미래를 예측하는 것이 가능할까? 만일 대답이 그렇다라면, 인류는 미래의 위험에 대비할 수 있을 것이다.

우리가 신뢰하는 수학

도박을 하기 위해 꼭 카지노에 가야 하는 것은 아니다. 도박과는 전혀 거리가 멀다고 스스로 자부하는 많은 사람들도 사실은 정기적으로 도박을 하고 있다. 그들은 스스로 평가한 자신의 생명과 집과 자동차와 그 외 재산의 가치를 기준으로 해서 도박을 한다. 왜냐하면 당신이 보험에 들 때, 당신이 하는 일이 정확히 도박이기 때문이다.

보험회사는 예를 들어 당신의 자동차가 사고로 심각하게 손상될 확률을 계산하고, 사고를 보상해주는 보험금을 당신에게 제안한다. 만일 사고가 일어나지 않으면, 보험회사는 당신이 지불한 비교적 적은 금액의 보험료를 챙긴다. 만일 사고가 일어나면, 보험회사는 자동차 수리 비용 혹은 구입 비용을 전부 지불한다.

이 사업이 가능한 이유는, 보험업자가 당신이 사고를 당할 가능성을 수학적으로 계산하기 때문이다. 측정된(혹은 추정된) 사고 횟수를 기반으로 해서 보험업자는, 보험료 전체 수입이 예상되는 보험금 지출보다 (적정한 이득만큼) 많도록 보험증권에 매겨지는 보험료를 책정할 수 있다. 만일 어느 해에 예상보다 많은 보험금 지급 요구가 발생하면, 보험업자는 예상보다 많은 지출을 해야 하고, 이득은 감소할 것이다. 또 어느 해에는 예상보다 지급 요구가 적어서 보험회사의 이득은 평균보다 많을 것이다.

이 경우의 계산은 사실상 도박 게임에서 결과 확률을 계산하는 것과는 약간 다르다. 도박의 경우에는, 카르다노가 주사위 놀이에 대해서 했듯이, 특정한 결과 각각의 정확한 확률을 계산할 수 있다. 그러나 자동차 사고나 사망과 같은 경우에 대해서는 순수한 추론만으로 확률을 계산하는 것이 불가능하다. 당신은 실제 자료를 어느 정도 축적해야 한다.

예를 들어 생명보험료는 예상 수명표에 기반을 둔다. 예상 수명표에는, 나이, 주거 지역, 직업, 생활 습관 등에 따라 예상된 개인의 개연적 생존 기간이 기록되어 있다.

예상 수명표는 인구 통계 조사를 통해 작성된다. 최초의 인구 통계 조사는 그론트(John Graunt)라는 상인에 의해 1662년 런던에서 이루어졌다. 그는 1604년에서 1661년 사이 런던에서 있었던 출생과 사망을 세밀하게 분석하여 『사망자 목록에 대한 자연적 정치적 조사 결과 Natural and Political Observations made upon the Bills of Mortality』라는 제목의 책으로 발표했다. 그가 이용한 주요 자료는 런던 시가 1603년부터 기록하기 시작한 '사망자 목록'이었다. 사망자 목록에는 일 주일 간격으로 시에서 일어난 모든 사망 사례가 사망 원인과 함께 기록되어 있으며, 매주 세례를 받은 아이들의 수도 기록되어 있다. 그론트는 사망 원인에 주목했는데, 여러 원인들 중 가장 높은 비율을 나타낸 것은 당시 창궐했던 흑사병이다. 오늘날의 도시인들에게는 다음과 같은 기록이 흥미로울지도 모른다. 그론트의 보고에 따르면 1632년에는 한 해 내내 단 7건의 살인 사건이 있었으며, '미친개에게 물려' 사망한 경우가 한 건, '겁에 질려' 사망한 경우가 한 건 있었다.

그론트가 왜 인구 통계 조사를 했는지는 정확히 밝혀지지 않았다. 어쩌면 순전히 지적 호기심 때문이었는지도 모른다. 그는 "업신여김을 받는 이 사망자 목록에서 이토록 많은 복잡하고 기이한 사실들을 끌어내는 것에 큰 즐거움을 느낀다"라고 썼다. 다른 한편 그는 사업상의 의도도 가지고 있었던 것으로 보인다. 그는 자신의 조사를 통해서 "성별, 지위, 나이, 종교, 직업, 신분 혹은 계급 등에 따라 얼마나 많은 사람들이 있는지" 알 수 있었다고 썼다. 이어서 그는 이렇게 말한다. "이런 것들을 알면, 상업과 행정이 보다 확실하고 안정적으로 이루어질 수 있을 것이다. 왜냐하면 사람들을 앞서 말한 방식으로 알게 되면, 그들이 소비할 상품을 알게 될 것이므로, 교역이 불가능한 곳에서 교역을 희망하지는 않게 될 것이기 때문이다." 목적이 무엇이었든 간에 그론트의 작업은 현대적인 표본 통계 조사 및 시장 조사의 최초 사례 중 하나다.

그론트가 조사 결과를 출간하고 30년 후 영국 천문학자 핼리―그의 이름을 따서 명명된 혜성의 발견자로 유명하다―는 유사하지만 훨씬 더 세밀한 인구 분석을 수행했다. 핼리가 사용한 매우 상세한 자료는 독일 브레슬라우 인구 자료였다. 브레슬라우는 오늘날 폴란드의 브로츨라프이며, 핼리가 사용한 인구 자료는 1687년에서 1691년까지 한 달 간격으로 수집된 자료였다.

그론트와 핼리가 개발한 자료 수집 및 분석 기법은 현대적 보험 사업이 시작될 터전이 되기에 충분했다. 인구 자료를 기반으로 해서 이를테면 각 범주에 속하는 사람(나이, 성별, 재산, 직업 등에 따라 분류된 사람)에 대해서 그가 다음해에 사망할 확률을 계산할 수 있다. 이는 수학자들이 확률론을 이용해서 특정한 사람이 다음해에 죽는 일과 같은 미래 사건을 예측할 수 있다는 것을 의미한다. 이런 경우의 확률론 사용은 축적된 자료에 의존하기 때문에 개별 주사위에서 나오는 결과 확률이 정확히 계산될 수 있는 도박판에서처럼 전적으로 신뢰할 수는 없다. 그러나 이런 식으로 이루어지는 미래 예측이 보험 사업의 기반이 될 만큼의 신뢰성을 갖추는 것은 당시에도 충분히 가능했다. 그러나 주로 도덕적인 반발에 부딪혀 보험 산업은 18세기가 되어서야 등장할 수 있었다.

최초의 미국 보험회사는 최초답게 '퍼스트 어메리칸(First American)'이며, 1752년 프랭클린(Benjamin Franklin)에 의해 설립된 화재보험회사이다. 1759년 미국 최초로 생명보험증권을 발행한 회사는 '장로회 목사 기금'이다. 참고로 말하면, 보험증권을 뜻하는 영어 '팔러시(policy)'는 약속을 뜻하는 이탈리아어 '폴리차(polizza)'에서 나왔다.

최초로 설립된 국제적인 보험회사 중 하나는 오늘날에도 건재한 런던의 로이드(Lloyd)이다. 로이드는 1771년 79명의 보험업자가 합의를 통해 사업을 통합함으로써 설립되었다. 그들은 새 회사의 이름으로 그들이 이제껏 사무실로 이용한 장소의 이름을 선택했다. 그들은 대부분 해상보험업자였고, 그들이 사무실로 쓴 장소는 런던 롬바르드 가에 있는 에드워드 로이드 다방이었다. 다방 주인 로이드도 보험회사 로이드의 설립에 적극적인 역할을 했다. 다방을 차리고 5년이 지난 1696년부터 그는 '로이드 리스트'를 작성하기 시작했다. 로이드 리스트는 선박의 출항 및 귀항, 그리고 해상 및 해외의 사정에 관한 최신 정보들의 목록이었다. 배나 화물을 위해 보험에 가입하려는 사람에게 당연히 필요한 정보가 아닐 수 없다.

오늘날 보험회사들은 모든 종류의 불행에 대비한 보험을 제공한다. 사망, 상해, 자동차 사고, 도난, 화재, 홍수, 지진, 폭풍, 가정 필수품의 갑작스런 고장, 비행기 화물 분실 등등. 영화배우는 얼굴을, 무희는 다리를, 가수는 목소리를 보험에 든다. 심지어 당신은, 바비큐 파티를 하는 날 비가 올 것에 대비해서 보험에 들 수도 있고, 결혼식 날 문제가 생길 것에 대비해서 보험에 들 수도 있다.

하지만 오늘날 얘기는 일단 접어두자. 그론트의 통계 작업과 오늘날의 보험 산업 사이에는 주목해야 할 수학의 발전이 있었다.

신비의 베르누이 일가

18세기에 이루어진 우연의 수학의 발전은, 역사를 통틀어 가장 위대한 가문 중 하나인 베르누이(Bernoulli) 가문의 두 사람에 의해 많은 부분 이루어졌다. '신비의 베르누이 일가' 라는 표현은 마치 어느 서커스단 선전처럼 들린다. 그러나 베르누이 일가가 놀라운 재주를 발휘한 것은, 고공그네나 외줄에서가 아니라 수학에서였다.

모두 8명의 베르누이가 수학사에 빛나는 이름을 남겼다. 일가의 아버지인 니콜라우스 베르누이는 1623년에서 1708년까지 스위스 바젤에서 살았던 부유한 상인이다. 그의 세 아들 야콥, 니콜라우스, 요한은 모두 일류 수학자가 되었다.

야콥이 수학에 남긴 가장 중요한 업적 중 하나는 확률론의 주요 정리 중 하나인 '큰 수의 법칙' 이다. 새로운 우연의 수학에 기여한 또다른 두 베르누이는 요한의 아들 다니엘—그는 비행기가 하늘에 떠 있는 이유인 '베르누이 방정식' 의 발견자로도 유명하다—과 야콥의 조카 니콜라우스이다(이 니콜라우스는 또다른 니콜라우스이다. 전부 합쳐 네 명의 니콜라우스가 있었다). 야콥과 다니엘은 본질적으로 동일한 질문의 상이한 두 측면에 관심을 가지고 있었다. 그 문제는 다음과 같다. 어떻게 하면 확률론을 정확한 확률 계산이 가능한 도박 문제에만 머물게 하지 않고 훨씬 더 복잡한 실재 세계에 적용할 수 있을까?

야콥이 연구한 구체적인 문제는 사망률에 관한 그론트의 초기 연구에 이미 암묵적으로 포함되어 있었다. 그론트는 그가 손에 넣은 자료들이 비록 풍부하지만, 인구 전체와 비교할 때 작은 표본에 불과한 런던 인구 자료라는 것을 잘 알고 있었다. 또한 런던 인구에 관해서도 그의 자료는 단지 특정 기간만을 조사한 결과였다. 그러나 이렇게 자료가 제한적임에도 불구하고 그론트는 자료 자체를 넘어서는 일반화를 주저하지 않았다. 그론트는 사망자 목록에 담긴 자료를 조사하여 영국 전체와 더 긴 기간에 대한 결론들을 얻었고, 이로써 오늘날 **통계 추론**이라 부르는 추론을 최초로 행한 사람이 되었다. 통계 추론이란, 작은 표본에서 수집한 자료를 토대로 큰 집단에 대한 결론을 끌어내는 일을 말한다. 이런 추론에서 믿을 만한 결론이 얻어지려면, 표본이 집단 전체를 '대표'해야 한다. 그렇다면 어떻게 대표 표본을 선택할 수 있을까?

또하나의 관련 문제는 다음과 같다. 표본이 더 크면 더 신뢰할 만한 결론이 나올까? 만일 그렇다면, 표본은 얼마나 커야 할까? 야콥 베르누이는 1703년 친구 라이프니츠(미적분학의 창시자 라이프니츠와 동일인이다)에게 보낸 편지에서 이 질문을 던졌다.

라이프니츠의 대답은 비관적이었다. 답장에서 그는 "자연은 사건들의 반복에서 유래하는 패턴들을 정해놓았지만, 그 패턴들은 단지 대부분에만 타당한 패턴들이다"라고 말했다. 수많은 '실제 생활'에서의 확률을 수학적으로 분석하는 것을 막는 장애물을 바로 이 문구 '단지 대부분에만 타당한'이 대변하는 것처럼 보였다.

베르누이는 라이프니츠의 대답에 담긴 비관적인 목소리에 구애받지 않고 연구를 계속했다. 결국 그의 삶에서 마지막 두 해가 된 2년 동안 베르누이는 중요한 발전을 이루었다. 1705년 그가 사망한 후 그의 조카인 니콜라우스 베르누이는 삼촌의 연구를 출간 가능한 형태로 편집했다. 편집 작업은 8년이나 걸리는 힘겨운 과제였다. 마침내 1713년 『추측의 기술 *The Art of Conjecture*』이라는 제목으로 책이 출간되었다. 책의 저자는 야콥 베르누이로 되어 있다.

야콥은 그가 라이프니츠에게 던졌던 질문이, 확률의 두 개념 중 어느 쪽을 택하는가에 따라 사실상 둘로 나누어진다는 것을 간파했다. 첫째,

야콥의 표현을 따른다면, 선차 확률이 있다. 선차 확률이란, 사건에 앞서서 계산되는 확률이다. 사건이 일어나기 전에 사건 결과의 확률을 정확히 계산하는 것이 가능한가? 도박의 경우라면, 대답은 그렇다이다. 그러나 라이프니츠가 올바로 지적했듯이, 질병이나 사망 같은 경우에 대해서는 사건에 앞서 계산되는 확률은 '단지 대부분에만' 신뢰할 만하다.

야콥은 또다른 종류의 확률을 나타내기 위해 후차 확률이라는 용어를 사용했다. 후차 확률은 사건이 일어난 후에 계산되는 확률이다. 인구 집단의 표본이 주어지고, 그 표본에 대해서 확률이 계산되었을 때, 그 확률은 인구 집단 전체를 얼마나 믿을 만하게 대표할까? 예를 들어 당신이 붉은 구슬과 푸른 구슬이 담긴 커다란 (불투명한) 단지를 받았다고 해보자. 당신은 구슬이 전부 5천 개라는 것을 알지만, 그중 붉은 구슬이 몇 개이고 푸른 구슬이 몇 개인지는 모른다. 당신이 아무렇게나 구슬 하나를 집어들었는데, 그 구슬은 붉은 구슬이다. 당신은 그 구슬을 다시 단지에 넣고, 단지를 흔든 다음, 다시 아무렇게나 구슬 하나를 뽑는다. 이번에는 푸른 구슬이 나온다. 당신은 이 과정—흔들기, 뽑기, 다시 넣기—을 50회 반복한다. 당신은 그중 31번 붉은 구슬을 뽑았고, 19번 푸른 구슬을 뽑았다. 이제 당신은 단지 속에 대략 3천 개의 붉은 구슬이 있고, 2천 개의 푸른 구슬이 있다고, 즉 임의로 구슬을 뽑을 때 붉은 구슬을 뽑을 후차 확률은 $\frac{3}{5}$이라고 추측하게 될 것이다. 하지만 당신은 이 추측을 얼마만큼 신뢰해도 좋을까? 만약 더 많은 구슬을 뽑아보았다면, 그러니까 1백 개쯤 뽑아보았다면, 당신은 당신의 추측을 더 신뢰하게 될까?

베르누이는, 표본의 크기를 충분히 크게 하면, 계산된 확률의 신뢰성을 원하는 만큼 얼마든지 높일 수 있음을 증명했다. 보다 정확히 말하자면, 표본의 크기를 증가시킴으로써 당신은 표본으로부터 계산된 확률이 임의의 명시된 오차 이내로 참된 확률에 근접한다는 것을 신뢰할 수 있는 정도를 원하는 만큼 높일 수 있다. 이것이 소위 큰 수의 법칙이라 불리는 결론이다. 이 결론은 확률론의 중심 정리이다.

단지에 5천 개의 구슬이 있는데, 그중에 정확히 3천 개가 붉은 구슬이고 2천 개가 푸른 구슬이라고 하자. 이 경우와 관련해서 베르누이는, 표본을 보고 계산한 구슬들의 비율이 참값 3:2에 2% 오차 이내로 근접한다는 것을 당신이 99.9% 확신하기 위해서는, 당신이 몇 개의 구슬을 뽑아보아야 하는지 계산했다. 그가 얻은 결론은 25,500번 구슬을 뽑아야 한다는 것이다. 25,500번은 애초에 주어진 구슬 전체의 개수(5천 개)보다 훨씬 많다. 그러므로 이 경우에는 간단히 구슬을 다 확인하는 것이 훨씬 효율적일 것이다. 하지만 베르누이가 이론적으로 얻은 결론은, 충분히 큰 표본을 취함으로써 표본으로부터 계산한 확률이 참된 확률에 원하는 정확도로 근접한다는 것을 원하는 신뢰도로 확신하는 것이 가능함을 보여주었다.

당신은 후차 확률을 계산했는데, 그 확률이 미래 사건을 예측하는 지침으로도 믿을 만할까? 이 질문은 엄밀한 의미에서 수학적 질문은 아니다. 이 질문과 관련된 참된 문제는 이것이다. 과거를 미래의 지표로 채택할 수 있는가? 이 문제에 대한 대답은 여러 가지일 수 있다. 베르누이에게 보낸 비판적인 답장에서 라이프니츠가 말하듯이, "새로운 질병들이 인류를 덮칠지도 모른다. 당신이 아무리 많은 시체로 실험을 했다 할지라도, 이를 통해 당신이 미래에도 사태에 변화가 없도록 사태의 본성에 제한을 가한 것은 아니다". 보다 최근에 선구적인 재정 전문가 블랙(Fischer Black)이 이와 비슷한 언급을 했다. 그는 MIT 교수직을 내놓고 월 스트리트 재정 시장에 뛰어든 학자이다. 과거에 대한 수학적 분석을 근거로 미래를 예측하는 것과 관련해서 블랙은 이렇게 말했다. "허드슨 강변(뉴욕)에서 바라보면, 찰스 강변(MIT가 있는 곳)에서 볼 때보다

시장이 훨씬 덜 효율적인 것처럼 보인다."

비행 공포증

라이프니츠의 친구 야콥 베르누이는 운동과 변화를 연구하는 미적분학이라는 놀라운 새 기법을 최초로 알게 된 수학자들 중 하나였다. 사실상 미적분학 초기 발전의 많은 부분이 베르누이에 의해 이루어졌다.

다니엘 베르누이도 미적분학에 선구적 업적을 남겼다. 삼촌 야콥과는 달리 그는 미적분학 기법들을 흐르는 기체와 액체에 적용하는 연구를 했다. 그가 이룬 많은 발견들 중 가장 중요한 것은 오늘날 '베르누이 방정식'이라 불리는 방정식이라 할 수 있다. 베르누이 방정식은 비행기가 공중에 뜰 수 있게 만드는 방정식이다. 현대의 모든 비행체 제작의 기반에는 베르누이 방정식이 있다.

다니엘의 방정식이 2백 년 후 20세기 항공 산업에 응용되고 있는 것처럼, 그가 이룬 또하나의 업적 역시 약간 다른 방식으로 항공 산업에 응용된다. 확률에 대한 우리의 앎에 다니엘이 기여한 업적은, 잘 알려져 있고 자주 언급되는 심리적인 사실, 즉 현대의 항공 여행은 사실상 가장 안전한 여행 방법임에도 불구하고 많은 사람들이 비행기를 탈 때 극도의 긴장감을 느낀다는 사실과 밀접하게 관련된다. 심지어 어떤 사람들은 비행 공포증 때문에 절대로 비행기를 타지 않을 정도이다.

그런 사람들이 모두 확률을 모르는 것은 아니다. 사고를 당할 확률이 지극히, 예를 들어 자동차 사고를 당할 확률보다 훨씬 낮다는 것을 그들이 알고 있을 수도 있다. 중요한 것은 오히려 비행기 사고의 특성이며, 아무리 확률이 낮다 하더라도 사람들이 그 사건에 부여하는 중요성이다.

번개 공포증도 유사한 현상이다. 이 경우에도, 번개에 맞을 가능성은 수학적으로 지극히 적지만, 번개에 맞는 사건에 사람들이 부여하는 중요성이 워낙 커서 공포증이 발생하는 것이다.

다니엘 베르누이가 관심을 둔 것은 바로 이런 측면, 즉 확률과 관련된 본질적으로 인간적인 측면이었다. 사람들이 실제로 위험을 평가하는 방식을 특별히 규정하는 것이 가능할까? 베르누이는 1738년 『성 페테르스부르크 과학 아카데미 논문집』에 이 문제에 관한 시론적인 논문을 발표했다. 그 논문에서 그는 새로운 핵심 개념으로 **효용** 개념을 도입했다.

베르누이의 효용 개념을 이해하려면, 확률론이 다루는 또하나의 개념인 기댓값을 알아야 한다. 내가 당신에게 주사위 놀이를 제안한다고 가정하자. 만일 당신이 짝수를 던지면, 나는 당신에게 나온 수만큼 달러를 준다. 만일 당신이 홀수를 던지면 당신이 내게 2달러를 준다. 이 놀이에 대한 당신의 **기댓값**이란, 당신이 얻으리라고 '기대할' 수 있는 것이 얼마만큼인지를 나타내는 수치이다. 기댓값은 당신이 놀이를 반복했을 때, 한 게임에서 평균적으로 얻으리라고 예상되는 이득이다.

기댓값을 계산하려면, 각각의 가능한 결과의 확률과 그 결과가 나왔을 때 당신이 얻는 금액을 곱한 다음, 그 곱들을 전부 더하면 된다. 다시 말해서 내가 제안한 게임에서 당신의 기댓값은 다음과 같다(당신이 2달러를 잃는 것은 –2달러를 얻는 것과 같음을 염두에 두라).

$$\frac{1}{6} \times \$2 + \frac{1}{6} \times \$4 + \frac{1}{6} \times \$6 + \frac{1}{2} \times (-\$2) = \$1$$

좌변의 각 항들은 당신이 2달러, 4달러, 6달러를 얻는 것과 2달러를 잃는 것을 나타낸다.

위의 계산이 말해주는 바에 따르면, 게임을 반복할 경우 당신은 한 게임당 평균 1달러를 얻게 될 것이다. 당연히 이 게임은 당신에게 유리한 게임이다. 만일 내가 게임 규칙을 바꾸어 당신이 홀수를 던질 때마다 당신에게서 4달러를 받기로 한다면, 당신의 기대값은 0으로 떨어지고, 게임은 공평해질 것이다. 만일 홀수를 던질 때 당신이 내는 벌금이 4달러보다 많으면, 단기간에는 아닐지라도 오래 게임을 할 경우 당신은 돈을 잃게 될 것이다.

이렇게 확률과 손익을 동시에 고려함으로써 기대값은 한 개인이 특정한 모험이나 내기에 부여하는 가치를 측정할 수 있게 해준다. 기대값이 크면 클수록 모험은 매력적이다.

최소한 이론은 그렇다. 또한 많은 경우에 기대값은 전혀 문제없이 작동하는 듯이 보인다. 그러나 한 가지 문제가 있었고, 그 문제는 다니엘의 사촌 니콜라우스가 내놓은 까다로운 수수께끼를 통해 분명하게 드러났다. 그 수수께끼는 '성 페테르스부르크 역설'이라 불린다. 그 수수께끼를 살펴보자.

내가 당신에게 동전 던지기 내기를 제안한다고 가정하자. 당신이 첫번째 던진 동전에서 앞면이 나오면, 나는 당신에게 2달러를 주고 내기를 종결한다. 만일 당신이 첫번째에는 뒷면을 얻고 두번째에서 앞면을 얻으면, 나는 당신에게 4달러를 주고 내기를 종결한다. 우리는 이런 방식으로 당신이 앞면을 얻을 때까지 내기를 진행시킨다. 당신이 뒷면을 얻을 때마다 다음번에 당신이 앞면을 얻을 경우 받는 금액은 두 배로 올라간다.

이때 어떤 사람이 다가와서 당신에게 제안하기를, 10달러를 줄 테니 내기를 대신 하게 해달라고 한다. 당신은 그 사람의 제안을 수락할 것인가, 아니면 거절할 것인가? 만일 그가 50달러나 100달러를 제안한다면 어떻게 하겠는가? 말을 바꾸어 묻는다면, 당신은 이 내기가 당신에게 얼마나 가치가 있다고 평가하는가?

바로 이런 질문에 답하려고 도입된 것이 기대값이다. 그렇다면 이 경우에 기대값이 어떻게 계산될까? 원리적으로 게임은 무한정 계속될 수 있다. 즉 가능한 결과가 무한히 많다. 앞, 뒤앞, 뒤뒤앞, 뒤뒤뒤앞, 뒤뒤뒤뒤앞, …… 등등. 각각의 결과가 나올 확률은, $\frac{1}{2}, \frac{1}{4}, \frac{1}{8}, \frac{1}{16}, \frac{1}{32},$ …… 등등이다. 그러므로 기대값은 다음과 같다.

$$\frac{1}{2} \times 2 + \frac{1}{4} \times 4 + \frac{1}{8} \times 8 + \frac{1}{16} \times 16 + \frac{1}{32} \times 32 + \cdots\cdots$$

이 무한급수를 다음과 같이 고쳐 쓸 수 있다.

$$1 + 1 + 1 + 1 + 1 + \cdots\cdots$$

이 덧셈은 영원히 이어지므로 기대값은 무한대이다.

이론에 따르면 기대값이 무한대이므로 당신은 아무리 많은 금액을 제안받더라도 내기를 할 기회를 양도해서는 안 된다. 그러나 대부분의 사람들은—심지어 확률을 잘 아는 확률 이론가들도—10달러 제안을 받아들일 것이며, 50달러 제안이라면 모두들 거의 확실하게 받아들일 것이다. 이 게임에서 50달러를 벌 가능성은 매우 희박해 보이기 때문이다. 그렇다면 기대값 개념에 무언가 문제가 있는 것이 분명하다. 도대체 무슨 문제가 있는 것일까?

이 문제를 비롯해서 기대값과 관련된 여러 문제들을 숙고한 결과, 베르누이는 기대값이라는 고도로 수학적인 개념을 훨씬 덜 형식적인 개념인 효용 개념으로 대체하기에 이르렀다.

효용은 특정한 사건에 당신이 부여하는 가치를 나타내기 위해 도입된 개념이다. 그러므로 효용은 본질적으로 개인적인 문제이다. 효용은 한 개인이 특정한 결과에 부여하는 가치에 따라 결정된다. 당신의 효용과 나의 효용은 다를 수 있다.

얼핏 보기에는, 정확한 수학적 개념인 기대값을 본질적으로 개인적인 관념인 효용으로 대체할 경우 더이상 과학적 분석을 할 수 없을 것으로 여겨진다. 그러나 실상은 그렇지 않다. 심지어 한 개인에 대해서도 효용을 나타내는 특정 수치를 정하기가 불가능할 수도 있다. 그럼에도 불구하고 베르누이는 효용과 관련해서 의미 있는—또한 심오한—결론들에 도달할 수 있었다. 그는 이렇게 썼다. "부의 작은 증가로 인해 생기는 효용은 이미 소유하고 있는 재화의 양에 반비례한다."

베르누이의 효용 법칙은, 왜 심지어 상당히 부유한 사람조차도 재산을 두 배로 늘리는 기쁨보다 재산이 절반으로 줄어드는 슬픔을 일반적으로 더 크게 느끼는지 설명해준다. 재산을 두 배로 늘릴 기회를 잡기 위해 재산의 절반을 기꺼이 거는 사람은 극히 드물다. 오직 우리가 "더이상 잃을 것이 없어!"라고 진실로 선언할 수 있을 때만, 우리는 큰 도박을 감행한다.

예를 들어 당신과 내가 각각 10,000달러의 재산을 가지고 있다고 해보자. 나는 당신에게 단 한 번의 동전 던지기 놀이를 제안한다. 앞면이 나오면 내가 당신에게 5,000달러를 준다. 뒷면이면 당신이 내게 5,000달러를 준다. 내기가 끝나면 한 사람은 15,000달러의 재산을 가지게 되고, 다른 사람은 5,000달러를 가지게 될 것이다. 걸린 금액이 동일하고 각 사람이 이길 확률이 $\frac{1}{2}$로 같으므로, 우리 각자의 기대값은 0이다. 달리 말한다면, 기대값 이론에만 의지해서 생각할 경우 우리는 이 게임에 무관심해야 한다. 내기를 해도 그만, 안 해도 그만이기 때문이다. 그러나 이 게임을 할 사람은 극히 드물 것이다. 거의 분명하게 우리는 이 게임이 '과도

한 위험을 감수하는' 게임이라고 생각할 것이다. 5,000달러(재산의 절반)를 잃을 확률 $\frac{1}{2}$이 5,000달러를 얻을(재산의 50% 증가) 확률 $\frac{1}{2}$을 압도하는 것이다.

같은 방식으로 효용 법칙을 이용해서 성 페테르스부르크 역설을 설명할 수 있다. 게임이 오래 진행되면 될수록 최후에 앞면을 던져 당신이 얻게 될 금액은 커진다(여섯번째 던지기에서 앞면이 나오면 당신은 100달러 이상을 받으며, 아홉번째에서 나오면 1,000달러 이상을 받는다. 만약 50번째까지 던지기가 지속된다면, 당신은 최소한 100만×10억 달러를 받는다). 베르누이의 효용 법칙에 따르면, 매 단계에서 얻는 당신의 최소 이득이 당신의 관점에서 적당하다면, 게임을 더 진행했을 때 얻을 수 있는 이득의 효용은 감소하기 시작한다. 당신이 얼마에 게임할 기회를 넘길지는 당신의 관점에 달려 있다.

그러므로 어떤 제안도 물리치고 계속해서 게임을 하라고 일러주는 기대값은 문제 있는 개념일 수밖에 없다. 그러나 베르누이의 효용 개념도, 다음 세대 수학자들과 경제학자들이 인간의 행동을 보다 자세히 관찰한 결과, 문제 있는 개념임이 드러났다. 그러나 만일 확률론을 실제 세계 문제에 적용하고자 한다면, 인간적 요소를 반드시 고려해야 한다는 것을 최초로 지적한 사람이 다니엘 베르누이라는 사실에는 변함이 없다. 구르는 주사위나 던져진 동전을 보고 얻은 우연의 패턴들 그 자체만으로는 실제 세계를 말하기에 불충분하다.

종 곡선

큰 수의 법칙을 통해서 야콥 베르누이는, 표본으로부터 얻은 확률이 참된 확률에 명시된 범위 이내로 근접함을 확실히 하려면 얼마나 많은 표본을 관찰해야 하는지 보여주었다. 베르누이가 얻은 결론은 이론적으로 흥미롭지만, 실제 적용에는 다음과 같은 이유 때문에 큰 도움이 되지 않았다. 첫째 큰 수의 법칙을 적용하려면 참된 확률을 미리 알아야 한다. 둘째 베르누이 자신이 단지에 담긴 구슬의 예를 통해 보여주었듯이, 수용할 만큼 정확한 결론에 도달하기 위해 필요한 관찰의 수가 너무 클 수가 있다. 그렇다면 관찰 횟수를 확정해놓은 상태에서, 그 관찰로 얻은 값이 참값에 특정한 범위 이내로 근접할 확률을 계산할 수는 없을까? 만일 이렇게 할 수 있다면, 표본을 보고 얻은 확률로부터 집단 전체에 대한 확률을 명시된 정확도로 계산하는 것이 가능할 것이다.

이 문제를 최초로 연구한 사람은 야콥의 조카 니콜라우스였다. 니콜라우스는 작고한 삼촌의 글을 모아 편집하는 와중에 이 문제를 연구했다. 문제를 명확히 하기 위해 니콜라우스는 출생과 관련된 예를 들었다. 전체 14,000명의 출생이 있었는데, 35명의 표본을 조사한 결과 남녀 출생 비율이 18:17이라면, 전체 남아 출생 기대값은 7,200이라고 추측할 수 있다. 니콜라우스는 이 추측이 43:1의 비율로 확실해서, 실제 남아 출생 수는 7,200−163에서 7,200+163 사이, 즉 7,037에서 7,363 사이라고 계산했다.

니콜라우스는 문제를 완전히 해결하지 못했지만, 충분한 발전을 이루어 삼촌의 책이 출간된 해인 1713년 자신의 연구 결과를 발표할 수 있었다. 몇 년 후 프랑스 수학자 드 므아브르(Abraham de Moivre)가 니콜라우스의 생각을 채택했다. 드 므아브르는 신교도로서 카톨릭의 박해를 피해 1688년 영국으로 이주한 인물이다. 이국 땅에서 안정된 학자로서의 직장을 얻을 수 없었던 드 므아브르는 수학 개인 교습을 하고 가끔씩 보험 중개인들에게 확률 문제에 관해 조언하는 것으로 생계를 유지하고 있었다.

드 므아브르는 니콜라우스 베르누이가 연구한 문제를 완전히 해결하여 이를 1733년 자신의 책 『우연의 이론 *The Doctrine of Chances*』 제2판에 발표했다. 그는 미적분학과 확률론 기법들을 이용해서, 임의로 선택한 관측 자료들이 평균값 주위에 특정 형태로 분포하는 경향이 있음을 증명했다.

드 므아브르 분포는 오늘날 **정상분포**라 일컬어진다. 정상분포를 그래프로 나타내면, 즉 관측값을 수평축에 놓고 빈도수(혹은 확률)를 수직축에 놓아 점들을 찍어보면, 종 모양과 비슷한 곡선이 만들어진다(〔그림 7-2〕참조). 이 때문에 정상분포 곡선은 흔히 종 곡선이라고도 불린다.

종 곡선을 보면 알 수 있듯이 빈도수가 가장 많은 관측값들이 중앙의 관측값 평균 주위에 모이는 경향이 있다. 중앙에서 좌우로 멀어지면 곡선은 대칭적으로 양쪽에서 동일한 빈도수를 나타내면서 내려간다. 곡선은 처음에는 천천히 내려가고, 이어서 매우 빠르게 내려가다가 마지막에는 거의 평평해진다. 평균에서 멀리 떨어진 관측값의 빈도수는 평균에 가까운 관측값의 빈도수보다 훨씬 작다.

드 므아브르는 무작위 관측의 성질을 조사함으로써 종 곡선을 발견했다. 종 곡선의 아름다운 대칭적 모양은 무작위성의 기반에 아름다운 기하학이 있음을 보여주었다. 수학적인 관점에서 보면 오직 이 점만이 중요한 결론이다. 그러나 종 곡선에 얽힌 얘기는 거기에서 끝나지 않는다.

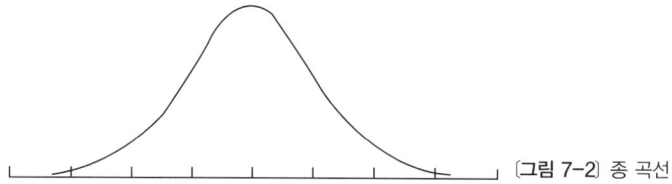

〔그림 7-2〕 종 곡선

80년 후 가우스는 많은 수의 지리적 천문학적 관측값들을 그래프화하면, 드 므아브르의 종 곡선과 매우 유사한 곡선이 산출됨을 깨달았다. 예를 들어 지표 위의 특정한 거리나 천체들 사이의 거리를 반복해서 측정하니, 측정값들이 측정값 평균 주위에 종 모양으로 분포되었다. 측정할 때 불가피하게 생기는 오차로 인해서 측정값들이 정상분포를 이루게 되는 듯했다.

종 곡선을 무작위성의 기하학적 모양이라고 보지 않고, 불가피한 측정 오차의 산물로 봄으로써 가우스는 정상분포를 이용해서 관측값의 신뢰성을 평가할 수 있음을 깨달았다. 구체적으로 말한다면, 종 곡선을 이용해서 관측값에 (근사적인) 확률을 부여하는 것이 가능하다. 마치 우리가 주사위 던지기 결과에 확률을 부여하듯이 말이다. 특정 관측값이 평균에 가까울수록, 종 곡선에서 알 수 있듯이, 그 값이 옳을 확률이 크다. 파스칼, 페르마, 베르누이 일가를 비롯한 여러 수학자들이 개발한 확률론 기법들은 이제 도박판을 벗어나 삶의 여타 영역들에도 적용될 수 있게 되었다. 가우스가 확률론에 기여한 바를 높이 평가해서 사람들은 정상분포를 때로 '가우스 분포'라고도 부른다.

종 곡선을 이용하기 위해 가우스에게 필요했던 핵심적인 전문 개념은 드 므아브르 자신이 도입한 어떤 척도 개념이었다. 오늘날 **표준편차**라 불리는 드 므아브르의 척도는, 일련의 관측값들이 집단 전체를 충분히 대표하는지를 판단할 수 있게 해준다. 표준편차는 관측값들이 평균으로부터 얼마나 퍼져 있는지를 나타내는 값이다. 정상분포의 경우, 대략 68%의 관측값들이 평균 주위에 표준편차 범위 이내로 들어오고, 95%의 관측값들이 평균 주위에 표준편차의 두 배 범위 이내로 들어온다. 이런 이유 때문에 신문이나 잡지에 여론 조사 결과가 발표될 때는, 일반적으로 표준편차가 명시된다. 만일 표준편차가 명시되지 않았다면, 당신은 보도

된 결과를 의심해야 마땅하다. 머리는 난로 속에 넣고 발은 냉장고 속에 넣은 사람도 평균적으로는 적당한 온도에 있다고 얘기될 수 있음을 생각하라. 중요한 것은 자료들의 편차가 말해준다.

통계학이 매우 중요한 역할을 하는 20세기의 삶에서 종 곡선은 현대를 나타내는 상징이 되었다. 종 곡선에 의거해서 우리는 사건들에 확률을 부여할 수 있고, 이를 통해 삶의 여러 영역에 확률론 기법들을 적용할 수 있다. 일반적으로, 자료를 산출하는 큰 인구 집단이 있고, 그 집단에 속하는 구성원 각각이 다른 사람이 산출하는 자료와 무관하게 독립적으로 자료를 산출한다면, 종 곡선이 발생하고, 따라서 자료 각각의 신뢰성을 평가하기 위해 가우스의 기법을 사용할 수 있다.

가우스의 지도하에 오늘날의 보험회사들은 보험료를 책정하기 위해 종 곡선을 이용하며, 사업가들은 새로운 시장 개척 계획을 세울 때 종 곡선을 이용하고, 정부 관료들은 공공 정책 결정을 위해, 교육자들은 학생들의 성적에 등급을 매기기 위해, 여론 조사 기관은 수집된 자료를 분석하고 예측을 내놓기 위해, 경제학자들은 경제 행위를 분석하기 위해, 생물학자들은 식물의 성장을 연구하기 위해, 그리고 심리학자들은 인간의 행동을 분석하기 위해 종 곡선을 이용한다.

성직자 베이스

자료로 가득 찬 오늘날 사회에서는 통계(또는 확률) 추론이 매일매일의 삶에서 중요한 역할을 한다. 우리는 그 추론 대부분을 보지 못하며 통제하지 못하고, 그 추론에 대응하지도 못한다. 하지만 우리가 의식하는 통계에 대해서는 어떻게 대응할까? 매일 뉴스와 잡지와 방송을 통해서 또한 일터에서 우리를 폭격하는 수많은 통계적 수량적 정보들을 우리는 얼마나 잘 소화해내는가? 우리가 통계 정보를 직접 분석해서 우리의 건강과 가정과 직업에 관한 중요한 결정을 스스로 내려야 한다면, 우리는 결정을 얼마나 잘 내릴 수 있을까?

통계 자료를 이해하는 데 우리는 대개 매우 무능하다. 수십만 년에 걸친 진화를 통해 우리는 많은 유용한 정신 능력들을 갖추었다. 여러 위험 상황을 피하는 본능과 언어의 사용은 두 가지 분명한 예이다. 그러나 통계적 확률적 자료를 다루는 능력은 진화 속에서 얻어지지 않았다. 통계적 확률적 자료는 매우 최근에야 우리 삶에 등장한 요소들이다. 수량적 자료가 관련된 사안에서 우리는 흔히 수학의 도움을 받아야 한다. 종 곡선에 대한 가우스의 연구 덕분에 우리는 확률론 기법들에 의지할 수 있다. 그렇게 해보면 우리의 직관이 때로 전혀 엉망이라는 것을 발견하게 된다.

예를 들어 당신이 비교적 희귀한 암에 걸렸을지도 몰라서 검사를 받는다고 해보자. 그 암은 전체 인구 중에 1% 비율로 발병한다. 수많은 사례를 통해 알려진 바로는 검사의 신뢰도가 79%이다. 보다 정확히 말하자면, 그 검사는 암이 있는 경우에 대해서는 정확하게 암 진단을 내리지만, 암이 없는 경우에 대해서도 21%는 암 진단을 내린다. 소위 '오류 양성 진단'을 내리는 것이다. 당신이 검사를 해보니 양성으로 결과가 나왔다. 당신이 정말로 암에 걸렸을 확률은 얼마일까?

당신도 대부분의 사람들과 마찬가지라면, 검사의 신뢰도가 대략 80%이니까 당신이 실제로 암에 걸렸을 가능성도 대략 80%라고(즉 확률이 대략 0.8이라고) 생각할 것이다. 옳은 생각일까?

정답은 그렇지 않다는 것이다. 우리가 꾸민 상황에서 당신이 정말로 암에 걸렸을 가능성은 겨우 4.6%(즉 확률은 0.046)에 불과하다. 물론 이 정도 가능성도 쉽게 무시해서는 안 될 것이다. 그러나 애초에 생각했던 80%라는 무시무시한 가능성과는 사뭇 다르다.

어떻게 4.6%라는 확률값에 도달했을까? 그 값을 얻기 위해 필요한 수학은 18세기 영국 성직자 베이스(Thomas Bayes)에 의해 개발되었다.

구체적으로 말하자면, 베이스의 기법은 아래와 같은 세 사항을 알고 있을 때, 증거에 의거해서(우리의 예에서는 검사 결과에 의거해서) 특정 사건 E의 발생확률을 계산할 수 있게 해준다.

① 아무 증거가 없는 상황에서 E의 발생확률
② E가 발생했다는 증거
③ 그 증거의 신뢰도(즉 그 증거가 옳을 확률)

우리가 예로 든 암의 경우, 확률 ①은 0.01, 증거 ②는 검사 결과가 양성이라는 것, 그리고 확률 ③은 79%이다. 이 세 정보는 모두 중요하며, 당신이 암일 확률을 얻으려면, 이 셋을 올바로 결합할 줄 알아야 한다. 베이스 기법은 그 결합 방법을 보여준다.

베이스 기법의 세부 사항을 알아보기에 앞서 또하나의 가상적 상황을 생각해보자. 이 가상 상황에서도 직관은 우리를 오류로 이끌고, 오히려 베이스의 수학이 우리를 구할 것이다.

어떤 도시에 두 개의 택시회사 '청택시'와 '흑택시'가 있다. 청택시에는 15대의 푸른 택시가 있고, 흑택시에는 85대의 검은 택시가 있다. 어느 심야에 택시가 일으킨 뺑소니 사고가 있었다. 사고 시각에는 그 도시에 있는 100대의 택시 모두가 운행중이었다. 한 목격자는 푸른 택시가 사고를 일으켰다고 주장했다. 그 목격자는 경찰의 요구에 응하여 사고 시각과 유사한 조건에서 시력 검사를 했다. 무작위한 순서로 반복해서

청택시와 흑택시를 목격자에게 보여주니 목격자는 다섯 번에 네 번 꼴로 택시 색깔을 올바로 구별했다(나머지 한 번은 푸른 택시를 검은 택시로, 검은 택시를 푸른 택시로 착각했다). 만일 당신이 사건 수사를 맡은 경찰이라면, 사고를 일으킨 택시가 어느 회사 택시일 가능성이 더 높다고 판단하겠는가?

다섯 번에 한 번 꼴로 옳게 색깔을 보는 목격자의 증언이 있으므로 증언대로 푸른 택시가 사고를 일으켰다고 당신은 생각할지도 모른다. 더 나아가 푸른 택시가 사고를 일으켰을 가능성이 정확히 다섯 중에 넷의 비율이라고(즉 확률이 0.8이라고) 당신은 생각할지도 모른다. 목격자의 증언이 옳을 가능성이 다섯 번에 네 번 꼴이니 말이다.

베이스 기법은 진실이 전혀 다름을 가르쳐준다. 주어진 자료에 근거해서 푸른 택시가 사고를 일으켰을 확률을 계산해보면 0.41이 나온다. 이것은 절반 이하의 확률이다. 검은 택시가 사고를 일으켰을 확률이 더 높다는 말이다. 인간의 직관은 흔히 무시하는 반면에 베이스 기법은 놓치지 않고 고려하는 사실이 있다. 그 사실은, 도시에 있는 임의의 택시가 검은 택시일 확률이 0.85(100대 중 85대)라는 사실이다.

목격자가 없었다면, 검은 택시가 사고를 일으켰을 확률이 0.85였을 것이다. 마찬가지로 목격자의 진술이 있기 이전에는 사고 택시가 푸른 택시일 확률이 0.15에 불과할 것이다. 이 확률들(위에 열거한 사항들 중 첫 번째 사항)은 **선행 확률** 또는 **기초비율**이라 불린다. 이 확률은 문제 사건에 대해 무언가 언급하는 특정 증거들을 완전히 무시하고 오직 주어진 일반 상황에만 근거해서 계산한 확률이다.

목격자가 증언을 하면, 그 증언에 의해 푸른 택시가 사고 택시일 확률이 선행 확률 0.15보다 높아진다. 그러나 검사 결과 밝혀진 목격자의 신뢰도 0.8에 이를 정도로 높아지지는 않는다. 오히려 목격자의 신뢰도

(0.8)와 선행확률(0.15)을 적당히 조합하여 실제 확률을 산출해야 한다. 베이스 기법은 정확한 수학적 조합 방식을 가르쳐준다. 그 기법에 따르면, 아래의 계산식을 통해 올바른 확률을 얻을 수 있다(계산식에서 $P(E)$는 사건 E의 발생 확률이다).

$$\frac{P(청택시) \times P(목격자가\ 옳음)}{P(청택시) \times P(목격자가\ 옳음) + P(흑택시) \times P(목격자가\ 착각함)}$$

수치들을 대입하면 다음과 같다.

$$\frac{0.15 \times 0.8}{0.15 \times 0.8 + 0.85 \times 0.2}$$

계산해보면,

$$\frac{0.12}{0.12 + 0.17} = \frac{0.12}{0.29} = 0.41$$

이 계산식은 과연 정확할까?

목격자는 푸른 택시를 보았다고 주장한다. 그는 $\frac{8}{10}$ 만큼 옳다. 가설적으로 생각해보자. 똑같은 상황에서 그가 도시의 택시들을 모두 하나씩 본다면, 그는 몇 대의 푸른 택시를 보았다고 말할까? 15대의 푸른 택시 중에서 그는 80%, 즉 12대를 (올바르게) 푸른 택시로 볼 것이다(이 가설적 논증에서 우리는 실제 택시의 대수가 정확히 확률을 반영한다고 가정하고 있다. 이는 가설적 논증에서 합리적으로 받아들일 수 있는 가정이다).

85대의 검은 택시 중에서 목격자는 20%, 즉 17대를 (그릇되게) 푸른 택시로 볼 것이다(역시 우리는 확률이 그대로 택시의 실제 대수를 결정한다고 가정했다). 그러므로 우리는 목격자의 증언을 받아들여 29대의 택시를 검토해야 한다.

우리가 검토하는 29대의 택시 중 12대가 정말로 푸른 택시이다.

결론적으로 사고 택시가 푸른 택시일 확률은 목격자의 증언을 감안했을 때 $\frac{12}{29}$, 즉 0.41이다.

이제 앞서 예로 든 희귀한 암의 경우로 돌아가보자. 그 암의 발병률은 1%였고, 검사의 신뢰도는 79%였다. 더 정확히 말해서, 그 검사는 암이 있을 때는 올바로 암을 진단하지만, 암이 없을 때도 21%는 오류 양성 진단을 내린다.

택시 문제에서와 같은 방식으로 논증해보자. 계산을 쉽게 하기 위해 우리는 전체 인구가 10,000명이라고 가정할 것이다. 궁극적으로 계산할 것은 비율이므로, 이렇게 인구수를 간단히 가정하는 것이 최종 결론에는 아무 영향을 미치지 않는다. 또한 택시 예에서와 마찬가지로 우리는 확률들이 실제 수에 정확히 반영된다고 가정할 것이다. 그러니까 전체 인구 10,000명 가운데 100명이 암에 걸렸을 것이고 9,900명이 암에 걸리지 않았을 것이다.

검사를 하지 않은 상황에서 당신이 암에 걸렸을 가능성에 대해 당신이 말할 수 있는 것은 다만 1%의 가능성이 있다는 것뿐이다.

이제 당신은 검사를 통해 양성 판정을 받는다. 당신은 당신이 암에 걸렸을 확률을 어떻게 수정해야 할까?

첫째, 전체 인구 중에는 실제로 암에 걸린 사람이 100명 있고, 그 사람들 모두에 대해서 검사 결과는 올바르게 양성으로 나올 것이다.

반면에 암에 걸리지 않은 9,900명에 대해서는 그들 중 21%에 대해서 검사 결과가 오류 양성 판정으로 나올 것이다. 다시 말해서 9,900×0.21=2,079명이 그릇되게 양성 판정을 받을 것이다.

그러므로 전부 합쳐 100+2,079=2,179명이 양성 판정을 받는다. 당신 또한 양성 판정을 받았으므로 그 2,179명 중 하나다(검사 결과가 말해주는 바가 정확히 이것이다). 이제 문제는 당신이 이들 중에서 실제로 암에 걸린 사람들에 속하는지, 아니면 당신의 검사 결과가 오류 양성 판정인지이다.

검사가 양성으로 판정한 2,179명 중에서 100명만이 실제로 암에 걸렸다. 그러므로 당신이 실제로 암에 걸린 사람들 중 하나일 확률은 $\frac{100}{2,179}=0.046$이다.

다시 말해서 당신이 실제로 암 환자일 가능성은 4.6%이다. 물론 이 정도 가능성도 간과해서는 안 되겠지만, 당신이 처음 생각했던 79% 가능성만큼 절망적이지는 않다. 이 계산에서도 우리는 선행확률―이 경우에는 전체 인구에서 일반적으로 암이 발병하는 비율―을 고려하는 것이 왜 중요한지 알 수 있다.

평균 인간을 입력하라

통계학의 시대가 밝아오면서 새로운 피조물이 탄생했으니 그는 '평균 인간(average man)'이다. 물론 당신은 이 개체를 길거리에서 만날 일이 없을 것이다. 평균 인간은 우리 주변에 살지도 않고 숨쉬지도 움직이지도 않기 때문이다. 뒤이어 등장한 또하나의 신화적 존재 '평균 미국 가정'―2.4명의 자녀를 두었으며…… 등등―과 마찬가지로 평균 인간은 통계학자들의 피조물이요 종 곡선이 낳은 아이이다. 평균 인간이 처음 등장한 것은 1835년 케텔레트(Lambert Quetelet)라는 박학다식한 벨기에인이 쓴 저술 『인간과 인간의 능력 발달에 관한 논의 *A Treatise on Man and the Development of His Faculties*』에서였다.

케텔레트는 통계학이라는 새로운 과학에 매료된 초기 인물들 중 하나다. 그는 통계와 관련된 세 권의 책을 썼고, 영국 왕립 통계학회와 국제 통계학 회의를 비롯한 여러 통계학회 창립에 기여했다. 통계학자들의 사회 분석 결과를 의인화하여 대중에게 전달하는 역할을 하는 수량적 창조물 '평균 인간'에게 케텔레트가 붙인 이름은 '롬므 무아앵'(L'homme moyen, 중간 사람)이었다.

드 므아브르가 무작위로 뽑은 자료를 분석하여 종 곡선을 발견하고, 가우스가 종 곡선을 지리적 천문학적 측정에 응용하는 방법을 제시했다면, 케텔레트는 종 곡선을 인간적 사회적 영역에 도입했다. 그는 종 곡선의 중앙점에서 그의 평균 인간을 발견했다. 그는 방대한 자료를 수집하여 여러 집단에 속하는—집단은 나이, 직업, 인종 등에 의해 분류되었다—다양한 평균 인간의 육체적 정신적 행동적 특징들을 열거했다.

케텔레트의 작업에 박차를 가한 것은 두 가지 동기였다. 첫째, 그는 통계에 끝없는 욕구를 가지고 있었다. 그는 세고 측정하는 일을 멈출 수 없었다. 그는 나이, 직업, 거주지, 계절, 형무소, 병원에 따라 분류된 사망률을 조사했다. 그는 알코올 중독, 광기, 자살, 범죄에 관한 통계 자료를 수집했다. 그는 5,783명의 스코틀랜드 군인들의 가슴둘레를 측정했으며, 프랑스 용병 100,000명의 키를 측정하여 표를 만들기도 했다.

둘째, 그는 사회 정책에 영향을 끼치고 싶어했다. 그는 어떤 사람이 한 집단에는 속하고 다른 집단에는 속하지 않는 이유를 통계학을 통해 알아내려 했다. 이를 위해 그는 새로운 자료를 얻을 때마다 그가 확신하는 종 곡선이 나오도록 자료들을 다듬기 시작했다.

실제로 케틀레트는 종 곡선의 보편타당성을 너무도 확신했기 때문에 때로는 정상분포가 사실상 없는 경우에 대해서도 정상분포를 만들어냈다. 오늘날 통계학자들이 매우 잘 알고 있듯이, 일반적으로 자료를 충분히 조작하면 원하는 모든 패턴을 만들어낼 수 있다. 그러나 그런 작업을 한다면, 가장 먼저 객관성을 잃고 만다. 이미 인정된 원인을 뒷받침하기 위해서, 또는 이미 결정된 행동 방향을 뒷받침하기 위해서 자료를 수집하는 것은 위험한 일이다.

하지만 방법론적인 일탈을 논외로 한다면, 케틀레트는 정상분포를 사회적인 자료에 적용하고, 사회적 요소들의 원인을 밝히기 위해 수학을 이용하는 시도를 최초로 한 선구자이다. 이로써 그는 20세기 사회를 특징짓는 통계 자료에 근거한 공공 정책 결정을 개척한 인물이 되었다.

케틀레트의 뒤를 이은 인물은 역시 통계에 매료된 영국인 골턴(John Galton)이다. 다윈의 사촌인 골턴은 1884년 인체의 모든 세부를 측정한다는 목표하에 소위 인간 측정 실험실을 설립했다. 경찰이 지문을 널리 이용하게 된 것은 주로 그 실험실에서 이루어진 지문 연구—특히 골턴이 지문에 관해 1893년에 쓴 책—덕분이다.

앞서 케틀레트가 그랬던 것처럼 골턴 역시 종 곡선의 아름다운 대칭성에 매료되었으며, 역시 종 곡선이 보편타당하다고 믿었다. 한 실험에서 그는 케임브리지 대학생 7,634명의 수학 졸업시험 성적을 그래프화하여 완벽한 종 곡선을 얻었다. 그는 샌더스트 왕립 군사학교 입학시험 응시자의 시험 성적에서도 정상분포를 발견했다.

케틀레트처럼 골턴 역시 특정한—물론 케틀레트와는 다르지만—목표를 염두에 두고 통계 연구를 했다. 골턴은 재능 있는 다윈 가문의 일원이다. 그의 할아버지는 높은 존경을 받은 의사이자 박학가 에라스무스 다윈이다. 에라스무스 다윈이 1796년 출간한 책 『주노미아 또는 세대론 Zoonomia, or the Theory of Generations』에는, 63년 후 더 유명한 그의 손자 찰스 다윈이 『종의 기원』을 통해 널리 알린 사상들 중 많은 부분이 들어 있다. 그가 스스로 말하는 지적인 정수 중의 정수에 둘러싸여 자라는 동안, 또한 할아버지의 유전 사상을 접하는 동안, 골턴은 특별한 재능들이 유전된다는 믿음을 지니게 되었다. 골턴은 유전되는 특징들을 연구하기 시작했고, 1869년 『유전되는 천재 Hereditary Genius』라는 제목의 책을 통해 자신의 초기 연구를 발표했다. 1883년 골턴은 자신이 추구하는 연구 분야를 나타내기 위해 '우생학'이라는 명칭을 만들어냈다. 우생학이라는 명칭은 훗날 나치가 추구했던 것과 같은 인종 정책의 '과학적' 정당화에 이용되면서 불쾌한 어감을 띠게 되었다.

사실상 우생학을 이용해서 '지배자 종족'의 발달을 북돋운다는 생각은 골턴 자신이 발견한 가장 중요한 결론에 정면으로 반대된다. 골턴은 그 결론을 '복귀'라 칭했다. 그 결론은 오늘날 **평균으로의 퇴행**이라 일컬어진다.

평균으로의 퇴행은 '올라간 것은 반드시 내려온다'라는 흔한 말과 같은 의미를 지니는 통계학적 경향성이다. 평균으로의 퇴행 경향성이란, 임의의 집단 구성원들이 시간이 흐름에 따라 종 곡선 중앙으로—통계적인 평균으로—끌려드는 경향성을 말한다.

예를 들어 어떤 연구에서 골턴은 판사 286명의 가까운 친척 남자들 중 많은 사람이 역시 판사, 장군, 제독, 시인, 소설가, 의사임을 발견했다. 반면에 다른 연구에서 그는 이런 우수 집단이 미래에까지 지속되지는 않음을 발견했다. 유명인사들에 대한 한 조사에서 그는 이들의 아들 중 36%, 그리고 손자 중 9%만이 유명인사가 되었음을 발견했다. 종 곡선은 우생학에 지침을 제공하기는커녕 우생학의 발목을 잡는 덫인 듯하다.

또다른 연구에서 골턴은 수천 개의 스위트피(사향완두)의 무게와 지름을 측정하고, 7가지 서로 다른 지름을 가지는 10개의 표본을 선택했다. 그는 10개의 견본 중 하나만 자신이 가지고 있고, 나머지 9개를 영국 전역에 사는 친구들에게 보내, 특별히 제어된 조건하에서 키우라고 부탁했다. 스위트피가 자라 열매를 맺으면 친구들이 골턴에게 열매를 보내고, 골턴은 그 열매들의 크기와 원래 제1세대의 크기를 비교할 계획이었다.

골턴은 큰 콩에서 큰 열매가 생기는 경향이 있다는 증거를 잡기도 했지만, 골턴이 얻은 가장 중요한 결론은 평균으로의 퇴행을 입증하는 결론이었다. 골턴의 제1세대 표본이었던 스위트피의 크기는 $\frac{15}{100}$ 인치에서 $\frac{21}{100}$ 인치 사이였다. 그가 돌려 받은 스위트피의 크기는 훨씬 좁은 범위에, 즉 $\frac{15.4}{100}$ 인치에서 $\frac{17.3}{100}$ 인치 사이에 걸쳐 있었다.

205쌍의 부모로부터 태어나 성인이 된 928명을 대상으로 한 연구에서도 골턴은 위와 유사한 결론을 얻었다.

이제 의심의 여지가 거의 없다. 평균으로의 퇴행은 실제 사실이다. 그렇다면 왜 그런 일이 일어나는가? 비록 자세한 기제는 알 수 없었지만, 골턴은 무작위성이 퇴행의 원인이라고 추측했다. 이 추측을 검증하기 위해 그는 오늘날 '골턴 판'이라 불리는 실험 도구를 고안했다.

골턴 판은 얇은 나무판과 유리판으로 이루어진다. 두 판 사이로 작은 공을 넣을 수 있는데, 공을 넣으면, 공은 떨어지면서 뒤판에 규칙적으로 막힌 못에 걸려 움직임을 방해받는다. 못에 닿으면 공은 같은 확률로 왼쪽이나 오른쪽으로 튄다. 이런 방식으로 공은 여러 못들에 걸려 방향을 바꾸면서 바닥에 도달한다.

골턴 판은 완벽하게 무작위한 사건들의 연쇄를 만들어낸다. 그 연쇄 속에서 공은 동등한 확률로 왼쪽이나 오른쪽으로 튄다. 공 하나를 떨어뜨릴 때 당신은 그 공이 어디로 떨어질지 전혀 모른다. 그러나 다수의 공을 떨어뜨린다면, 당신은 대부분의 공이 어디에 떨어질지 꽤 정확하게 예측할 수 있다. 사실상 당신은 떨어진 공들이 쌓여 만드는 곡선의 모양까지 예측할 수 있다. 골턴이 발견했듯이, 그 곡선은 종 곡선이다.

골턴은 답을 얻었다. 평균으로의 퇴행은 무작위 효과 때문에 생긴다. 무작위 효과는, 부모가 자식에게 '특별한'(즉 전혀 평균적이지 않은) 특징을 물려주는 경향성보다 강하게 작용한다. 마찬가지로 움직임을 무작위로 바꾸어놓는다면, 축구팀들 사이에서도, 야구 타자들 사이에서도, 교향악단 사이에서도, 그리고 날씨에서도 평균으로의 퇴행이 일어날 것이다.

우연의 추상적 패턴

오늘날 통계학자들이 도달한 자료 수집에 관계된 과학적 지식과 기술은 고도의 신뢰도를 갖춘 예측을 종종 가능케 한다. 과거에 일어난 일을 토대로 미래를 예측하기, 혹은 작은 표본에서 얻은 자료를 토대로 집단 전체의 특성을 예측하기 등이 가능하다. 이러한 발전 과정중에 통계학자들은 16, 17세기 수학자들이 도박과 관련해서 얻은 수학적 엄밀함의 일부를 대단히 예측하기 힘든 살아 있는 세계로까지 확장했다.

다른 한편 순수 수학자들은, 유클리드가 기하학의 공리들을 명시한 것과 유사하게 확률론의 공리들을 명시하려 노력하면서 확률론 자체의 패턴들을 연구해왔다.

일반적으로 수용된 최초의 확률론 공리 체계는 1930년대 초 러시아 수학자 콜모고로프(A. N. Kolmogorov)에 의해 만들어졌다. 콜모고로프는 확률을, 집합에서 0과 1 사이의 실수로 가는 함수로 정의했다. 이 확률 함수가 정의되는 집합들의 집단은 소위 집합들의 장(field of sets)을 이루어야 한다. 다시 말해서 모든 집합들이 어떤 단일한 집합 U의 부분집합들이어야 하며, U 역시 집단에 들어 있어야 한다. 또한 집단에 속하는 임의의 두 집합의 합집합과 교집합도 집단에 속해야 한다. 마지막으로 임의의 집합의 여집합도 (U를 기준으로 해서 정의되는 여집합) 집단에 속해야 한다.

확률 함수가 되기 위해 필요한 조건으로 콜모고로프는 다음의 둘을 제시했다. 첫째, 공집합의 함수값은 0이고 U의 함수값은 1이다. 둘째, 장에 속하는 두 집합이 공통원소를 가지지 않으면, 두 집합의 합집합의 확률은 두 집합 각각의 확률의 합이다.

콜모고로프가 도달한 고도의 추상 수준에서 살펴보면, 확률론은 또다른 수학 분야인 **측도론**(measure theory)과 많은 성질을 공유한다는 것을 분명하게 알 수 있다. 측도론은 보렐(Émile Borel), 르베그(Henri-Léon Lebesgue) 등이 개발한, 면적과 부피에 관한 고도로 추상적인 연구이다. 측도론을 개발하면서 그들이 의도한 것은, 17세기 뉴턴과 라이프니츠가 개발한 적분법을 보다 잘 이해하고 일반화하는 것이었다. 이렇게 하여 카지노에 가는 도박사를 돕는 시도로 시작된 수학 분야가 우리가 세계와 우주에서 보는 운동과 변화를 연구하는 분야와 근본적으로 동일하다는 사실이 밝혀진 것이다. 역시 수학적 추상화의 믿기 힘든 위력을 보여주는 놀라운 실례가 아닐 수 없다.

우리가 미래에 관한 결정을 내릴 때 미적분학과 확률론이 어떻게 도움을 줄 수 있는지 한 가지 예만 살펴보자.

옵션을 고르기 위해 수학을 이용하기

1997년 노벨 경제학상은 스탠포드 대학 재정학 (명예)교수 숄츠 (Myron Scholes)와 하버드 대학 경제학자 머튼(Robert C. Merton)에게 돌아갔다. 제3의 인물인 블랙(Fischer Black)이 1995년 때 이른 죽음을 맞지 않았다면, 그 상은 당연히 세 사람의 공동 수상이 되었을 것이다. 그 상은 1970년 발견된 단 하나의 수학 공식에 대한 대가였다. 그 공식은 '블랙-숄츠' 공식이다.

숄츠와 블랙이 발견하고 머튼이 발전시킨 블랙-숄츠 공식은, 투자자들이 재정적 파생 항목(derivative)에 얼마만큼의 가치를 부여해야 하는지 가르쳐준다. 파생 항목은 그 자체로는 가치가 없으며 재정적인 도구일 뿐이다. 그러나 파생 항목은 다른 항목의 가치로부터 자신의 가치를 파생적으로 유도한다. 파생 항목의 일반적인 예는 스톡옵션(주식 매입 선택권)이다. 스톡옵션을 준다는 말은, 합의된 금액으로 정해진 날짜 이전에 주식을 구매할 기회―의무는 아니다―를 준다는 것을 의미한다. 파생 항목은 하루가 다르게 변하는 세계 환경 속에서 사업을 할 때 생기는 위험 요인들을 상쇄하기 위해 사용되는 일종의 '부차적인 개인간 도박'이라고 할 수 있다.

블랙-숄츠 공식은, 특정한 파생 항목에 얼마의 가격을 매겨야 하는지를 결정하는 방법을 제공한다. 알아맞히기 내기에 머물렀을 문제를 수학적 과학으로 바꾸어놓음으로써 블랙-숄츠 공식은 파생 항목 시장을 오늘날과 같은 수익성 높고 거대한 산업으로 만들어놓았다.

파생 항목의 가격을 매기는 데 수학을 이용한다는 생각은 그 자체로 너무나 혁명적이었기 때문에 블랙과 숄츠는 처음에 그들의 연구를 발표하는 데 어려움을 겪었다. 처음 발표를 시도한 1970년, 시카고 대학의 학술지 『정치 경제 시사 Journal of Political Economy』와 하버드 대학의 『경제학 및 통계학 비평 Review of Economics and Statistics』은 그들의 논문을 검토조차 하지 않고 거절했다. 시카고 대학 경제학부의 몇몇 유력 인사가 편집자에게 압력을 넣은 후인 1973년에야 비로소 숄츠와 블랙의 논문이 『정치 경제 시사』에 실렸다.

산업 현장은 상아탑 속에서 고개만 가로젓는 학자들보다 훨씬 더 폭넓은 안목을 가지고 있었다. 블랙-숄츠 논문이 발표되고 채 6개월이 지나지 않아 텍사스 인스트루먼트사(社)는 새로운 공식을 회사의 최신 계산기에 장착시키고, 『월 스트리트 저널 Wall Street Journal』에 게재한 반 페이지짜리 광고를 통해 새로운 미래의 도래를 선언했다.

보험, 주식 거래, 투자 등 현대의 위험(감수) 사업은 미래를 예측하는데 수학을 이용할 수 있다는 사실에 근거를 두고 있다. 물론 100% 정확하게 예측할 수는 없지만, 자금을 어디에 투자하는 것이 현명한지를 판단하는 것이 충분히 가능할 만큼은 예측할 수 있다. 본질적으로 고찰하면, 당신이 보험에 들거나 주식을 매입할 때, 당신이 실제로 사들이는 것은 위험이다. 재정 시장의 기반을 이루는 윤리는, 당신이 더 큰 위험을 감수할수록 잠재적 보상은 더 크다는 것이다. 수학을 써서 위험을 제거할 수는 없다. 그러나 수학은 당신이 얼마나 큰 위험을 감수하게 되는지 일러주고, 당신이 적절하게 가격을 매기도록 도와줄 수 있다.

블랙과 숄츠가 연구한 것은, 스톡옵션과 같은 파생 항목에 적절한 가격을 매기는 방법이었다. 이제 스톡옵션이 어떻게 작동하는지 살펴보자. 당신은 지금 합의된 가격으로 특정한 미래의 날 이전에 주식을 사는 기회(옵션)를 구매한다. 만일 옵션이 종료되기 전에(특정한 미래의 날 이전에) 주식의 가치가 합의된 가격 이상으로 올라가면, 당신은 합의된 가격으로 주식을 사들이고, 따라서 이득을 본다. 만일 주가가 합의된 가격보다 높아지지 않으면, 당신은 주식을 살 필요가 없다. 하지만 당신은 애초에 옵션을 구매하기 위해 지불한 돈을 잃는다.

스톡옵션이 매력적인 이유는 구매자가 가능한 최대 손실을 미리 알 수 있다는 점에 있다. 옵션에 지불하는 비용이 최대 손실이다. 반면에 가능한 이득은 이론적으로 무한대이다. 만일 옵션이 종료되기 전에 주가가 엄청나게 오른다면, 당신은 돈벼락을 맞는다. 스톡옵션은 컴퓨터 및 소프트웨어 산업처럼 크고 빠르게 요동하는 시장의 주식에 걸려 있을 때 특히 매력적이다.

이제 문제는 이것이다. 특정 주식에 대한 옵션의 적절한 가격을 어떻게 결정할 것인가? 이 문제가 바로 숄츠, 블랙, 머튼이 1960년대 후반 연구한 문제이다. 블랙은 하버드에서 갓 박사학위를 받은 수리물리학자로, 물리학을 떠나 보스턴에 본사를 둔 경영 컨설팅 회사 아서 디 리틀(Arthur D. Little)에서 일하고 있었다. 숄츠는 시카고 대학에서 재정학으로 막 박사학위를 받았다. 머튼은 뉴욕 콜롬비아 대학에서 수리공학 학사학위를 받았고, MIT에서 경제학 조교로 일하고 있었다.

이 세 연구자들—모두 아직 이십대였다—은 물리학자나 공학자가 문제에 접근하는 것과 똑같이 수학을 이용해서 해답을 찾기로 마음먹었다. 파스칼과 페르마도 미래 사건에 내기를 걸 때 지불할 적절한 가격을 결정하는 데 수학을 이용할 수 있음을 보여주지 않았는가! 그들 이후 모든 도박사들은 게임에서 자신의 최대 승률을 계산하기 위해 수학을 이용해 왔다. 마찬가지로 보험계리사도 보험증권에 지불할 적절한 가격을 산출하기 위해 수학을 이용한다. 보험증권 역시 미래에 일어나거나 일어나지 않을 일에 거는 도박이다.

그러나 당시 막 등장하기 시작한 고도로 변덕스러운 옵션 거래 세계에 수학적 접근 방식이 통할 것인가?(시카고 옵션 거래소는 블랙-숄츠 논문이 출간되기 꼭 한 달 전인 1973년 4월 개장했다.) 많은 노련한 거래인들은 그런 시도가 성공적일 수 없으리라 생각했으며, 옵션 거래는 수학을 넘어선다고 생각했다. 만약 그들의 생각이 옳다면, 옵션 거래는 완전히 규칙 없는 도박이며, 무모한 자만이 참여하는 놀이일 것이다.

그러나 노련한 늙은이들이 틀렸다. 옵션의 가격을 매기는 데 수학을 이용하는 것이 가능했다. 이용한 수학은 확률론과 미적분학을 결합한 산물인 **확률 미분 방정식**이었다. 블랙–숄츠 공식은 네 개의 입력 변수—옵션 유효 기간, 가격, 이자율, 시장유동성—를 받아들여 옵션에 매길 가격을 산출한다.

새로운 공식은 유용한 정도가 아니라 시장 자체를 바꾸어놓았다. 1973년 시카고 옵션 거래소가 처음 개장했을 때, 첫날 거래된 옵션은 1천 건에 이르지 못했다. 그러나 1995년에는 하루에 1백만 건 이상의 옵션이 거래된다.

블랙–숄츠 공식(그리고 머튼에 의한 공식 확장)이 새로운 옵션 시장에서 발휘한 영향력은 매우 막강해서, 1978년 미국 증시가 붕괴되었을 때 유력한 경제 시사지 『포브스*Forbes*』는 그 책임이 전적으로 블랙–숄츠 공식에 있다고 단언했다. 숄츠 자신은, 공식을 비난할 일이 아니라고, 오히려 거래인들이 공식을 지혜롭게 이용할 만큼 충분히 성숙하지 못한 탓이라고 대응했다.

숄츠와 머튼에게 주어진 노벨상은, 그 단 하나의 수학 공식이 우리의 삶에 일으킨 커다란 효과를 전세계가 인정했음을 보여주는 증거다. 또한 동시에 수학이 우리 삶의 방식을 바꾼다는 사실에 강조의 밑줄을 그어준 사건이기도 하다.

8장 우주의 숨겨진 패턴 들춰내기

방랑자

20세기 말의 모든 고도화된 지식에도 불구하고 우리들 거의 모두는 청명한 밤하늘을 바라볼 때면 경외감을 느끼곤 한다. 깜박이는 밝은 빛들은 자연이 스스로 만든 원자로이며, 그 각각이 우리의 태양과 흡사한 태양이라는 우리의 지식은, 별이 빛나는 밤하늘의 장관을 깎아내리지 못한다. 많은 별들로부터 오는 빛은 우리에게 도달하기까지 수백만 년을 달려왔음을 오늘날 우리는 안다. 그 앎은 우주의 거대함 앞에서 우리가 느끼는 위압감을 오히려 강화한다.

우리가 밤하늘 앞에서 느끼는 바를 생각해보면, 우리의 조상들이 밤하늘에서 비슷한 신비감을 느꼈다는 사실도, 자연의 패턴을 이해하려는 최초의 시도들 중 일부는 별을 향해 있었다는 사실도 전혀 놀랄 일이 아닐 것이다.

고대 이집트인과 바빌로니아인은 해와 달을 관찰하고, 이 둘의 규칙적인 운동에 대한 지식을 이용해서 달력을 만들어 계절을 확인하고 농업을 관리했다. 그러나 이 두 문명 모두에게는 그들이 관찰한 천체들에 관한 일반적인 이론을 발전시킬 수학적 기술이 없었다. 그 중요한 한 걸음의 발전은 기원전 600년경 그리스인에 의해 이루어졌다. 탈레스(탈레스는 수학적 증명의 개념을 도입한 사람으로 믿어진다고 이 책 초반부에서 언급한 바 있다)와 피타고라스는 둘 다 몇몇 별들의 복잡한 운동을—수학을 이용해서—이해하려고 진지하게 노력했던 것으로 보인다. 그러나 오늘날 우리는 복잡한 운동으로 그들을 난처하게 했던 '별들'이 대부분 별이 아니라 우리 태양계에 속하는 행성임을 안다. '행성'을 뜻하는 영어 'planet'도 그리스인이 관측한 복잡한 움직임에서 유래했다. 그리스어 planet은 '방랑자'를 뜻한다.

피타고라스주의자들은 땅이 구형이어야 한다고 주장했다. 뒷받침하는 증거가 없었음에도 불구하고 이 주장은 점차 다른 그리스 사상가들로부터도 인정을 받게 되었다. 땅이 구형이라는 사실에 대한 수학적 입증은 기원전 250년경 에라토스테네스에 의해 비로소 이루어졌다. 서로 다른 두 장소에서 태양의 고도를 측정하는 방법으로 에라토스테네스는 땅이 구형임을 강력하게 입증하는 증거를 제시했고, 더 나아가 지구의 반지름을 계산했다. 그의 계산값은 오늘날 우리가 아는 참값에 99% 정확도로 근접한다.

에라토스테네스 이전에 플라톤의 제자 에우독소스(기원전 약 408~355년)는 지구가 부동의 중심에 놓이고, 지구를 공통의 중심으로 하는 여러 구면이 중첩된 형태의 우주 모형을 제안했다. 모형 속에서 행성들은 구면들 각각에 하나씩 붙어 움직인다. 에우독소스가 행성의 복잡한 운동을 어떻게 설명했는지는 불분명하다. 이 문제에 관한 에우독소스 자신의 저술은 소실되었다. 행성들의 밝기가 시간에 따라 변한다는 사실을 그가 어떻게 설명했는지 역시 불분명하다. 각각의 행성이 부동의 지구를 중심으로 하는 구면에서 움직인다면, 행성의 밝기는 분명 일정하게 유지되어야 한다. 그러나 이런 세부적인 결함에도 불구하고 에우독소스의 이론은 하늘을 기술하는 수학적 틀을 제공하려는 시도였다는 점에서 중요하게 평가할 만하다.

사실상 기원전 5세기 중반에 헤라클레이토스가, 행성들의 밝기 변화와 복잡한 운동을 설명하기 위해 두 가지 혁명적인 제안을 내놓은 바 있다. 첫째, 지구는 자전한다. 둘째, 금성과 수성의 독특한 운동은 이 두 행성이 태양을 중심으로 하는 원 위를 움직이기 때문에 나타난다. 에우독소스보다 후대 사람인 사모스의 아리스타르코스는 기원전 300년경 헤라클레이토스보다 한 걸음 더 나아가 지구도 태양 주위를 돈다는 추측을 내놓았다.

이 두 사람의 생각은 널리 수용되지 않았다. 기원전 150년경 히파르코스는 에우독소스의 원에 기반한 모형을 받아들여, 지구가 부동의 중심이어야 한다는 생각을 다시 한번 확고히 했다. 히파르코스가 에우독소스보다 한 걸음 더 나아간 점은, 행성의 복잡한 운동을 새롭게 설명했다는 것이다. 그에 따르면, 행성은 원형 궤도를 움직이는데, 그 궤도의 중심이 또한 원 위를 움직인다. 마치 오늘날 우리가 아는 달의 움직임과 같다는 것이다. 달은 지구를 중심으로 하는 원형 궤도를 도는데, 지구도 태양 주위를 돈다.

부동의-지구-중심 우주관은 프톨레마이오스에게도 이어진다. 프톨레마이오스는 가장 위대한 고대 그리스 천문학자라 할 수 있다. 기원후 2세기에 쓰여진 13권으로 된 그의 저술 『알마게스트 Almagest』는 천4백 년 동안 유럽의 천문학을 지배했다. 프톨레마이오스는 원에 기반한 에우독소스 모형을 받아들여 수학적으로 엄밀한 모형으로 발전시켰다. 프톨레마이오스 이론은 후기 그리스인들의 천문 관측 능력이 점차 향상되는 가운데에서도 관측 결과와 잘 일치했다.

궤도들의 수를 줄이기

그리스 이후에 찾아온 시기, 즉 카톨릭 교회가 주도한 대략 기원후 500년에서 1500년까지의 시기에는 우주의 운행에 대한 과학적 설명을 시도하고자 하는 사람을 북돋울 요인이 거의 없었다(반대로 그런 사람을 억압할 요인은 상당히 많았다). 지배적인 교회의 가르침에 따라 사람들은 신이 실제로 우주를 만들었음을 의심조차 하지 않았다. 우주는 신의 우주였고, 신만의 우주였다. 다른 한편 인간은 신의 뜻을 이해하기 위해 노력해야 한다는 것 역시 교회의 가르침 중 하나였다. 이 가르침이 피난처가 될 수 있음을 안 몇 명의 과감한 16세기 사상가들은 신이 수학적 법칙에 의거해서 우주를 창조했다는 새로운 주장을 내놓았다. 만일 이 주장이 옳다면, 우주의 법칙들을 이해하는 것은 가능할 뿐만 아니라 신의 뜻을 따르는 일이기도 하다.

수학적 천문학 연구의 길이 다시 열리자, 초기 르네상스 사상가들은 고대 그리스인의 생각을 부활시키고 훨씬 더 정확해진 관측 자료들을 통해 보강할 수 있었다. 교회의 가르침에 근거한 신비적인 사변은 점차 합리적인 수학적 분석에게 자리를 내주었다. 수학자들과 천문학자들이 다만 신의 뜻을 이해하려 할 뿐이라는 생각은, 그들의 연구 결과가 교회의 근본 교리와 정면으로 부딪히지 않는 한, 그들을 보호해주었다. 그때 더 이상 보호받을 수 없이 폭풍의 중심에 서게 된 불행한 선지자가 있었으니, 그는 1473년에서 1543년까지 살았던 코페르니쿠스이다.

코페르니쿠스가 등장할 당시에는, 늘어나는 방대한 관측 자료에 맞추어 프톨레마이오스 우주 모형을 보완하는 작업이 계속되어, 태양과 달과 당시 알려진 다섯 행성의 움직임을 기술하기 위해 대략 77개의 원이 사용되는 복잡한 체계에까지 이른 상태였다. 코페르니쿠스는 아리스타르코스를 비롯한 여러 그리스인이 태양 중심 우주 모형을 제안했음을 알고, 혹시 지구 대신 태양을 중심에 놓으면 보다 간단한 설명을 얻을 수 있지 않을까, 스스로 묻기 시작했다. 축적된 자료에 맞는 모형을 만들기 위해서는 약간의 독창성이 필요했다. 결국 코페르니쿠스는 지구 중심 모형에서 필요했던 77개의 원을, 새로운 태양 중심 모형을 통해서 34개로 줄이는 데 성공했다.

수학적인 이유에서 코페르니쿠스의 태양 중심 모형은 기존의 모형보다 훨씬 우월했지만, 교회는 새 모형에 강하게 반발했다. 교회는 새 이론이 "칼뱅과 루터의 저술을 비롯한 모든 이단보다 더 혐오스럽고 해롭다"고 선언했다. 덴마크 천문학자 티코 브라헤는 코페르니쿠스 이론을 반박할 목적으로 엄청난 노고를 감수하면서 정밀한 천문 관측을 했다. 그러나 결과적으로 그가 얻은 추가 자료들은 태양 중심 모형의 우월성을 입증할 뿐이었다.

케플러(1571~1630)가 행성들이 태양 주위의 원형 궤도를 도는 것이 아니라 타원형 궤도를 돈다는 결론에 도달할 수 있었던 것은 주로 티코 브라헤의 정밀하고 방대한 관측 자료에 의지할 수 있었기 때문이다. 케플러가 제시한 세 개의 행성 운동 법칙(이미 4장에서 살펴본 바 있다)은, 케플러 자신이 한몫 거든 과학혁명 이후의 시대를 특징짓는 과학적 정확함을 보여주는 탁월한 예이다.

1. 행성들은 태양을 두 초점 중 하나로 하는 타원 궤도를 따라 태양 주

위를 돈다.

  2. 행성이 궤도를 돌 때, 같은 시간 간격 동안 행성 위치의 반지름 벡터가 쓸고 지나가는 면적은 일정하다.

  3. 행성의 공전 주기의 제곱은 태양으로부터의 평균 거리의 세제곱에 비례한다.

행성 운동의 패턴을 이렇게 간단하게 포착했다는 점에서 케플러 모형은 코페르니쿠스의 원에 기반한 이론보다 훨씬 우월하다. 뿐만 아니라 케플러 법칙 덕분에 임의의 미래 시점에서 행성이 자리할 정확한 위치를 비교적 쉽게 예측할 수 있게 되었다.

케플러 모형에 대한 최종적인 입증—동시에 교회가 가르쳐온 지구 중심 모형의 관에 박히는 최후의 못—은 갈릴레오가 스스로 발명한 망원경으로 행성들을 극도로 정밀하게 관찰함으로써 이루어졌다.

갈릴레오의 저술들은 교회에 의해 1633년부터 1822년까지 금서로 지정되었지만—그 기간 내내 교회의 '공식' 입장은 여전히 지구가 우주의 중심이라는 것이었다—사실상 르네상스 이후의 모든 과학자들은 코페르니쿠스의 태양 중심 모형이 옳음을 의심하지 않았다. 그들은 왜 그렇게 확신할 수 있었을까? 우리가 매일 경험하는 바에 따르면, 지구는 우리의 발 밑에 멈춰 있고, 태양과 달과 별들이 우리 위로 하늘 속을 움직이지 않는가?

대답은 수학이다. 태양 중심 모형이 채택된 유일한 이유는, 태양을 중심에 놓으면 지구를 중심에 놓는 것보다 훨씬 간단한 수학이 된다는 것뿐이었다. 코페르니쿠스 혁명은, 사람들이 스스로의 눈으로 포착한 증거를 수학 때문에—혹은 보다 정확히 표현하자면, 보다 단순한 수학적 설명의 욕구 때문에—거부한 역사상 최초의 사건이다.

수의 중요성을 일깨운 사람

케플러의 법칙을 입증한 것은 갈릴레오가 남긴 수많은 중요한 업적 중 하나에 불과하다. 1564년 이탈리아 피렌체에서 태어난 갈릴레오는 17세에 의학을 공부하기 위해 피사 대학에 입학했지만, 유클리드와 아리스토텔레스의 글을 읽으면서 과학과 수학으로 관심을 바꾸게 되었다. 이 관심 전환은 갈릴레오 자신뿐만 아니라 인류 전체에게 매우 중요한 전환이 되었다. 왜냐하면 갈릴레오는 동시대인인 데카르트와 함께 오늘날의 과학과 기술로 곧바로 연결된 과학혁명에 불을 당겼기 때문이다.

데카르트가 경험적 증거에 기반한 논리적 추론의 중요성을 강조했다면, 갈릴레오는 측정을 강조했다. 이를 통해 갈릴레오는 과학의 본성을 바꾸어놓았다. 갈릴레오는 여러 자연 현상 밑에 숨은 원인을 찾는 것이 아니라—이것이 고대 그리스 이래 과학의 목표였다—측정된 여러 양들 사이의 수적 관계의 파악을 추구했다. 예를 들어 탑 꼭대기에서 물체를 놓았을 때 무슨 원인이 물체를 바닥으로 떨어지게 하는지를 설명하려 노력하는 대신에, 갈릴레오는 떨어뜨린 이후 물체의 위치가 시간에 따라 어떻게 변하는지를 알고자 노력했다. 이를 위해 그는 작고 무거운 공을 높은 위치에서(흔히 피사의 사탑에서 떨어뜨렸다고 얘기되지만, 근거 없는 얘기다) 떨어뜨렸을 때, 떨어지는 동안 공이 거치는 여러 지점에 도달하기까지의 시간을 측정했다. 그는 매순간 공이 떨어지며 거친 거리는 떨어진 시간의 제곱에 비례함을 발견했다. 현대적 대수학 기호들로 표현한다면, 갈릴레오는 낙하거리 d와 낙하시간 t, 그리고 상수 k를 연결하는 관계 $d = kt^2$을 발견했다.

오늘날 우리는 이런 종류의 수학적 법칙에 매우 익숙해졌기 때문에 이런 방식으로 자연 현상을 보는 시각이 겨우 4백 년밖에 되지 않았고, 또한 고도로 인위적이라는 사실을 쉽게 간과한다. 갈릴레오의 공식과 같은 종류의 수학적 공식을 얻으려면, 세계의 측정 가능한 특징들을 식별하고, 이어서 그 특징들 사이의 의미 있는 관계를 찾아야 한다. 이런 접근 방식이 통하는 특징들은, 시간, 길이, 면적, 부피, 무게, 속도, 가속도, 관성, 힘, 모멘트, 온도 등이다. 무시될 수밖에 없는 특징들은 색, 촉감, 냄새, 맛 등이다. 잠시만 생각해보면 첫번째 나열된 특징들, 즉 갈릴레오의 탐구 방식이 적용될 수 있는 특징들 대부분은 순전히 수학적 **구성물**임을 알게 될 것이다. 그 특징들은 오직 여러 현상에 수를 부여함으로써만 의미를 획득한다(수량적이지 않은 의미를 가지는 특징들 역시 갈릴레오의 방법을 적용하려면 수량적으로 만들어야 한다).

수학 공식은 둘 이상의 이런 수량적 특징들을 관련지으며, 이를 통해 현상에 대한 일종의 기술(description)을 제공하지만, 그 현상에 대한 설명은 제공하지 않는다(수학 공식은 당신에게 원인을 가르쳐주지 않는다). 이는 정말로 혁명적인 '과학하기' 방법이었으며, 처음에는 적잖은 반대를 불러일으켰다. 심지어 데카르트조차도 회의적인 입장을 취했다. "빈 공간 속에서 낙하하는 물체에 관해 갈릴레오가 하는 얘기는 모두 근거가 없다. 갈릴레오는 먼저 무게의 본성을 규명했어야 한다"라고 데카르트는 말했다. 그러나 새로운 방법의 천재성은 그 방법으로 이룬 엄청난 성취를 통해 드러났다. 오늘날 수학을 써서 연구되는 '자연의 패턴' 대부분은 보이지 않으며 수량적인 갈릴레오의 우주에서 발생하는 패턴들이다.

사과가 어떻게 떨어지는지

갈릴레오가 사망한 해인 1642년 영국의 시골 마을 울스토프에서 뉴턴이 태어났다(3장 참조). 뉴턴은 갈릴레오의 새로운 수량적 과학 방법을 전적으로 수용한 최초의 과학자들 중 하나였다. 뉴턴의 힘과 중력에 관한 이론에서 우리는 새로운 과학 방법이 지닌 추상적이고 인위적인 본성이 극적으로 드러난 실례를 볼 수 있다. 누구나 아는 뉴턴의 힘의 법칙을 살펴보자.

물체에 가해진 전체 힘은 물체의 질량과 가속도의 곱이다.

이 법칙은 매우 추상적인 세 현상인 힘, 질량, 가속도 사이에 성립하는 정확한 관계를 진술한다. 그 관계는 흔히 다음과 같은 수학 등식으로 표현된다.

$$F = m \times a$$

등식에 굵은 철자가 사용된 것은 벡터를 나타내기 위해서이다. 수학자들은 벡터를 표기하기 위해 표준적으로 굵은 철자를 사용한다. 벡터는 크기뿐만 아니라 방향도 가진 양이다. 뉴턴의 등식에서 힘 F와 가속도 a는 둘 다 벡터이다. 이 등식에서 힘과 가속도는 순전히 수학적인 개념이며, 좀더 세밀히 검토해보면 질량 역시 기대했던 것보다 훨씬 '물리적' 실재성이 적은 개념임이 드러난다.

다른 예로 뉴턴의 유명한 중력의 역제곱 법칙을 살펴보자.

두 물체 사이의 중력은 질량의 곱을 거리의 제곱으로 나눈 것에 비례한다.

이 법칙을 등식으로 표현하면 다음과 같다.

$$F = k \times \frac{M \times m}{r^2}$$

이때 F는 중력의 크기를, M과 m은 두 질량을, r은 둘 사이의 거리를 나타낸다.

뉴턴의 중력법칙은 매우 유용함이 밝혀졌다. 중요한 실례를 살펴보자. 1820년 천문학자들은 천왕성 궤도에서 설명할 수 없는 편차를 관측했다. 가장 타당한 설명은, 이제껏 알려지지 않은 어떤 행성의 중력에 의해서 궤도가 영향을 받았다는 것이었다. 그 알려지지 않은 행성은 해왕성으로 명명되었다. 그러나 해왕성이 실제로 존재하는 것이 확실한가?

1841년 영국 천문학자 애덤스(John Couch Adams)는 뉴턴의 법칙을 써서 천왕성의 궤도를 수학적으로 엄밀하게 분석했고, 그 결과 알려지지 않은 행성의 질량과 정확한 궤도를 계산할 수 있었다. 애덤스의 분석은 처음에는 무시되었지만, 1846년 독일 천문학자 갈레(Galle)가 그 분석 내용을 입수했고, 그 내용을 읽자마자 곧바로 몇 시간 안에 해왕성을 발견했다. 당시의 망원경이 오늘날에 비교해서 원시적이었음을 감안할 때, 뉴턴의 법칙에 의해 가능했던 정확한 계산이 없었다면, 해왕성이 발견되었을 가능성은 매우 희박했을 것이다.

보다 최근의 예도 있다. 뉴턴의 법칙은 통신위성들을 지구 주위의 정지 궤도에 올려놓거나, 행성간의 긴 여행을 떠나는 유인 무인 우주선들을 쏘아 보내는 제어 체계의 기반을 이룬다.

뉴턴의 중력법칙은 이렇게 고도로 정확하지만, 중력의 **본성**에 대해서는—중력이 무엇인지에 대해서는—우리에게 아무것도 말해주지 않는다. 뉴턴 법칙은 중력에 대한 수학적 기술이다. 오늘날까지도 우리는 중력의 물리학적 기술을 손에 넣지 못했다(아인슈타인의 공로로 우리는 중력이 시공간의 곡률의 나타남이라는, **부분적으로** 물리적인 설명을 가지게 되었다. 아인슈타인의 설명을 다루기 위해 요구되는 수학은 뉴턴 법칙의 단순한 대수학보다 훨씬 더 복잡하다).

우리를 묶는 보이지 않는 끈

오늘날 우리는 지구 반대편에 있는 사람과 전화로 대화하고, 수 킬로미터 혹은 수천 킬로미터 떨어진 곳에서 일어나는 사건을 텔레비전을 통해 실시간으로 보고, 도시 반대편에 있는 녹음실에서 연주되는 음악을 라디오로 듣는 것을 대수롭지 않게 여긴다. 지구라는 행성의 거주자인 우리는 현대적 통신기술에 의해 서로에게 보다 가까워졌다. 현대적 통신기술은 라디오파, 혹은 보다 전문적인 용어로는 전자기파라 불리는 보이지 않는 '파동' 을 이용해서 정보를 멀리 떨어진 곳으로 보내는 것을 가능하게 만들었다('파동' 이라고 따옴표를 붙인 이유는 곧 설명될 것이다).

사실상 지난 30년 동안 급속도로 이루어진 전자기 매개 통신기술의 발달은 인류의 삶을 본질적으로 바꾼 네번째 격변인 것이 거의 확실하다. 첫번째 격변은 수십만 년 전 일어난 언어의 습득이다. 언어를 습득함으로써 우리의 먼 조상들은 긴 정보를 개인으로부터 개인에게 또한 세대로부터 세대에게 전달할 수 있게 되었다.

약 7천 년 전 문자가 발명됨으로써 인류는 비교적 오래 보존되는 정보의 기록을 창출할 수 있게 되었고, 씌어진 글을 시간적 공간적으로 멀리 떨어진 상대와의 통신 수단으로 사용할 수 있게 되었다.

16세기에 이루어진 인쇄술 발명은 한 개인이 다수의 타인에게 정보를 널리 알리는 수단을 제공했다. 이 모든 발전들은 사람들을 사회적으로 서로에게 가깝게 만들었고, 점점 더 큰 기획에 공동으로 참여하는 것을 가능케 했다.

마지막으로, 전화, 라디오, 텔레비전, 그리고 보다 최근에 생긴 전자통신을 통해서, 우리 인간 사회는 수많은 사람들이 조직적으로 활동하는 사회, 말뜻 그대로 집단적 두뇌를 말하는 것이 과언이 아닌 사회를 향해 빠르게 발전해가고 있는 듯이 보인다. 한 가지 예만 들어보자면, 수천 명의 사람들을 일사불란하게 움직이는 통일된 팀으로 묶을 능력이 없었다면, 우리는 달에 사람을 보내고 그가 살아서 귀환하도록 할 수 없었을 것이다.

현대의 삶은 매순간 빠르게 우리를 스쳐 지나는—또한 우리를 관통하는—보이지 않는 전자기파로 얽혀 있다고 해도 과언이 아니다. 우리는 그 파동의 효과를 보고 직접 이용하므로, 파동이 있음을 (혹은 최소한 무언가 있음을) 안다. 하지만 그 파동들은 정확히 무엇일까? 그리고 우리가 어떻게 그토록 정확하게 또한 효과적으로 그 파동들을 이용할 수 있는 것일까? 첫번째 질문에 대한 대답은 우리에게 아직 없다. 중력의 경우와 마찬가지로, 전자기 복사파가 무엇인지 우리는 사실상 모른다. 그러나 무엇이 우리로 하여금 전자기파를 그토록 유용하게 이용할 수 있게 하는지에 대해서는 확실한 대답이 있다. 그것은 수학이다.

우리로 하여금 전자기파를 '볼' 수 있게 해주고, 발생시키고 제어하고 이용할 수 있게 해주는 것은 수학이다. 우리가 아는 바로는, 전자기파를 기술하는 유일한 방법은 수학적 방법이다. 사실상 전자기파는 수학이 그것을 파동으로 취급한다는 이유에서, 오직 그 이유에서 **파동**이다. 다시 말해서 우리가 전자기 복사라 부르는 현상을 다루기 위해 우리가 사용하는 수학이 파동 운동 이론이다. 그 수학을 사용하는 것에 대한 유일한 정당화는 그것이 효과적이라는 것뿐이다. 실제 현상이 정말로 어떤 매질 안에 있는 파동인지의 여부는 알려져 있지 않다. 현존하는 증거에서 추측할 수 있는 바로는, 파동 표상은 기껏해야, 아마도 우리가 영원히 완전히 이해하지는 못할 어떤 현상을 가리키는 근사적인 표현인 것 같다.

오늘날 우리는 통신기술에 묻혀 살지만, 그 기술의 기반이 되는 과학적 지식은 놀랍게도 불과 150년 전에 탄생했다. 최초로 라디오 신호가 송수신된 것은 1887년이다. 이를 가능케 한 과학은 그보다 불과 25년 전에 개발되었다.

맥스웰 하우스. 지구는 우리들의 작은 집

오늘날의 통신기술은 세계를 이미 하나의 마을로—지구촌으로—바꾸어놓았고, 우리는 곧 한 가족처럼 전 지구적인 한 집에 살게 될 것이라고, 사람들은 흔히 얘기한다. 수많은 사회 문제들 그리고 종결의 기미가 안 보이는 현대적 분쟁들을 감안할 때, 그 비유는, 가족이 거의 콩가루 가족을 의미할 때만 타당할 것이다. 그러나 우리 세계는 실제로 한 집과 유사해지기 시작했다. 그런 집을 짓는 데 필요한 과학은, 1831년에서 1879년까지 살았던 영국 수학자 맥스웰(James Clerk Maxwell)에 의해 개발되었다.

맥스웰의 전자기 이론 연구의 계기가 된 핵심적인 관찰은 1820년 우연히 이루어졌다. 덴마크 물리학자 외르스테드(Hans Christian Oersted)는 어느 날 자신의 실험실에서 작업하는 도중에, 근처에 놓인 전선에 전류가 흐르면 나침반의 바늘이 움직이는 것을 관찰했다. 외르스테드가 동료에게 관찰한 바를 얘기하자 그 동료는 그저 어깨를 으쓱하면서 늘 그런 일이 생긴다고 말했다고 전해진다. 실제로 그런 대화가 있었든 혹은 그렇지 않든, 외르스테드는 그 현상이 흥미롭다고 여겨 덴마크 왕립 과학 아카데미에 보고했다. 그의 보고는 전기와 자기 사이에 연관성이 있음을 드러낸 최초의 보고가 되었다.

전기와 자기 사이에 더 깊은 연관성이 있다는 사실은 이듬해 프랑스인 앙페르(André-Marie Ampère)에 의해 입증되었다. 그는 서로 가깝게 평행으로 놓인 두 전선에 전류가 흐르면, 두 전선이 마치 자석처럼 작용한다는 사실을 발견했다. 두 전선에 같은 방향으로 전류가 흐르면 둘은 서로를 끌어당긴다. 반면에 반대 방향으로 전류가 흐르면, 전선은 서로를 밀어낸다.

10년 후인 1831년 영국인 인쇄공 패러데이(Michael Faraday)와 미국인 교장 헨리(Joseph Henry)가 각기 독자적으로 본질상 위의 발견의 역인 발견을 이루었다. 원형 전선을 변하는 자기장 속에 넣으니 전선에 전류가 유도되었다.

바로 이 지점에서 맥스웰이 등장했다. 대략 1850년부터 맥스웰은 눈에 보이지 않는 자기 현상과 전기 현상 사이의 기이한 관련성을 설명하는 과학적 이론을 탐구했다. 그는 특히 위대한 영국 물리학자 톰슨(William Thomson, 켈빈 경)에게서 강한 영향을 받았다. 톰슨은 전자기 현상을 역학적으로 설명하려 애썼다. 그는 특히 유체 속에서 파동의 움직임에 관한 역학 이론을 개발한 후, 자기와 전기를 에테르 속에 있는 일종의 역장(force field)으로 설명할 수 있을지도 모른다고 제안했다. 에테르는 가설적으로 주장된—그러나 지금까지 발견되지 않은—빛과 열 전달의 매질이다.

역장, 혹은 보다 간단히 말해서 장 개념은 고도로 추상적이므로, 오직 순수하게 수학적인 방식으로만(소위 벡터 장이라는 수학적 대상으로) 기

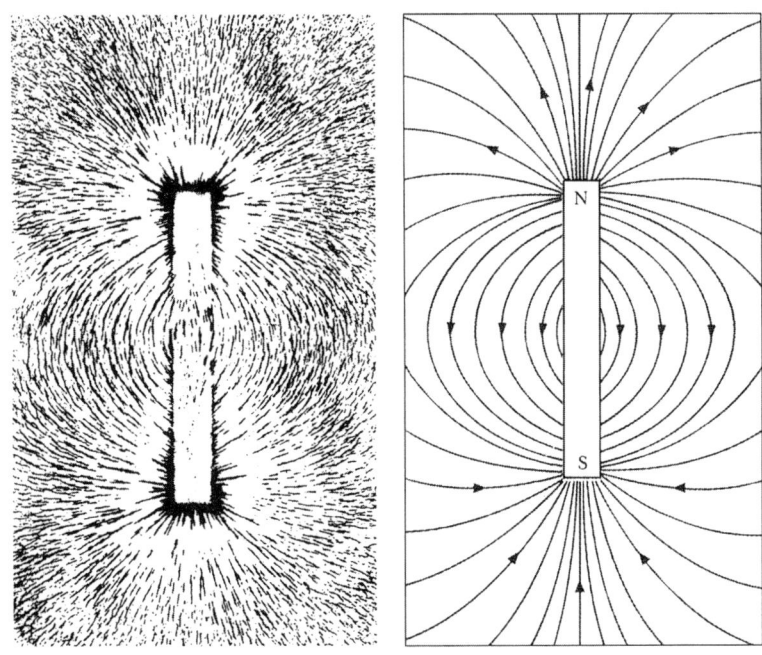

[그림 8-1] 자석 위에 카드를 올려놓고 그 위에 쇳가루를 뿌리면 쇳가루는 저절로 자리를 잡아 자기장의 역선들을 그린다.

A   B

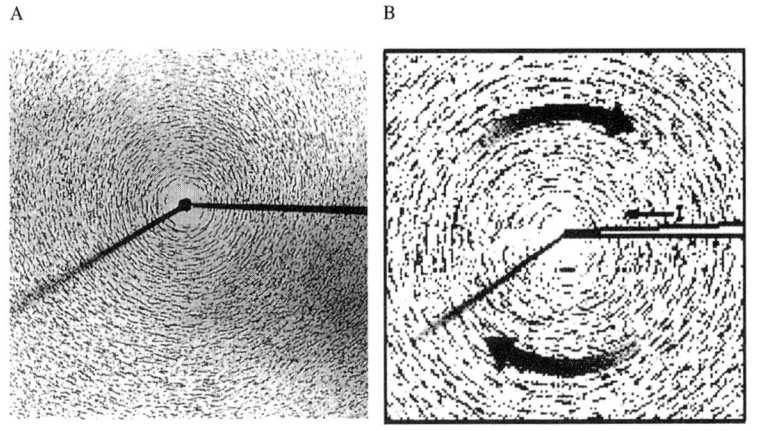

[그림 8-2] 전류가 흐르는 전선 주위에 놓인 카드 위에 쇳가루를 뿌리면 쇳가루는 저절로 자리를 잡아, 전류가 발생시킨 자기장의 역선들을 그린다.

술될 수 있다. 당신은 자석 위에 카드 한 장을 올려놓고 그 위에 쇳가루를 뿌려서 자기력 장 안에 있는 '역선(line of force)'들을 시각적으로 포착할 수 있다. 카드를 살살 두드리면, 쇳가루는 스스로 자리를 잡아 멋진 곡선들을 그린다. 그 곡선들은 비가시적인 자기력선을 나타낸다(〔그림 8-1〕참조).

전기력 장도 비슷한 방식으로 가시화될 수 있다. 카드에 구멍을 뚫고 전선을 관통시켜 전류를 흐르게 한 다음, 카드에 쇳가루를 뿌리고 카드를 살살 두드리면, 쇳가루들은 스스로 자리를 잡아 전선을 중심으로 하는 동심원들을 그린다(〔그림 8-2〕참조).

수학자들에게 역장이란, 각 점에서 힘의 작용이 있는 영역을 의미한다. 그 영역 안에서 당신이 움직인다면, 당신의 위치에 따라 힘의 크기와 방향이 모두 달라지는데, 일반적으로는 단절 없이 연속적으로 달라진다. 많은 역장들의 경우 각 점에서의 힘은 시간에 따라서도 변한다.

역장처럼 추상적인 대상을 설명하는 유일한 길은 갈릴레오의 방식대로 수학을 이용하는 길임을 간파한 맥스웰은 전기와 자기의 성질을 정확히 기술하는 수학적 방정식들의 집합을 구성하기 위해 노력했다. 그는 놀라운 성공을 거두었고, 자신의 결론을 1865년 『전자기장의 동역학 이론 A Dynamical Theory of the Electromagnetic Field』이라는 제목으로 발표했다.

힘의 방정식들

소위 맥스웰 방정식은 전부 네 개다. 그 방정식들은 전기장 E와 자기장 B의 성질들을 기술하며, 이 둘과 또다른 두 양인 전하밀도 ρ(rho, 로)

와 전류밀도 j 사이의 관계를 기술한다. 이 각각의 양은 오직 그것이 포함된 수학적 방정식을 통해서만 제대로 이해할 수 있는, 엄밀한 수학적 항목이라는 사실을 강조해야겠다. 구체적으로 말해서 E는 각각의 점과 시점에 대해서 그 점에서의 전기력을 지정하는 벡터 함수이며, B는 각각의 점과 시점에 대해서 그 점에서의 자기력을 지정하는 벡터 함수이다.

맥스웰 방정식들은 소위 편미분방정식이다. 예를 들어 E와 B는 시간과 위치 둘 다에 따라 변한다. 주어진 점에서 이 양들의 (시간적) 변화율은 이 양들을 t에 대해 편미분함으로써 계산한다. E와 B의 시간 t에 대한 편미분은 각각 다음과 같이 표기된다.

$$\frac{\partial E}{\partial t}$$

그리고

$$\frac{\partial B}{\partial t}$$

(E처럼 두 개 이상의 변수를 가진 함수에 대해서는, 각각의 변수와 상관해서 두 개 이상의 도함수를 정의할 수 있다. 그 도함수들의 실제 정의는 우리가 3장에서 살펴본 일변수 함수의 경우에서와 동일하다. 미분에서 아무 역할을 하지 않는 변수는 그냥 상수로 취급된다. 또다른 변수가 있음을 나타내기 위해 수학자들은 특별한 표기법을 사용한다. 예를 들어 $\frac{dE}{dt}$ 대신에 $\frac{\partial E}{\partial t}$ 를 사용한다. 이런 도함수는 **편도함수**라 부른다.)

가장 단순한 경우로 진공중의 전자기장을 생각하고, 몇 가지 상수항들을 무시하면, 맥스웰 방정식은 다음과 같다(나는 우선 수학적인 표기법을 사용한다. 일상 용어를 사용한 설명은 곧 이어질 것이다).

1. div $E = \rho$ (가우스의 법칙)
2. **curl** $B = j + \frac{\partial E}{\partial t}$ (앙페르-맥스웰 법칙)
3. **curl** $E = -\frac{\partial B}{\partial t}$ (패러데이의 법칙)
4. div $B = 0$ (자기 단극은 존재하지 않음)

연산 div(divergence, 다이버전스)와 **curl**(컬)은 벡터 미적분학에 등장하는 연산들이다(벡터 미적분학은 장의 변화율을 계산할 때 필요한 미적분학이다). 임의의 장 F에 대해서, 주어진 부피로부터 나오는 F의 선속(flux, 역선 다발)이란, 그 부피로부터 나오는 역선들의 수를 말한다. 대략적으로 선속은, 그 부피 주위에서 힘 F가 얼마나 강한지, 혹은 그 부피에서 얼마나 많이 F가 나오는지를 나타낸다. 다이버전스 F, 즉 div F는 장 속에 있는 각 점에 대해서, 그 점을 둘러싼 작은 구면을 통과하면서 흘러나가는 F의 단위 부피당 선속을 나타내는 양이다. 한 점에서의 **curl** F는 그 점 주위의 작은 영역에서 일어나는 공간적 소용돌이의 회전 벡터를 나타낸다. 대략적으로 말하면, 그 점 주위의 구역에서 장의 방향이 얼마나 회전하는지를 나타낸다.

서술적인(즉 수량적이지 않은) 언어를 사용한다면, 맥스웰 방정식은 대략 다음과 같다.

1. 유한한 부피에서 나오는 전기장 선속은 그 부피 속에 있는 전하량에 비례한다.
2. 전류 또는 전기장 선속의 변화는 자기장 소용돌이를 일으킨다.
3. 자기장 선속의 변화는 전기장 소용돌이를 일으킨다.
4. 유한한 부피에서 나오는 자기 선속의 총합은 항상 0이다.

맥스웰 방정식에 따르면, 만일 어떤 도체(예를 들어 전선) 속에서 전류가 앞뒤로 방향을 바꾸면서 흐르면, 이를 통해 생겨나는 전자기장은, 전류처럼 시간에 따라 변하면서, 도체를 떠나 **전자기파**의 형태로 공간 속으로 흘러든다. 파동의 진동수는 파동의 원인인 전류의 진동수와 같을 것이다(이것이 라디오 및 텔레비전 전송의 기초이다). 맥스웰은 자신의 방정식을 써서 공간 속으로 퍼지는 전자기파의 속도를 계산할 수 있었다. 전자기파의 속도는 초당 약 30만 킬로미터였다.

이렇게 빠르게 움직이는 그것이 어떤 의미에서 파동이란 말인가? 엄밀하게 말한다면, 수학이 당신에게 제공한 것은 단지 수학적 함수뿐이다. 즉 맥스웰 방정식의 해뿐이다. 그런데 그 해는, 당신이 예를 들어 기체나 액체 속에서 움직이는 파동을 연구할 때 등장하는 함수와 같은 종류이다. 그러므로 수학적으로 볼 때는 그것을 파동이라 부르는 것이 전적으로 타당하다. 그러나 맥스웰 방정식을 다룰 때 우리는 우리 자신이 창조한 갈릴레오의 수학적 세계 속에서 작업하는 중이라는 사실을 명심하라. 우리의 방정식이 표현하는 다양한 수학적 항목들 사이의 관계는 (우리가 연구를 올바로 했다면) 우리가 연구하고자 하는 실제 세계 현상의 해당 특징들에 매우 잘 부합할 것이다. 그렇게 우리의 수학은 우리에게 대단히 유용한 **기술**(記述)이 될 수 있는 어떤 것을 제공할 것이다. 그러나 수학이 우리에게 참된 **설명**을 제공하지는 않을 것이다.

수학의 빛

전자기파의 정체가 파동이든 아니든, 맥스웰은 자신이 계산한 속도가 매우 잘 알려진 어떤 속도와 거의 같다는 사실을 흥분 속에서 확인했다. 계산된 속도는 당시 꽤 정확하게 측정되어 있었던 빛의 속도에 매우 가까웠다. 충분히 가까워서 두 속도가 사실은 동일할지도 모른다는 추측이 가능할 정도였다〔빛의 속도 측정의 역사 초기에 이루어진 한 측정은 1673년에 이루어진 것으로, 목성의 위성 이오(Io)의 월식이, 지구가 목성에서 가장 멀리 있는 시기에 측정하면, 가장 가까이 있는 시기에 측정한 것보다 16분 정도 늦게 일어난다는 사실을 기반으로 한다. 그 16분의 지연이, 빛이 더 많은 거리를—대략 지구 공전 궤도의 지름인 3억 킬로미터를 추가해서—달려야 하기 때문에 일어난다는 가정하에 계산하면, 빛의 속도가 대략 312,000km/s로 계산된다. 19세기 후반에 이루어진 보다 정밀한 측정에서는 300,000km/s보다 약간 작은 계산값이 산출되었다〕.

어쩌면 빛과 전자기파가 단지 전파 속도만 같은 것이 아닐지도 모른다고 맥스웰은 생각했다. 그는 어쩌면 그 둘이 같은 하나일지도 모른다는 추측을 1862년 제시했다. 빛은 어쩌면 전자기 복사파의 특정 형태가 아닐까? 이를테면 특정한 진동수를 가지는 전자기 복사파가 아닐까?

당시에는 빛의 본성과 관련해서 서로 대립되는 두 이론이 있었다. 한 이론은 1650년경 뉴턴이 제안한 입자론으로, 빛이 작고 보이지 않는 입자들로 이루어졌다고 주장했다. 그 입자는 미립자(corpuscle)라 불리며, 빛을 내는 모든 물체에서 방출되어 직선으로 움직인다. 빛이 파동으로 이루어졌다고 생각하는 또하나의 이론은 뉴턴의 이론과 거의 같은 시기에 호이겐스(Christiaan Huygens)에 의해 주장되었다(오늘날 우리는 미립자 이론도 파동 이론도 완벽하게 '옳지는' 않음을 안다. 어떤 현상에 대해서는 미립자 이론이, 또다른 현상에 대해서는 파동 이론이 경쟁 이론보다 훨씬 더 훌륭하게 현상과 일치한다).

맥스웰의 시대에는 대부분의 물리학자들이 파동 이론을 선호했기에,

빛이 단지 전자기 복사파의 한 형태일 뿐이라는 맥스웰의 추측은 쉽게 동의를 얻었을 법하다. 그러나 실제로는 그렇지 않았다. 문제는 맥스웰 이론이 본성상 고도로 수학적이라는 것에 있었다. 예를 들어 켈빈 경은 1884년의 한 강연에서, 맥스웰의 연구는 빛을 만족스럽게 설명하지 못하며, 물리학자들은 설명적이며 역학적인 모형을 계속해서 추구해야 한다고 선언했다. 당연히 맥스웰 자신도 이런 비판에 무관심할 수 없었다. 그는 여러 차례 역학적 설명을 제시하려 시도했지만, 한 번도 성공하지 못했다. 또한 오늘날 우리도 그런 설명을 가지고 있지 못하다.

직관적인 설명력이 없음에도 불구하고 맥스웰 이론은 과학적으로 강력할 뿐만 아니라 매우 유용하기도 하다. 오늘날 그 이론은 전자기 복사에 대한 표준적인 수학적 기술로 받아들여진다. 이미 1887년에 독일 물리학자 헤르츠(Heinrich Hertz)는 한 회로에서 전자기파를 발생시키고 약간 떨어진 곳에 있는 다른 회로에서 그 전자기파를 받는 데 성공했다. 간단히 말해서 헤르츠는 세계 최초로 라디오 전송에 성공했다. 몇 년 후 라디오 파동은 점점 더 먼 거리로 인간의 음성을 전달하는 데 이용되고 있었다. 헤르츠의 실험이 있고 불과 82년이 지난 1969년에는, 달 표면에 우뚝 선 한 인간이 지구에 있는 동료들과 대화하기 위해 라디오 파동을 사용했다.

오늘날 우리는 빛이 실제로 전자기 복사파의 한 형태라는 것과, 매우 폭넓은 전자기 복사파의 형태가 있음을 안다. 전자기 복사파는 파장에 따라 광범위한 스펙트럼을 이루는데, 전자기 복사파의 파장은 고진동수 한계에서는 10^{-14}m 정도로 짧고, 저진동수 한계에서는 10^8m 정도로 길다. 라디오와 텔레비전 신호를 전송할 때 사용되는 라디오 파동은 빛보다 훨씬 낮은 진동수를 가지며 전자기파 스펙트럼에서 저진동수 한계 영역에 자리한다.

라디오 파동보다는 진동수가 높지만 빛보다는 진동수가 낮은 영역에는 적외선이 있다. 적외선 파동은 눈에 보이지 않으며 열을 전달한다. 빛은 전자기파 스펙트럼 중에서 눈에 보이는 영역에 해당한다. 그 영역의 저진동수 구역에는 붉은빛이 있고, 고진동수 구역에는 보랏빛이 있으며, 그 사이에는 누구나 아는 무지개 색—주황, 노랑, 녹색, 파랑, 남색—이 차례대로 있다. 보라색 빛보다 약간 높은 진동수를 가지는 복사파는 자외선이라 불린다. 자외선은 인간의 눈으로는 볼 수 없지만, 사진 필름을 검게 변색시키므로 특별한 장치를 이용하면 볼 수 있다.

자외선을 넘어서는 영역에는 비가시적인 X-선이 있다. X-선은 사진 필름을 검게 변색시킬 뿐 아니라 인간의 근육을 관통하기도 한다. 이 두 특징 때문에 X-선은 의학에서 널리 이용된다.

마지막으로 스펙트럼의 최상부에는 붕괴하는 방사성 물질에서 나오는 감마선이 있다. 최근에는 감마선도 의학에 이용되기 시작했다. 인간의 눈, 통신, 의학—심지어 전자 레인지—등 이 모든 것이 전자기 복사파를 이용한다. 이들은 모두 맥스웰 방정식에 의존하며, 그 방정식이 제공하는 정확성과 정밀성을 증명하는 증거 역할을 한다. 그러나 우리가 이미 언급했듯이, 이들이 우리에게 전자기 복사파에 대한 설명을 제공하는 것은 아니다. 맥스웰 이론은 순전히 수학적인 이론이다. 하지만 맥스웰 이론은, 수학이 어떻게 우리로 하여금 '비가시적인 것을 보도록' 만드는지 보여주는 또하나의 멋진 사례이다.

바람과 함께 사라지다

맥스웰 전자기 이론이 미해결로 남겨둔 문제가 하나 있다. 전자기 파동이 통과하는 매질은 무엇인가? 물리학자들은 그 알려지지 않은 매질을 에테르라고 명명했지만, 그 에테르가 어떤 성질을 가지는지에 대해서는 전혀 알 수 없었다. 보통 과학자들은 가능한 한 가장 단순한 이론을 추구하므로, 물리학자들은 그 신비의 에테르가 우주 어느 곳에서나 정지해 있다고 가정했다. 그러니까 에테르는 움직이는 별들과 행성들 뒤에 있는 배경이며, 빛을 비롯한 전자기 파동들은 에테르 속으로 물결치는 셈이다.

에테르가 정지해 있다는 가설을 검증하기 위해 미국 물리학자 마이켈슨(Albert Michelson)은 1881년 에테르를 감지하기 위한 독창적인 실험을 고안했다. 만일 에테르가 정지해 있고 지구가 에테르 속을 움직인다면, 지구 위의 관찰자 관점에서 보면 끊임없이 지구 움직임의 반대 방향으로 부는 '에테르 바람'이 있을 것이라고 마이켈슨은 생각했다. 마이켈슨은 이 에테르 바람을, 혹은 보다 정확히 말하자면 에테르 바람이 빛의 속도에 미치는 효과를 측정하기로 마음먹었다. 그의 발상은 이러하다. 두 개의 빛 신호를 동시에 보내는데, 하나는 에테르 속에서 지구가 움직

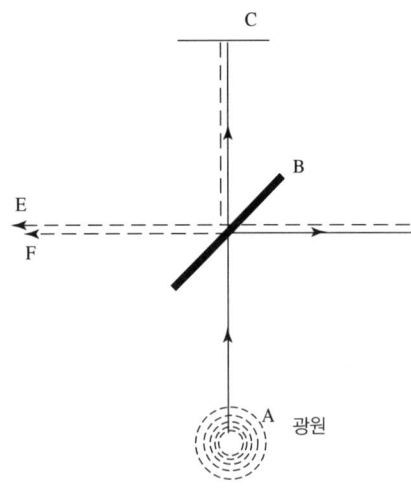

[그림 8-3] 마이켈슨 실험. 광원(A)에서 나온 광선은 반투명 거울(B)에 의해 둘로 갈라진다. 갈라진 두 광선은 거울 C, D에서 반사되어 다시 모이면서 파동 E와 F가 합쳐진 광선을 이룬다. 거리 BC와 BD는 같다. 마이켈슨은 두 파동 E와 F의 간섭을 전혀 관측하지 못했다.

이는 방향으로 보내고, 다른 하나는 그 방향에 수직인 방향으로 보낸다. 이를 위해 그는 한 개의 빛 신호를 만든 다음, 광선에 45도 각도로 놓인 반투명 거울을 이용해서 광선을 두 개의 서로 수직인 광선으로 분리했다. 두 광선은 반투명 분광거울로부터 정확히 같은 거리만큼 떨어져 있는 두 거울을 향하도록 되어 있다. 두 거울은 두 광선을 반사시켜 감지장치로 보낸다. 〔그림 8-3〕은 실험장치 전체의 개요이다.

두 광선 중 하나는, 처음에는 에테르 바람을 거슬러 움직이고, 반사된 다음에는 바람과 같은 방향으로 움직인다. 반면에 다른 광선은 계속해서 에테르 바람에 수직으로 움직인다. 그러므로 두 광선이 감지장치에 닿을 때는 약간의 편차가 있을 것이다. 처음에 에테르 바람을 거슬러 움직인 광선이 다른 광선보다 약간 더 늦게 도착하게 된다. 대등한 실력을 가진 두 수영 선수가 있다고 생각해보자. 한 선수는 우선 물살을 거슬러 수영한 다음 출발점으로 돌아오고, 다른 선수는 물살에 수직으로 같은 거리를 갔다가 돌아온다. 이렇게 하면 두번째 선수가 더 먼저 도착하게 된다. 물론 계속해서 물살에 수직으로 수영한 두번째 선수는 정확히 출발점으로 돌아오는 것이 아니라 물살 방향으로 약간 이동한 지점으로 돌아올 것이다. 마이켈슨 실험에서 두 광선도 같은 이치로 시간 차이를 두고 돌아온다. 그러나 빛의 속도—약 300,000km/s—가 에테르 속을 달리는 지구의 속도—지구의 공전 속도는 30km/s이다—보다 매우 높기 때문에 두 광선 사이의 편차는 미세하고, 따라서 단순한 장치로는 감지될 수 없다.

마이켈슨의 발상은, 두 광선의 도착 시간 차이를 감지장치를 통해 측정하는 것이었다. 그러나 어떻게 감지하고 측정할 것인가? 오늘날 우리조차도 초속 30km의 에테르 바람이 초속 300,000km로 움직이는 빛에 미치는 영향 때문에 생기는 미세한 차이를 측정할 만한 정밀한 시계를 가지고 있지 못하다. 이 난점에 대한 마이켈슨의 천재적인 해결책은, 차이를 감지하기 위해 빛 자체를 이용하는 것이었다. 두 광선은 원래 하나의 광원에서 나왔으므로, 분광거울을 지난 다음 서로 갈라진 두 광선은 서로 위상이 정확히 같을 것이다. 만일 두 광선이 서로 다른 속도로 움직인 다음 감지장치로 돌아왔다면, 두 광선의 위상이 달라졌을 것이고, 따라서 다시 합쳐진 광선은 원래 쏘아보낸 광선과 다를 것이다. 그 차이는, 말 그대로 관측 가능하다.

    그러나 모든 사람의 희망과 기대와는 달리 마이켈슨은 되돌아와 합쳐진 파동에서 아무런 차이를 감지하지 못했다. 두 광선은 서로 다른 여행을 한 후에도 완벽하게 위상이 같았다. 이 결과를 믿을 수 없었던 마이켈슨은 이후 수년에 걸쳐 여러 번 실험을 반복했다. 혹시 지구가 에테르에 대해서 멈춘 위치에 있을 때 실험이 이루어진 것은 아닌지 그는 의심했다. 또한 실험장치가 에테르 바람에 대해서 정확히 90도를 이루는 방향으로 놓여 있었던 것은 아닌지도 의심했다. 그러나 어떤 계절에 실험을 하든, 장치의 방향을 어디로 놓든, 마이켈슨은 두 광선이 감지장치에 닿는 시간 차이를 감지할 수 없었다.

    무엇이 잘못된 것일까? 마치 에테르 바람이 전혀 없는 것 같았다. 그러니까 에테르가 없는 것 같았다. 그렇다면 전자기 파동을 운반하는 것은 무엇인가? 이 문제를 해결하기 위해 두 명의 물리학자 로렌츠(Hendrik Antoon Lorentz)와 피츠제럴드(George FitzGerald)는 각기 독자적으로 다음과 같은 과감한 제안을 했다. 임의의 물체가 에테르 속을 움직일 때, 물체의 움직이는 방향에 나란한 길이는 줄어든다. 줄어드는 정도는 정확히 마이켈슨 실험에서 감지장치에 광선의 도착 시간 차이가 감지되지 않도록 만드는 만큼이다. 이 제안은 황당할 정도로 과감할 뿐만 아니라 매우 작위적으로 보였기에 많은 비판을 받았다. 그러나 이어진 물리학의 발전은, 전혀 그럴듯하지 않아 보임에도 불구하고 로렌츠-피츠제럴드 설명이 진실에서 그리 멀지 않음을 보여주었다.

에테르 바람이 감지되지 않는다는 수수께끼의 해결은 그 유명한 아인슈타인의 상대성 이론에 의해 1905년 마침내 이루어졌다.

역사상 가장 유명한 과학자

아는 과학자의—혹은 심지어 '천재'의—이름을 대보라는 요구를 받으면, 서양 세계의 보통 사람은 거의 확실하게 아인슈타인을 댄다. 독일에서 태어나 스위스 공무원으로 일하고 프린스턴으로 이주한 한 학자의 이름은 몇 가지 이유 때문에 과학적 천재와 거의 동의어가 되었다. 적어도 대중 문화 속에서는 그러하다.

1879년 독일 울름에서 태어난 아인슈타인은 어린 시절의 대부분을 뮌헨에서 보냈고, 뮌헨에서 학교를 다녔다. 1896년 그는 독일의 군국주의에 대한 반감으로 독일 시민권을 포기하고 무국적자가 되었다가 1901년에야 스위스 시민권을 얻었다. 당시 그는 취리히에 거주하면서 스위스 종합공과대학(Swiss Polytechnic Institute)을 졸업했다. 1902년 1월 대학 강사 자리를 얻는 데 실패한 아인슈타인은 베른에 있는 스위스 특허청에 취직했다. 그의 직책은 3등 기술 전문가였다.

3년 후인 1905년 그는 그 유명한 특수상대성 이론을 개발했다. 이 과학적 업적으로 아인슈타인은 수년 내에 세계적인 유명인사가 되었다. 1909년 아인슈타인은 특허청을 나와 취리히 종합대학 물리학 비정규 교수(Extraordinary Professor)로 취임했다. 유대인인 아인슈타인은 1935년 나치를 피해 유럽을 떠났고, 새로 설립된 뉴저지 프린스턴 고등연구소 일자리를 받아들였다. 이후 그는 말년까지 프린스턴에 머물렀다. 그는 1940년 미국 시민이 되었고 1955년 프린스턴에서 사망했다.

상대성에 대한 기초적인 이해를 시도해보자. 당신이 한밤중에 창이 모두 가려진 비행기를 타고 날아간다고 생각해보라. 당신은 밖을 내다볼 수 없다. 비행기의 흔들림도 없다고 한다면, 당신은 비행기가 움직인다는 사실조차 의식하지 못할 것이다. 당신은 좌석에서 일어나 기내를 돌아다닌다. 승무원이 당신에게 커피 한 잔을 따라준다. 심심한 당신은 장난으로 한 손에 있는 땅콩 봉지를 다른 손으로 던진다. 마치 당신이 땅 위에 있는 것처럼 모든 것이 다 정상적이다. 그러나 당신은 시속 1,000킬로미터의 속도로 공기 속을 무섭게 달리는 중이다. 그렇다면 당신이 자리에서 일어나는 순간 비행기 뒤쪽으로 날아가 떨어져야 하지 않을까? 따르는 커피와 던져진 땅콩 봉지도 뒤쪽으로 날아가 당신 가슴 위로 떨어져야 하지 않을까? 왜 그렇지 않을까?

이 모든 것들의 운동—당신 몸의 운동, 커피의 운동, 땅콩의 운동—이 비행기의 운동을 기준으로 해서 상대적으로 존재한다는 것이 대답이다. 비행기의 내부는 사실상 멈춰 있는 배경과 같다. 그 배경을 물리학자들은 기준틀(frame of reference)이라 부른다. 당신과 커피와 땅콩은 그 기준틀에 상대적으로 운동한다. 당신을 비롯해서 비행기 내부에 있는 사람들의 관점에서 보면, 모든 것이 비행기가 땅 위에 멈춰 있을 때와 똑같이 돌아간다. 오직 당신이 창 가리개를 열고 밖을 내다보고, 저 아래 지상의 불빛들이 뒤로 움직이는 것을 확인할 때만, 당신은 비행기의 운동을 감지할 수 있다. 당신이 그렇게 할 수 있는 것은, 당신이 두 개의 기준틀을 비교할 수 있기 때문이다. 그 두 기준틀은 비행기와 땅이다.

비행기 예는 운동이 상대적임을 보여준다. 한 물체는 다른 물체에 상대적으로 움직인다. 우리가 '절대적 운동'이라고 생각하는 것은, 그 순간에 우리가 들어 있는—또한 의식하는—기준틀에 상대적인 운동이다.

그렇다면 혹시 '우선적인' 기준틀이, 혹은 이 표현이 더 좋다면, 자연 자체의 기준틀이 존재할까? 아리스토텔레스는 그렇다고 생각했다. 아리스토텔레스의 생각으로는 지구가 멈춰 있으므로, 지구에 상대적인 모든 운동은 '절대적 운동'이다. 코페르니쿠스는 모든 운동이 상대적이라고 믿었다. 뉴턴은, 그것 안에서 모든 것이 절대적으로 정지해 있거나 혹은 운동하는 고정된 '공간'의 존재를 믿었다. 마찬가지로 로렌츠도 자연에는 우선적인 정지한 기준틀이 있어서, 그 기준틀에 상대적으로 모든 것이 멈춰 있거나 운동한다고 가정했다. 로렌츠의 기준틀은 에테르였다. 다시 말해서 로렌츠에게는 에테르에 상대적인 운동이 절대적 운동이다.

로렌츠는 한 걸음 더 나아가, 그가 상정한 대로 물체의 길이가 에테르에 상대적인 운동 속도에 따라 달라질 뿐만 아니라(이것이 방금 전에 언급한 로렌츠의 과감한 발상, 즉 소위 로렌츠 축소이다), 만일 속도에 따라 물체의 질량과 상호간의 힘도 달라진다면, 각자의 틀에 고유한 척도로 측정이 이루어질 경우, 자연법칙들이 움직이는 틀에서나 멈춘 틀에서나 동일할 것이라고 제안했다. 즉 두 명의 관찰자가 있어서, 한 명은 (에테르에 상대적으로) 움직이고 다른 한 명은 멈춰 있을 때, 누가 멈춰 있고 누가 움직이는지를 판정할 길이 이 둘에게는 없을 것이다.

로렌츠 제안에 함축된 것 중 하나는 물체의 질량이 운동 속도에 따라 증가한다는 것이다. 로렌츠의 수학적 분석에 의해 예견된 질량 증가는 낮은 속도에서는 감지할 수 없을 만큼 미세하지만, 속도가 광속에 가까워지면 훨씬 커진다. 방사성 물질이 붕괴할 때 높은 속도로 방출되는 베타 입자의 질량 증가가 최근에 측정되었다. 측정된 증가량은 로렌츠가 예견한 양과 완벽하게 일치했다.

아인슈타인은 로렌츠의 이론에서 출발하여 중요한 한 걸음을 더 나아갔다. 그는 정지한 에테르에 대한 믿음을 완전히 버리고, 간단히 모든 운동이 상대적이라고 선언했다. 아인슈타인에 따르면 우선적인 기준틀은 존재하지 않는다. 이것이 아인슈타인의 **특수상대성 원리**이다.

특수상대성 원리와 수학을 조화시키기 위해 아인슈타인은 전자기 복사파가 매우 특수한—또한 전적으로 반(反)직관적인—성질을 가진다고 가정해야만 했다. 당신의 기준틀이 무엇이든, 당신이 빛을 비롯한 임의의 전자기 복사파의 속도를 측정하면, 당신은 언제나 동일한 측정값을 얻을 것이다, 라고 아인슈타인은 주장했다. 그러니까 아인슈타인에게 절대적인 것은 전자기파 전달의 매체인 어떤 물질이 아니라 전자기파 자체의 속도이다.

문제는 시간이다

광속이 모든 기준틀에서 동일하다고 가정함으로써 아인슈타인은 또 하나의 까다로운 문제를 해결할 수 있었다. 그 문제는 다음과 같은 질문으로 표현된다. 두 사건이 동시에 일어난다는 것은 무엇을 의미하는가? 이 동시성 문제는 사건들이 서로 매우 떨어진 곳에서 일어날 때 중요해진다.

아인슈타인에게 시간은 절대적이지 않고, 그 안에서 시간이 측정되는 기준틀에 의존한다. 동시성의 열쇠는 빛이다. 아인슈타인의 생각을 직관화하기 위해 빠른 속도로 움직이는 기차를 생각해보자. 기차 양끝에는 문이 있는데, 그 문은 기차 중앙에 있는 광원에서 빛 신호를 쏘아보내 열 수 있다. 광원은 정확히 두 문 사이의 중간 지점에 있다(이것은 가설적인 '사고실험'의 한 예이다. 이 사고실험을 할 때 당신은 모든 측정이 완벽하게 정확하다는 것, 문이 즉각적으로 열린다는 것 등을 가정해야 한다). 당신이 기차 중앙 광원 옆에 있는 승객이라고 해보자(그러므로 당신의 기준틀은 기차이다). 광원에서 빛 신호가 쏘아질 때, 당신은 무엇을 보게 될까? 당신은 두 문이 동시에 열리는 것을 본다. 빛 신호가 두 문에 도달하는 시간이 정확히 같으므로 두 문은 동일한 순간에 열린다.

이제 당신이 기차 안에 있는 것이 아니라 철로에서 50m 떨어진 지점에서 달리는 기차를 본다고 해보자. 빛 신호가 쏘아진다. 당신은 무엇을 보게 될까? 먼저 뒷문이 열리고 이어서 앞문이 열린다. 그 이유는 이러하다. 기차가 (당신의 기준틀에 상대적으로) 움직이기 때문에, 빛 신호가 쏘아져 뒷문에 닿는 사이에 뒷문은 약간 앞으로—빛을 향해—다가오고, 앞문은 약간 빛에서 멀어진다. 그러므로 기차 밖에 있는 당신의 기준틀에서 보면, 빛이 앞문에 닿으려면, 뒷문에 닿을 때보다 더 먼 거리를 이동해야 한다. 그런데 아인슈타인이 말했듯이 빛의 속도는 모든 틀에서 또한 모든 방향으로 일정하다. 따라서 광선은 뒷문에 먼저 닿고(당신의 관점에서 볼 때), 뒷문이 먼저 열린다(당신의 관점에서 볼 때).

이렇게 기차 안에 있는 관찰자의 관점에서는 두 문이 동일한 순간에 열리지만, 땅 위에 있는 관찰자의 관점에서는 뒷문이 앞문보다 먼저 열린다. 그렇다면 시간은 절대적이지 않다, 라고 아인슈타인은 말한다. 그에 따르면, 시간은 관찰자의 관점에 상대적이다.

중력

아인슈타인의 특수상대성 이론은 대단히 강력한 이론이지만, 그럼에도 불구하고 여러 기준틀들이 서로에 상대적으로 등속운동할 때에만 적용된다. 뿐만 아니라 특수상대성 이론은 공간과 시간의 본성에 관한 정보는 주지만, 우주를 이루는 또다른 두 가지 기본 구성 요소인 질량과 중력에 대해서는 아무것도 가르쳐주지 않는다. 1915년 아인슈타인은 이 두 요소를 포함하도록 자신의 상대성 이론을 확장할 수 있는 방법을 발견했다. 그의 새 이론은 **일반상대성 이론**이라 불린다.

새 이론의 기반은 다음과 같은 **일반상대성 원리**이다. 모든 현상은, 기준틀이 가속운동하든 안 하든 상관없이 모든 기준틀에서 동일한 방식으로 일어난다. 일반상대성 이론에 따르면, 중력의 영향을 받는 자연 현상은, 중력이 없고 그 대신에 계 전체가 가속운동하고 있을 때도 일어난다.

일반상대성 원리의 예로 다시 한번 창문이 모두 가려진 비행기를 생각해보자. 만약 비행기가 갑자기 가속하면, 당신은 비행기 뒤쪽으로 당신을 잡아당기는 힘을 느낄 것이다. 마침 그때 당신이 통로에 서 있다면, 당신은 뒤쪽으로 나뒹굴 수도 있다. 마찬가지로 비행기가 (착륙할 때처럼) 급격히 감속하면, 당신은 당신을 비행기 앞쪽으로 끌어당기는 힘을 받게 된다. 두 경우에 모두 가속은 당신에게 힘으로 느껴진다. 당신은 밖을 볼 수 없으므로, 비행기가 가속하는지 혹은 감속하는지 알 수 없다. 만약 당신에게 다른 정보가 전혀 없다면, 당신은 당신의 갑작스런 움직임이 어떤 신비로운 힘에 의해 일어났다고 생각할지도 모른다. 더 나아가 당신은 그 힘을 '중력'이라 부르게 될지도 모른다.

아인슈타인의 일반상대성 이론을 입증한 최초의 증거 중 하나는 수성이 나타내는 특이한 행태에 관한 오랜 수수께끼와 관련된다. 뉴턴의 중력 이론에 따르면, 행성들은 케플러가 밝힌 대로 고정된 타원 궤도를 따라 태양 주위를 돌아야 한다. 그런데 케플러 시대 이후 관측의 정밀도가 향상되면서, 수성의 경우에는 타원 궤도가 고정되어 있지 않다는 것이 밝혀졌다. 수성의 궤도는 작지만 감지될 수 있는 정도로 변화한다. 백 년에 41초 각도 정도 뉴턴 이론의 예측으로부터 차이가 생기는데, 이 차이는 사람들의 일상적 기준으로는 매우 작지만, 과학자들에게는 중요한 문제였다. 왜 그런 차이가 생기는가?

아인슈타인이 일반상대성 이론을 들고 나타날 때까지 과학자들은 설득력 있는 설명을 제시하지 못했다. 하지만 아인슈타인의 이론은 수성뿐만 아니라 모든 행성들의 궤도가 변해야 한다고 예측했다. 뿐만 아니라 그 이론은 각 행성의 궤도가 얼마만큼 변하는지를 정확한 수치로 제시했다. 수성을 제외한 나머지 행성에 대해서 예측된 수치는 관측될 수 없을 만큼 작았다. 그러나 수성에 대해서는 이론적 수치가 천문학자들에 의해 관측된 값과 정확히 일치했다.

수성 궤도에 대한 설명은 아인슈타인의 새 이론에 상당한 힘을 부여했다. 그러나 정말로 결정적인 판결은 1919년에 이루어진 극적인 천문 관측의 결과로 내려졌다. 일반상대성 이론은 처음에는 기이하다고 여겨진 귀결 하나를 함축한다. 그것은 빛이 마치 질량이 있는 듯이 움직여야 한다는 것이다. 구체적으로 말해서 빛 파동이 중력의 영향을 받아야 한다. 빛 파동이 항성과 같은 커다란 질량 근처를 지나면, 질량의 중력장에 의해 빛 파동이 굴절되어야 한다. 1919년의 일식은 천문학자들에게 이 예측을 검증할 기회를 제공했다. 천문학자들이 관측한 결과는 아인슈타인의 이론과 완벽하게 일치했다.

관측을 위해 천문학자들이 운 좋게 이용할 수 있었던 일식은 우연의 산물이다. 다만 우연적인 일이지만, 태양과 지구와 달의 상대적인 크기 차이 때문에, 달이 지구와 태양 사이에 놓일 때, 지구에서 본 달은 태양만한 크기로 보인다. 그러므로 지구 위의 적당한 장소에 있는 관측자에게는 달이 정확히 태양을 가릴 수 있다. 1919년의 일식을 관측하기 위해 두 팀의 천문학자들이 적당한 두 장소로 파견되었다. 일식 당일 달이 모든 태양 빛을 가렸을 때, 천문학자들은 태양 근처에 보이는 먼 항성들의 위치를 측정했다. 그 항성들은 태양이 다른 위치에 있을 때 그들이 있던

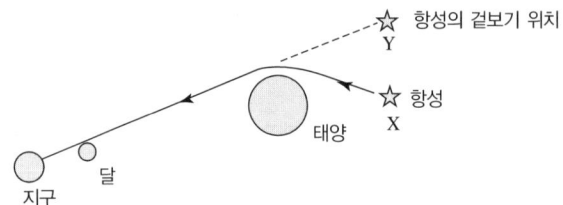

[그림 8-4] 먼 항성에서 오는 빛이 태양 근처를 지나면, 빛은 태양의 중력장으로 인해 굴절된다. 이 현상은 1919년 일식 때 최초로 관측되었다. X로 표시된 항성이 마치 Y 위치에 있는 것처럼 관측되었다.

위치를 크게 벗어나 있는 것처럼 나타났다. 보다 정확히 말한다면, 정확히 태양 뒤편에 있음이 알려져 있는 항성들이 망원경으로 선명하게 관측되었다([그림 8-4] 참조). 상대성 이론을 근거로 아인슈타인이 예측한 것이 바로 이것이었다. 그 이론에 따르면 항성으로부터 오는 광선이 태양 근처를 지나면 태양의 중력장 때문에 태양 쪽으로 휘어진다. 이 때문에 태양 뒤에 숨어 있어서 보이지 않아야 할 항성들이 관측되는 것이다.

더 나아가 천문학자들은 '숨어 있는' 항성들의 겉보기 위치를 측정할 수 있었다. 측정된 위치는 아인슈타인이 이론적으로 계산한 위치와 정확히 일치했다. 승부는 결정되었다. 뉴턴의 중력 이론과 행성 운동 이론은, 음력 달력을 계산하고 밀물-썰물 시간표를 만드는 것과 같은 일상적인 목적에는 충분히 정확하지만, 정밀한 천문학의 시대가 도래하자, 아인슈타인의 이론에게 자리를 내주게 된 것이다.

시공의 기하학

지금까지의 설명만으로는 아마도 분명치 않겠지만, 아인슈타인의 특수 및 일반상대성 이론은 핵심상 기하학적 이론이다. 두 이론은 우리에게 우주의 기하학적 구조를 가르쳐준다. 뿐만 아니라 상대성 이론의 수학이 본질적으로 기하학이다. 그러나 그 기하학은 일반적인 유클리드 기하학이 아니다. 정확히 설명하자면, 상대성 이론의 수학은, 우리가 4장에서 다룬 사영 기하학과 가우스-로바체프스키-보요이 비유클리드 기하학과 리만 비유클리드 기하학의 뒤를 잇는 또하나의 비유클리드 기하학이다. 세부적으로 말한다면, 두 개의 새로운 기하학이 있다. 하나는 특수상대성 이론의 기하학이며, 다른 하나는 일반상대성 이론의 기하학이다. 또한 전자는 후자의 특수한 한 경우이다. 돌이켜보면, 리만이 자신의 비유클리드 기하학에 도달했을 때, 그는 일반상대성 이론에 참으로 가까이 있었다. 리만은 아인슈타인에 앞서서 일반상대성 이론에 도달할 수도 있었던 인물이다.

먼저 특수상대성 이론을 살펴보자. 이 이론은 우주의 기하학에 관해 우리에게 무엇을 얘기해주는가? 가장 먼저 알아야 할 것은, 시간과 공간이 내적으로 밀접한 연관을 맺고 있다는 사실이다. 물체의 길이는 물체의 속도에 따라 변하며, 동시성은 빛 파동의 움직임과 밀접하게 연관된다. 시간이 동시성을 뜻한다면, 혹은 '사건이 일어나는 때'를 뜻한다면, 시간은 빛의 속도로 공간 속을 움직인다. 다시 말해서 특수상대성 이론의 기하학은, 우리 감관에 포착되는 3차원 물리적 우주의 기하학이 아니라 4차원 시공 우주의 기하학이다.

특수상대성 이론의 기하학은 러시아 수학자 민코프스키(Hermann Minkowski)에 의해 개발되었다. 민코프스키는 취리히 종합공과대학에서 아인슈타인을 가르친 인물이다. 민코프스키 시공상에 있는 한 점은 4개의 좌표, t, x, y, z를 가진다. 좌표 t는 시간 좌표이며, x, y, z는 공간 좌표이다. 물리학자들과 수학자들은 시공 도면을 그릴 때 대개 t축을 수직으로 그리고, 원근화법으로 x, y, z축을(혹은 세 개의 공간축 중 두 개

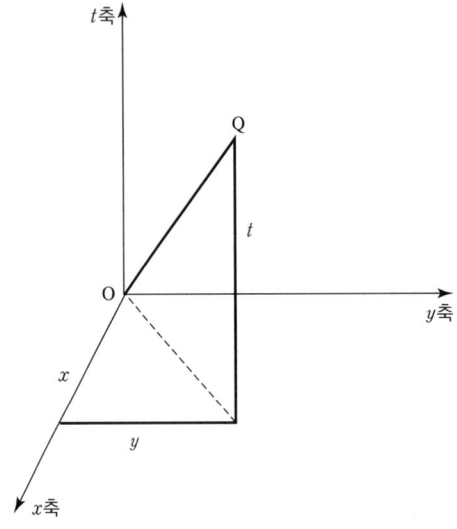

[그림 8-5] 민코프스키 시공. 시간 축은 수직으로 위를 향해 그려져 있다. 공간 축은 x, y, z 모두 셋이다. 그러나 선명하게 그림을 그리기 위해 x축과 y축만 나타냈다. 민코프스키 시공 속에 있는 임의의 점 Q는 네 좌표 t, x, y, z로 기술될 수 있다.

만을) 그린다([그림 8-5] 참조).

상대성 이론에서는 빛(혹은 보다 일반적으로 전자기파)이 특별한—또한 근본적인—역할을 하기 때문에, t 방향의 거리는 시간적 거리로 간주될 수도 있고 공간적 거리로 간주될 수도 있다. 시간적 길이가 T인 시간 간격은 (공간적) 길이가 cT인 공간 간격으로 간주될 수 있다. 이때 c는 빛의 속도이다(cT는 빛이 시간 T 동안 이동하는 거리이다). 민코프스키 시공에서 네 축을 따라 이루어진 측정들을 모두 동일한 단위로 표현하기 위해, 사람들은 t축을 따라 이루어진 측정을 거의 항상 c를 곱해서 공간적 단위로 표현한다. 예를 들어 [그림 8-6]에서 우리도 그런 표현 방법을 사용했다. 그림이 보여주는 것은, 축이 t축이고, 중심이 원점에 있으며, 옆면이 t축에 대해 45도 각도를 이루는 4차원 이중 원뿔이다. 이 원뿔 표면의 좌표 방정식은 다음과 같다.

$$(ct)^2 = x^2 + y^2 + z^2$$

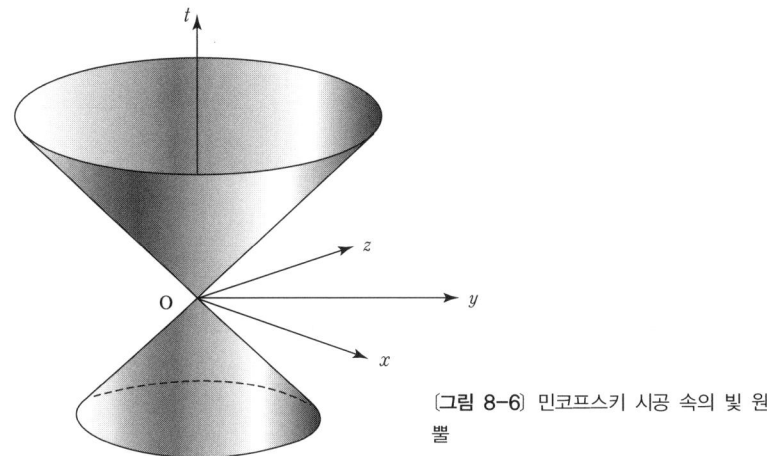

[그림 8-6] 민코프스키 시공 속의 빛 원뿔

이 방정식은 단순히 피타고라스 정리의 4차원 확장이라고 할 수 있다. 중요한 것은 t축에 나란한 길이가 c를 단위로 측정된다는 것이다.

[그림 8-6]이 보여주는 원뿔은 상대성 이론의 기하학에서 특별한 의미를 지닌다. 그 원뿔은 **빛 원뿔**이라 불린다. 원점 O에 있는 광원에서 빛 신호가 발생된다고 해보자. 시간이 흐르면 발생된 빛 파장이 점점 더 큰 구면을 이루면서 퍼질 것이다. 점점 커지는 3차원 구면은 민코프스키 우주에서 이중 원뿔의 윗부분이 된다. 이를 이해하기 위해, 빛 신호가 발생된 이후의 한 시점 T를 생각해보자. 시점 T에 이르기까지 빛은 cT만큼의 거리를 이동했을 것이다. 그러므로 빛 신호는, 3차원 공간에서 O에 중심을 두고 반지름이 cT인 구면에 도달했을 것이다. 그 구면의 방정식은 다음과 같다.

$$(cT)^2 = x^2 + y^2 + z^2$$

이 방정식은 또한 동시에, $t=cT$에서의 빛 원뿔의 단면이기도 하다. 다시 말해서 3차원 공간에 사는 관측자에게 점점 더 커지는 구면 모양의 빛으로 보이는 것이, 시간 밖에 있으면서 시간을 네번째 차원으로 보는 관측자에게는 이중 빛 원뿔 윗부분으로 지각될 것이다.

$t<0$인 영역에 있는 빛 원뿔, 즉 빛 원뿔의 아랫부분은, $t=0$에서 원점에 도달하도록 원점으로 모여든 빛 신호들의 역사를 나타낸다. 점점 줄어드는 빛의 구면을 생각하는 것은 사실상 이상하다(순전히 이론적으로만 의미가 있다). 그래서 물리학자들은 흔히 빛 원뿔의 아랫부분, 혹은 음의 부분을 무시한다. 그 부분은 우리가 전형적으로 접하는 사건들과 관련이 없기 때문이다. 나 역시 이하에서 빛 원뿔의 아랫부분을 무시할 것이다.

물리학자들은 때로 빛을 **광자**라 불리는 기본입자의 흐름으로 간주한다. 이런 시각으로 보면, 빛 원뿔(윗부분 혹은 양의 부분)의 생성자들—[그림 8-7]에서처럼 원점을 지나면서 원뿔 표면에 있는 직선들—은 광원에서 나온 광자들 각각의 운동 경로를 나타낸다.

광자의 정지질량은 0으로 설정되어 있다. 사실상 상대성 이론에 따르면, 빛의 속도로 움직일 수 있는 입자는 정지질량이 0이어야만 한다('정

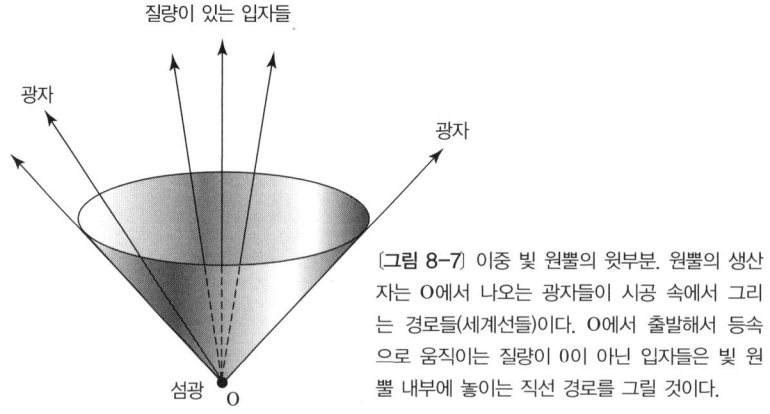

[그림 8-7] 이중 빛 원뿔의 윗부분. 원뿔의 생성자는 O에서 나오는 광자들이 시공 속에서 그리는 경로들(세계선들)이다. O에서 출발해서 등속으로 움직이는 질량이 0이 아닌 입자들은 빛 원뿔 내부에 놓이는 직선 경로를 그릴 것이다.

지'라는 단서에 주의해야 한다. 왜냐하면 질량은 속도에 따라 증가하기 때문이다). 정지질량이 0이 아닌 입자나 물체는 빛의 속도로 움직일 수 없다. 그것들은 빛보다 느린 속도로 움직인다. 질량을 가지고 있으며, 원점 O에서 등속운동을 시작한 임의의 입자나 물체가 시공상에 그리는 경로는, 원점 O를 지나면서 빛 원뿔 내부에 있는 직선이 된다. 〔그림 8-7〕에는 그런 경로가 몇 개 그려져 있다.

물체가 그리는 민코프스키 시공상의 경로는 종종 그 물체의 세계선(world line)이라 불린다. 모든 물체는 세계선을 그린다. 심지어 정지한 물체도 세계선을 그리는데, 이때 그 물체의 세계선은 t축이다(정지한 물체는 시간상에서 일정 기간 존속하며, 그 동안 x, y, z 좌표는 변하지 않는다).

O에서 운동을 시작하면서 속도가 변하는 물체는 직선이 아닌 세계선을 그릴 것이다. 그러나 그 물체의 세계선도 전적으로 빛 원뿔 내부에 있을 것이며, 세계선 상의 모든 점에서 세계선이 t축과 이루는 각도는 45도보다 작을 것이다(〔그림 8-8〕참조).

이중 원뿔의 내부는 O에 위치한 관찰자에게 접근 가능한(또는 '존재

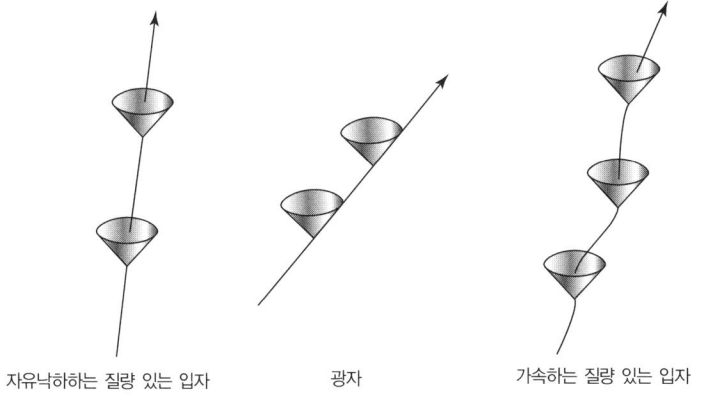

자유낙하하는 질량 있는 입자   광자   가속하는 질량 있는 입자

〔그림 8-8〕 가속하면서 움직이는 질량이 있는 입자는 휘어진 세계선을 그릴 것이다. 그러나 세계선상의 각 점에서 세계선은 그 점에서의 빛 원뿔 양의 부분 내부에 놓일 것이다.

하는'이라고 표현해도 좋다) 우주의 부분을 나타낸다. 이중 빛 원뿔 내부 중 윗부분, 즉 $t>0$인 부분은, O에 위치한 관찰자에게 우주의 미래를 나타내며, 아랫부분, 즉 $t<0$인 부분은 그 관찰자에게 우주의 과거를 나타낸다. 약간 다른 방식으로 표현한다면, $t<0$이면서 원뿔 내부에 있는 점들은, 관찰자의 (확장된) 과거에 속하는 시공상의 점이라고 할 수 있다. 또한 $t>0$이면서 원뿔 내부에 있는 점들은 관찰자의 (확장된) 미래에 속하는 시공상의 점이라고 할 수 있다.

점 O는 관찰자의 현재를 의미한다. O에 있는 관찰자를 기준으로 생각한다면, 이중 빛 원뿔 외부의 것들은 존재하지 않는다. 그것들은 관찰자의 시간 틀 밖에 있다. 그것들은 관찰자의 확장된 미래 속에도 없고, 확장된 과거 속에도 없다.

원거리 여행

시간을 공간적 좌표로 나타냄으로써 민코프스키 기하학은 시공을 가시적으로 표현한다(최소한 부분적으로 가시화했다). 그 가시화의 한계는 다만 4차원 세계를 완전히 가시화하는 시각적 능력이 우리에게 없기 때문에 발생한다. 민코프스키 시공의 기하학을 좀더 이해하기 위해서는, 이 우주에서 거리를 측정하는 방법을 알아야 한다. 수학자들이 쓰는 용어를 사용하면, 이 우주의 메트릭(metric)을 알아야 한다.

2차원 유클리드 우주에서, 정상적인 메트릭은 피타고라스 정리에 의해 주어진다. 원점에서 점 (x, y)까지의 거리 d는 다음 등식에 의해 계산된다.

$$d^2 = x^2 + y^2$$

마찬가지로 3차원 유클리드 공간에서 원점과 점 (x, y, z) 사이의 거리는 다음의 등식에 의해 결정된다.

$$d^2 = x^2 + y^2 + z^2$$

이런 사정은 고차원 유클리드 공간에서도 마찬가지다. 이런 식으로 피타고라스 정리로부터 도출된 메트릭은 **피타고라스 메트릭**이라 일컬어진다.

만일 우리가 민코프스키 시공에 피타고라스 메트릭을 쓰면, 원점으로부터 점 (ct, x, y, z)까지의 거리 d는 다음 등식에 의해 주어진다.

$$d^2 = (ct)^2 + x^2 + y^2 + z^2$$

그러나 민코프스키는 이것이 상대성 이론에 적합한 메트릭이 아님을 발견하고 적합한 메트릭을 찾아내는 천재적인 능력을 발휘했다. 원점과 점 (ct, x, y, z) 사이의 **민코프스키 거리** d_M은 다음 등식으로 주어진다.

$$d_M{}^2 = (ct)^2 - x^2 - y^2 - z^2$$

유클리드 기하학에 익숙한 사람에게는 이 메트릭 정의가 대단히 낯설게 보이는 것이 당연하다. 위의 등식을 다음과 같이 변형하면,

$$d_M{}^2 = (ct)^2 - (x^2 + y^2 + z^2)$$

공간 좌표와 관련된 메트릭은 유클리드 메트릭과 같음을 알 수 있다. 이해할 수 없는 것은 음의 기호이다. 이 음의 기호 때문에 우리는 시간을 공간 좌표들과는 매우 다르게 취급할 수밖에 없다. 이 이상한 정의를 좀 더 살펴보자.

빛 원뿔 표면에 있는 점 (ct, x, y, z)의 d_M은 0이다. 이는 빛 원뿔상의 임의의 점에서 일어나는 사건은 원점에서 일어나는 사건과 동시적이라는 것을 의미한다.

만일 점 (ct, x, y, z)가 빛 원뿔 내부에 있으면, $(ct)^2 > x^2 + y^2 + z^2$이고 따라서 $d_M > 0$이다. 이 경우 우리는 d_M을, O에 있는 사건과 (ct, x, y, z)에 있는 사건 사이의 시간 간격을, O와 (ct, x, y, z)를 잇는 선분을 세계선으로 가지는 시계로 측정했을 때 얻은 결과라고 해석할 수 있다. 이 시간 간격은 종종 O에서 (ct, x, y, z)까지의 고유시간이라 일컬어진다.

빛 원뿔 외부에 있는 점 (ct, x, y, z)에 대해서는, $(ct)^2 < x^2 + y^2 + z^2$이고 따라서 d_M은 이 경우 허수가 된다. 이미 언급했듯이 O에 있는 관찰자를 기준으로 하는 한, 빛 원뿔 외부의 점들은 존재하지 않는다(그 관찰자의 입장에서 볼 때 그 점들은 과거에도 존재하지 않았고, 미래에도 존재하지 않을 것이다).

두 점 $P = (ct, x, y, z)$와 $Q = (ct', x', y', z')$ 사이의 민코프스키 거리 d_M은 다음 등식으로 주어진다.

$$d_M{}^2 = (ct - ct')^2 - (x - x')^2 - (y - y')^2 - (z - z')^2$$

만일 P가 Q의 빛 원뿔 내부에 있고, 또한 Q도 P의 빛 원뿔 내부에 있

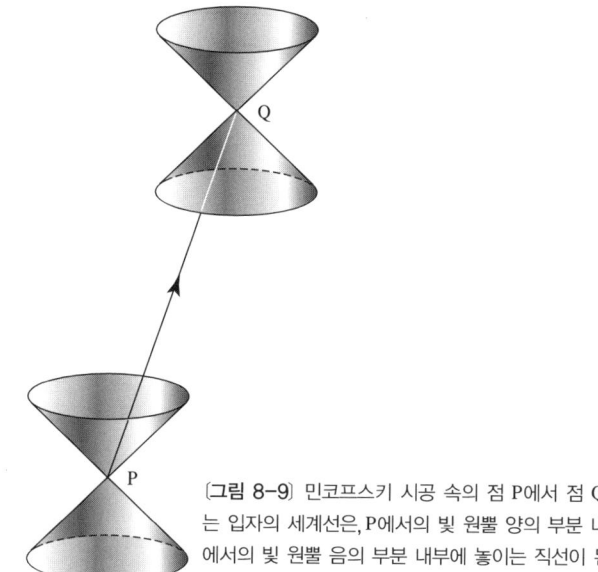

[그림 8-9] 민코프스키 시공 속의 점 P에서 점 Q로 이동하는 질량 있는 입자의 세계선은, P에서의 빛 원뿔 양의 부분 내부에 놓이고, 또한 Q에서의 빛 원뿔 음의 부분 내부에 놓이는 직선이 된다.

으면, 위 등식으로부터 계산되는 d_M은 실수가 된다. 이 경우에 d_M은 [그림 8-9]에 있는 선분 PQ를 세계선으로 가지는 시계로 측정한 P와 Q 사이의 시간이다. 즉 P에서 Q까지의 고유시간이다. 두 사건이 물리적 공간상의 동일한 위치에서 일어나는 경우에는, $x=x'$, $y=y'$, $z=z'$이므로, 위의 등식은 다음과 같이 축소되고,

$$d_M{}^2 = (ct - ct')^2$$

따라서 $d_M = c|t-t'|$이 된다. 즉 d_M은 현실적으로 흘러간 시간에 c를 곱한 값이 된다. 다시 말해서 특정한 물리적 위치에서의 민코프스키 시간은 그 위치에서의 상식적인 시간과 같다.

민코프스키 메트릭이 지닌 특이한 성질 중 하나는 다음과 같다. P와 Q를 잇는 직선이 둘 사이의 최단경로인 유클리드 기하학과는 반대로, 민

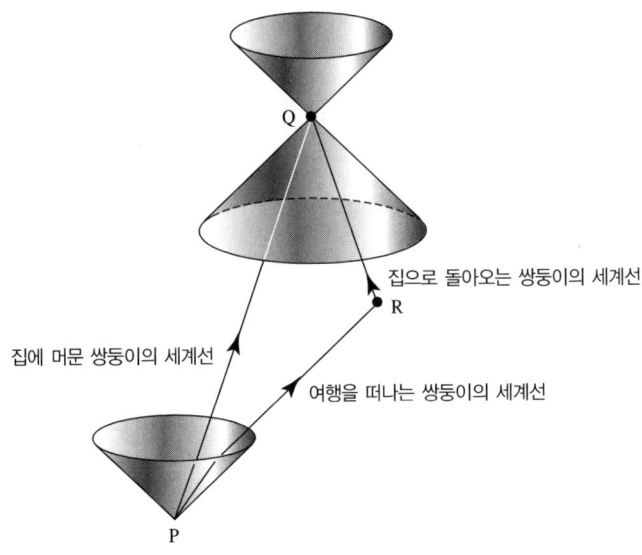

[그림 8-10] 쌍둥이 역설. 쌍둥이 둘이 (시공상의) 점 P에 함께 있다. 그중 한 명은 R로 여행을 갔다가 집으로 돌아온다. 두 쌍둥이는 (시공상의) 점 Q에서 다시 만난다. 민코프스키 시공에서 민코프스키 거리 PQ는 민코프스키 거리 PR과 RQ의 합보다 더 크다. 그러므로 둘이 Q에서 다시 만났을 때, 여행을 다녀온 쌍둥이는 집에 그냥 있었던 쌍둥이보다 나이를 덜 먹었다.

코프스키 기하학에서는 P와 Q를 잇는 등속도 세계선이 민코프스키 거리를 최대로 만들면서 P와 Q를 잇는 경로이다(즉 고유시간이 가장 긴 경로이다). 소위 쌍둥이 역설은 바로 이 성질 때문에 발생한다([그림 8-10] 참조).

한 쌍의 쌍둥이가 점 P에 있다고 해보자. 이름이 호머인 오빠는 집에 그냥 머물고, 여동생 로케테는 로켓을 타고 멀리 떨어진 행성 R까지 광속에 가까운 속도로 여행을 다녀온다고 하자. 두 쌍둥이는 로케테가 여행을 마칠 때 Q에서 다시 만난다. 이때 돌아온 로케테는 호머보다 젊다. 로켓에서는 호머에게 흐른 것보다 적은 시간이 흐른 것이다. 이 사실은,

P에서 R을 거쳐 Q로 가는 경로가 P에서 Q로 가는 직선경로보다 더 짧은 세계선이라는 사실에서 곧바로 귀결된다(직선 세계선은 P와 Q를 잇는 가장 긴 세계선임을 상기하라). 경로 PRQ는 로케테에게 흘러간 시간을 나타내며, 경로 PQ는 호머에게 흘러간 시간을 나타낸다.

이 결론은 매우 이상해 보이지만, 민코프스키 메트릭을 시간 측정에 사용하는 것이 합당함을 보여주는 증거도 많이 있다. 그 증거들 중 일부는 지구 대기권 상부에서 관측되는 우주 방사선 속의 방사성 물질 붕괴 현상에서 얻어진다. 다른 증거들은, 우주 비행선 안에서 정밀하게 시간을 측정함으로써, 또는 고에너지 가속기 속에서 움직이는 입자들을 관찰함으로써 얻을 수 있다.

쌍둥이 역설의 경우 두 쌍둥이의 나이 차이가 느껴질 정도가 되려면, 한 쌍둥이의 여행 거리가 매우 길어야 하고, 여행 속도도 광속에 가까워야 한다. 그러므로 쌍둥이 역설은 사실상 사고실험에 불과하다. 현실적인 여행 거리를 감안할 경우—이를테면 달에 다녀오는 여행—경과 시간의 차이는 미세해서 감지될 수 없다. 이렇게 되는 이유는 c의 크기 때문이다. 항 $(ct-ct')^2$은 항 $(x-x')^2+(y-y')^2+(z-z')^2$보다 훨씬 크다. 이 때문에 민코프스키 거리 d_M은 근사적으로 $c|t-t'|$와 같다. 다시 말해서 민코프스키 시간은 근사적으로 상식적인 시간과 같다. 오직 물리적인 거리가 천문학적인 규모로 클 때만 공간적 거리가 시간에 느껴질 정도의 영향을 미친다.

중력의 패턴

기하학적인 우주론에 중력을 포함시키기 위해 아인슈타인은 민코프스키 시공 대신에 휘어진 시공 다양체를 채택했다. 우리는 6장에서 다양체를 접했다. 우리가 거기에서 만난 다양체들은 말하자면 공간적 다양체들이었다.

간단히 다시 설명해보자. n차원 (공간적) 다양체란 기하학적인 구조로서, 다양체 속에 있는 임의의 점 근처에서는 n차원 유클리드 공간과 똑같아 보이는 구조이다. 예를 들어 (속이 빈) 구면과 (속이 빈) 토러스는 모두 2차원 다양체이다. 임의의 점 근처에서는 두 표면이 모두 유클리드 평면처럼 보인다. 그러나 두 표면은 광역적인 구조가 달라서 전체적으로는 서로 구별된다(또한 유클리드 평면과도 구별된다). 두 표면은 상이한 방식으로 휘어져 있기 때문에 서로 다른 다양체이다. 이 두 다양체는 모두 부드러운 다양체이다. 즉 임의의 점에 부여될 수 있는 다수의 미분 구조가 서로 잘 맞아 들어간다.

중력을 시공의 휘어짐의 표현으로 간주할 수 있음을 깨달은 아인슈타인은 우주의 기반에 깔려 있는 수학적 구조로 부드러운 4차원 시공 다양체를 채택했다. 이는 임의의 점 근처에서 우주가 민코프스키 시공과 똑같아 보인다는 것을 의미한다. 그런 수학적 구조를 구성하기 위해 아인슈타인은 부드러운 4차원 다양체 M에서 출발했다. 이어서 그는, 임의의 점 근처에서 근사적으로 민코프스키 메트릭과 같아지도록 M의 메트릭을 정의했다. 임의의 점에서 메트릭이 근사적으로 민코프스키 메트릭과 같다면, 그 점에서의 빛 원뿔을 생각할 수 있을 것이다. 아인슈타인이 정의한 새로운 메트릭은 시간의 경과, 광선의 전파, 입자나 행성의 (등속 및 가속) 운동 등을 기술하기 위해 사용될 수 있다.

아인슈타인은 중력을 기술하고자 하므로, 우주의 기반을 이루는 (다양체 $\mathcal{M}$으로 대표되는) 기하학과 우주 속 물질들의 분포를 연결시켜야 한다. 그는 후자, 즉 질량 분포를 소위 에너지-**운동량** 텐서라는 수학적 구조로 표현했다. 약간 까다로운 이 수학적 구조를 설명하려면 꽤 멀리까지 거슬러 올라갈 필요가 있다. 아인슈타인의 에너지-운동량 텐서는 훨씬 간단한 뉴턴 중력 이론에서 나오는 질량 밀도에 해당하며, 어떤 의미에서는 질량 밀도의 확장 개념이라고 볼 수 있다. 뉴턴 이론의 핵심은, 그가 **중력 포텐셜**이라 명명한 수학적 구조와 질량 밀도를 연결하는 미분방정식(푸아송 방정식)에 있다(뉴턴의 중력 포텐셜에 해당하는 것이 아인슈타인의 메트릭이다). 이와 유사하게 아인슈타인은 에너지-운동량 텐서와 메트릭으로부터 도출되는 곡률을 연결하는 방정식(아인슈타인 방정식)을 제시했다.

아인슈타인 방정식에 의하면, 물질이 있으면 메트릭이 변하면서 시공에 곡률이 생기고, 이 곡률로 인해 우주 속의 다른 물체들이 영향을 받게 된다. 뉴턴이 생각한 중력이라는 물리적 힘은 시공의 **곡률**이라는 기하학적 개념으로 대체된다.

아인슈타인 이론의 또하나의 귀결은 질량과 에너지가 상호 교환 가능하다는 것이다. 질량과 에너지는 다음과 같은 유명한 방정식을 통해 연결된다.

$$E = mc^2$$

아인슈타인의 이론은 옳은가? 시공은 실제로 휘어져 있는가? 엄밀히 말하자면, 과학 이론이 옳은지 여부를 묻는 것은 무의미하다. 우리가 물을 수 있는 것은 다만, 한 이론이 다른 이론보다 관측 사실에 더 잘 부합하는지—또한 더 정확한 예측을 내놓는지—여부뿐이다. 예측의 측면에서 볼 때, 아인슈타인의 일반상대성 이론은 과거 뉴턴의 이론보다 더 정확하다. 매우 정밀한 측정기술의 발달로 최근에는 평평한 민코프스키 시공이 중력장으로 인해 작은 변화를 겪는 것이 감지되었다. 예를 들어 1960년 파운드(Robert V. Pound)와 레브카(Glen A. Rebka)는 22.6m 높이의 탑 꼭대기에 있는 시계의 속도와 탑 아래에 있는 시계의 속도를 측정하고 비교했다. 두 시계의 속도 사이의 비율은 뉴턴 이론이 예견하는 것처럼 1이 아니었다. 측정된 비율은 1.0000000000000025였다. 이것은 일반상대성 이론으로 예측된 비율과 정확히 일치한다(시계의 속도는 시공의 기하학을 보여주므로, 파운드와 레브카가 얻은 결과는 실제 시공이 평평한 민코프스키 시공과는 다르게 변형되었음을 보여주는 직접적인 증거로 볼 수 있다).

물질은 무엇인가?

일반상대성 이론은 우주의 기하학적 구조를 기술하고, 물질이 어떻게 그 구조에 영향을 미치고 또한 그 구조로부터 영향을 받는지 기술하지만, 다음과 같은 질문에는 아무런 대답도 주지 않는다. 도대체 물질이 무엇인가? 이 질문에 답하기 위해 물리학자들은 또다른 이론을 개발했다. 그것은 양자 이론이다.

1920년대 초 표준적인 물질관은 물질이 원자로 이루어졌다는 것이었다. 원자는 태양계의 축소판과 같은 모습으로, 중심에 무거운 핵(원자의 '태양')이 있고, 그 주위로 훨씬 가벼운 전자('행성')가 하나 혹은 다수의 궤도를 돈다. 원자의 핵 자신도 두 종류의 기본입자, 즉 양성자와 중성자로 이루어졌다고 생각되었다. 각각의 양성자는 양전하를 띠고 있고, 각각의 전자는 음전하를 띠고 있어서, 두 전하 사이의 전자기적 인력이 마치 중력처럼 전자들을 핵 주위의 궤도에 묶어둔다(이 생각은 오늘날 너무 단순하다는 것이 드러났지만, 그럼에도 불구하고 여전히 유용하다).

그렇다면 원자를 이루는 이 기본입자들—전자, 양성자, 중성자—은 또 무엇인가? 보어, 하이젠베르크, 슈뢰딩거를 비롯한 물리학자들이 1920년을 전후해서 직면한 문제가 바로 이것이었다. 몇 가지 이해하기 힘든 실험 결과들을 감안해서 이들이 내놓은 대답—양자 이론—은 근본적인 방식으로 무작위성(randomness)을 수용하는 대답이었다. 아인슈타인은 그런 물리학계의 동향에 격분하여 이렇게 언급했다. "신은 우주를 놓고 주사위 놀이를 하지 않는다"(빛은 때로는 연속적인 파동처럼 행동하고 때로는 분절된 입자들의 흐름처럼 행동하는데, 양자 이론은 이 이해하기 힘든 현상을 설명해냈다).

양자 이론에서는 입자를 비롯한 모든 물리적 대상을 확률 분포로 기술하는데, 확률 분포는 주어진 상태에서 입자나 대상이 가지는 경향성을 나타낸다. 수학적으로 설명해보자. 입자는 파동 함수 φ(프사이)로 기술되는데, 이 함수는 아인슈타인의 시공 다양체 $\mathscr{M}$ 속에 있는 각각의 점 x를 복소수 $\varphi(x)$와 연결시키는 함수이다. 복소수 $\varphi(x)$의 크기는 진동의 진폭을 나타내고, 방향은 진동의 위상을 나타낸다. $\varphi(x)$의 크기의 제곱은 입자가 $\mathscr{M}$ 속에 있는 점 x 근처에 있을 확률을 나타낸다.

양자 이론을 사유의 근본적인 틀로 받아들이면, 공간을 차지하는 물질적인 입자의 개념은 사라진다. 입자가 사라진 자리를 대신하는 것은, 공간 속 어디에나 있는 근본적인 연속적 매질, 즉 **양자장**이다. 입자들은 단지 양자장 속에 있는 국지적으로 밀도가 높은 구역—에너지가 집중된 구역—일 뿐이다.

여기서 잠시 양자 이론에 대한 논의를 멈추고, 방금 전에 언급한 원자에 대한 단순해 보이는 생각, 즉 태양계에 유비된 원자를 한 번 더 살펴보자. 우리는 전자가 핵 주위를 돌도록 만드는 것이 무엇인지 안다. 그것은 반대 전하를 띤 입자들이 서로를 끌어당기도록 만드는 전자기력이다. 그렇다면 핵 속에 있는 양성자들을 한데 묶는 힘은 무엇인가? 같은 전하를 띠는 입자들은 서로를 밀어내야 하지 않는가? 그런데도 핵이 쪼개지지 않는 이유는 무엇인가?

핵이 쪼개지지 않으려면 어떤—매우 큰—힘이 있어야 한다. 물리학자들은 그 힘을 강한 핵력 혹은 강한 상호 작용이라 부른다. 강한 상호 작용은 핵 속에 양성자들을 묶어놓기 위해서 정말로 강해야 한다. 또한 그 힘은 핵 규모의 작은 영역에서만 발휘되어야 한다. 왜냐하면 다른 두 원자 속에 있는 양성자들이 서로를 끌어당기지는 않기 때문이다. 만일 끌어당긴다면, 우리를 비롯해서 우주에 있는 모든 것들이 함몰되었을 것이다.

강한 핵력은 중력 및 전자기력과 더불어 자연의 근본적인 힘으로 상정되었다. 더 나아가 물리학자들은 제4의 근본적인 힘도 있다고 믿는다. 핵분열과 관련된 어떤 현상을 설명하기 위해 물리학자들은 두번째 핵력을 제안했다. 그 힘은 약한 핵력 혹은 약한 상호 작용이라 불린다.

이쯤 되면 회의적인 입장을 취하면서, 아직도 발견될 근본적인 힘이 많으리라고 생각하는 사람도 있을 것이다. 그럴 가능성을 완전히 배제할 수는 없지만, 그렇지는 않으리라고 물리학자들은 생각한다. 그들은 중력, 전자기력, 강한 핵력, 약한 핵력이 자연의 근본적인 힘 전부라고 믿는다.

물리학자들의 생각이 옳다면, 즉 네 개의 근본적인 힘이 존재한다면, 완전한 물질 이론은 그 네 힘을 모두 설명해야 할 것이다. 물리학자들은 그 네 힘을 아우르는 단일한 수학적 이론을 발견하기 위해—지금까지는 완전한 성공에 이르지 못했지만—애써왔다. 성공에 이르는 열쇠를 쥐고 있으리라고 물리학자들이 기대하는 수학적 개념은 대칭성이다.

우리는 5장에서 처음 대칭성 개념을 만났다. 특정한 변환을 거친 후에도 대상이 원래와 똑같아 보인다면, 그 대상은 대칭적이다. 기하학은, 대상 혹은 도형을 이리저리 움직여도 변하지 않는 성질들을 연구하는 학문이라고 간주할 수 있다는 것도 언급한 바 있다. 우리는 또한 대상의 대칭성들이 군이라는 수학적 구조—해당 대상의 대칭군—를 형성한다는 것도 안다.

20세기 초에 물리학자들은 많은 물리학적 보존법칙들(예를 들어 전하량 보존법칙)이 우주의 구조 속에 있는 대칭성들 때문에 생겨남을 깨닫기 시작했다. 예를 들어 많은 물리적 성질들은 대상을 이동시키거나 회전시켜도 변함없이 유지된다. 실험 결과는 실험실의 위치나 실험장치들이 놓인 방향과 무관하다. 이 불변성은 고전적인 물리학 보존법칙인 운동량 보존법칙과 각운동량 보존법칙을 함축한다.

실제로 독일 수학자 뇌터(Emmy Noether)는 모든 각각의 보존법칙을 특정한 대칭성의 산물로 간주할 수 있음을 증명했다. 다시 말해서 각각의 보존법칙은 하나의 대칭군과 연관된다. 예를 들어 고전적인 전하량 보존법칙에도 관련된 대칭군이 있다. 보다 현대적인 양자물리학의 법칙인 '스트레인지' 혹은 '스핀' 보존법칙도 마찬가지다.

1918년 바일(Hermann Weyl)은 일반상대성 이론과 전자기 이론을 통합하고자 했다. 그가 출발점으로 삼은 것은, 맥스웰 방정식들이 단위의 변환에 대해서 불변이라는(즉 대칭적이라는) 사실이었다. 그는 전기장을 닫힌 경로(이를테면 원형 경로)를 따라 움직일 때 일어나는 상대론적 길이 변화로 간주함으로써 위의 사실을 이용하려 했다. 이를 위해 그는 4

차원 시공상의 각각의 점에 대칭군을 부여해야 했다. 바일은 자신의 새로운 방법에 게이지 이론(gauge theory)이라는 이름을 붙였다(게이지는 일종의 측정도구이다). 시공상의 각 점에 부여된 군은 게이지 군이라 불린다.

바일의 처음 연구 결과에는 결함이 있었다. 파동함수를 중시하는 양자이론이 출현하면서 바일 이론의 문제가 무엇인지 분명해졌다. 맥스웰 방정식에서 중요한 것은 단위가 아니었다. 결정적으로 중요한 것은 위상이었다. 바일은 이제껏 잘못된 대칭군을 가지고 작업해온 것이다! 단위에 중점을 둔 바일의 게이지 군은 양의 실수로(군 연산은 곱셈으로) 이루어진 군이었다. 초점이 단위에서 위상으로 바뀌면서 게이지 군도 원의 회전변환들로 이루어진 군으로 바뀌었다.

올바른 군을 발견한 이후 바일은 자신의 새로운 전자기 이론을 빠르게 발전시켰다. 그의 이론은 오늘날 양자전기역학이라 불리며, 약자로 QED로 표기되기도 한다. 바일이 개발한 이후 양자전기역학은 수학자들과 물리학자들이 활동하는 주요 무대가 되었다.

바일이 깔아놓은 명석 위에서 물리학자들은 게이지 이론을 주요 도구로 삼아 **대통합 이론**(grand unified theory)을 구성하고자 했다. 기본 발상은 4개의 상이한 힘들을 포괄하는 단일한 게이지 군을 찾는 것이었다.

1970년대 살람(Abdus Salam), 글래쇼(Sheldon Glashow), 와인버그(Steven Weinberg)가 전기역학과 약한 상호 작용을 소위 U(2) 군을 게이지 군으로 하는 게이지 이론으로 통합하는 데 성공했다. U(2) 군은 2차원 복소수 공간에서의 회전변환군이다. 이 업적으로 세 사람은 노벨상을 받았다.

다음 단계 발전은 10년 후 글래쇼와 게오르기(Howard Georgi)에 의해 이루어졌다. 소위 SU(3)×U(2)라는 보다 큰 게이지 군을 이용해서 그들은 강한 상호 작용 역시 통합하는 데 성공했다.

마지막 단계, 즉 중력의 통합은 지금까지 이루어지지 않았다. 중력을 통합하는 일은 물리학자들에게 말하자면 성배를 찾아 떠나는 탐험처럼 여겨지게 되었다. 최근에 물리학자들은 이 마지막 단계를 완수하기 위해, 게이지 이론보다 더 일반적인 다른 이론들로 눈을 돌렸다. 가장 많은 물리학자들이 추구하는 것은 끈 이론(string theory)이며, 이 이론의 발전을 주도하는 인물은 위튼이다.

끈 이론에서는 시공 다양체 속의 곡선(세계선)을 따라 움직이는 입자가 더이상 근본적인 대상이 아니다. 대신에 소위 세계 곡면이라는 2차원 표면을 쓸고 다니는 미세하면서 열리거나 닫힌 끈이 근본적인 대상이다. 이 이론을 구성하기 위해 물리학자들은 최소한 10개의 차원을 가진 시공 다양체 속에서 작업하는 기술을 터득해야만 했다. 차원의 수가 더 적으면 세계 곡면에게 허용되는 자유도가 불충분하다.

당신은 10차원도 많다고 여기겠지만, 26개의 차원을 사용하는 끈 이론도 있다. 궁극적인 목적은 우리가 사는 익숙한 3차원 세계를 이해하는 것이지만, 물리학자들은 이렇게 점점 더 추상적인 우주로 나아가야 했다. 우리의 우주를 '수학적인 우주'라고 생각하는 것이 옳든 그르든 상관없이, 우리의 우주를 이해하고자 할 때 우리가 시도할 수 있는 유일한 방법은 수학을 **통한** 방법이다.

역도 마찬가지

물리학자들이 수학을 많이 이용한다는 것은 누구나 안다. 뉴턴은 스스로 자신의 수학—미적분학—을 개발하여 우주를 연구하는 데 이용했다. 아인슈타인은 상대성 이론을 개발하기 위해 비유클리드 기하학과 다양체 이론을 이용했다. 바일은 자신의 QED 이론을 뒷받침하기 위해 게이지 이론을 개발했다. 이외에도 많은 예를 들 수 있다. 수학을 물리학에 이용하는 것은 유서 깊은 전통이다.

그러한 이용이 반대 방향으로 이루어지는 경우는 훨씬 드물다. 물리학에서 방법과 발상을 얻어다가 수학에서 새로운 발견을 이루는 데 이용한 사례는 극히 드물다. 그런데 바로 이것이 최근 약 15년 동안 일어난 일이다. 이렇게 발상의 제공자와 수혜자가 뒤바뀌는 극적인 변화의 시작은 1929년 바일의 게이지 이론 개발이었다.

바일이 사용한 군—원의 회전변환군—은 아벨 군(즉 교환법칙이 성립하는 군. 5장 참조)이었으므로, 그가 개발한 이론은 아벨 게이지 이론이라 불렀다. 1950년대에 몇 명의 물리학자들이, 일단은 순수한 사변적 의도로, 게이지 군을 구면이나 그밖에 고차원적인 대상의 대칭군으로 대체하면 어떤 일이 생기는지 연구했다. 그렇게 대체하면 비(非)아벨 게이지 이론이 만들어질 것이다.

양(Chen-Ning Yang)과 밀스(Robert Mills)는 그렇게 호기심에 이끌려 비아벨 게이지 이론을 연구하기 시작한 물리학자들 중 두 사람이다. 1954년 두 사람은 맥스웰 방정식과 유사한 근본 방정식들을 제시했다. 맥스웰 방정식들이 아벨 군과 관련되고 전자기장을 기술하는 것처럼, 양-밀스 방정식들도 어떤 장을 기술하는데, 그 장은 입자들의 상호 작용을 표현할 방법을 제공하는 장이다. 더 나아가 양-밀스 방정식들과 관련된 군은 비아벨 군이다.

이 시점에서 수학자 몇이 물리학에서 일어난 이 놀랍고 새로운 발전에 주목했다. 물리학자들은 양-밀스 방정식을 양자 이론의 틀 안에서 사용하고 있었지만, 그 방정식은 일반적인 4차원 시공 다양체를 기반에 둔 고전적인(비양자 이론적인) 의미로도 이해될 수 있었다. 수학자들은 먼저 이 고전적인 의미에 관심을 기울였다.

수학자들은 양-밀스 방정식의 한 가지 특수한 경우(소위 '자기-쌍대 self-dual' 경우)에 대한 해를 구할 수 있었고, 그 해를 인스탄턴(instanton)이라 명명했다. 물리학자들도 약간의 관심은 보였지만, 그 해는 여전히 수학자들의 게임의 산물에 가까웠다. 하지만 그때 도널드슨이라는 젊은 영국 수학자가 등장했다. 우리는 6장에서 이미 그를 만난 적이 있다.

도널드슨은 인스탄턴과 자기-쌍대 양-밀스 방정식을 일반적인 4차원 다양체에 적용했고, 이를 통해 멋지고 놀랍고 새로운 수학적 전망을 향한 문을 열었다. 첫번째 결론은, 6장에서 언급한 바 있는 4차원 유클리드 공간의 비표준 미분 구조 발견이었다.

도널드슨의 업적에서 내가 강조하고자 하는 측면은, 그 업적이 통상적인 발상의 흐름에 반대되는 방향으로 이루어졌다는 것이다. 방금 전에 언급했듯이, 수학자들과 물리학자들에게 익숙한 생각은, 물리학이 수학을 이용한다는 것이다. 그러나 도널드슨의 연구는 반대 방향으로 진행되었다. 그의 연구는, 누구도 예견하지 못했을 정도로 기하학과 물리학이 서로 얽히게 된 새로운 시대를 알리는 신호이다.

도널드슨 이론이 함축하는 중요한 귀결 하나는, 4-다양체의 불변항들을 산출하는 방법이다. 갑자기 수학자들은 과거 모든 시도를 무색케 했던 4-다양체 분류 문제를 해결할 방법을 얻게 되었다. 그러나 해결 과정은 매우 어려웠다. 도널드슨 이론을 주물러 원하는 불변항들을 얻기 위해서는 초인적인 작업이 필요했다.

과거 도널드슨의 선생이었던 아티야는, 그 문제를 해결하는 길은—또한 물리학자들이 직면한 많은 난점들을 해결하는 길은—수학과 물리학을 재통합하는 것이라고 확신했다. 아티야의 제안에 고무된 프린스턴의 물리학자 위튼은 도널드슨 이론을 양자 양-밀스 이론으로 해석하는 데 성공했다. 그러나 1993년까지 위튼의 연구는 물리학자들에게 도널드슨의 업적을 이해시킨 것 외에는 이렇다 할 성과를 내지 못했다. 그때 물리학자 사이버그(Nathan Seiberg)가 나타났고, 상황은 극적으로 반전되었다.

사이버그는 초대칭성을 연구하고 있었다. 초대칭성 이론은 1970년대 등장했으며, 기본입자의 두 부류인 페르미온(전자 그리고 또다른 종류의 입자인 쿼크)과 보손(광자 그리고 역시 다른 종류의 입자인 글루온) 사이에 대칭성이 있다고 보는 이론이다. 사이버그은 초대칭성이 있을 경우에 양자 게이지 이론의 난해한 문제들을 다루는 방법들을 개발했다.

1993년 사이버그와 위튼은 도널드슨 이론과 관련된 한 경우를 함께 연구하기 시작했다. 이어진 (위튼의 표현에 따르면) "내 생애에서 가장 놀라운 경험" 속에서 두 사람은 도널드슨 이론에서 나온 방정식들을 대체하는 한 쌍의 새로운 방정식을 발견했다. 그 발견은 물리학에서 커다란 발전일 뿐만 아니라 수학에서도 오래 추구해온 4-다양체 분류법으로 가는 중요한 발전이었다.

사이버그-위튼 이론이 도널드슨 이론과 다르고 더 강력한 이론이 되게 해주는 것은 **콤팩트**(compact) 개념이다. 콤팩트는 위상 공간이 가지는 전문적인 성질이다. 콤팩트의 의미를 직관적으로 설명하면 다음과 같다. 만일 공간 속의 점 각각이 그 점 근처에 관한 정보를 제공해준다면, 유한한 수의 점만 가지고도 정보들을 모아서 공간에 관해 당신이 원하는 정보를 모두 얻을 수 있을 것이다. 이런 성질을 가진 공간이 콤팩트한 공간이다. 도널드슨 이론과 관련된 공간은 콤팩트하지 않은 반면에 사이버그-위튼 이론과 관련된 공간은 콤팩트하다. 두 이론 사이의 차이는 모두 이 차이에서 연원한다.

사이버그-위튼 발견은 물리학뿐만 아니라 수학에도 즉각적으로 영향을 미쳤다. 자신의 주 관심사는 물리학임에도 불구하고 위튼은 그 발견으로부터 4-다양체에 관한 귀결들을 도출했다. 위튼은 새로운 방정식들에서 산출되는 불변항들이 도널드슨 이론에서 나온 불변항들과 동일할 것으로 추측했다.

하버드 대학의 수학자 타우브스를 비롯한 여러 사람이 위튼의 추측을 받아들였고, 얼마 지나지 않아 무언가 극적인 일이 일어났음을 의식하기 시작했다. 새 방정식들이 산출하는 불변항들이 도널드슨의 불변항들과 정확히 일치하는지 여부는 아직 밝혀지지 않았다. 그러나 새 불변항들은 도널드슨의 불변항들과 비교할 때 훨씬 다루기 쉬우면서 최소한 동등하게 효과적이다. 수학자들은 과거의 방법으로 수년이 걸려 이룬 성취를 몇 주 만에 훨씬 수월하게 재성취할 수 있었고, 예전에는 풀 수 없었던 문제들을 풀 수 있었다. 마침내 수학자들은 4-다양체의 이해에 다가서는 참된 발전을 이루었다고 느꼈다. 물리학은 3백 년 동안이나 수학으로부터 최고의 봉사를 받았다. 이제 마침내 그 빚을 갚을 날이 온 것이다.

* * * *

내 이야기는 여기까지이다. 하지만 수학은 계속 전진한다. 수학은 우주와 그 안에 있는 생명의 숨겨진 패턴들에 관한 지식을 찾아 끝없는 여행을 계속할 것이다.

후기

할 얘기가 아직 많다. 아주아주 많다. 앞장에서 개관한 주제들은 현재 행해지는 수학의 작은 부분일 뿐이다. 계산 이론, 계산 복잡성 이론, 수치 해석, 근사 이론, 역동 체계 이론, 카오스 이론, 무한수 이론, 게임 이론, 선거 체계 이론, 상충 이론, 연산 연구, 최적화 이론, 수리 경제학, 수리 재정학, 재난 이론, 일기 예보 등은 거의 혹은 전혀 언급되지 않았다. 공학, 천문학, 심리학, 생물학, 화학, 생태학, 우주과학에 응용되는 수학 역시 거의 혹은 전혀 언급되지 않았다. 이 주제들 각각은 이런 교양서적의 한 장을 채우기에 충분하다. 내가 열거한 것들 이외의 수많은 다른 주제들도 마찬가지다.

책을 쓸 때 작가는 누구나 선택을 해야 한다. 이 책을 쓸 때 나는 수학의 본성과 관련해서 수학의 역사와 오늘날의 수학 모두를 어느 정도 전달하고자 했다. 하지만 나는 한 주제당 서너 쪽을 할애하면서 일종의 시식 코너를 만들고 싶지는 않았다. 여러 측면이 있고 삶의 다른 분야와 여러 방식으로 연관을 맺고 있음에도 불구하고 수학은 하나의 통일된 전체이다. 어떤 한 현상에 대한 수학적 탐구는 다른 현상에 대한 수학적 탐구와 많은 유사성을 지닌다. 처음에는 핵심 개념들이 인지되고 식별되는 단순화 과정이 있다. 이어서 그 핵심 개념들은 점점 더 깊게 분석되고, 관련 패턴들이 발견되고 탐구된다. 공리 체계를 만드는 시도도 있다. 추상의 수준은 점점 높아진다. 정리들이 제시되고 증명된다. 다른 수학 분야와의 연관성이 발견되거나 추측된다. 이론이 일반화되고, 이를 통해 여타 수학 분야와의 더 많은 유사성―그리고 연관성―이 발견된다.

이것이 내가 전달하고자 한 수학 연구의 보편적인 구조이다. 내가 선택한 특정 주제들은 모두 수학에서 중심적인 주제들이다. 그 주제들이 모두 대학교 수학 교육 과정에 많게든 적게든 들어 있다는 의미에서 그러하다. 이런 의미에서 나의 선택은 자연스러운 선택이었다. 하지만 솔직히 말하자면, 7~8개의 영역을 임의로 선택했더라도 나는 같은 얘기를 할 수 있었을 것이다. 수학은 패턴의 과학이며, 그 패턴은 당신이 세심히 살펴보면 어디에서나, 물리적 우주에서도, 생명 세계에서도, 심지어 당신 자신의 정신에서도 찾을 수 있다는 것, 그리고 수학은 우리로 하여금 보이지 않는 것을 볼 수 있게 해준다는 얘기를 말이다.

인쇄를 중단해요!

수학은 전진하고 있다. 바로 이 책의 출판 작업이 진행되는 동안, 케플러의 구 채우기 문제(309쪽)가 해결되었다는 발표가 있었다. 6년의 노력 끝에 미시간 대학의 헤일즈(Thomas Hales)가 케플러 추측이 옳음을 증명하는 데 성공했다. 면심입방격자는 정말로 모든 3차원 구 채우기 중 가장 밀도가 높은 채우기이다.

헤일즈의 증명은 헝가리 수학자 토트(Laszlo Toth)의 연구를 기반으로 한다. 토트는 1953년 구 채우기 문제를 많은 개별 경우들을 포함하는 방대한 계산 문제로 환원할 수 있음을 증명했다. 그 증명 덕택에 컴퓨터를 이용한 해결의 길이 열렸다. 1994년 헤일즈는 토트가 제안한 방법을 따르는 5단계 해결책을 완성했다. 함께 연구하는 대학원생 퍼거슨(Samuel Ferguson)과 더불어 헤일즈는 5단계 작업에 착수했다. 1998년 8월 헤일즈는 성공을 발표했고, 증명 전체를 인터넷 페이지 http://www.math.1sa.umich.edu/~hales/에 게시했다.

헤일즈의 증명은 250쪽의 문서와 대략 3기가바이트 크기의 컴퓨터 프로그램 및 데이터로 이루어져 있다. 헤일즈의 증명을 검토하고자 하는 수학자는 문서를 읽어야 할 뿐만 아니라 헤일즈의 프로그램을 내려받아 실행해보아야 한다.

수백 가지의 경우를 다루는 막대한 컴퓨터 계산과 전통적인 수학적 논증을 결합했다는 점에서 헤일즈의 케플러 문제 해결은 6장에서 논한 바 있는 아펠과 하켄의 네 가지 색 문제 해결을 떠올리게 한다.

패턴—역자 후기를 대신하며

1

　데블린은 단순히 정보를 전달하는 것을 넘어서 자신의 독특한 주장을 명확하고 과감하게 제시하기를 즐기는 작가이다. 이 책에서도 그는 두 가지 주장을 명확하게 내놓았다.

　첫째, 그는 수학이 패턴을 연구하는 과학이라고 주장한다. 과연 패턴이 무엇일까? 데블린은 때로 설명하지만, 깊이 파고들기를 즐기는 철학적 정신이 만족스러워할 만큼의 설명은 제공하지 않는다. 어쩌면 패턴이라는 개념 자체가 대단히 복잡한 구조물이며, 또한 역사의 산물이기도 해서, 그 개념을 깊이 있게 설명한다는 것이 결코 만만치 않은 일이기 때문인지도 모른다. 어쨌든 그는 여러 대목에서 반복해서 패턴을 강조한다. 나는 '패턴'을 우리말로 번역하지 않았다. 번역은 끝났지만, '패턴'이라는 말을 받아낼 우리말이 있을지 탐색해보는 일은 지금이라도 매우 의미 있을 것이라 믿는다. 나는 역자 후기를 대신하는 이 글을, 패턴이라는 개념을 열어보는 시도에 할애하려 한다. 하지만 우선 이 책과 관련해서 데블린의 주장과 강조점들을 끝까지 살펴보자.

둘째, 이 책의 부제에서도 분명히 드러나듯 데블린은 수학이 우리에게 주는 선물은 "보이지 않는 것을 보게 해주는 것"이라고 주장한다. 또 한 번 의문이 생긴다. 그는 '본다'는 것을 과연 어떤 의미로 사용하고 있는 것일까? 예를 들어 그는 뉴턴의 중력법칙이 중력을 '보게' 해준다고 말한다. 뉴턴의 중력법칙을 알면, 중력이 보인다는 뜻일까? 데블린의 두번째 주장 역시 만만치 않은 은유라고 해야 할 것 같다. 재미있는 것은 '패턴'이라는 첫번째 중심 개념과 '본다'라는 두번째 중심 개념이 밀접한 연관성을 드러낸다는 사실이다. 가장 상식적인 의미에서 패턴은 보이는 대상이기 때문이다. 그러므로 데블린이 '본다'라는 말을 '패턴'과 관련해서 확장된 의미로 사용하고 있음을 알 수 있다. 결국 문제는 패턴이다.

데블린은 이 책에서 수많은 첨단의 수학적 성과들을 소개했다. 아쉽게도 나는 그 많은 이야기들을 충분히 감상할 만큼의 지식을 가지고 있지 못하다. 이런 사정은 대부분의 독자들에게도 별반 다를 바가 없을 것이다. 특히 페르마의 마지막 정리가 증명되기까지의 과정을 담은 절은 거의 대부분의 독자에게 전혀 모르는 나라의 역대 임금 목록처럼 느껴질 것이다. 전문 수학자가 아닌 번역자로서 나는 그런 난해한 주제와 관련해서는 두드러진 세부 번역 오류가 없기만을 바랄 뿐이지만—또한 그만큼은 조심스럽게 자부하지만—다른 한편, 이 책의 의도가 고도로 전문화된 수학의 세부 내용을 자상하게 설명하는 것에 있지는 않다는 점을 분명하게 강조하고 싶다. 내가 데블린과 더불어 독자들에게 할 수 있는 제안은 큰 흐름에 집중하라는 것이다. 이를테면 페르마의 마지막 정리가 위상학을 다루는 장에서 얘기된다는 점 자체가 내겐 흥미로웠다. 마찬가지로 복소수가 미적분학과 관련해서 논의된다는 것 역시 흥미로운 점이다. 소수와 암호 체계, 대칭성과 군, 곡면과 다양체, 매듭과 다항식, 매듭과 곡면 등 데블린이 짝지워 다루는 개념 쌍의 내적 관련성은 내가 이 책에서 얻은 값진 지식이다.

이와 관련해서 데블린의 세번째 주장을 말할 수 있다. 데블린 자신도 이 책에서 여러 차례 수학의 한 분야가 다른 분야에 적용됨으로써 일어난 놀라운 발전들을 강조했다. 이 책의 내용 전체가 그런 놀라운 발전들을 소개하는 것이라고 해도 과언이 아닐 것이다. 이런 의미에서 그의 세번째 주장은 앞에서 열거한 두 주장 못지 않게 명백하다. 그 주장은 다름 아니라 바로 수학의 분야와 분야 사이에, 개념과 개념 사이에 심층적인 관련성이 있다는 것이다. 발견되었거나 아직 발견되지 않은 심층적 관련성을 믿으므로 그는 수학의 분야들이 다양하게 분화되었음에도 불구하고 수학은 통일된 전체를 이룬다고 자신 있게 말한다.

그러나 수학의 통일성을 주장할 때 흔히 근거로 얘기되는 보편적 형식적 공리 체계나 연역 체계를 그가 염두에 두고 있는 것은 전혀 아니다. 그렇다면 그는 무슨 근거를 가지고서 아직 발견되지 않은 심층적 관련성과 수학 전체의 통일성을 주장하는 것일까?

많은 수학 철학자들의 반발을 살 것이 명백함에도 불구하고 그는 공리 체계 확정에 큰 역할을 부여하지 않는 듯이 보인다. 예를 들어 가우스는, 수학은 첫번째도 두번째도 세번째도 '정의'이다, 라고 강조했다. 가우스가 강조하는 것은, 공식화된 정의 혹은 공리에 근거하지 않는 한 어떤 논의도, 어떤 탐구도 수학적 엄밀성에 도달할 수 없다는 점이다. 반면에 데블린은 공리 체계 확정 이전에 패턴을 발견하고 식별하는 단계가 있었다는 점을 강조하고, 바로 그 단계에서 수학의 핵심을 찾는 듯이 보인다. 이런 의미에서 데블린은 직관에 의지한 수학 탐구를 적극적으로 옹호하는 직관주의자라 할 수 있을 것이다.

패턴들은 도처에 있다는 것, 그리고 그 패턴들은 더 깊은 차원의 패턴을 통해서, 즉 패턴들의 패턴을 통해서 서로 관련된다. 수학이 통일된 전체인 것은, 수학이 연구하는 패턴들이 여러 차원에서 서로 관련을 맺으면서 통일성을 나타내기 때문이다. 분야들간의 심층적 연관성에 대한, 더 나아가 수학 전체의 통일성에 대한 그의 믿음 역시 결국 '패턴'을 기반으로 하고 있는 것으로 보인다. 역시 문제는 패턴이다.

2

우리가 흔히 '개념'이라 불러온 것을 '패턴'이라는 말로 바꾸어 부르는 현대적 흐름은 단지 말의 유행에 불과하지는 않을 것이다. 무언가 중요한 사고 전환을 요구하는 목소리가 그 현대적 현상 속에 들어 있음이 분명하다.

패턴이라는 새로운 개념은 '개념' '규칙성' '법칙성' 등을 대체할 뿐만 아니라, 놀랍게도 개념에—또는 규칙성이나 법칙성에—부합하는 대상을 직접 가리키기도 하는 강한 힘을 발휘한다. 자연법칙이 어딘가에 따로 있고, 자연법칙에 따르는 자연이 여기에 있다는 식으로 생각하는 것이 과거의 단순한 사고 방식이라고 하자. 패턴이라는 새로운 개념은 그런 단순한 이분법적 사고 방식에 반발하고자 하는 정신적 흐름의 산물인 것이 분명해 보인다. 자연법칙 및 자연과 관련해서 새로운 정신은, 여기에 자연 패턴이 있다고 말하는 것이 옳다고 주장한다. 개념과 개념에 부합하는 개별 대상을 구분하는 사고 방식에 대해서도, 새로운 정신은 '패턴'이라는 새로운 말을 동원하여, 개념이면서 동시에 대상인 것을 가리키려 한다. 삼각형 패턴이 있다, 라고 이 책에서 데블린은 말한다.

상식적인 의미에서도 패턴은 개별 대상들의 반복 속에 있다. 반복 속에 있는 규칙이 곧 패턴이라고 할 수 있다. 반복은 시간적일 수도 있고—이 경우에는 '리듬'이라는 분화된 말이 더 있다—공간적일 수도 있지만, 어느 경우에든 감각경험의 기본 조건인 시공을 벗어나지 못한다. 바로 이 점이 패턴이라는 새로운 개념이 가지는 중요한 매력일 것이다.

고전적인 개념 역시 개별 대상들의 반복을 통해서 형성된다고 생각할 수 있다. 그러나 개념이 개별 대상들의 반복 속에 있는 것은 아니다. 개념은 기껏해야 대상들의 반복을 통해 드러난다. 규칙성, 법칙성 역시 마찬가지다. 이 때문에 이들은 개별 대상들로부터 쉽게 분리해서 생각할 수 있다. 마치 그림자와 물체가 다르듯이, 대상과 개념이 다를 수 있을 것이다. 혹은 말과 말뜻이 다르듯이, 혹은 작품과 작가가 다르듯이……

반면에 패턴은 패턴을 드러내는 대상으로부터 분리해서 생각하기 어렵다. 펼쳐져 있는 여러 대상들을 보는 것은, 동시에 패턴을 보는 것이라고 할 수 있다. 우리가 벽지를 볼 때, 우리는 즉각적으로 벽지 패턴을 본다. 벽지에 있는 여러 모양들을 보면서, 그 모양들이 어울려 형성하는 벽지 패턴을 따로 생각하는 것은 아니다. 우리는 흔히 대상들이 패턴을 '드러낸다'고 표현하지만, 이 표현은 데블린을 비롯한 현대의 정신이 말하고자 하는 패턴의 신선함을 흐리는 표현이라고 여겨진다. 오히려 대상들 자체가 반복되는 패턴이다.

과학하고자 하는 정신이 추구해야 할 앎의 목표가 패턴이라는 주장은 이렇게 무언가 강한 철학적 함축을 지니고 있다. 나는 지금 그 함축을 완벽하게 열어놓지는 못한다. 그러나 두 가지 중요한 관련성은 말할 수 있을 것 같다.

개념이나 법칙이 아니라 패턴을 강조한다는 것은, 앎의 전형으로 시각적인 직관을 내세우는 것과 밀접하게 관련된다. 더 나아가 패턴의 추구는, 경험에 선행하는 개념은 정신의 자유를 억누를 뿐이며 그런 개념 없이 개별 대상을 향해 직접 나아가도 얼마든지 앎에 도달할 수 있다는 경험주의자들의 오랜 비경험주의적 믿음과도 밀접한 관련을 가진다. 이 두 관련성은 이 책에서도 뚜렷하게 입증된다. 앞서 언급한 데블린의 두번째 세번째 주장이 그 증거이다.

가장 탁월한 앎을 눈으로 보기에 비유하는 것은 오랜 전통이다. 경험주의자들의 소박한 믿음에 담긴 중요한 진실 역시 간과할 수 없다. 분명 대상을 안다는 것은, 외적인 틀에 맞게 대상을 가공하여 소유한다는 것이 아니라, 있는 그대로의 대상을 대면한다는 것이다. 하지만 문제는 과연 그럴 수 있느냐?에 있다. 보기 위해 반드시 있어야 하는 빛은 어디에서 오는가? 누가 우리를 있는 그대로의 대상 곁으로 데려가주는가? 감각경험인 시각에 유비된 이상적인 앎을 의미 있게 주장할 수 있으려면 이런 중요한 질문들을 간과해서는 안 될 것이다.

3

'패턴'이라는 말은 이미 우리나라에서도 널리 사용되고 있으니 번역하지 않고 그대로 두는 것이 낫다는 조언을 해준 선배가 있었다. 당시까지 '패턴'을 여러 단어들로 번역해왔던 나는 선배의 조언을 기꺼이 따르기로 했다. 되도록 우리말로 옮기는 것을 원칙으로 하는 나로서는 예외적인 선택이었다. 물론 '패턴'이 결코 만만한 개념이 아님을 감지하고 있었기 때문에 그런 선택을 내렸다. 모두들 그렇겠지만 특히 과학자들은 섣불리 개념을 사용하지 않는다. 과학책에 등장하는 '패턴'은 분명 무언가 하나로 통일시키기 어려운 패턴을 가지고 있었다.

그후 나는 간간이 '패턴'이라는 말을 만날 때마다, 혹은 주로 언어 외적인 정신 작용에서 또한 주로 시각에 비유되는 정신 작용에서 활로를 찾는 20세기 유럽 철학의 경향성을 볼 때마다, 혹은 컴퓨터 그래픽 기술을 이용한 그림이 점점 더 많은 삶의 부분을 점령하는 현실을 확인할 때마다 패턴이라는 개념에 주의를 기울였다.

그래서 나는 수학이 패턴의 과학이라는 데블린의 주장에서 이 책에만 국한된 것이 아닌 중요한 현대적 흐름을 보았다고 느꼈다. 독자들을 위한 안내의 글로, 혹은 번역에 관한 변론으로 씌어지는 전형적인 역자 후기를 대신하여 이렇게 읽기 힘들고 파편적인 글을 쓰게 된 것은, 그러므로 나의 개인적인 사정 탓이기도 하지만, 더 큰 이유는 이 문제—'패턴'—가 정말로 중요하기 때문이다.

수학 전반에 관한 상식을 가지는 것은 유용한 일이다. 수학적인 사고를 음미할 수 있고 뒤따를 수 있다면, 그것은 더욱 값진 일이다. 이 책에서 데블린은 독자들에게 그럴 수 있는 기회를 제공한다. 더 나아가 그는 수학이 무엇인지를 말했다. 책 전체에 걸쳐 반복되는, 수학이 패턴의 과학이라는 그의 말은 간과되어서는 안 되는 말일 뿐만 아니라, 결코 이해하기 쉬운 말도 아니다. 이 글이 독자들로 하여금 '패턴'이라는 말이 쉬운 말이라는 생각을 거두고 그 말을 재미있는 문제로 대하도록 이끌었다면, 나는 성공적인 역자 후기를 쓴 것일 수도 있다. 데블린 역시 패턴이라는 개념이 벽지 패턴처럼 자명하다고 생각하지는 않는다. 이 글을 통해 다시 한번 '패턴'에 주목하면서 책을 읽는 독자가 생긴다면, 더 나아가 '패턴'을 옮길 좋은 우리말을 찾아나서는 독자가 생긴다면, 나는 정말 성공적인 역자 후기를 쓴 것이 분명하다.

| 찾아보기 |

ARCLP 검사 62~63, 69
DNA 388~389, 391
RSA 체계 65~66

ㄱ

가우스 분포 432
가우스, 카를 프리드리히 Gauss, Karl Friedrich 50~56, 212, 256, 259~260, 312~313, 315, 347~348, 374, 432~433, 440, 467, 483
가향 곡면 358, 397
갈로아 군 Galois group 306
갈로아, 에바리스트 Galois, Evariste 297, 303~306
갈릴레오, 갈릴레이 Galilei Galileo 21, 200, 240, 410~411, 455~457, 465, 468
게이지 군 gauge group 500, 502
게이지 이론 500, 502, 504
격자 lattice 312~316
결정 불가능 undecidable 141
결정체 crystals 320
결정학 crystallogiaphy 306
계산 가능성 이론 computability theory 141
고유시간 proper time 490, 492
곡면 349~351
곡면의 종수 genus of a surface 358, 386, 397~398

골드바흐 추측 67
골턴, 존 Galton, John 441~444
골턴 판 Galton board 443
공 매듭 378, 380~382
공리 117~126
공리적 집합론 134
공유 열쇠 암호 체계 65
광자 photon 486~487
괴델, 쿠르트 Gödel, Kurt 136~141
괴델의 정리 136~137, 140
교집합 128, 445
교차-비율 cross-ratio 273~274
교차수 crossing number 382~384
교환법칙 14, 35
구 채우기 308~316
구면 기하학 spherical geometry 262~265
군 group 296
군 이론 299
그래니 매듭 granny knot 380
그레고리, 제임스 Gregory, James 171
그론트, 존 Graunt, John 417~421
그리스 수학 10, 37, 43~45
극한 183, 206
극한값 179
기대값 425~430
기본 군 fundamental group 367~369, 385
기준틀 476~480

기초비율 base rate 436
기하급수(등비급수) 168
기하학 12, 223~291, 371
『기하학 원론 Elements』 40, 45~46, 74~75, 345
꼭지점 340
끈 이론 string theory 501

ㄴ

네 가지 색 정리 363~364
논리학 13
뇌터, 에미 Noether Emmy 499
눈송이 320~321
뉴시스 작도 neusis construction 252, 255
뉴턴, 아이작 Newton, Isaac 10~11, 59, 157~160, 171, 176~177, 179~186, 190, 204, 208, 218, 267, 310, 373, 445, 457~460, 469, 477, 480, 482, 495~496
뉴턴의 중력법칙 459
뉴턴의 힘의 법칙 458

ㄷ

다양체 manifold 366~374
단치히, 조지 Danzig, George 290
닫힌 곡면 358, 365
닮은 다각형 234
대수 위상학 algebraic topology 367
대수학의 근본 정리 212, 214
대수학적 수 37
대칭군 293, 328
대칭성 292, 499

대통합 이론 grand unified theory 500
데데킨트 Dedekind, Richard 206~207
데이터 코드 325
데카르트, 르네 Descartes, René 58, 244~245, 247~250, 252, 275, 283, 285~286, 347, 456
데카르트 기하학 285
도널드슨, 사이먼 Donaldson, Simon 372, 374, 391, 503~505
도박 407
도함수 187~189
동시성 simultaneity 478, 483
뒤러, 알브레히트 Duerer, Albrecht 269~270, 278
드 므아브르 de Moivre, Abraham 430~432, 440
드사주, 제라르 Desargue, Gerard 274~276, 281~282
드사주 정리 Desargue's theorem 274~276, 281~282
디리힐레트 영역 Dirichlet domain 327~330
디오판투스 Diophantus 14~15, 71, 73, 400, 406
『산술학 Arithmetic』 14, 71, 406

ㄹ

라이프니츠, 고트프리트 빌헬름 Leibniz, Gottfried Wilhelm 10~11, 58, 77, 157, 159~160, 171, 176
러셀, 버트런드 Russell, Bertrand 20, 131

~136
러셀의 역설 133~134, 136
레오나르도 다 빈치 da Vinci, Leonardo 269, 412
로렌츠 축소 477
로바체프스키, 니콜라이 Lobachevsky, Nikolay 260, 307, 483
리만, 베른하르트 Riemann, Bernhard 215~219, 261~265, 366
리만 가설 218
리만 기하학 261~265, 268~269, 307, 372
리벳, 케네스 Ribet, Kenneth 403~404
리치 격자 Leech lattice 325
리프 매듭 reef knot 380~382, 384~387
린데만, 페르디난트 Lindemann, Ferdinand 250~252

■
마이켈슨, 앨버트 Michelson, Albert 472~474
마이켈슨의 실험 472~474
만델브로트, 벤노아 Mandelbrot, Benoit 18
매듭 374~392
매듭 군 385
매듭 보체 knot complement 385
매듭 불변항 379, 384~386
매듭의 제시 presentation of a knot 380
매듭의 지너스 genus of a knot 386
맥스웰, 제임스 클러크 Maxwell, James Clerk 462~465
맥스웰 방정식 24, 465~468, 479, 499~500, 502
메르센, 마랭 Mersenne, Marin 67~68
메르센 소수 Mernenne prime 68~70
메르센 소수 찾기 인터넷 모임 GIMPS= General Internet Mersenne Prime Search 69
메르센 수 Mersenne number 68~69
메트릭 metric 488~491, 493~495
명제 88
명제 논리학 105
모두스 포넨스 modus ponens 110~111
모듈 곡선 403
모르델, 루이스 Mordell, Lewis 400
모르델 추측 400~402
모서리 340
모스크바 파피루스 Moscow papyrus 36
모형 이론 model theory 140
뫼비우스, 아우구스투스 Möbius, Augustus 347~348
뫼비우스 띠 347~354, 360~362
무리수 43
무한 155, 163~171
무한 감소 방법 method of infinite descent 77, 80
무한급수 164
무한선 line at infinity 277
무한점 272, 277
문법 144
미분 172, 187~189
미분 구조 373
미분방정식 190~194

찾아보기 519

미분학 187~189
미적분학 10~11, 23~24, 155~193
미적분학의 근본 정리 204
믹스 3세, 윌리엄 Meeks, William, III 18
민코프스키, 헤르만 Minkowski, Hermann 483
민코프스키 거리 489~493
밀노어, 존 Milnor, John 373

ㅂ

바빌로니아 수학 10
바이어슈트라스, 카를 Weierstrass, Karl 183~185, 188, 201, 206~207
바일, 헤르만 Weyl, Hermann 403
방사능 190
방정식의 지너스 genus of an equation 397~398
밴초프, 토머스 Banchoff, Thomas 289
버클리 주교 Berkeley, Bishop 182
벌집 316~320
법 modulus 56
법산 54~57, 60
베르누이, 다니엘 Bernoulli, Daniel 22~23, 424~429
베르누이, 야콥 Bernoulli Jacob 420~425
베르누이 방정식 Bernoulli's equation 23, 424
베르누이 일가 Bernoulli family 420
베이스, 성직자 토머스 Bayes, Rev. Thomas 435
베이스 공식 436~439

베이스 이론 435~439
벡터 458
벡터 장 vector field 463
벽지 무늬(패턴) 327
변환 transformation 292
보안 암호 64~65
보요이, 야노스 Bolyai, Janos 260, 307, 483
보험 산업 407, 418~419
복소수 207~211, 497
부드러운 곡면 366, 397
부정 negation 106
분석수형도 parse tree 147~148
분할불능법 method of indivisibles 200~201
불, 조지 Boole, George 98~104
브라베, 오귀스트 Bravais, Augustus 306, 313
브라베 격자 Bravais lattice 312
브라헤, 티코 Brache, Tycho 454
브리앙콘, 샤를 줄리앙 Brianchon, Charles Julien 281
브리앙콘 정리 281
블랙-숄츠 공식 Black-Scholes formula 446~449
비가시적인 우주 25
비가향 곡면 350, 352~353, 361
비누막 18
비유클리드 기하학 259
비주기적 평면 덮기(타일 붙이기) 332
빛 원뿔 485
빛의 속도 469

ㅅ

사각 채우기 310
4-매듭 376
사영 기하학 269~282
사영(투사) projection 269~282
사이버그, 네이던 Seiberg, Nathan 504
사이버그-위튼 이론 Seiberg-Witten theory 504
사인 함수 176
사케리, 지롤라모 Saccheri, Girolamo 257, 259, 261
산술 12
산술의 근본 정리 46
삼각함수 174
삼단논법 89~97
서스톤, 윌리엄 Thurston, William 371~372
선언 disjunction 106
선차 확률 a priori probability 422
선행 확률 prior probability 436
성 페테르스부르크 역설 426, 429
세계선 world line 487
소 매듭 prime knot 383~384
소수 46~51, 60~62
소수 검사 60~62
소수 밀도 함수 47, 50~51
소수 정리 51, 218
소수 추측 215~218
소용돌이 원자 vortex atom 389~390
소인수 47
소인수분해 47

소진법 method of exhaustion 198~201
소크라테스 44, 89~90, 92~93
손잡이 356
수 이론 12, 28
수술 363
(수학의) 아름다움 17
(수학적) 귀납법 77, 80~85
순열군 permutation group 306
술어 predicate 88~95, 101, 104, 112~117, 131
스메일, 스테픈 Smale, Stephen 371
스토아 철학 105~106, 110
시계 산술 clock arithmetic 54~56
시공 space-time 482~493
시무라, 고로 Shimura, Goro 403~405
시무라-타니야마 추측 403~405
식 formula 113
실수 205
실수 해석학 206
실수축 209~210
심플렉스 방법 simplex method 290
쌍곡선 242
쌍곡선 기하학 261
쌍둥이 역설 twin paradox 492~493

ㅇ

아르키메데스 Archimedes 199, 242~243
아리스토텔레스 Aristotle 24, 44, 87~90, 92~95, 97~99, 101, 103~105, 110, 112~114, 140, 408, 456, 477
아벨 군 abelian group 300~301

아인슈타인, 알베르트 Einstein, Albert 267
　～268, 460, 475, 477～486, 501
아킬레우스와 거북이 162～164, 167～168
아티야 Atiyah Michael 390, 503
아폴로니우스 Apolloneus 241
알렉산더 다항식 Alexander polynomial 384～385, 387
알렉산드리아 Alexandria 14, 45
암호 63～67
양-밀스 이론 Yang-Mills theory 374, 502～504
양자 이론 390, 496～498, 502～503
양자장 quantum field 390, 497
양자전기역학 quantum electrodynamics 500
양화사 quantifier 113, 115, 117
억제 성장 191～192
언어학 144～145
에라토스테네스 Eratosthenes 23, 452
에어랑엔 프로그램 Erlangen program 306, 371
에우독소스 Eudoxus 451～452
에테르 ether 389, 463, 472～475, 477
역원 (군 안에서) 299, 368
역장 force field 463～465
연결망 network 337～347
연결망 이론 341
연방주의자 문건 Federalist papers 149～152
연언 conjunction 106
0회전 294

오각 대칭성 334
육각 대칭성 321, 334
오일러, 레온하르트 Euler, Leonhard 60, 66, 78, 95～96, 171, 195, 208, 212～214, 216, 218, 339～342, 344, 347, 355～356
오일러 공식 214, 342～344, 347, 357
오일러 다면체 공식 347
오일러 특성값 356
와일스, 앤드류 Wiles, Andrew 73, 404～406
완전성 공리 completeness axiom 207
완전한 공리 체계 136
우연(운) chance 408
원을 정사각형화하기 250～251
원초해 primitive solution 75～76
원추곡선 241～242, 244, 247, 252, 272～273
웨이유, 앙드레 Weil, André 401～402
위상학 13, 307, 338
위상학적 불변항 355
위튼, 에드워드 Witten, Edward 390, 501, 503～505
유리수 40
유율법 158
유클리드 10, 44～46, 224～232
유클리드 공간 286
유클리드 기하학 224
유클리드의 전제들 Euclid's postulates 224～227
유클리드의 제5공리 227～228, 253～268
육각 채우기 310

음악 12~17
의구면 pseudosphere 266
이집트 수학 10
2차 도함수 194
인스탄턴 instanton 503
일반상대성 이론 480~483, 486, 496, 499

ㅈ

자-컴파스-작도 229~230, 250, 252
자연수 34
자유 붕괴 191, 194
자유 성장 191, 193
체 field 57, 123, 206
재정적 파생 항목 financial derivative 446
적분학 156~157, 198
전자기파 470~471, 478
정다각형 234, 246~237, 330~331
정다면체 234~240, 317, 329, 333
정사각형화 250~251
정상분포 431~432, 441
정상 소수 regular prime 79
정수(整數) 120
정수 영역 122
제곱근 구하기로 (방정식) 풀기 304, 306
제논 Zeno 155, 161~163, 165, 205, 207
제논의 역설 162, 163, 205, 207
제타 함수 zeta function 216~218
조건(연산) conditional 108~109, 113, 216
조화급수 169~171
존스, 보건 Jones Vaughan 687~388
존스 다항식 387~391

종 곡선 bell curve 429, 431~434, 440~443
좌표 기하학 244, 286
주기함수 196
주식 시장 stock market 25
준결정체 quasicrystal 334~335
줄리아, 가스통 Julia, Gaston 17
줄리아 집합 Julia set 18
중력 479~482
중심투사 central projection 271
증명 86, 118
증명 이론 140
지수 함수 189
진리표 106, 108~110
집합 126~135
집합론 126~135, 140

ㅊ

차원 dimension 283~290
채우기 문제 308~316
채우기 밀도 310
체르멜로-프렌켈 집합론 Zermelo-Fraenkel set theory 134, 139~140
체비쇼프, 파프누티 Chebychev, Pafnuti 51, 216
초끈 superstring 390
초대칭성 502
초월수 250
초정육면체 hypercube 287~289
촘스키, 노엄 Chomsky, Noam 24, 144~145, 148~150, 152

최소 곡면 minimal surface 18~19
추상 개념 19, 221, 350~351
측도론 measure theory 445
측지선 geodesic 262, 265, 268

ㅋ

카르다노, 지롤라모 Cardano, Girolamo 208, 409~411, 415
카발리에리, 보나벤투라 Cavalieri, Bonaventura 200~201
칸토르, 게오르크 Cantor, Georg 127, 131~135
케텔레트, 랑베르 Quetelet, Lambert 440~441
케플러, 요한네스 Kepler Johannes 200, 238~242, 308, 311, 315~321, 454, 455, 480, 507
케플러의 법칙 200, 455, 456
케플러의 행성 이론 239
켈빈의 원자론 389~390
켤레 dual 280~281
켤레 원리 279~280, 282
켤레 정리 279
코사인 함수 174
코시, 오귀스탱-루이 Cauchy, Augustin-Louis 183~187, 201, 206~207, 214, 219, 306, 347
코페르니쿠스, 니콜라스 Copernicus, Nicolas 238, 453~455, 477
코헨, 폴 Cohen, Paul 62, 140~141
콘웨이, 존 호턴 Conway, John Horton 335~336
콜모고로프 Kolmogorov, A. N. 444~445
쾨니히스베르크 다리 문제 339~341
쿰머, 에른스트 Kummer, Ernst 78~79, 404
크로스캡 crosscap 356, 360~362
큰 수의 법칙 law of large numbers 420, 423, 429~430
클라인, 펠릭스 Klein, Felix 307, 371
클라인 병 362, 365
클렌, 스테픈 콜 Kleene, Stephen Cole 141

ㅌ

타니야마, 유타카 Taniyama, Yutaka 403~405
타우브스, 클리포드 Taubes, Clifford 374, 505
타원 241~242
타원 곡선 398~399, 402~405
탄젠트 함수 174
탈레스 Thales 10, 37~38, 44, 86, 118, 224, 451
토러스 torus 355~359
통계 추론 statistical inference 421
통계학 24~25
통사구조 143~145
투에, 악셀 Thue, Axel 313
트랙트릭스 tractrix 266
트레포일 매듭 trefoil knot 381
특수상대성 이론 475, 479, 483

ㅍ

파스칼, 블래즈 Pascal, Blaise 58, 280~
  281, 411~413, 432, 448
파스칼 삼각형 413~415
파스칼의 정리 280~281
파투, 피에르 Fatou Pierre 17
팔팅스, 게르트 Faltings, Gerd 401~402
8자 매듭 375~376
패턴 pattern 12
패턴의 과학 12
팩토리알 factorial 174
페르마 de Fermat, Pierre 58~59, 411~
  413
페르마의 마지막 정리 70~71, 73, 76~79,
  370, 391~392, 396, 400~406
페르마의 작은 정리 59~60, 62, 66, 69
페아노, 주세페 Peano, Guiseppe 111, 136,
  139
펜로즈, 로저 Penrose, Roger 332~335
펜로즈 평면 덮기 332~335
편도함수 partial derivative 466
평균 인간 average man 439~440
평균으로의 퇴행 regression to the mean
  442~444
평면 덮기(타일 붙이기) 330~336
평행투사 parallel projection 271
포물선 241~243
포물선의 초점 243
폴리토프 polytope 290
폴킨호른, 존 Polkinhorne, John 22
퐁슬레, 장-빅토르 Poncelet, Jean-Victor
  270

표준편차 432
표준곡면 standard surface 356~357, 359,
  361~362, 370
푸리에, 조세 Fourier, Joseph 195, 197
푸리에 정리 196~197
푸리에 해석 195, 197
푸앙카레, 앙리 Poincare, Henri 367~370
푸앙카레 추측 370~372, 374
프레게, 고틀로프 Frege, Gottlob 112, 131
  ~132, 136
프리드먼, 마이클 Freedman Michael 371,
  374
프톨레마이오스 Ptolemy 452, 454
플라톤 Plato 44~45, 198, 205, 235, 237,
  240~241, 299~289, 329, 450
플라톤의 원자론 237~238, 241, 317, 390
플라톤 입체 Platonic solids 235
플레이페어 공리 Playfair's postulate 254~
  255
피보나치 수열 Fibonacci sequence 222~
  223
피타고라스 Pythagoras 38~39, 41~44,
  70, 74~75, 86, 118, 134, 160~161, 210,
  226, 231~232, 234, 324, 395, 398, 406
피타고라스 메트릭 489
피타고라스 삼중수 394
피타고라스 정리 38, 39, 41~43, 70, 72, 75,
  86, 210, 226, 231~232, 324, 398, 406

ㅎ

하디 Hardy, G. H. 20
한 겹 매듭 375~376
한계 성장 191~192
함수 172
합동 congruence 55
합성수 28, 46, 50, 61~63, 68
합집합 128, 445
해(근) radical 303
해석 수 이론 analytic number theory 215, 249
핵력 498
핼리, 에드먼드 Hally, Edmund 158, 418
행성 451
허수 208~209, 214, 490
허수축 209~210
헤르츠, 하인리히 Hertz, Heinrich 470
호모토피 homotopy 369~370, 384

호모토피 군 homotopy group 369~370, 384
호프만, 데이비드 Hoffman, David 18~19
확률 408~415, 422~423, 437, 444~445
확률론 408~411, 413, 419~420, 423, 425, 531~434, 436, 444~445, 449
황금비율 220~223, 333
효용 utility 425, 427~429
후차 확률 a posteriori probability 422~423
흐르는 정도(유율) fluxion 180
흐름 fluent 180
히우드 공식 Heawood's formula 365
히파수스 Hippasus 43~45
힐베르트, 다비드 Hilbert, David 135~136, 141, 227, 282
힐베르트 프로그램 135~136, 139~140, 144

지은이 **케이스 데블린**

미국 캘리포니아 주 모라거에 있는 세인트 메리스 칼리지의 과학부 학장이자, 스탠포드 대학교 언어 및 정보 연구 센터의 선임 연구원으로 재직 중이다. 미국의 가장 인기 있는 수학 저술가 중 한 명이자 '수학의 칼 세이건'으로 일컬어진다. 주요 저서로는 『굿바이, 데카르트:논리학의 종말과 정신의 새로운 탐구』 『수학:새로운 황금시대』 『수학 유전자』 등이 있다.

옮긴이 **전대호**

서울대학교 물리학과와 동 대학교 철학과 대학원을 졸업했으며, 독일 쾰른 대학교에서 철학을 공부했다. 1993년 조선일보 신춘문예에 시가 당선되어 등단했으며, 현재는 과학 및 철학 분야의 전문번역가로 활동 중이다. 저서로 『철학은 뿔이다』, 시집으로 『가끔 중세를 꿈꾼다』 『성찰』이 있다. 『기억의 비밀』 『수학이 좋아지는 수학』 『슈뢰딩거의 삶』 『무한, 그리고 그 너머』 『나무 동화』 『수학 유전자』 『유클리드의 창』 『수학의 밀레니엄 문제들 7』 『산을 오른 조개껍질』 등을 우리말로 옮겼다.

수학의 언어
안 보이는 것을 보이게 하는 수학

1판 1쇄   2003년 5월 6일
1판 18쇄   2020년 3월 24일

지은이   케이스 데블린
옮긴이   전대호
펴낸이   김정순

펴낸곳   (주)북하우스 퍼블리셔스
출판등록   1997년 9월 23일 제406-2003-055호
주소   04043 서울시 마포구 양화로 12길 16-9 (서교동 북앤빌딩)
전자우편   henamu@hotmail.com
전화번호   02)3144-3123
팩스   02)3144-3121

ISBN 89-89799-12-0   03410